教育中国·规划精品系列

"十二五"普通高等教育本科国家级规划教材

THE INTRODUCTION TO ENVIRONMENTAL SCIENCE

环境学基础

邵超峰 鞠美庭 主编 刘伟 李智 副主编

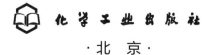

化学工业出版社

·北京·

内容简介

《环境学基础》是"十二五"普通高等教育本科国家级规划教材，共分十一章，包括绪论、全球环境问题、大气环境保护、水环境保护、土壤环境保护、固体废物处置与管理、物理性污染与防治、人口资源与环境、生态系统与生态保护、生态文明建设、可持续发展的理论与实践等。

为了丰富课程内容体系，同时压缩课本容量，将每章节的延伸内容和知识要点系统整理为若干专题知识，以二维码的形式进行展示。为了提高教材的使用效果，在每章正文前编有"导读"并融合课程思政素材，每章后附有思考题；为了配合双语教学的需要，在各章中都插入了一些概念和基本知识的英文解释。本教材配有内容完整、图文声并用的多媒体教学课件，读者可到化学工业出版社教学资源网（www.cipedu.com.cn）免费下载。

《环境学基础》可作为高等学校环境类专业的教材，也可作为非环境类专业素质教育课程的教学用书；可作为一般读者了解和学习环境科学基本知识的选择读物，也可作为各级决策、管理和工程技术人员的参考用书。

图书在版编目（CIP）数据

环境学基础 / 邵超峰，鞠美庭主编. —3版. —北京：化学工业出版社，2021.6（2023.1重印）

"十二五"普通高等教育本科国家级规划教材

ISBN 978-7-122-38748-6

Ⅰ.①环… Ⅱ.①邵…②鞠… Ⅲ.①环境科学-高等学校-教材 Ⅳ.①X

中国版本图书馆CIP数据核字（2021）第048904号

责任编辑：满悦芝
责任校对：杜杏然
装帧设计：李子姮

出版发行：化学工业出版社
　　　　　（北京市东城区青年湖南街13号　邮政编码100011）
印　　装：大厂聚鑫印刷有限责任公司
880mm×1230mm　1/16　印张20¼　字数531千字
2023年1月北京第3版第3次印刷

购书咨询：010－64518888
售后服务：010－64518899
网　　址：http://www.cip.com.cn
凡购买本书，如有缺损质量问题，本社销售中心负责调换。

定　价：59.90元

"环境学基础"课程是环境科学与工程学科的专业基础课，也是面向大众的环境类基础知识通识教育课，从宏观、中观及微观不同层面，介绍环境科学与工程领域的基本概念、基础知识，同时关注国家生态环境战略发展和环境科学与工程前沿内容，是环境学入门与奠基课程。本课程基于南开大学作为国家首批开展环境教育高校之一的环境教育和国家环境科学重点学科的学科建设土壤，坚持继承与发展，自 1979 年开设课程开始，不断探索、完善、提高课程教育质量。从 1999 年到 2005 年逐步建设成为南开大学示范精品课程和天津市精品课程，2009 年建设成为国家精品课程，2019 年被评为国家精品在线开放课程。自 2001 年开展课程网站建设开始，于 2005 年到 2016 年逐步设立精品课教学网站、国家资源共享课和 MOOC，通过课堂教学建设和在线教育相结合建立课程教育培养体系。

生态环境是人类生存和发展的根基，生态环境变化直接影响文明兴衰演替。新中国成立以来，尤其是改革开放四十多年来，党中央、国务院对生态环境保护做出一系列重大决策，从提出走可持续发展道路，到建设生态文明，秉持人类命运共同体理念，我国对经济社会发展规律和生态环境保护规律的认识不断深入，对处理好发展和保护关系的探索实践不断深化。随着改革开放向纵深推进，特别是党的十八大以来，生态环境保护工作的理念、目标和措施等也不断发生着深刻变革，积极探索"在发展中保护、在保护中发展"的环境保护新道路，全面开创环境保护工作新局面。

当前，我国全面进入新时代中国特色社会主义建设时期，社会经济发展面临新形势、新挑战，生态环境保护既面临难得的历史机遇，也面临更加突出的挑战，美丽中国建设提出了更高要求。2015 年，联合国发布《变革我们的世界：2030 年可持续发展议程》，该议程围绕推进社会、经济及资源环境的协调发展，确定了由 17 项目标和 169 项子目标组成的面向 2030 年的可持续发展目标体系，人与自然和谐共生的生态环境保护理念逐渐成为社会经济发展的主流价值观。在此背景下，我国主动探索绿水青山转化为金山银山的新路径、新模式，建立并实施中央环境保护督察制度，大力推动绿色发展，深入实施大气、水、土壤污染防治三大行动计划，率先发布《中国落实2030 年可持续发展议程国别方案》，积极加入《巴黎协定》，提高国家自主贡献力度，向全球承诺"二氧化碳排放力争于 2030 年前达到峰值，努力争取 2060 年前实现碳中和"，确保碳排放达峰后稳中有降，用生态文明理念指导发展，推动生态环境保护发生历史性、转折性、全局性变化。

编者针对生态环境保护的新形势，尤其是 2010 年以来环境学科发展的新进展、新动态、新趋势，结合近几年高等教育发展改革新要求以及南开大学教学实践的新探索，完成了本教材的修订。本教材是由邵超峰、鞠美庭、刘伟（成都信息工程学院）和李智（四川大学）在第二版的基础上修订而成的，参加修订工作的还有刘倩、赵润、陈思含、高俊丽、楚春礼等。全书由邵超峰、鞠美庭统稿（上述人员中未注明单位者单位均为南开大学）。

本教材在编写过程中参考了相关领域的著作、教材，在此向有关作者致以谢忱。

尽管编者在修订过程中始终精益求精，但书中不妥之处恐难完全避免。衷心希望专家、学者及广大读者对本书的疏漏之处给予指教。

编　者
2020 年 6 月
于南开大学环境科学与工程学院

环境学基础这门课程在南开大学开设已经有 20 多年的历史了；本课程的主要特点是涉及知识面广和专业基础性强，其内容包括环境问题和环境科学的发展、生态学基本知识、环境保护与可持续发展、环境保护与资源开发、环境污染及防治等诸多内容。该课程对环境科学类专业的学生来说，是一门重要的专业基础课、专业入门课；对其他专业的学生来说是一门重要的选修课、素质教育课。多年来，南开大学对这门课的教学改革工作特别重视，我们教改的指导思想主要有二，一是将针对性、系统性、实用性和前瞻性统一起来；二是要实现"起点高、容量大、内容新"的教学宗旨。目前，已作为南开大学教学观摩课之一的该课程，正在努力争取进入天津市及国家级精品课程之列；本教材正是在这种背景下着手组织编写的。

本书由鞠美庭主持编写，池勇志、李洪远担任副主编，其他参与编写的人员是（按姓氏笔画为序）：马瑞巧（第 6 章、第 8 章）、王大为（英文编校、附录）、史聆聆（第 3 章）、刘立国（第 1 章）、刘伟（第 9 章）、李凯（第 10 章）、李智（第 7 章）、陈敏（第 2 章）、林慧（第 4 章）、薛楠（英文编校、附录）。

朱坦教授作为编写顾问，对本书的编写进行了全程指导。

本书的得以出版要感谢化学工业出版社的大力支持，感谢南开大学教务处及天津城市建设学院教务处有关领导的指导与帮助。

本书在编写过程中参考了不少相关领域的著作、教材，在此也向有关作者致以谢忱。

由于时间及水平所限，书中错误、疏漏之处在所难免，希望得到专家、学者及广大读者的批评指教。

鞠美庭

2004 年 5 月

于南开大学环境科学与工程学院

第二版前言

环境学基础这门课程在南开大学开设大致经历了以下三个阶段：第一阶段（1979—1993），课程的名称为"环境保护概论"，课程教学特点是以环境问题为导向，侧重于环保基础知识、微观方面的环境污染成因分析及污染后治理技术介绍。第二阶段（1994—2000），课程的名称为"环境学"，这段时间的教学贯穿了可持续发展理念，开始将生态环境问题纳入到课程教学中来，同时授课中也开始涉及对人口、资源、能源与环境的关系讨论。第三阶段（2001至今），课程的名称改为"环境学基础"，这段时间课程教学的目标定位：将宏观的可持续发展战略、中观的区域环境规划－管理和微观的生态保护－污染防治技术密切结合起来；从宏观上说，本课程要使学生掌握正确的世界观、自然观、地球观，要使学生认识到环境对人类有着不可取代的价值，人类要存在、要发展，就必须协调好社会、经济与环境的关系；从中观上说，要使学生掌握区域规划和环境管理的基本原则和思路，尤其对区域物质流、能量流和信息流集成的管理技术思路要有较深刻的理解和认识；微观上说，本课程要使学生学习和了解保护环境的各种技术，如生态修复技术、清洁生产技术等。

多年来，南开大学环境科学与工程学院高度重视本门专业入门课的教学改革，坚持将针对性、系统性、实用性和前瞻性统一起来，努力实现"起点高、容量大、内容新"的教学宗旨；特别注重将精细化教育模式与创新型人才培养模式相结合，切实拓展课程教学在目标引导、资源支持、管理协调和授业解惑等方面的作用和影响。该课程近十年来先后被评为南开大学的优秀课程、观摩课程、精品课程和示范精品课程，2005年被评为天津市精品课程，2009年被评为"国家精品课程"。

正是在上述背景下，我们结合近几年教育部对本科教学规范的改革导向以及南开大学的教学实践，完成了本教材的编写。本教材是由鞠美庭、邵超峰、李智（四川大学）和刘伟（成都信息工程学院）等在第一版的基础上修编而成，参加修编工作的还有赵天心、任希珍、吴晓波、刘乐、王雁南、李倩、李洪远、池勇志（天津城市建设学院）等。全书由鞠美庭、邵超峰统稿（上述人员中未注明单位者单位均为南开大学）。

本教材在编写过程中参考了相关领域的著作、教材，在此向有关作者致以谢忱。衷心希望专家、学者及广大读者对本书的疏漏之处给予指教。

鞠美庭

2010 年 7 月

于南开大学环境科学与工程学院

第四章 水环境保护 085

第五章 土壤环境保护 113

二维码目录

第一章 绪论

 引 言

穹顶之下，江河之滨，空气、饮水、粮食、环境保护不再遥远，融入每个人的生活。良好生态环境是最公平的公共产品，是最普惠的民生福祉，环境保护已经由最初的"奢侈品"变为当今公众的"必需品"，"环境就是民生，青山就是美丽，蓝天也是幸福"已经成为人民群众美好生活向往的决定性因素。新中国成立70年来，我们党始终秉持为中国人民谋幸福、为中华民族谋复兴的初心和使命，坚持生态惠民、生态利民、生态为民，推动生态环境保护事业蓬勃发展。进入新时代，以习近平同志为核心的党中央大力推进生态文明建设、美丽中国建设，着力守护良好生态环境这个最普惠的民生福祉。

环境科学作为一门研究人类社会发展活动与环境演化规律之间相互作用关系，寻求人类社会与环境协同演化、持续发展途径与方法的科学，伴随着人类对环境问题的关注而兴起。自1962年《寂静的春天》出版，环境逐渐成为人类社会发展的主题和科学研究及实践的热点，开创并形成了环境研究这一新学科领域。解决环境问题，是环境科学的初心使命，环境科学也因社会经济发展阶段、资源环境禀赋条件等变迁，研究领域和内容不断丰富。学习绿色经典著作，感知环境问题的萌芽及产生过程，了解20世纪八大公害事件及其原因，反思人类社会经济发展行动及后果，探知人类发展和生态环境保护的冲突及协调过程，熟知世界各国为寻求社会经济环境和谐的整治进程，是正确认识环境学科发展过程和初心使命的必要途径。

在中国共产党近百年的奋斗历程中，改善民生、造福人民始终是目标追求。习近平总书记强调，生态环境是关系党的使命宗旨的重大政治问题，也是关系民生的重大社会问题。坚定走生产发展、生活富裕、生态良好的文明发展道路，建设美丽中国，提供更多优质生态产品以满足人民日益增长的优美生态环境需要，是新时代我们党始终把人民放在心中最高位置，始终全心全意为人民服务，始终为人民利益和幸福而不懈奋斗的必然选择。在2018年第八次全国生态环境保护大会上，习近平总书记指出："每个人都是生态环境的保护者、建设者、受益者，没有哪个人是旁观者、局外人、批评家，谁也不能只说不做、置身事外。"学习和了解环境学的建设发展历程，推动环境意识教育和宣传，就要把建设美丽中国转化为全体人民自觉行动，在全社会牢固树立生态文明观念，开展全民绿色行动，动员全社会都以实际行动减少能源资源消耗和污染排放，为生态环境保护作出新贡献。

Our existence, lifestyles, and economies depend completely on the sun and the earth, a blue and white island in the black void of space. Environmentalists and many leading scientists believe that we are depleting and degrading the earth's natural capital at an accelerating rate as our population and demands on the earth's resources and natural processes increase exponentially. The environmental problems we face include population growth, wasteful use or resources, destruction and degradation or wildlife habitats, extinction of plants and animals, poverty, pollution and so on. All these problems are interconnected and are growing exponentially. The first part of this chapter briefly describes the evolution of the earth's environment, and analysis of the human environment and its functional characteristics. The second part of this chapter describes environmental problems and the origin and development of environmental science. The third part of this chapter focuses primarily on environmental science objects, tasks and contents, noting that environmental science is a comprehensive use of natural science and social science disciplines related to the theory, techniques and methods to study the "human-environment" system, and to resolve environmental problems.

📚 导　读

　　人类是地球环境发展到一定阶段的产物，人类要依赖自然环境才能生存和发展；人类又是环境的改造者，通过社会性生产活动来使用和改造环境，使其更适合人类的生存和发展。本章第一部分简要介绍了环境与环境问题，分析了人类环境及其功能特性，讨论了环境的概念及其组成。在人类社会的初期，人们并没有足够认识到环境问题的危害，当环境的反馈作用已严重威胁到人类的生存和发展的时候，环境问题逐渐得到重视。本章第二部分阐述了环境科学的由来和发展，环境科学研究的对象、任务和内容。环境科学正是以环境问题的产生为契机而发展起来的。而环境科学是综合运用自然科学和社会科学的有关学科的理论、技术和方法来研究"人类－环境"系统的产生、发展、调节和控制以及改造与利用的科学。

第一节　环境与环境问题

一、人类环境及其功能

（一）环境的定义

　　关于环境的定义，在不同的国家由于政治、经济和文化背景不同，对环境的定义也有所不同。《中华人民共和国环境保护法》中指出："本法所称环境，是指影响人类生存和发展的各种天然的和经过人工改造的自然因素的总体，包括大气、水、海洋、土地、矿藏、森林、草原、湿地、野生生物、自然遗迹、人文遗迹、自然保护区、风景名胜区、城市和乡村等。"

从哲学的角度看，环境是一个相对概念，即它是一个相对于主体而言的客体，或者说，相对于某一主体的周围客体因空间分布、相互联系而构成的系统，就是相对于该主体的环境。在社会学中，环境则被认为是以人为主体的外部世界，其研究内容是各种各样的人际关系，像家庭关系、婚姻关系等。在生态学中，环境则被认为是以生物为主体的外部世界，因此其研究的内容可以分成物种生态学、种群生态学、群落生态学以及生态系统学等几种。在许多学科中，对环境的定义都是以哲学定义为基础的，同时又赋予了更明确、更具体的内涵。

从环境科学的角度看，"环境（environment）"同样是一个决定学科性质、研究对象和研究内容的基本概念，是以人类为主体的外部世界的总体，即人类生存与繁衍所必需的环境或物质条件的综合体，可以分为自然环境和人工环境两种。图 1-1 表示人类环境的构成。

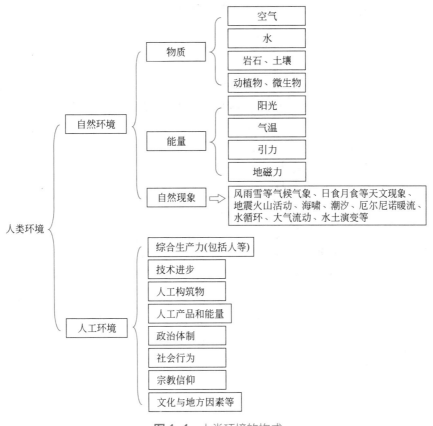

图 1-1 人类环境的构成

1. 自然环境

自然环境（natural environment）是指直接或间接影响到人类的一切自然形成的物质、能量和自然现象的总体，有时简称环境。自然环境亦可看作由地球环境和外围空间环境两部分组成。

2. 人工环境

人工环境（artificial environment）是指由于人类的活动而形成的环境要素，包括人工形成的物质、能量和精神产品，以及人类活动中所形成的人与人之间的关系。

（二）环境要素

1. 环境要素的定义

环境要素（environmental element），又称环境基质，是指构成人类环境整体的各种性质不同而又服从整体演化规律的基本物质组分。环境要素分为自然环境要素和人工环境要素。自然环境要素通常是指大气、水、生物、土壤、岩石、阳光等。有的学者认为环境要素不包括阳光，因此环境要素并不等于自然环境要素。人工环境要素是指人为加工形成的生活环境，包括人类住宅、产业体系以及交通、通信、供水、供气、绿化等各种公共服务设施。

环境要素组成环境结构单元，环境结构单元又组成环境整体或环境系统。例如，由水组成水体，全部水体总称为水圈；由大气组成大气层，整个大气层称为大气圈；由生物体组成生物群落，全部生物群落构成生物圈等。

2. 环境要素间的规律

各环境要素间存在如下规律。

（1）最差（小）限制定律　该定律是指"整体环境的质量，不能由环境诸要素的平均状态决定，而是受环境诸要素中那个处于最差状态的要素所控制"。也就是说，环境质量的好坏，取决于诸要素中处于"最差状态"的那个要素，而不能够因其他要素处于优良状态而得到弥补。所以环境要素之间是不能相互替代的。

（2）等值性　各个环境要素，无论它们本身在规模上或数量上如何不相同，但只要是一个独立的因素，那么对于环境质量的限制作用并无质的差异。

（3）各环境要素整体效应大于个体效应之和　环境诸要素互相联系、互相作用产生的整体效应，是个体效应基础上质的飞跃。

（4）各环境要素互相联系，相互依赖　环境诸要素在地球演化史上的出现，虽然有先后之别，但它们是相互联系、相互制约和相互依赖的。从地球演化的意义上看，某些要素孕育着其他要素。例如，岩石圈的形成为大气的出现提供了条件；岩石圈和大气圈的存在又为水的产生提供了条件；岩石圈、大气圈和水圈又孕育了生物圈。

（三）环境的分类

环境系统是一个非常复杂的体系，至今尚未形成统一的分类系统。一般可按环境的主体、环境的性质或环境的范围大小等进行分类。

1. 按环境的主体分类

按环境的主体进行分类，目前有两种体系。一种是以人为主体，其他的生命物质和非生命物质都被视为环境要素，这类环境称为人类环境，在环境科学中多数学者都采用这种分类方法。人类环境是以人类为中心的，包含人类赖以生存和发展的各种自然因素的综合体。另一种是以生物为主体，生物体以外的所有自然条件称为环境，这类环境称为生物环境。非生物因素主要包括光、温度、空气、水分等，是生物体赖以生存的环境因素。

2. 按环境的性质分类

按环境的性质可将环境分为原生环境（又称自然环境）、次生环境（被人类影响的自然环境，又称人工环境）和社会环境三类。

（1）原生环境　是指可以直接或间接影响到人类生活、生产的一切自然形成的物质和能量的总体。构成自然环境的物质种类很多，主要有空气、水、植物、动物、土壤、岩石矿物、太阳辐射等。这些是人类赖以生存的物质基础。

（2）次生环境　是指自然环境中受人类活动影响较多的地域。如耕地、种植园、鱼塘、人工湖、牧场、工业区、城市、集镇等。次生环境是原生环境演变成的一种人工生态环境。其发展和演变仍受自然规律的制约。

（3）社会环境　是指人类生存及活动范围内的物质和精神条件的总和。广义包括整个社会经济文化体系，如生产力、生产关系、社会制度、社会意识和社会文化。狭义仅指人类生活的直接环境，如家庭、劳动组织、学习条件和其他集体性社团等。社会环境对人的形成和发展进化起着重要作用，同时人类活动也给予社会环境以深刻的影响，而人类本身在适应改造社会环境的过程中也在不断变化。

3. 按环境的范围大小分类

按环境的范围大小可将环境分为宇宙环境（或称星际环境）、地球环境、区域环境、微环境和内环境。

（1）宇宙环境（space environment）　是指大气层以外的宇宙空间，是人类活动进入大气层以外的空间和地球邻近天体过程中提出的新概念，也有人称之为空间环境。宇宙由广阔空间和存在其中的各种天体及弥漫物质组成，它对地球环境产生着深刻影响。太阳辐射是地球的主要光源和热源，推动了生物圈这个庞大生态系统的正常运转。太阳辐射能的变化影响着地球环境。例如，太阳黑子出现的数量同地球上的降雨量有明显的相关关系。月球和太阳对地球的引力作用产生潮汐现象，并可引起风暴、海啸等自然灾害。

（2）地球环境（global environment）　是指大气圈中的对流层、水圈、土壤圈、岩石圈和生物圈，又称全球环境，也有人称为地理环境（geo-environment）。地球环境与人类及生物的关系尤为密切。其中生物圈中的生物把地球上各个圈层密切地联系在一起，并推动各种物质循环和能量交换。

（3）区域环境（regional environment）　是指占有某一特定地域空间的自然环境，它是由地球表面不同地区的 5 个自然圈层相互配合而形成的。不同地区，形成各种不同的区域环境特点，分布着不同的生物群落。

（4）微环境（micro-environment）　是指区域环境中，由于某一个（或几个）圈层的细微变化而产生的环境差异所形成的小环境。例如，生物群落的镶嵌性就是微环境作用的结果。

（5）内环境（inner environment）　是指生物体内组织或细胞间的环境。对生物体的生长和繁育具有直接的影响。例如，叶片内部，直接和叶肉细胞接触的气腔、气室、通气系统，都是形成内环境的场所。内环境对植物有直接的影响，且不能为外环境所代替。

（四）环境的功能和特性

1. 环境的功能

（1）环境的资源功能　各类环境要素都是人类生产和生活所需的资源，因此，

环境的功能和特性

环境的功能首先是为人类生存和繁衍提供必需的资源。例如，岩石圈为人类提供大量的矿产资源，土壤圈为人类提供生产粮食作物所需要的营养条件，生物圈为人类提供食物和大量的生产资料等等。

（2）环境的调节功能　环境系统是一个复杂的，具有时、空、量、序特征的动态系统和开放系统，系统内外存在着物质和能量的变化与交换。系统对外部的各种物质和能量，通过外部作用，进入系统内部，这种过程称为输入；系统内部也对外界发生一定的作用，通过系统内部作用，一些物质和能量排放到系统外部，这个过程称为输出。在一定的时空尺度内，环境在自然状态下通过调节作用，使系统的输入等于输出，这时候就出现一种平衡，称为环境平衡或生态平衡。当外部干扰影响了环境系统的输入和输出时就会造成环境系统的失衡。

（3）环境的服务功能　自然资源和自然生态环境都是生命的支持系统，它们除了为人类提供大量的生产和生活资料外，还有许多生态服务功能，像森林调节气候、净化空气，为人类提供休闲娱乐的场所等等，生态系统提供的这些功能是人类自身所不能替代的。美国的"生物圈二号"科学实验证实，在人类现有的技术水平下，还无法模拟出一个供人类生存和繁衍的生态系统。

（4）环境的文化功能　地球的演化形成了今天壮丽的名山大川，优美的自然环境使人类在精神上和人格上得到了发展和升华，不同的自然环境塑造了不同的民族性格、习俗和文化。

2.环境特性

（1）环境的整体性和区域性　环境的整体性是指人与地球环境是一个整体，地球的任一部分，或任一个系统，都是人类环境的组成部分。各部分之间存在着紧密的相互联系、相互制约关系。局部地区的环境污染或破坏，总会对其他地区造成影响和危害。所以人类的生存环境及其保护，从整体上看是没有地区界线和国家界线的。

环境的区域性指的是环境特性的区域差异。具体来说就是环境因地理位置的不同或空间范围的差异，会有不同的特性。比如滨海环境与内陆环境、高原环境与盆地环境等，都会明显地表现出环境特性的差异。环境的区域性不仅体现了环境在地理位置上的变化，还反映了区域社会、经济、文化和历史等的多样性。

（2）环境的变动性和稳定性　环境的变动性指的是在自然或人类社会行为的作用下，环境的内部结构和外在状态始终处于不断的变化中。人类社会发展的历史就是人类与自然界相互作用的历史，也就是人类环境的结构和状态不断变化的历史。

环境的稳定性是相对于变动性而言的。所谓稳定性是指环境系统具有一定的自我调节的特性，也就是说，环境的结构、状态在自然和人类行为的作用下，所发生的变化不超过一定限度时，环境可以借助自身的调节功能减轻这些变化的影响。通常，环境的变动性和稳定性是相辅相成的，变动是绝对的，稳定是相对的。

（3）环境的资源性和价值性　环境的资源性是指环境具有资源价值。环境提供了人类生存所必需的物质和能量。离开了这些物质和能量，人类社会就不可能生存，更谈不上发展；如果环境中的这些物质和能量供应不足或者不平衡，也会危及人类社会的生存和发展。因此说环境是人类社会存在和发展的基本物质条件。

环境的价值性是显而易见的。最初人类对环境价值的认识是有误区的，认为环境中的物质都是取之不尽、用之不竭的，因而也就没有对环境资源的价值性给予足够的重视。事实证明，正是这种错误的认识，导致了人类大肆攫取自然资源，并由此引发了严重的环境污染和生态破坏。

二、环境问题的产生和发展

（一）环境问题的概念

从广义上理解，任何由自然或人类引起的生态平衡破坏，最后直接或间接影响

视频：环境问题

人类的生存和发展的一切客观存在的问题，都是环境问题。也就是说，环境问题主要是由两方面原因引起：一是自然因素；二是人为因素。自然因素对环境造成的影响主要是指各种自然灾害（像地震、火山喷发、气候巨变或者是外来星体撞击地球等）造成的环境影响。由自然灾害引起的环境问题称为原生环境问题。人为因素对环境的影响主要是指人类为了满足自己的生产和消费活动，过度地从自然环境中掘取资源，或者过度地将生产和消费活动过程所产生的废物向环境排放，超过环境自身的调节能力，从而造成对环境的破坏，使环境质量越来越差。由人为因素引起的环境问题称为次生环境问题。

从狭义上理解，环境科学研究的环境问题主要是指由人类活动引起的环境问题，即人类在利用和改造自然界的过程中引起环境质量的变化，以及这种变化对人类生产、生活以及生命的影响。

（二）环境问题的产生和发展

人类活动使生态环境恶化有很多典型的事例。典型事例之一是古巴比伦文明的消逝——两河流域的美索不达米亚曾经是森林茂密、水草肥美的冲积平原，在公元

视频：人类文明与环境问题

前 3000 年至公元 500 年的历史长河中，这里造就了世界闻名的古巴比伦文明。可悲的是，随着人类定居要求越来越高、人口越来越多、大量砍伐森林、大量开垦草地，再加上战争的烧杀抢掠，最终使得自然资源枯竭、环境恶化，两河流域茂密森林不见了，土壤变得十分贫瘠，气候也十分恶劣，昔日里优美的风光完全消失了，取而代之的是茫茫的荒漠。在中国也可以找到同样的事例，曾经辉煌的丝绸之路，令多少中国人感到骄傲，可如今只有茫茫荒漠上的断壁残垣向人们诉说着昔日的辉煌。

环境问题自古有之，它是随着社会生产力的发展而发展变化的，主要表现在：由小范围向大范围发展，由轻度污染、轻度破坏、轻度危害向重度污染、重度毁坏、重度危害的方向发展。审视人类社会发展的历程，可以将环境问题的产生和发展概括为以下三个阶段。

1. 生态环境的早期破坏

这一阶段从人类出现开始直到 18 世纪 60 年代产业革命，是一个漫长的时期。在该阶段，人类经历了从以采集狩猎为生的游牧生活到以耕种和养殖为生的定居生活的转变。随着种植业、养殖业和渔业的发展，人类社会开始第一次劳动大分工。人类从完全依赖大自然的恩赐转变到自觉利用土地、生物、陆地水体和海洋等自然资源。人类的生活资料有了较以前稳定得多的来源，种群开始迅速扩大。人类社会需要更多的资源来扩大物质生产规模，便开始出现烧荒、垦荒、兴修水利工程等改造活动，引起严重的水土流失、土壤盐渍化或沼泽化等问题。但此时的人类还意识不到这样做的长远后果，一些地区因而发生了严重的环境问题，主要是生态退化。较突出的例子是，古代经济发达的美索不达米亚，由于不合理

的开垦和灌溉，后来变成了不毛之地；中国的黄河流域，曾经森林广布，土地肥沃，是文明的发源地，而西汉和东汉时期的两次大规模开垦，虽然促进了当时的农业发展，可是由于森林骤减，水源得不到涵养，造成水旱灾害频繁，水土流失严重，沟壑纵横，土地日益贫瘠，给后代造成了不可弥补的损失。但总的说来，这一阶段的人类活动对环境的影响还是局部的，主要体现在生态退化，没有达到影响整个生物圈的程度。

2. 近代环境问题阶段

这一阶段从工业革命开始到 20 世纪 80 年代发现南极上空的臭氧层空洞为止。工业革命（从农业占优势的经济向工业占优势的经济的迅速过渡称为工业革命）是世界史的一个新时期的起点，此后的环境问题也开始出现新的特点并日益复杂化和全球化。18 世纪后期欧洲的一系列发明和技术革新大大提高了人类社会的生产力，人类开始插上技术的翅膀，以空前的规模和速度开采和消耗能源和其他自然资源。新技术使欧洲和美国等地在不到一个世纪的时间里先后进入工业化社会，并迅速向全世界蔓延，在世界范围内形成发达国家和发展中国家的差别。

工业化社会的特点是高度城市化。这一阶段的环境问题跟工业和城市同步发展。先是由于人口和工业密集，燃煤量和燃油量剧增，发达国家的城市饱受空气污染之苦，后来这些国家的城市周围又出现日益严重的水污染和垃圾污染，工业"三废"、汽车尾气更是加剧了这些污染公害的程度。在后来的 20 世纪 60~70 年代，发达国家普遍花大力气对这些城市环境问题进行治理，并把污染严重的工业搬到发展中国家，较好地解决了国内的环境污染问题。随着发达国家环境状况的改善，发展中国家却开始步发达国家的后尘，重走工业化和城市化的老路，城市环境问题有过之而无不及，同时伴随着严重的生态破坏。

近代环境问题阶段的特点，体现为由工业污染向城市污染和农业污染发展、点源污染向面源污染发展、局部污染向区域性和全球性污染发展，构成了第一次环境问题的高潮。震惊世界的"八大公害"就发生在这一阶段。

3. 当代环境问题阶段

从 1984 年英国科学家发现、1985 年美国科学家证实南极上空出现的臭氧层空洞开始，人类环境问题发展到当代环境问题阶段，引发了第二次世界环境问题的高潮。这一阶段环境问题的特征是，在全球范围内出现了不利于人类生存和发展的征兆，集中体现在酸雨、臭氧层破坏和全球气候变暖三大全球性大气环境问题上。与此同时，发展中国家的城市环境问题和生态破坏、一些国家的贫困化愈演愈烈，水资源短缺在全球范围内普遍发生，其他资源（包括能源）也相继出现将要耗竭的信号。这一切表明，生物圈这一生命支持系统对人类社会的支撑已接近它的极限，同时也表明环境问题的复杂性和长远性。

我国生态环境保护与社会经济发展是紧密相连的，不同阶段我们面临着不同的突出环境问题，相应的经济发展阶段与社会需求决定了我国的生态环境管理体制和架构；与此同时，生态环境治理体系与治理模式又在改革与发展进程中不断完善，与时俱进。随着社会经济快速发展，我国生态环境问题呈现复合型、压缩性、累积性特点，发达国家上百年走过的城镇化、工业化、全球化道路，中国在短短的 40 年里基本完成，而且中国幅员辽阔、区域发展差距悬殊，发达国家上百年经历的生态环境问题，在我国短期内集中出现。1972 年 6 月，我国政府派出代表团参加在瑞典举行的联合国人类环境会议，"社会主义国家不存在环境污染，工业污染是资本主义社会的产物"的观念开始发生转变。1973 年 8 月，国务院召开第一次全国环境保护会议，审议通过了"全面规划、合理布局、综合利用、化害为利、依靠群众、大家动手、保护环境、造福人民"的环境保护工作 32 字方针和我国第一个环境保护文件《关于保护和改善环境的若干规定》。至此，我国生态环境保护事业开始正式起步。截至目前，我国已经先后召开八次生态环境保护大会，明确了不同时期解决我国生态环境问题的基本思路和原则，先后提出并确立保护环境为基本国策，可持续发展为国家战略，建设资源节约型和环境友好型社会，生态环境保护的战略地位不断提升，也推动了我国生态环境管理体制机制的变化。

第二节　环境科学及其研究

视频：环境问题解决
方案思考与讨论

一、环境科学的产生和发展

（一）环境科学的产生

随着人类社会的发展，人类对环境的影响逐渐增大，人与环境之间的矛盾也日益突出。环境科学是人类在解决环境问题实践中产生和发展起来的一门科学。

追溯环境科学产生的渊源，应该从人类意识到保护自然环境开始。古代人类在生产和生活中就有了保护自然的思想，这就是环境科学最早的萌芽。中国古代的儒家和道家思想，就十分注重对自然环境的保护，如中国儒家思想主张"天人合一"，强调人应效法自然规律以达到人与自然相协调的理想境界。道家思想强调人应顺从自然变化，主张无为，"人法地，地法天，天法道，道法自然"，把自然状态和人无为（人不去主宰天地万物）作为理想。日本学者岸根卓郎在他的著作《环境论》中把中国的儒家和道家思想形容为一种圆形哲学，是人类和自然和谐、循环永续的道路。公元前 3 世纪中国思想家荀子在他的著作《王制》一书中，提到"草木荣华滋硕之时，则斧金不入山林，不夭其生，不绝其长也"，还有"钓而不纲，弋不射宿"等等，这些也都体现了中国古代保护自然环境的思想。

19 世纪中叶以后，随着社会经济的发展，人类利用和改造环境的能力大大增强，随之而来的环境问题开始直接影响到了人类的生产和生活，环境问题日益受到人们的重视，许多学科的学者都分别从本学科的角度出发开始对环境问题进行探索和研究。如 1895 年，英国生物学家达尔文在他的论著《物种起源》中提出了"物竞天择，适者生存"的思想，论证了物种的进化与环境的变化有很大的关系；公共卫生学从 20 世纪 20 年代开始注意环境污染对人体造成的危害；1915 年，日本学者实验证明煤焦油可以诱发皮肤癌；1850 年人类开始用化学消毒法杀灭饮用水中的细菌，到 1897 年英国建立了污水处理厂。所有这些都是人类运用基础科学认识、解决环境问题的初步尝试。进入 20 世纪 50 年代，环境污染恶化，环境"公害"事件频频发生，环境质量状况堪忧，此时环境问题开始受到世界各国和全人类的关注，环境科学也以此为契机迅速发展起来。物理学、化学、生物学、医学和地学等学科的相关学者在各自学科的基础上，运用原有学科的基本原理和方法研究环境问题，逐渐形成了以探讨环境问题产生、演化和解决方法为特色的环境科学学科群，如环境物理学、环境化学、环境生物学、环境医学和环境地学等等，并最终在这些学科的基础上演化形成了一门综合性的新兴科学——环境科学。最早提出"环境科学"一词的是一位美国学者，1968 年国际科学联合会理事会设立了环境问题委员会，20 世纪 70 年代初期出现了以环境科

学为书名的综合性专著，这标志着环境科学的正式诞生。

环境科学诞生的初期，主要研究是围绕着环境质量进行的，内容包括环境污染和生态破坏的机理，污染物迁移转化规律，污染物生态社会效应和污染防治措施，以及环境质量标准和评价等。环境质量学说认为环境质量是环境的一个基本属性，环境问题实际上是人类不合理活动所造成的环境质量恶化的结果。从环境质量学说的角度看，环境科学各分支学科都是以环境质量为中心，以原有学科的理论和方法研究不同环境要素中环境质量的变化规律以及如何维持和提高环境质量的科学。由此，出现了关于环境科学（environmental science）第一个公认的定义：环境科学就是研究社会经济发展过程中出现的环境质量变化的科学。此后，环境科学作为一门新兴的、独立的、内容丰富的综合性科学得到了快速发展。

（二）环境科学的发展

20 世纪 50 年代，人们对环境问题的认识还比较粗浅，概念也比较模糊，只是认为存在大气污染、水体污染和固体废物的问题。20 世纪 60 年代，人们开始认识到环境污染造成的危害是全面的、长期的、严重的，并且将环境问题提到生态破坏、资源浪费的高度来认识。这一时期研究生态环境问题的学科得到发展，像环境生物学等。到了 20 世纪 60 年代中后期，环境污染日趋严重，各个国家纷纷进行环境立法，颁布一系列法令法规，约束、强化人们保护环境的意识。同时社会科学开始介入环境科学领域，环境法学、环境经济学等获得较快发展。到 20 世纪 70 年代中期，随着世界各国环境立法的不断完善，环境保护也从消极治理转向污染预防（pollution prevention）——防治结合、以防为主的阶段。

环境科学经过 20 世纪 60 年代和 70 年代的飞速发展，已经初步形成了完整的、独立的学科体系。这期间，环境影响学、环境气象学、环境规划学等学科获得很快发展。为适应环境规划、环境预测和预报模式研究的需要，数学也介入了环境科学领域。

对于不同学科而言，大都经历过"分化—综合"的过程，环境科学的发展也是如此。环境科学是在 20 世纪 70 年代初期形成的，至今已发展了 50 多年的时间。回顾环境科学的产生和发展的历程，环境科学的发展过程大致分为三个阶段：第一阶段为早期传统专业学科分化发展阶段，在此背景下不同的高校从原来化学、生物学、物理学、地质学等相关学科中分化产生了各具特色的环境学科；第二阶段为环境学科融合及整体性发展阶段，在保留一定特色的基础上，围绕环境科学的使命、任务和专业培养需求，开始共同探索环境学科的融合发展，形成了环境学科的整体性发展及培养方案；第三阶段是经济发展新形势下的分化发展阶段，随着破解环境问题需求的变化、新工程教育发展的新形势，逐步推动环境学科由整体进入深度发展、精细划分的新阶段，环境学科与传统专业学科交叉融合发展成为新趋势，催生了环境生态工程、资源循环科学与工程等新兴学科的诞生，并推动环境工程专业认证，对我国环境工程技术领域应对国际竞争、走向世界具有重要意义。

20世纪50年代以后，由于第二次世界大战结束后世界经济逐渐恢复，生产和消费规模日益扩大，环境问题日益突出，环境"公害"事件频繁发生。社会诸多学科科学家分别在本学科的基础上，研究解决部门内部环境问题的方法，逐渐形成了一批独立的新分支学科，并明确提出了"环境科学"一词用于概括这些新兴的分支学科，像环境地学、环境化学、环境生物学等。这些新分支学科的诞生，实现了环境科学发展史上的一次飞跃，说明在各学科内部环境问题的研究已经孕育成熟，正逐步走向独立发展的新阶段。这些学科是属于不同学科内部分化的产物，使用不同的理论方法解决不同学科内部的环境问题，所以也是属于多学科性的。这一阶段是环境科学发展的分化状态。在此之后，随着环境问题的日趋复杂化，人类开始认识到环境问题不是纯粹的人类行为问题，而要想从根本上解决环境问题，就必须站到如何协调人类活动、社会系统与环境演化三者之间关系的高度上来，要综合考虑人口、经济、资源和文化等诸多因素的相互制约关系，多层次探讨人与环境协调发展的途径和控制方法。如此，环境科学进入了由分化状态走向整体性发展的阶段。地学界学者陈清硕指出："环境科学的发展方向应该是：在学科形态多分支的基础上统一于一种整体性理论体系和逻辑结构之中，有统一稳定的科学思想和综合性研究方法、网结环境科学中心范畴和概念体系以及整体化的理论系统。从人类知识增长的动态过程来考察，人类的生存环境是许多学科研究的对象，环境科学不能重复其他学科的研究，应显示自己特殊领域内的理性思想行动。对这一过程的反思及思维前锋的探索，是环境哲学的任务。"

二、环境科学研究的内容及其分科

（一）环境科学研究的内容

环境科学研究的
对象和任务

环境科学是基于社会科学、自然科学和技术科学而发展起来的一门综合性边缘科学，其研究的内容十分丰富，涉及面非常广泛，结合以往和现在环境科学的发展，大体可将环境科学研究的内容概括如下。

1. 环境系统学说

这是从系统科学角度研究区域和全球环境问题时所形成的一个新的学说，其特点是强调"人类-环境"系统。它以系统科学为方法论，研究环境系统演化规律及其与人类活动相互间的关系，研究环境系统的结构、功能和状态，研究环境质量、环境承载力的自然（包括物理学、化学、生物学）本质和物质基础，等等。

2. 环境质量学说

这是对原有环境质量学说的进一步完善和发展，它以环境质量为核心概念，研究环境质量与人体健康、生活质量、精神境界的关系，描述和预测环境质量变化规律及其与人类活动的相互关系等。

3. 环境承载力学说

随着环境承载力概念的提出及其在环境规划、环境影响评价等领域的应用，形成了解决环境与发展问题的一种新的理论和方法体系。其主要研究内容为环境（包括生态、资源）对经济社会发展活动的承载作用、人类活动对环境承载力的提高和降低作用、如何协调两者的关系等。"环境承载力（environmental carrying capacity）"的科学定义可表述为：在某一时期，某种状态或条件下，某地区的环境所能承受的人

类活动作用的阈值。这里，所谓"能承受"是指不影响环境系统正常功能的发挥。

4. 环境协调学说（管理学）

这是在环境管理的实践上发展起来的，它以环境系统学说、环境质量学说、环境承载力学说为基础，在可持续发展理论的指导下，研究如何运用社会学、经济学、管理学方法在法规、政策、规划等各个层次上调整人类的思想和行为，以使环境与经济社会协调发展。

（二）环境科学的分科

环境系统本身就是一个包含多个子系统的复杂系统，每个子系统都可能自成一个环境学科，与此同时，环境科学仅仅是在 20 世纪 70 年代新兴的一门科学，目前正处于蓬勃发展的阶段，不断有新的分支学科形成，因此对环境科学的分科体系还没有成熟一致的看法。其中一种将环境科学分为环境学、基础环境学和应用环境学三个基本的学科。图 1-2 表示环境科学的分科系统。

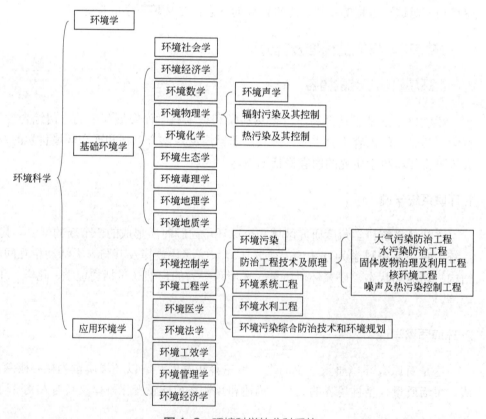

图 1-2 环境科学的分科系统

1. 环境学

环境学是环境科学的核心，它着重于环境科学基本理论和方法论的研究。在宏观上研究人类同环境之间的相互作用、相互促进、相互制约的对立统一关系，揭示社会经济发展和环境保护协调发展的基本规律；在微观上研究环境中的物质，尤其是人类活动排放的污染物在有机体内迁移、转化和积累的过程及其运动规律，探索其对生命的影响及其作用机理等。

2. 基础环境学

基础环境学是环境科学发展过程中所形成的基础学科。由于主体（国家、政府、团体、个人）对资源开发、调拨和利用决策对环境的负面影响远远强于经济杠杆对环境污染与破坏的制约，所以把环境经济学列入基础环境学范围内。这样，基础环境学就包括环境化学、环境社会学、环境数学、环境物理学、环境生态学、环境毒理学、环境地理学和环境地质学及环境经济学等。

3. 应用环境学

应用环境学是环境科学在实践应用中形成的学科，它综合运用多种工程技术措施和管理手段，从区域环境的整体出发，调节技术措施和管理手段，控制人类和环境之间的相互关系，利用系统分析和系统工程的方法寻找解决环境问题的最优方案。应用环境学主要包括环境控制学、环境工程学、环境医学、环境法学、环境工效学、环境管理学、环境经济学等。其中环境管理学研究如何采用多种行政管理手段协调经济发展与环境保护之间的关系，加强管理环境的规划管理、质量管理和技术管理，运用现代管理学的理论、方法和技术手段，为环境管理活动提供理论指导、管理技术与管理方法；环境经济学研究经济发展和环境保护之间的相互关系，探索合理调节人类经济活动和环境之间的物质交换的基本规律，其目的是使经济活动能取得最佳的经济效益和环境效益；环境工程学是运用工程技术的原理和方法，防治环境污染，合理利用自然资源，保护和改善环境质量。主要研究内容有大气污染防治工程、水污染防治工程、固体废物的处理和利用、噪声控制等，并研究环境污染综合防治，以及运用系统分析和系统工程的方法，从区域环境的整体上寻求解决环境问题的最佳方案。

总之，环境科学主要是运用自然科学和社会科学的有关学科的理论、技术和方法来研究环境问题。在与有关学科相互渗透、交叉中形成了许多分支学科。在环境科学发展过程中，环境科学的各个分支学科虽然各有特点，但又互相渗透，互相依存，它们是环境科学这个整体不可分割、相互依存的组成部分。随着人类在控制环境污染方面所取得的进展，环境科学这一学科也日趋成熟，并形成自己的基础理论和研究方法。它将从分门别类研究环境和环境问题，逐步发展到从整体上进行综合研究。生态文明是中国特色社会主义事业"五位一体"总体布局的重要组成部分。当前，与我国经济转型高质量发展形势相适应，环境学科专业人才具有良好的社会需求与发展前景，环境科学与工程类学科建设受到了高度重视，发展势头迅猛。

✐ 思考题

1. 环境要素主要有哪些？各要素之间的相互关系如何？
2. 根据环境科学的研究领域及进展，讨论分析环境科学的研究任务。
3. 环境问题的实质是什么？你认为中国当前最紧迫的环境问题是什么？
4. 根据环境问题产生的三个阶段及背景，讨论分析环境问题产生的原因。
5. 谈谈你对环境科学产生及发展过程的理解。

第二章　全球环境问题

 引　言

从全球角度来看，地球生命系统持续处于超载状态。进入 21 世纪以来，地球生态赤字不断扩大，人类生存的生态环境正面临巨大挑战。国际环保组织"全球足迹网络"（GFN）发表年度报告，指出人类于 7 月 29 日已将 2019 年地球所有天然资源配额消耗一空，包括水、土壤和洁净空气均被用尽，使 2019 年的"地球超载日"成为历年来最早。世界自然基金会发布的《地球生命力报告 2020》显示，为满足全球人口的需求，目前需要约 1.6 个地球的面积和生态资源。而如果按现有趋势继续发展，到 2100 年以后我们需要四个地球。生态超载进一步加剧气候变化、森林萎缩、渔业资源衰退、土地退化、淡水资源减少、生物多样性丧失，资源安全、生态安全已经成为国家安全的核心内容，并影响世界安全的格局。

20 世纪 70 年代以来，环境问题已逐渐超越国界，从地方性问题演变为区域性、全球性问题，成为全人类共同面临的生存和发展问题，环境保护国际公约逐渐成为破解分歧、达成共识、携手解决环境问题的有效途径。在我国加强环境治理、构建人与自然和谐发展也被放在更加突出的位置，我国政府先后缔约或签署了四十余项环境保护国际公约，包括全球气候变化、臭氧层破坏、生物多样性损失、酸雨、荒漠化、持久性有机物污染、海洋污染、危险废物越境转移等，宣示了中国向污染"开战"的决心。了解典型全球性环境问题的产生、现状、发展及其防控措施，对充分了解我国面临的严峻生态环境形势、应对已发生的和潜在的环境问题，积极参与我国生态环境建设至关重要。

宇宙只有一个地球，人类共有一个家园。地球是人类唯一赖以生存的家园，珍爱和呵护地球是人类的唯一选择。2017 年 1 月 18 日，国家主席习近平在瑞士日内瓦万国宫出席"共商共筑人类命运共同体"高级别会议，并发表题为《共同构建人类命运共同体》的主旨演讲，指出："人与自然共生共存，伤害自然最终将伤及人类。空气、水、土壤、蓝天等自然资源用之不觉、失之难续。工业化创造了前所未有的物质财富，也产生了难以弥补的生态创伤。我们不能吃祖宗饭、断子孙路，用破坏性方式搞发展。绿水青山就是金山银山。我们应该遵循天人合一、道法自然的理念，寻求永续发展之路。"面对生态环境挑战，人类是一荣俱荣、一损俱损的命运共同体，没有哪个国家能独善其身。习近平的全球生态环境治理观，把加强生态环境治理作为人类命运共同体可持续发展的目标，明晰了构建人类命运共同体的主要内容和未来愿景，在政治、安全、经济、文化和生态等诸多领域的全球性合作途径，向世界发出"绿色治理"的铿锵之音，为全球生态环境治理指明了路径与方向，为做好新时代我国生态环境保护工作提供了重要指引和根本遵循。

A variety of environmental problems now affect our entire world. For some instances，cars have made the air unhealthy to breathe; poisonous gas has been vented from factories; trees on the hills have been chopped down and waste water is being discharged successively into rivers. Furthermore, wherever we go today, we can find rubbish have been carelessly littered. Pollution is, in fact, threatening our existence. The earth is our home and we have responsibilities to protect it not only for ourselves but for the next generation. Fortunately, a great many of people have realized these problems. Measures have been taken to deal with these problems by legislating in order to diminish pollution. Combining the formation and development trend of the current major global environment problems, the action taken by the international community and China are discussed to solve these environmental problems.

导 读

　　随着人类不断地掠夺地球的资源，各种经济行为正在改变全球的生态系统。在当代社会，由于人类活动的空间规模不断扩大，环境问题正在迅速地从地区性问题发展成为全球性问题，从简单问题（可分类、可定量、易解决、近期可见性）发展到复杂问题（难分类、难定量、难解决、风险高、影响时段长）。本章主要分析了当前具有全球共识、形成国际公约的主要全球性环境问题，包括全球气候变化、臭氧层破坏、生物多样性损失、酸雨、荒漠化、持久性有机物污染、海洋污染、危险废物越境转移等，阐述了相应问题产生的原因及发展趋势，讨论了当前国际及我国在解决这些环境问题过程中采取的行动。

第一节　全球气候变化

一、气候变化及其危害

（一）气候变化

　　气候变化（climate change）是指气候平均状态统计学意义上的巨大改变或者持续较长一段时间（典型的为 10 年或更长）的气候变动。《联合国气候变化框架公约》（UNFCCC）第一款中，将"气候变化"定义为："经过相当一段时间的观察，在自然气候变化之外由人类活动直接或间接地改变全球大气组成所导致的气候改变。"UNFCCC 因此将因人类活动而改变大气组成的"气候变化"与归因于自然原因的"气候变率"区分开来。

　　气候变化问题被视为是世界环境、人类健康与福利和全球经济持续发展的最大威胁之一，被列为全球十大环境问题之首。气候变化不仅是气候和全球环境领域的问题，还是涉及社会生产、消费和生活方式以及生存空间等社会和经济发展的重大问题。目前所讨论的气候变化主要是指自18世纪工业革命以来，人类大量排放二氧化碳等气体所造成的全球变暖现象。全球变暖问题是指大气成分发生变化导致温室效应加剧，使地球气候异常变暖。大气中的各种气体并非都有保存热量的作用，其中能够导致温室效应的气体被称为温室气体。

联合国政府间气候变化专门委员会（IPCC）发布了《关于气候变化的第5次评估报告》，对全球气候变化情况进行了监测分析。

1. 人类因素和自然因素对气候变化的驱动

① 自从1750年以来，人类活动导致全球大气中CO_2、CH_4及氮氧化物浓度显著增加，目前已经远超过了工业革命之前的值。全球CO_2浓度的增加主要是由化石燃料的使用及土地利用的变化引起的，而CH_4和氮氧化物浓度的增加主要是农业引起的。

全球CO_2浓度从工业革命前的280μL/L上升到了2005年的379μL/L。据冰芯研究证明，2005年大气CO_2浓度远远超过了过去65万年来自然因素引起的变化范围（180～300μL/L）。过去10年CO_2浓度增长率为1.9μL/（L·a），而有连续直接测量记录以来的增长率为1.4μL/（L·a）。

化石燃料燃烧释放的CO_2从20世纪90年代的每年6.4GtC（6.0～6.8GtC，一个GtC等于10^{15}g碳，即10亿吨碳）增加到2000—2005年的每年7.2GtC（6.9～7.5GtC）。在20世纪90年代，与土地利用变化有关的CO_2释放量估计是每年1.6GtC（0.5～2.7GtC）。

全球CH_4浓度从工业革命前的715μL/m³增加到了20世纪90年代的1732μL/m³，2005年达到了1774μL/m³。2005年CH_4浓度远远超过了过去65万年来自然因素引起的变化范围（320～790μL/m³）。

全球氮氧化物浓度从工业革命前的270μL/m³增加到了2005年的319μL/m³。其增长率从20世纪80年代以来基本上是稳定的。

② 联合国政府间气候变化专门委员会（IPCC）在丹麦哥本哈根发布了IPCC第5次评估报告的《综合报告》，《综合报告》确认世界各地都在发生气候变化，而气候系统变暖是毋庸置疑的。自20世纪50年代以来，许多观测到的变化在几十年乃至上千年时间里都是前所未有的。1880—2012年，全球地表平均气温大约上升了0.85℃，在北半球，1983—2012年可能是过去1400年中最暖的30年。相比之前的评估报告，该报告更为肯定地指出一项事实，即温室气体排放以及其他人为驱动因子已成为自20世纪中期以来气候变暖的主要原因。

近几十年，在各大洲和各个海域都已显现出气候变化的影响。破坏气候的人类活动越多，其产生的风险也就越大。报告指出，持续排放温室气体将导致气候系统的所有组成部分进一步变暖并发生持久的变化，还会使对社会各阶层和自然世界产生广泛而深刻影响的可能性随之增加。

③ 到2017年，人类造成气温与工业化前水平相比上升了约1℃，在过去30年里平均每10年上升0.2℃。极端天气事件及其带来的火灾、洪水和干旱的频率和强度在过去50年加剧，而全球平均海平面自1900年以来上升了16～21cm，在过去20年以每年3mm以上的速度上升。这些变化对生物多样性的许多方面产生了广泛影响，包括物种分布、物候、种群动态、群落结构和生态系统功能等。根据观测得到的证据，这些影响正在海洋、陆地和淡水生态系统中加速发展，并已经影响到农业、水产养殖、渔业和自然对人类的贡献。气候变化、土地/海洋利用改变、资源过度开发、污染和外来入侵物种等驱动因素的复合效应可能加剧对自然的负面影响，在珊瑚礁、北极系统和稀树草原等不同生态系统中已经可以看到这种现象。

2. 近期气候变化的直接观测

气候系统变暖是毋庸置疑的。全球大气平均温度和海洋温度均在增加，大范围的冰雪融化和全球海平面升高也说明了这一点。

1971—2010 年间海洋变暖所吸收热量占地球气候系统热能储量的 90% 以上，几乎确定的是，海洋上层（0～700m）已经变暖。与此同时，1979—2012 年，北极海冰面积以每 10 年 3.5%～4.1% 的速度减少；自 20 世纪 80 年代以来，大多数地区多年冻土层的温度已升高，升高速度因地区的不同而不同。

最近几年，全球平均气温一年比一年高。监测数据显示，20 世纪中后期以来，全球变暖正在加速，北半球变暖速度快于南半球。在 2019 年的前七个月里，全球陷入高温炙烤，欧盟哥白尼气候变化服务（C3S）数据显示，全球范围内，2019 年 7 月比史上最热月份 2016 年 7 月的温度还高出 0.04℃。世界气象组织（WMO）称，2015—2019 年很有可能成为地球上"有气温记录以来最热的 5 年"。

中国气候变暖趋势与全球的总趋势基本一致。根据《2018 中国生态环境状况公报》，2018 年，全国平均气温 10.09℃，比常年偏高 0.54℃。1 月、2 月、10 月和 12 月气温偏低；其他各月均偏高，其中 3 月偏高 2.8℃，为历史同期最高。全国六大区域平均气温均比常年偏高，其中华北地区和长江中下游分别偏高 0.7℃和 0.8℃。除新疆北部局地气温略偏低外，其他地区气温接近常年或偏高，其中黄淮中部、江南东部、内蒙古中部、青海西南部和东南部、西藏西部和北部等地偏高 1～2℃。图 2-1 为 1951—2018 年全国平均气温年际变化。

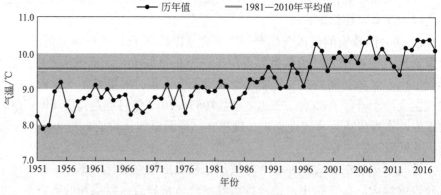

图 2-1　1951—2018 年全国平均气温年际变化

2018 年全国平均降水量 673.8mm，比常年偏多 7.0%，比 2017 年偏多 3.9%。1 月、7 月、8 月、9 月、11 月和 12 月降水量偏多，其中 12 月偏多 78.0%，2 月、4 月、6 月和 10 月降水量偏少，其中 2 月偏少 53.0%，为 1951 年以来历史同期第三少；3 月和 5 月降水量接近常年同期。图 2-2 为 1951—2018 年全国平均降水量年际变化。

（二）气候变化的危害

气候变化的影响是多尺度、全方位、多层次的，正面和负面影响并存，但

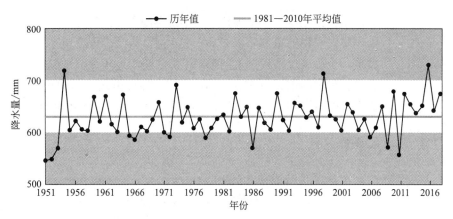

图 2-2　1951—2018 年全国平均降水量年际变化

它的负面影响更受关注。全球气候变暖对全球许多地区的自然生态系统已经产生了影响，如海平面升高、冰川退缩、湖泊水位下降、湖泊面积萎缩、冻土融化、河（湖）冰迟冻与早融、中高纬生长季节延长、动植物分布范围向极区和高海拔区延伸、某些动植物数量减少、一些植物开花期提前等。自然生态系统由于适应能力有限，容易受到严重的甚至不可恢复的破坏。

1. 冰川消融

2018 年 2 月，美国国家航空与航天局（NASA）公布了 GRACE 卫星以及无人驾驶飞机观测到的千米厚冰盖底部冰层的一些最新数据。数据显示，世界上最大的冰盖——南极和格陵兰岛冰盖正在迅速融化。

鉴于当前温室气体的浓度以及排放水平，21 世纪末全球平均气温将持续升高，高出前工业化时期的平均水平。世界各大洋将持续变暖，冰雪将继续融化。

自 2004 年以来，冰盖平均每年减少超过 3030 亿吨，连续每年损失增加了 310 亿吨。大约 60% 的融化是表面融化造成的，剩下的融化是冰川崩解造成的（内部的巨流排出，然后陷入大海）。

NASA 通过 GRACE 卫星提供了 2002—2016 年格陵兰岛冰盖的夏季变化情况。由于表面融化和冰山崩塌，格陵兰岛冰量在过去几年中急剧下降。基于 GRACE 卫星的研究表明，2002—2016 年，格陵兰岛每年减少约 2800 亿吨冰。

到目前为止，南极地带气温升高幅度高于全球平均水平。自 2002 年以来，南极冰盖每年失去约 1180 亿吨的冰。最新的消息是，几千米的冰塌陷在海里。

2. 极端天气事件

尽管极端高温天气、频繁的台风在统计意义上无法归咎于气候变化，只能算极端天气事件，但研究表明，极端天气事件与温室效应存在关系。IPCC 第 5 次评估报告中指出，气候变化影响的表现之一是极端天气发生的频率增加、破坏性增强。在全球气候变暖的大趋势下，未来极端天气或将成为"新常态"。2017 年以来，极端天气以及由极端天气引发的次生灾害给我国的生产和生活造成了巨大损失。根据中国气象局发布的《2017 年中国气候公报》，2017 年我国气象灾害主要特点是，暴雨过程频繁、登陆台风多、高温日数为历史最多。

世界气象组织称，2019 年前 5 个月的气温是有记录以来同期气温的第三高。5 月的南极海冰面积是有记录以来的最低值，而北极海冰面积则是有记录以来的第二低值。该组织表示，全球温室气体的浓度不断升高，持续导致气温升高和海洋酸化。

半个世纪以来，中国长江中下游等南方地区的暴雨明显变多了，而在北方省份，旱灾发生的范围不断扩大。这几年，罕见而强烈的旱灾侵袭许多南方省份，桑美、圣帕等台风频频重创东南沿海省份。近年来，中国每年因气象灾害造成的农作物受灾面积达 5000 万公顷，因灾害损失的粮食有 4300 万吨，每年受重大气象灾害影响的人口达 4 亿人次，造成经济损失平均每年达 2000 多亿元人民币。

3. 粮食减产

全球变暖造成粮食减产，因为全球变暖带来干旱、缺水、海平面上升、洪水泛滥、热浪及气温剧变，这些都会使世界各地的粮食生产受到严重影响。亚洲大部分地区及美国的谷物带地区，正变得越来越干旱。在一些干旱农业地区，如非洲撒哈拉沙漠地区，只要全球变暖带来轻微的气温上升，粮食生产量都将会大大减少。

全球变暖的细微改变，对粮食生产就会造成意想不到的后果。稻米对温度剧变的敏感性就是其中的一个例子。国际稻米研究所的研究显示，若晚间最低气温每上升 1℃（1.8 ℉），稻米收成便会减少 10%。值得警惕的是，稻米是全球过半人口的主要粮食，所以全球变暖的轻微变化可带来深远的影响。

气候变化是 21 世纪不平等的一个典型例证。美国的温室气体排放量占全球总量的 26%，欧洲的排放量占 22%。相比之下，整个非洲大陆仅占 3.8%。虽然温室气体排放的绝大部分是高收入国家造成的，但受到影响的将是低收入国家。许多低收入国家位于热带地区，与英国等温带高收入国家相比，热带地区更容易受到气温上升的影响。整个农业系统将会遭受巨大损失，许多地区将面临饥荒，疟疾等疾病将变得更加普遍。乍得的牧民由于干旱季节延长而挣扎求生，该国最大的湖泊乍得湖在过去 50 年里已经缩小 90%。

对于中国来说，全球变暖可能导致农业生产的不稳定性增加，高温、干旱、虫害等因素都可能造成粮食减产。如果不采取措施，预计到 2030 年，中国种植业生产能力在总体上可能会下降 5%～10%；小麦、水稻、玉米三大农业作物的产量均会下降，到 21 世纪后半期，产量最多可下降 37%。同时全球变暖会对农作物品质产生影响，如大豆、冬小麦和玉米等。

全球变暖，气温升高还会导致农业病、虫、草害的发生区域扩大，危害时间延长，作物受害程度加重，从而增加农药和除草剂的施用量。此外，全球变暖会加剧农业水资源的不稳定性与供需矛盾。总之，全球变暖将严重影响中国长期的粮食安全。

2018 年 5 月湖北的连日暴雨使该省 133.23 千公顷农作物受灾，直接经济损失 3.41 亿元。而同期黑龙江、内蒙古东北部等地的降水量之少及气温之高均创历史极值，导致严重旱情。同年 5 月仅黑龙江省受旱面积已达 9254 万亩（1 亩 =666.67m²），为耕地面积的 53%，是历史同期最重旱情。

4. 海平面上升，海洋灾害严重

2013 年，IPCC 第 5 次报告称，自 1901 年至 2010 年，因气候变暖和冰雪融化，海洋面积扩大，全球平均海平面上升了 19cm；自 1979 年起，北极的海冰范围以每 10 年 107 万平方千米的速度持续缩小。

全球平均海平面上升是由海洋量的增加引起的，这是由于：① 海洋变暖引起的热膨胀；② 格陵兰岛冰盖和南极冰盖减少；③ 陆地液态水储量减少，河流流入海洋也使海平面上升。联合国海洋地图集（UN Atlas of the Oceans）显示，全球 10 个最大的城市中有 8 个位于海岸附近。值得注意的是，这些城市包括纽约、伦敦和上海等大都市。美国国家航空航天局（NASA）的研究结果还显示海平面正在加速上升，估计到 2100 年海平面上升会高达 65cm。

《中国海洋灾害公报》显示，2018 年，我国海洋灾害以风暴潮、海浪、海冰和海岸侵蚀等灾害为主，各类海洋灾害共造成直接经济损失 47.77 亿元，死亡（含失踪）73 人。与近 10 年（2009—2018 年）平均状况相比，2018 年海洋灾害直接经济损失低于平均值（98 亿元），死亡（含失踪）人数略高于平均值（71 人）。根据在沿海 11 个省（区、市）重点岸段开展的海岸侵蚀灾害损失评估工作，全年海岸侵蚀灾害造成直接经济损失 2.85 亿元。

5. 物种灭绝

联合国政府间气候变化专门委员会（IPCC）2007 年发布的第 4 次评估报告指出，未来 60～70 年内，气候变化会导致大量的物种灭绝。现在已经可以确信气候变化与一些蛙类的灭绝有关，而这仅仅是冰山一角。气候变化导致的物种灭绝风险将会比地球历史上 5 次严重的物种灭绝还要严重。由温室效应导致的全球气候变暖将带来全球和区域的水热条件变化，温度上升使物种向高海拔、高纬度地区迁移，沿高海拔迁移的物种向上移动退到山顶时，只能在当地灭绝；沿高纬度方向迁移的物种无法逾越在迁移途中遇到的大的自然障碍和人为障碍时也将面临灭绝危险。同时，由于动物在生态系统中复杂的关系，一个物种的灭绝可能引起许多相关物种的灭绝。

在加勒比海，一半以上的珊瑚物种都因为剧烈的环境变化灭绝于 100 万～200 万年前。史密森尼热带研究所（Smithsonian Tropical Research Institute）的生态学者认为其中的一群"幸存者"将因为高度的遗传多样性，继续适应未来的气候变化。

二、减缓气候变化的行动

（一）国际行动

全球气候变化问题引起了国际社会的普遍关注。1979 年第一次世界气候大会呼吁保护气候；1992 年 5 月 22 日联合国政府间谈判委员会就气候变化问题达成《联合国气候变化框架公约》（United Nations Framework Convention on Climate Change，简称《框架公约》，英文缩写 UNFCCC），并于 1992 年 6 月 4 日在巴西里约热内卢举行的联合国环境与发展大会（地球首脑会议）上通过。《框架公约》是世界上第一个为全面控制二氧化碳等温室气体排放，以应对全球气候变暖给人类经济和社会带来不利影响的国际公约，也是国际社会在应对全球气候变化问题上进行国际合作的一个基本框架。公约于 1994 年 3 月 21 日正式生效。据统计，截至 2016 年 6 月已有 197 个国家批准了《框架公约》，这些国家被称为公约缔约方。公约由序言及 26 条正文组成。公约有法律约束力，旨在控制大气中二氧化碳、甲烷和其他造成"温室效应"的气体的排放，将温室气体的浓度稳定在使气候系统免遭破坏的水平上。公约对发达国家和发展中国家规定的义务以及履行义务的程序有所区别。公约要求发达国家作为温室气体的排放大户，采取具体措施限制温室气体的排放，并向发展中国家提供资金以支付他们履行公约义务所需的费用。公约建立了

一个向发展中国家提供资金和技术，使其能够履行公约义务的资金机制。

2016 年 10 月 5 日，时任联合国秘书长潘基文宣布《巴黎协定》于 2016 年 11 月 4 日正式生效。该协定和 1992 年《联合国气候变化框架公约》、1997 年《京都议定书》被誉为人类历史上应对气候变化的第 3 个里程碑式的国际法律文件。《巴黎协定》核心内容一是将全球平均气温升幅控制在工业化前水平 2℃之内，并为把升温控制在 1.5℃之内努力；二是尽快实现温室气体排放达峰；三是加强气候行动国际合作，实现全球应对气候变化长期目标。

2019 年 12 月 2 日，《联合国气候变化框架公约》第 25 次缔约方大会（COP25）在西班牙马德里开幕。此次会议以"采取行动的时间"为主题，来自 196 个国家的代表试图就减排力度、碳市场机制与资金安排等关键问题达成共识。

（二）中国行动

中国努力促进《联合国气候变化框架公约》和《京都议定书》的全面、有效和持续实施，积极而建设性地参加了公约和议定书框架下的谈判。

中国作为一个负责任的发展中国家，对气候变化问题给予了高度重视，成立了国家气候变化对策协调机构，并根据国家可持续发展战略的要求，采取了一系列与应对气候变化相关的政策和措施，为减缓和适应气候变化做出了积极的贡献。自 1992 年联合国环境与发展大会以后，中国政府率先组织制定了《中国 21 世纪议程——中国 21 世纪人口、环境与发展白皮书》，并从国情出发采取了一系列政策措施，为减缓全球气候变化做出了积极的贡献。作为发展中国家的代表，中国长期积极致力推动全球气候谈判，以身作则践行相关减排承诺，在全球气候变化治理中扮演建设性的关键角色。

2015 年 6 月，中国向《联合国气候变化框架公约》秘书处提交了应对气候变化国家自主贡献文件，提出了到 2030 年单位国内生产总值二氧化碳排放比 2005 年下降 60%～65% 等目标。这不仅是中国作为公约缔约方的规定动作，也是为实现公约目标所能做出的最大努力。

2007 年、2008 年中国政府先后发布《中国应对气候变化国家方案》和《中国应对气候变化的政策与行动》，明确了中国在气候变化的立场、主要行动和基本方案，并每年发布《中国应对气候变化的政策与行动年度报告》，根据全球气候变化的新形势和新需求不断更新气候变化方面的行动策略。《中国应对气候变化的政策与行动 2019 年度报告》是我国针对气候变化工作发布的第十一份年度报告，按照"共同但有区别的责任"原则、公平原则和各自能力原则，中国政府积极建设性参与全球气候治理，与各方携手推动全球气候治理进程，推动《巴黎协定》实施细则的谈判取得积极成果，在联合国气候行动峰会上贡献中方倡议和中国主张。

中国以创新理念和行动应对全球气候变化的新闻发布会中，中国气候变化事务特别代表解振华介绍，中国长期致力于引导应对气候变化国际合作，在低碳转型的环境、经济、社会发展方面协同效应显著，提前三年实现了 2020 年碳强度下降的目标，目前已成为世界上利用新能源和可再生能源的第一大国，清洁能源投资连续 9 年位列全球第一，为应对全球气候变化提供了"中国方案"。中国向《联合国气候变化框架公约》秘书处正式递交的应对气候变化国家自主贡献文件中承诺：到 2030 年左右碳排放达到峰值，并将努力早日达峰；单位国内生产总值碳排放强度比 2005 年下降 60%～65%；非化石能源占一次能源消费比重达到 20% 左右，森林蓄积量比 2005 年增加 45 亿立方米左右。

　　在党中央、国务院的坚强领导下，各部门、各地方积极落实"十三五"控制温室气体排放工作方案确定的目标任务，全国应对气候变化工作取得明显成效。《中国应对气候变化的政策与行动 2019 年度报告》比较全面地反映了这些成效的具体内容。归纳起来主要有六个方面。

　　一是减缓气候变化工作全面推进。持续落实"十三五"碳强度下降目标，初步核算，2018 年全国碳排放强度比 2005 年下降 45.8%，保持了持续下降，而且这个数字已经提前实现了 2020 年碳排放强度比 2005 年下降 40%～45% 的承诺，基本扭转了温室气体排放快速增长的局面，非化石能源占能源消费的比重达到 14.3%。

　　二是适应气候变化工作有序开展。适应工作和减缓同样重要，农业、水资源、森林、海洋、人体健康、防灾减灾等领域在适应气候变化方面做了大量工作，也取得了积极进展。气候适应型城市试点工作继续深化，中国还参与发起建立了全球适应委员会，积极推动适应气候变化的国际合作。

　　三是应对气候变化体制机制不断完善。不断强化应对气候变化与生态环境保护工作的统筹协调，完善国家应对气候变化及节能减排工作领导小组的工作机制，领导小组统一领导、主管部门归口管理、各部门相互配合、各地方全面参与的应对气候变化工作机制已经初步形成。目前，全国各地应对气候变化机构改革和职能调整已经全部完成。

　　四是碳市场建设持续推进。政府陆续发布了 24 个行业的碳排放核算报告指南和 13 项碳排放核算的国家标准，碳市场相关制度建设、基础设施建设、能力建设扎实稳步推进。

　　五是积极参与全球气候治理。在《巴黎协定》实施细则的谈判中，积极提出中国方案，为谈判取得成功做出了重要贡献。坚持多边主义，坚持"共同但有区别的责任"等原则，中国在全球气候治理中不断发挥着重要的建设性作用。

　　六是气候变化宣传持续强化。各部门和地方积极开展"全国低碳日"活动，开展各种各样内容丰富的宣传活动，及时向全社会通报应对气候变化工作的最新进展。通过近些年的努力，全社会应对气候变化的意识在不断提高。

　　2019 年 3 月中国发布了《碳排放权交易管理暂行条例（征求意见稿）》，将在"十四五"期间基本建成制度完善、交易活跃、监管严格、公开透明的全国碳市场。中国还与新西兰共同牵头提出应对气候变化的"基于自然的解决方案"，被列入 2019 年 9 月联合国气候行动峰会六大行动领域。中国还一直努力扩大可再生能源在能源消费结构中的份额，非化石燃料占比已经从 2017 年的 12% 提高到 2018 年底的 14.3%。

第二节　臭氧层破坏

一、臭氧层破坏及其危害

（一）臭氧层破坏

　　距地面 15～50km 高度的大气平流层，集中了地球上约 90% 的臭氧，这就是"臭氧层"，其主要作用是吸收短波紫外线。在平流层中，氧气在紫外线作用下可以变成氧原子，然后氧原子和没有分裂的氧合并成臭氧；臭氧分子不稳定，在紫外线照射下又可分为氧气分子和氧原子；臭氧的产生和分解平衡即形成臭氧层。

1. 臭氧层空洞（ozone hole）

臭氧层

大自然给地球设置了一层"保护伞"，就是臭氧层，它能吸收太阳辐射出的 99% 的紫外线，使地球上的生物免遭紫外线的伤害。但是，20 世纪 80 年代，科学家发现了南极上空的臭氧层空洞。原因就是制冷剂、发泡剂、喷射剂等含有消耗臭氧层物质的化学制品被大量使用。

1987 年 10 月，南极上空的 O_3 浓度降到了 1957—1978 年间的一半，臭氧层空洞面积则扩大到足以覆盖整个欧洲大陆。从那以后，O_3 浓度下降的速度还在加快，臭氧层空洞的面积也在不断扩大。1994 年 10 月 17 日观测到的臭氧层空洞曾一度蔓延到了南美洲最南端的上空。20 世纪 90 年代，臭氧层空洞仍在继续扩展，1995 年观测到的臭氧层空洞发生期间是 77 天，1996 年南极平流层的 O_3 几乎被全部破坏，臭氧层空洞发生期间增加到 80 天。2017 年，南极上空的臭氧层空洞缩小至 1988 年以来的最小面积。科学家指出，这是南极上空平流层变暖的结果，并不意味着南极臭氧层空洞得到快速恢复。

进一步研究表明，臭氧层耗减不只是发生在南极，在北极上空和其他中纬度地区也都出现了不同程度的臭氧层耗减现象。1987 年德国发现北极上空也存在一个面积相当于南极臭氧层空洞 1/5 面积的洞。经大规模联合考察，结果发现北极上空与南极上空类似的光化学反应，造成 O_3 损耗的含氟氯烃气体的浓度比原先所认为的高 50 倍。

2. 破坏臭氧层的主要物质

对臭氧层破坏机制的研究证明，主要消耗臭氧层的物质（ODS）包括氟氯烃（CFC）、溴氟烷（Halons，俗称哈龙）、四氯化碳（CCl_4）、甲基氯仿（1,1,1-三氯乙烷）、溴甲烷（CH_3Br）以及部分取代的氢氟氯烃（HCFC）。

氟氯烃（CFC）是几种氟氯代甲烷和氟氯代乙烷的总称，主要的是以氯原子取代甲烷中的氢，包括 CCl_3F（F-11）、CCl_2F_2（F-12）、$CClF_3$（F-13）、$CHCl_2F$（F-21）、$CHClF_2$（F-22）、$FCl_2C\text{-}CClF_2$（F-113）、$F_2ClC\text{-}CClF_2$（F-114）、$C_2H_4F_2$（F-152）、C_2ClF_5（F-115）、$C_2H_3F_3$（F-143）等。氟氯烃可以在紫外线的照射下产生氯原子，成为臭氧分解的催化剂。研究表明，氟利昂是臭氧层破坏的元凶，它是 20 世纪 20 年代合成的，其化学性质稳定，不具有可燃性和毒性，被当作制冷剂、发泡剂和清洗剂，广泛用于家用电器、泡沫塑料、日用化学品、汽车、消防器材等领域。

哈龙（Halons）属于一类称为卤代烷的化学品，主要用于灭火药剂。人们用哈龙灭火器救火或训练时，哈龙气体就自然排放到大气中。哈龙含有氯和溴，在大气中受到阳光辐射后，分解出氯、溴的自由基，这些化学活性基团与臭氧结合夺去臭氧分子中的一个氧原子，引发一个破坏性链式反应，使臭氧遭到破坏，从而降低臭氧浓度，产生臭氧层空洞。哈龙在平流层中对臭氧层的破坏作用将持续几十年甚至更长时间，因此哈龙是破坏臭氧层的主要元凶之一。

溴甲烷，又称溴代甲烷或甲基溴，是一种无色无味的液体，具有强烈的熏蒸作用，能高效杀灭各种有害生物。它对土壤具有很强的穿透能力，能穿透到未腐烂分解的有机体中，从而达到灭虫、防病、除草的目的。研究表明，溴甲烷也是臭氧层破坏的主要物质之一，1989 年为保护环境制定的《蒙特利尔议定书》条款中明确规定，损害臭氧层的环氧乙烷、二溴化乙烷或溴甲烷之类用于食品熏蒸和灭菌的化学物质必须停止使用，1992 年，联合国环境保护署将溴甲烷列入臭氧层消耗物质名单。1994 年，《蒙特利尔议定书哥本哈根修正案》要求发达国家于 2005 年 1 月、发展中国家于 2015 年停止使用溴甲烷作为熏蒸剂控制昆虫，要寻求更加安全卫生和经济有效的植物检疫处理手段。

四氯化碳（CCl_4）几乎不溶于水，可溶于乙醇、乙醚和氯仿，能够溶解脂肪、油、树脂及某些涂料，是使用最早的清洗溶剂和灭火剂。四氯化碳分子呈正四面体结构，是非极性分子。它具有化学惰性，在一般情况下不助燃，与酸和强碱不起作用。它对某些金属（如铝、铁）有明显的腐蚀作用，也是破坏臭氧层的主要物质之一。由于其毒性大，有致癌作用，近 20 年来作为灭火剂已经被淘汰。作为清洁溶剂也已经被甲基氯仿所替代。

甲基氯仿结构式为 CCl_3CH_3，是无色透明液体，类似氯仿气味。甲基氯仿对树脂、橡胶和油脂都有很强的溶解能力，是当今广泛使用的清洁剂，主要用于电子元件和精密机械零部件清洗脱脂。科学家们通过科学试验发现，哈龙是破坏臭氧层能力最强的，其次为四氯化碳、全氯氟烃、甲基氯仿、甲基溴以及含氢氯氟烃。1990 年《蒙特利尔议定书》各缔约国在其伦敦会议上议定了甲基氯仿逐步停用的日期，规定 1996 年发达国家将全部停用氟氯化碳、四氯化碳和甲基氯仿，2015 年将在发展中国家全部停用甲基氯仿。

3. 臭氧层破坏的原因

当氟氯碳物飘浮在空气中时，因受到紫外线的影响而分解释放出氯原子。氯原子的活性极大，易与其他物质组合。氯原子遇到 O_3 时，便开始产生化学变化。O_3 是 3 个氧原子的分子，其电价键比 O_2 的共价键弱得多，所以 O_3 的化学性质更具活性。O_3 被分解成一个氧原子和一个 O_2 分子，氯原子就与氧原子相结合。当其他氧原子遇到氯氧化合分子，就又把氧原子抢回来，组成一个 O_2 分子，而恢复成单身的氯原子又可破坏其他臭氧。

地面水平的 O_3 会使活体生物的细胞损伤，因此是一种有毒气体，对生物体的健康构成威胁。但是位于大气顶部的 O_3 是生物圈的保护层，O_3 层能吸收阳光中的紫外线而使大部分紫外线不能辐射到地球表面。紫外辐射能中断 DNA 复制，使生物繁殖失败，又会使 DNA 在复制过程中发生突变，从而导致癌变。对植物而言，紫外线能使光合作用系统受到严重破坏而使初级生产力大幅度下降，所以臭氧层使生物发展成为可能，是陆生生物存在的前提。

（二）臭氧层破坏的危害

臭氧层破坏所导致的有害紫外线增加，可产生以下危害。

1. 对人类健康的影响

紫外线对促进在皮肤上合成维生素 D，对骨组织的生成、保护均起有益作用。但紫外线（$\lambda=200\sim400nm$）中的紫外线 B（$\lambda=280\sim320nm$）过量照射可以引起皮肤癌、免疫系统疾病及白内障等眼科疾病。据估计，平流层 O_3 减少 1%（即紫外线 B 增加 2%），皮肤癌的发病率将增加 4%～6%，全球白内障的发病率将增加 0.6%～0.8%，由此引起的失明人数将增加 1 万～1.5 万人。

2. 对植物的影响

近 10 多年来，科学家对 200 多个品种的植物进行了增加紫外线照射的实验，发现其中 2/3 的植物显示出敏感性。试验中有 90% 的植物是农作物品种，其中豌豆、大豆等豆类，南瓜等瓜类，西红柿以及白菜科等农作物对紫外线特别敏感（花生和小麦等植物有较好的抵御能力）。一般来说，秧苗比有营养机能的组织（如叶片）更敏感。紫外辐射会使植物叶片变小，因而减少捕获阳光进行光合作用的有效面积，

生成率下降。对大豆的初步研究表明，紫外辐射会使其更易受杂草和病虫害的损害，产量降低。同时紫外线 B 可改变某些植物的再生能力及收获产物的质量，这种变化的长期生物学意义（尤其是遗传基因的变化）是相当深远的。

3. 对循环的影响

对陆生生态系统，紫外线增加会改变植物的生成和分解，进而改变大气中重要气体的吸收和释放。当紫外线 B 光降解地表的落叶层时，这些生物质的降解过程被加速；当主要作用是对生物组织的化学反应而导致埋在下面的落叶层光降解过程减慢时，降解过程被阻滞。植物的初级生产力随着紫外线 B 辐射的增加而减少。

对水生系统，紫外线 B 也有显著作用。水生植物大多贴近水面生长，这些处于海洋生态食物链最底部的小型浮游植物的光合作用最容易被削弱（约60%），从而危及整个生态系统。增强的紫外线 B 还可通过消灭水中微生物而导致淡水生态系统发生变化，并因此而减弱了水体的自然净化作用。增强的紫外线 B 还可杀死幼鱼、小虾和蟹。研究表明，在 O_3 量减少 9% 的情况下，约有 8% 的幼鱼死亡。此外，紫外线 B 会影响水生生态系统中的碳循环、氮循环和硫循环。紫外辐射还会抑制海洋表层浮游细菌的生长，从而对海洋生物地球化学循环产生潜在影响。

4. 对生态的影响

世界上 30% 以上的动物蛋白质来自海洋。浮游植物的生长局限在光照区，即水体表层有足够光照的区域。暴露于紫外线 B 下，浮游植物的定向分布和移动会受到影响，生物的存活率会降低。

浮游植物生产力下降与臭氧减少的紫外线 B 辐射增加直接有关。如果平流层臭氧减少 25%，浮游生物的初级生产力将下降 10%，这将导致水面附近的生物减少 35%。

紫外线 B 辐射对鱼、虾、蟹、两栖动物和其他动物的早期发育阶段都有危害作用，最严重的影响是繁殖力下降和幼体发育不全。即使在现有的水平下，紫外线 B 也是限制因子。紫外线 B 照射量很少量地增加就会导致消费者生物的显著减少。

5. 对其他方面的影响

过多的紫外线会加速塑料老化，增加城市光化学烟雾。另外，氟利昂、CH_4、N_2O 等引起臭氧层破坏的痕量气体的增加，也会引起温室效应。

二、臭氧层保护行动

（一）国际行动

联合国环境规划署自 1976 年起陆续召开了各种国际会议，通过了一系列保护臭氧层的决议。尤其在 1985 年发现了在南极周围臭氧层明显变薄，即所谓的"南极臭氧层空洞"问题之后，国际上保护臭氧层以及保护人类子孙后代的呼声更加高涨。

1981 年，联合国环境规划署理事会建立了一个工作小组起草保护臭氧层的全球性公约。经过 4 年的艰苦工作，1985 年 3 月，在奥地利首都维也纳通过了有关保护臭氧层的国际公约——《保护臭氧层维也纳公约》。该公约从 1988 年 9 月生效。这个公约只规定了交换有关臭氧层信息和数据的条款，对控制消耗臭氧层物质的条款却没有约束力。此后，在《保护臭氧层维也纳公约》基础上，联合国环境规划署为了进一步对氯氟烃类物质进行控制，在审查世界各国氯氟烃类物质生产、使用、贸易的统计情况后，通过多次国际会议协商和讨论，于 1987 年 9 月 16 日在加拿大的蒙特利尔会议上，通过了《关于消耗臭氧层物质的蒙特利尔议定书》（简称《蒙特利尔议定书》），并于 1989 年 1 月 1 日起生效。为了纪念 1987 年 9 月 16 日签署的《关于消耗臭氧层物质的蒙特利尔议定书》，1995 年 1 月 23 日，联合国大会通过决议，确定从 1995 年开始，每年的 9 月 16 日为"国际保护臭氧层日"。

《关于消耗臭氧层物质的蒙特利尔议定书》实施后的调查表明，根据议定书规定的控制进程及效果并不理想。1989 年 3—5 月，联合国环境规划署连续召开了保护臭氧层伦敦会议与《保护臭氧层维也纳公约》和《关于消耗臭氧层物质的蒙特利尔议定书》缔约国第一次会议——赫尔辛基会议，进一步强调保护臭氧层的紧迫性，并于 1989 年 5 月 2 日通过了《保护臭氧层赫尔辛基宣言》，鼓励所有尚未参加《保护臭氧层维也纳公约》及《关于消耗臭氧层物质的蒙特利尔议定书》的国家尽早参加；同意在适当考虑发展中国家特别情况下，尽可能地但不迟于 2000 年取消受控制氯氟烃类物质的生产和使用；尽可能早地控制和削减其他消耗臭氧层的物质；加速替代产品和技术的研究开发；促进发展中国家获得有关科学情报、研究成果和培训，并寻求发展适当资金机制促进以最低价格向发展中国家转让技术和替换设备。

1990 年 6 月 20 日至 29 日，联合国环境规划署在伦敦召开了《关于消耗臭氧层物质的蒙特利尔议定书》缔约国第二次会议。57 个缔约国中的 53 个国家的环境部长或高级官员及参加议定书的欧洲共同体的代表参加了会议。此外，还有 49 个非缔约国的代表出席了会议。这次会议又通过了若干补充条款，修正和扩大了对有害臭氧层物质的控制范围，受控物质从原来的 2 类 8 种扩大到 7 类上百种。规定缔约国在 2000 年或更早的时间里淘汰氟利昂和哈龙；四氯化碳到 1995 年将减少 85%，到 2000 年将全部被淘汰；到 2000 年，三氯乙烷将减少 70%，2005 年以前全部被淘汰。这次会议对第一次会议通过的议定书中未涉及的"过渡物质"——氢氟氯烃（HCFCs）（这种物质对臭氧层的潜在危险远小于氟利昂），也提出了反对无节制地使用的要求。《蒙特利尔议定书》缔约国第二次会议建立了国际臭氧层保护基金会，最初 3 年的金额为 2.4 亿美元。这笔钱将主要用于发展中国家氟利昂替代物的研究、人员培训和进行区域研究，并要考虑发展中国家未来发展的需求。

《保护臭氧层维也纳公约》第 11 次缔约方大会及《关于消耗臭氧层物质的蒙特利尔议定书》第 29 次缔约方大会于 2017 年 11 月 20 日至 24 日在加拿大蒙特利尔召开，来自 141 个国家以及相关国际组织 700 余名代表与会。

2019 年 11 月 4 日至 8 日，《关于消耗臭氧层物质的蒙特利尔议定书》第 31 次缔约方大会在意大利罗马召开，来自 169 个国家以及相关国际组织 700 余名代表与会。会议就四氯化碳排放、《蒙特利尔议定书》多边基金增资研究工作大纲、三氯一氟甲烷（CFC-11）排放意外增长等议题进行讨论并形成相关决议。

《蒙特利尔议定书》被国际社会公认为最成功的多边环境条约。30 年来，在各缔约方的不懈努力下，全球淘汰了超过 99% 消耗臭氧层物质的生产和使用，臭氧层损耗得到有效遏制，并实现了巨大的环境、健康和气候效益。《蒙特利尔议定书》在保护臭氧层的同时，也为其他全球性环境问题的解决树立了榜样。

（二）中国行动

我国政府于 1989 年 9 月 11 日正式加入《保护臭氧层维也纳公约》，并于 1989 年 12 月 10 日生效；1991 年 6 月 13 日正式加入《关于消耗臭氧层物质的蒙特利尔议定书》，并于 1992 年 8 月 20 日生效。为加强对保护臭氧层工作的领导，我国成立了由国家环保局等 18 个部委组成的国家保护臭氧层领导小组。

在领导小组的组织协调下，编制了《中国消耗臭氧层物质逐步淘汰国家方案》，并于 1993 年得到国务院的批准，成为我国开展保护臭氧层工作的指导性文件。在此基础上又制定了化工、家用制冷等 8 个行业的淘汰战略，进一步明确了各行业淘汰消耗臭氧层物质的原则、政策、计划和优先项目，具有较强的可操作性。以上述两个文件为依据，我国积极组织申报和实施蒙特利尔多边基金项目。

30 多年来，在各缔约方的不懈努力下，臭氧层损耗得到有效遏制，并实现了巨大的环境和健康效益。中国累计淘汰 ODS 约 28 万吨，占发展中国家淘汰量一半以上，为议定书的履行做出了重要贡献。

十八大以来，《关于消耗臭氧层物质的蒙特利尔议定书》方面，圆满完成议定书各阶段规定的履约任务，累计制定 31 个行业计划，淘汰消耗臭氧层物质 25 万吨，占发展中国家一半以上，推动议定书于 2016 年达成了限控温室气体氢氟碳化合物的具有里程碑意义的《基加利修正案》，我国在其中发挥重要的建设性作用，得到了国际社会的高度肯定，获得《关于消耗臭氧层物质的蒙特利尔议定书》"优秀实施奖""政策奖"等多个国际奖项。

第三节　生物多样性损失

一、生物多样性及其现状

生物多样性这一概念是由美国野生生物学家和保育学家雷蒙德（Ramond F. Dasman）1968 年在其通俗读物《一个不同类型的国度》（*A Different Kind of Country*）一书中首先使用的，是 biology 和 diversity 的组合，即 biological diversity。此后的十多年，这个词组并没有得到广泛的认可和传播。直到 20 世纪 80 年代，"biodiversity"的形式由罗森（W. G. Rosen）在 1985 年第一次使用，并于 1986 年第一次出现在公开出版物上，由此"biodiversity"（生物多样性）才在科学和环境领域得到广泛传播和使用。

根据《生物多样性公约》，生物多样性是指所有来源的活的生物体中的变异性，这些来源包括陆地、海洋和其他水生生态系统及其所构成的生态综合体，这包括物种内、物种之间和生态系统的多样性。根据《中华人民共和国生物多样性保护行动计划》，所谓生物多样性是指地球上所有生物，包括动物、植物和微生物及其所构成的综合体。这种多样性包括动物、植物、微生物的物种多样性，物种的遗传与变异的多样性，及生态系统的多样性。生物多样性是生物及其与环境形成的生态复合体以及与此相关的各种生态过程的总和，由遗传（基因）多样性、物种多样性和生态系统多样性三个层次组成。

（一）全球生物多样性现状

全球最大的非政府环境保护组织——世界自然基金会（WWF）2018 年 10 月 30 日发布的《地球生命力报告 2018》显示，从 1970 年到 2014 年野生动物种群数量消亡了 60%。最近数十年，地球物种消失的速度是数百年前的 100～1000 倍。报告指出，人类活动直接构成了对生物多样性的最大威胁。同时全球鱼类、鸟类、哺乳动物、两栖动物和爬行动物的数量相较 1970 年平均下降了 60%，而且消亡速度正在加快，鸟类、哺乳动物、两栖动物、珊瑚以及苏铁科植物这五大物种消亡加速尤其严重。淡水生态系的生物数量减少速度最快，达 83%。从地域上来看，热带地区的物种数量下降明显，南美洲、中美洲和加勒比地区的新热带地区是"重灾区"，与 1970 年相比损失了 89%。

生物多样性

世界自然基金会呼吁政府签署一项生物多样性公约。这项公约为保护世界野生生物栖息地、扭转日渐萎缩的地球生物多样性提供了一个路径。其愿景是，使包括森林、海洋在内的所有生物栖息地的丧失速度至少降低一半，并在可行的情况下降低到零，同时大幅度减少生物栖息地的退化和破碎化程度。

2019 年 3 月 13 日，在肯尼亚内罗毕举行的第四届联合国环境大会上，联合国环境署发布第六期《全球环境展望》，指出：①物种种群正在减少，物种灭绝速度也在上升，目前，42% 的陆地无脊椎动物、34% 的淡水无脊椎动物和 25% 的海洋无脊椎动物被认为濒临灭绝，1970—2014 年期间，全球脊椎动物物种种群丰度平均下降了 60%；②遗传多样性正在衰退，威胁到粮食安全和生态系统的复原力，包括农业系统和粮食安全；③生态系统的完整性和各种功能正在衰退；每十四个陆地栖息地中就有十个植被生产力下降，所有陆地生态区域中将近一半被归类为处于不利状态；④生物多样性受到的关键压力是生境改变、丧失和退化，不可持续的农业做法，入侵物种扩散，污染（包括微塑料），以及过度开发（包括非法伐木和野生动植物贸易）。

2019 年，生物多样性和生态系统服务政府间科学 - 政策平台（IPBES）在巴黎发布了《生物多样性和生态系统服务全球评估报告》，这份长达 1800 页的报告是自 2005 年联合国《千年生态系统评估报告》发布以来，对全球自然环境最全面的一次评估，全面描绘了过去 50 年间全球经济发展路径，及其对自然资源和生态环境产生的影响，为全球生物多样性保护再次敲响了警钟。报告显示，如今地球上 800 万个物种中，约 100 万个物种正在面临灭绝，而栖息地减少、自然资源过度开采、气候变化和污染是地球物种损失的主因。种种证据表明，人类行为已给地球造成了"深层伤痕"。

（二）我国生物多样性现状

我国是生物多样性特别丰富的国家，在全世界居第 8 位，北半球居第 1 位。同时，我国又是生物多样性受到威胁最严重的国家之一，由于生态系统的大面积破坏和退化，使许多物种变成濒危种和受威胁种。根据《2018 中国生态环境状况公报》，中国生态多样性基本现状主要体现在以下几个方面。

1. 在生态系统多样性方面

中国具有地球陆地生态系统的各种类型，其中森林 212 类、竹林 36 类、灌丛 113 类、草甸 77 类、草原 55 类、荒漠 52 类、自然湿地 30 类；有黄海、东海、南海和黑潮流域 4 大海洋生态系统；有农田、人工林、人工湿地、人工草地和城市等人工生态系统。

2. 在物种多样性方面

根据《2019 中国生态环境状况公报》，中国已知物种及种下单元数 106509 种。其中，动物界 49044 种，植物界 44510 种，细菌界 469 种，色素界 2375 种，真菌界 7386 种，原生动物界 1920 种，病毒 805 种。列入国家重点保护野生动物名录的珍稀濒危陆生野生动物 406 种，大熊猫、金丝猴、藏羚羊、褐马

鸡、扬子鳄等数百种动物为中国所特有。列入国家重点保护野生植物名录的珍贵濒危植物 8 类 246 种，已查明大型真菌种类 9302 种（图 2-3）。

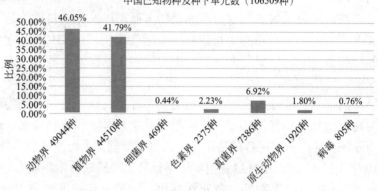

图 2-3　中国已知物种及种下单元数

3. 在遗传资源多样性方面

中国有栽培作物 528 类 1339 个栽培种，经济树种达 1000 种以上，原产观赏植物种类达 7000 种，家养动物 576 个品种。

目前，我国受威胁物种情况为：全国 34450 种已知高等植物的评估结果显示，需要重点关注和保护的高等植物 10102 种，占评估物种总数的 29.3%，其中受威胁的 3767 种、近危等级（NT）的 2723 种、数据缺乏等级（DD）的 3612 种。4357 种已知脊椎动物（除海洋鱼类）的评估结果显示，需要重点关注和保护的脊椎动物 2471 种，占评估物种总数的 56.7%，其中受威胁的 932 种、近危等级的 598 种、数据缺乏等级的 941 种。9302 种已知大型真菌的评估结果显示，需要重点关注和保护的大型真菌 6538 种，占评估物种总数的 70.3%，其中受威胁的 97 种、近危等级的 101 种、数据缺乏等级的 6340 种。外来物种入侵调查结果表明，全国已发现 560 多种外来入侵物种，且呈逐年上升趋势，其中 213 种已入侵国家级自然保护区。71 种危害性较高的外来入侵物种先后被列入《中国外来入侵物种名单》，52 种外来入侵物种被列入《国家重点管理外来入侵物种名录（第一批)》。

二、生物多样性保护

维持生物多样性，将有益于一些珍稀濒危物种的保存。任何一个物种一旦灭绝，便永远不可能再生，那么人类将永远丧失这些宝贵的生物资源。而保护生物多样性，特别是保护濒危物种，对于人类后代繁衍，对科学事业都具有重大的战略意义。

（一）国际行动

1992 年 6 月，全世界 150 多个国家的首脑在巴西里约热内卢联合国环境与发展大会上共同签署了全球《生物多样性公约》（*Convention on Biological*

Diversity），并于 1993 年 12 月 29 日起生效。为了纪念这一有意义的日子，根据公约缔约方大会第一次会议的建议，1994 年联合国大会通过议案，决定将每年的 12 月 29 日定为"生物多样性国际日"。

1995 年 11 月在印度尼西亚首都雅加达召开的"生物多样性公约缔约国大会第二次会议"（COP2）通过 II/5 号决议，确定制定《生物安全议定书》，并特别注重由现代生物技术产生的转基因生物的越境转移。然后，成立了不限名额的生物安全特设工作组（BSWG），具体承担《生物安全议定书》的起草和谈判。

2000 年 1 月 24 日至 29 日在加拿大蒙特利尔召开的《生物多样性公约》缔约国大会特别会议续会上达成《生物安全议定书》最终文本。联合国《生物安全议定书》是在《生物多样性公约》下，为保护生物多样性和人体健康而控制和管理"生物技术改性活生物体"（living modified organisms，LMOs；或称"转基因生物"，genetically modified organisms，GMOs）越境转移的国际法律文件。联合国大会于 2000 年 12 月 20 日，通过第 55/201 号决议，宣布"生物多样性国际日"调整为每年 5 月 22 日，以增加对生物多样性问题的理解和认识，以此庆祝 1992 年 5 月 22 日内罗毕会议最后通过的决议《生物多样性公约》协议文本。

2004 年 2 月，《生物多样性公约》缔约方第七次部长级会议在吉隆坡举行，会议通过《吉隆坡宣言》。呼吁各国政府把生物资源的保护和可持续利用，同各国的社会、经济发展有机结合起来，要求各国政府建立更多的陆地和海洋保护区。"2020 年后全球生物多样性框架"是当前《生物多样性公约》谈判的焦点议题之一。面向未来全球生物多样性保护，框架提出四条展望：① 阐明转型变革的具体实施路径；② 平衡反映公约三大目标；③ 加强与其他全球治理进程的协同；④ 强化框架对全球及缔约方履约进展的评估和审查。

"一带一路"作为当前国际热点地区，其生物多样性现状及保护行动也受到广泛关注。在"一带一路"倡议下，相关国家跨越东南亚、中亚、西亚、大洋洲、北美、南美、东欧和中欧等地区，涉及 131 个国家。与相关国家和地区展开生物多样性联合研究将为全球生物多样性保护提供契机。"一带一路"沿线的许多国家和地区，尤其是经济欠发达国家和地区，对生物资源的过度开发和利用对地区生物多样性造成了严重的破坏，生物多样性方面的研究与保护与欧美发达国家相较还是薄弱。通过东南亚中心、中 - 非中心等对"一带一路"沿线国家和地区进行生物多样性科学考察，以及一些新类群的发表、地方志的编研，有助于相关国家和地区的科研工作者、管理部门等对当地的生物多样性的丰富度有新的认识；同时，区域内生物多样性进化机制和地理分布模式的研究，将进一步促进全球生物多样性的认识和保护。

（二）中国行动

长期以来，中国政府在生物多样性保护方面进行了不懈的努力，1987 年 5 月 22 日发布制定了《中国自然保护纲要》，是我国第一部保护自然资源和自然环境的宏观指导性文件，明确表达了我国政府对保护自然环境和自然资源的态度和政策，是我国保护自然资源和生态环境的宣言书、指导书、总规范。

中国于 1993 年加入《生物多样性公约》，随即发布《中国生物多样性保护行动计划》，确定了生物多样性保护的方针、战略以及重点领域和优先项目，并成立了由 24 个相关部门组成的中国履行《生物多样性公约》工作协调组，至今已经完成了《中国履行〈生物多样性公约〉第四次国家报告》。整体上看，我国生物多样性保护行动主要体现在以下九个方面。

1. 完善法律法规体系和体制机制

初步建立了生物多样性保护法律体系，制定并颁布了一系列有关生物多样性保护的国家、行业和地方标准。生物物种资源保护部际联席会议、中国履行《生物多样性公约》工作协调组运行良好。大部分省级人民政府加强了环保、农业、林业、海洋等涉及生物多样性保护的机构建设，并成立了跨部门协调机制。

2.发布实施一系列生物多样性保护规划

2010 年，中国政府发布并实施了《全国主体功能区规划》和《中国生物多样性保护战略与行动计划（2011—2030 年）》。国务院还批准实施了《全国生物物种资源保护与利用规划纲要》《中国水生生物资源养护行动纲要》《全国重要江河湖泊水功能区划（2011—2030）》《全国海洋功能区划（2011—2020 年）》《全国湿地保护工程"十二五"实施规划（2011—2015 年）》《全国海岛保护规划（2011—2020）》《全国畜禽遗传资源保护与利用规划》等一系列规划，推动了生物多样性保护工作。同时，开展了生态省、市、县创建活动，已有 16 个省（区、市）开展生态省建设，超过 1000 多个县（市、区）大力开展生态县建设，全国建成 4596 个生态乡镇；启动全国水生态文明城市建设试点工作，首批确定 46 个全国水生态文明城市建设试点，使生物多样性纳入当地经济社会发展规划中。

3.加强保护体系建设

建立了以自然保护区为主体，风景名胜区、森林公园、自然保护小区、农业野生植物保护点、湿地公园、沙漠公园、地质公园、海洋特别保护区、种质资源保护区为补充的就地保护体系。截至 2017 年底，全国共建立各种类型、不同级别的自然保护区 2750 个，总面积 147.17 万平方千米。其中，自然保护区陆域面积 142.70 万平方千米，占陆域国土面积的 14.86%。国家级自然保护区 463 个，总面积约 97.45 万平方千米。2018 年国家级自然保护区增至 474 个。

科学开展迁地保护。截至 2013 年底，建有各级各类植物园 200 个，收集保存了占中国植物区系 2/3 的 2 万个物种；建立了 240 多个动物园、250 处野生动物拯救繁育基地；建立了以保种场为主、保护区和基因库为辅的畜禽遗传资源保种体系，对 138 个珍贵、稀有、濒危的畜禽品种实施重点保护；加强了农作物遗传资源的收集和保存设施建设，农作物收集品总量达 42.3 万份，比 2007 年增加了约 3 万份；建立了 400 多处野生植物种质资源保育基地；建立了中国西南野生生物种质资源库，搜集和保存中国野生生物种质资源。

4.推动生物资源的可持续利用

实施重点保护野生动植物利用管理制度，包括国家重点保护野生动物特许猎捕证制度和驯养繁殖许可证制度、国家重点保护植物采集证制度。实施了森林采伐限额制度、基本草原保护制度、草畜平衡制度、禁牧休牧制度、渔业捕捞许可管理制度、禁渔期和禁渔区制度。加大水生生物资源增殖放流，加强海洋牧场建设。加强对野生动植物繁育利用的规范管理和执法监管，制定了科学严格的技术标准，建立了专用标识制度。对种群恢复较困难的濒危物种，进行人工繁育，开发替代品，减少对濒危物种的压力。不断加大执法力度，严厉查处非法销售、收购国家重点保护野生动植物及其产品的违法违规行为，查获了一批濒危物种重特大走私案件。

5.大力开展生境保护与恢复

继续实施了天然林资源保护、退耕还林、退牧还草、三北及长江、沿海等防护林建设、京津风沙源治理、岩溶地区石漠化综合治理、湿地保护与恢复、水土流失综合治理等重点生态工程。2008 年以来，中央财政共安排农村环保专项资金 195 亿元，支持 4.6 万个村庄开展环境综合整治，8700 多万农村人口受益。重点生态工程的实施，促进了退化生态系统和野生物种生境的恢复，有效保护了生物多样性。

6.制定和落实有利于生物多样性保护的鼓励措施

为有效提升生物多样性保护水平，我国先后开展了重点生态功能区退耕还林、退牧还草工程，设立森林生态效益补偿基金，组织实施国家重点生态功能区转移支付资金。《中国退耕还林还草二十年（1999—2019）》白皮书显示，20 年来，中央财政累计投入 5174 亿元，1.58 亿农民直接受益，截至 2019 年底退耕农户户均累计获得国家补助资金 9000 多元。在此基础上，2010 年国务院批准发布了《中国生物多样性保护战略与行动计划（2011—2030 年）》（以下简称《战略与行动计划》），划定了 35 个生物多样性保护优先区域。2016 年，原环境保护部发布《关于做好生物多样性保护优先区域有关工作的通知》（环发〔2015〕177 号），明确了加强优先区域保护、提升我国生物多样性管理水平的具体举措。

7.推动生物安全管理体系建设

完善外来入侵物种防控的体制机制，初步形成了林业有害生物监测预警网络体系和农业外来入侵物种监测预警网络。开展了外来入侵物种集中灭除行动。建立了农业转基因生物安全评价制度、生产许可制度、经营许可制度、产品标识制度和进口审批制度，开展林木转基因工程活动审批，实现了转基因技术研发与应用的全过程管理。

8.推动环境质量不断改善

经过多年的探索实践，环境污染防治逐步从以管控污染物总量为主向以改善环境质量为主转变，工作重点从主要控制污染物增量向优先削减存量、有序引导增量协同转变，管理途径从主要依靠环境容量向依靠环境流量、环境容量的动静协调、统筹支撑转变，进一步深化质量改善、治污减排、生态保护、风险管控等战略任务，加强制度建设。"十三五"时期，国家确定了"统筹污染治理、总量减排、环境风险管控和环境质量改善，打赢大气、水体、土壤污染防治三大战役，推进民生改善，建设美丽中国"环境污染控制新思路，以改善环境质量为核心，实行最严格的环境保护制度。截至 2019 年底，"十三五"国民经济和社会发展规划纲要和污染防治攻坚战确定的生态环境保护 9 项约束性指标，有 8 项已提前完成。与 2015 年相比，2019 年全国地表水优良水质断面比例上升 8.9 个百分点，劣五类断面比例下降 6.3个百分点；细颗粒物未达标地级及以上城市年均浓度下降 23.1%，全国 337 个地级及以上城市年均优良天数比例达到 82%。同时，我国生态环境保护仍处于压力叠加、负重前行的关键期，生态环境质量改善成效并不稳固，稍有松懈就有可能出现反复，犹如逆水行舟，不进则退。党的十九届五中全会通过的《中共中央关于制定国民经济和社会发展第十四个五年规划和二〇三五年远景目标的建议》进一步明确提出持续改善环境质量的重大任务，为人民群众提供更多优质生态产品。

9.推动公众参与

生物多样性保护是我国生态文明建设的重要内容，在当前生态文明建设的大背景下，面向公众开展

生物多样性教育已是时代和社会的客观需求。通过自然教育，让广大公众了解生物多样性，提升保护意识和参与度。结合生态文明建设实践推进，中国将生物多样性相关知识纳入中小学教育课程，并在全国普通高校开展生物多样性相关通识课程或学位教育。2010 年，我国组织开展了形式多样的国际生物多样性年中国行动宣传活动，各类宣传活动影响受众 9 亿多人次，此后每年都开展媒体培训宣传和促进企业参与生物多样性保护的大型宣传活动，带动社会公众参与热情，生物多样性保护意识有了明显提高。2020 年 11 月 16 日，在中国林学会的指导以及阿里巴巴公益基金会的资助下，世界自然基金会（WWF）联合一个地球自然基金会（OPF）在北京共同发布了全球经典生物多样性教育专著《原野之窗》中文版，向公众贡献生物多样性教育的中国经验和中国故事。

WWF 中国生物多样性意识调查报告显示，2020 年只有 34% 的公众听说过并知道"生物多样性"含义，57% 的公众表示听说过但不知道是什么意思，公众的生物多样性教育仍较为匮乏。因此，各有关部门、各地仍需进一步加大对生物多样性保护宣传及教育培训力度，更好地提升公众对生物多样性保护的认知。

第四节　酸雨

一、酸雨的危害及其分布

（一）酸雨的危害

酸雨是指 pH 值小于 5.6 的雨、雪、霜、雾或其他形式的大气降水，有"空中死神"之称。酸雨的危害是多方面的，包括对人体健康、生态系统和建筑设施都有直接和潜在的危害，它也会引起国际纠纷。

1. 酸雨对人体健康的危害

酸雨对人体健康的危害主要有两方面，一是直接危害，二是间接危害。首先，眼角膜和呼吸道黏膜对酸类十分敏感，酸雨或酸雾对这些器官有明显刺激作用。酸雨会引起呼吸方面的疾病，如支气管炎、肺病等。酸性微粒还可侵入肺的深层组织，引起肺水肿、肺硬化甚至癌变。酸雨可使儿童免疫力下降，使其易感染慢性咽炎和支气管哮喘；可使老人眼睛、呼吸道患病率增加。据调查，仅在 1980 年，英国和加拿大因酸雨污染而导致死亡的就有 1500 人。

其次，酸雨还对人体健康产生间接影响。酸雨使土壤中的有害金属被冲刷带入河流、湖泊，可使饮用水水源被污染；由于农田土壤被酸化，使本来固定在土壤矿

酸雨

化物中的有害重金属，如汞、镉、铅等，再溶出，继而被粮食、蔬菜吸收和富集，最终导致人类中毒、得病。

2. 酸雨对水域生物的危害

江河、湖泊等水域环境，受到酸雨的污染，影响最大的是水生动物，特别是鱼类。其主要危害主要表现在以下方面。

第一，水域酸化可导致鱼类血液与组织失去营养盐分，导致鱼类烂腮、变形，甚至死亡。首先，水体的酸化抑制细菌的繁殖，使细菌总数减少，降低了对有机物的分解速度，从而使真菌数迅速增加。这些变化加速了水体的富营养化，导致水体生产力的丧失。在酸化的水体中，浮游动物的种类和数量会减少，多样性降低，生物量下降。这些变化最终将影响鱼类的种群和数量。其次，鱼类本身对酸度的变化特别敏感。由于水体 pH 值的突然改变，许多鱼类会因不适应而死亡，有些鱼类虽然不会立即死亡，但持续的酸性压力会导致其功能失常、组织病变、繁殖能力下降，最终使鱼群的数量逐渐减少，甚至消失。据有关报道，瑞典的 9 万多个湖泊中，已有 2 万多个遭到酸雨危害，4 千多个成为无鱼湖；北美的加拿大和美国，已有几万个大小湖泊遭到酸雨的破坏，其中加拿大就有 4500 多个湖泊无鱼类生存，成为"死湖"。中国也曾报道某些地方水体酸化，pH 值小于 4.7，鱼类不能生存。

第二，水域酸化还可导致水生植物死亡，破坏各类生物间的营养结构，造成严重的水域生态系统紊乱。在 pH 值高于 6.0 的湖泊中，浮游植物种群正常，随着 pH 值的降低，种群会发生变化。例如，在 pH 值大于 6.0 时，湖泊中以硅藻为主；而 pH 值小于 6.0 时，则被绿藻所取代；当 pH 值等于 4.0 时，转板藻成为优势种。

第三，酸雨还杀死水中的浮游生物，减少鱼类食物来源，破坏水生生态系统。

3. 酸雨对陆生植物的危害

研究表明，酸性降水能影响树木的生长，降低生物产量。酸雨能直接侵入树叶的气孔，破坏叶面的蜡质保护层。当 pH<3 时，使植物的阳离子从叶片中析出，从而破坏表皮组织，流失某些营养元素，从而使叶面腐蚀而产生斑点，甚至坏死。酸雨还阻碍植物的呼吸和光合作用等生理功能。当 pH<4 时，植物光合作用受到抑制，从而引起叶片变色、皱褶、卷曲，直至枯萎。酸雨落地渗入土壤后，还可使土壤酸化，破坏土壤的营养结构，从而间接影响树木生长。

据资料记载，欧洲每年有 6500 万公顷森林受酸雨危害。在意大利有 9000hm² 森林因酸雨而死亡。在德国的巴伐利亚州，约有 1/4 的森林坏死，波兰已观察到针叶林大面积枯萎达数十万公顷，捷克的受害森林约占森林总面积的 1/5。我国重庆南山地区 1800 hm² 松林因酸雨而死亡过半，广西壮族自治区等有 10 多万公顷森林也正在衰亡。

酸雨还会影响农作物的生长，土壤中的金属元素因被酸雨溶解，造成矿物质大量流失，植物无法获得充足的养分，将枯萎、死亡。同时，土壤中因酸雨释出的金属也可能为植物吸收造成影响，这问题极其复杂，例如，酸雨中某些金属（如铁）的释出反而有助于植物的生长。因此，酸雨对植物、农作物、森林的确切影响还有待进一步研究。

4. 酸雨对土壤的危害

酸雨可使土壤发生物理化学性质变化。影响之一是酸雨落地渗入土壤后，使土壤酸化，破坏土壤的营养结构。酸雨使植物营养元素从土壤中淋洗出来，特别是 Ca、Mg、Fe 等阳离子迅速损失。所以长期

的酸雨会使土壤中大量的营养元素被淋失，造成土壤中营养元素的严重不足，从而使土壤变得贫瘠，影响植物的生长和发育。

另一个影响是土壤中某些微量重金属可能被溶解。一方面造成土壤贫瘠化，另一方面有害金属如 Ni、Al、Hg、Cd、Pb、Cu、Zn 等被溶出，在植物体内积累或进入水体造成污染，加快重金属的迁移。如在 pH=5.6 时，土壤中的铝基本上是不溶解的，但 pH =4.6 时铝的溶解性增加约 1000 倍。酸雨造成森林和水生生物死亡的主要原因之一就是土壤中的铝在酸雨作用下转化为可利用态，毒害了树木和鱼类。土壤酸化还可抑制微生物的活动，影响微生物的繁殖，造成土壤微生物分解有机物的能力下降，影响土壤微生物的氨化、硝化、固氮等作用，直接抑制由微生物参与的氮素分解、同化与固定，最终降低土壤养分供应能力，影响植物的营养代谢。

5. 酸雨对建筑物的危害

酸雨对金属、石料、水泥、木材等建筑材料均有腐蚀作用。酸雨能使非金属建筑材料（混凝土、砂浆和灰砂砖）表面硬化水泥溶解，出现空洞和裂缝，导致强度降低，从而损坏建筑物。特别是许多以大理石和石灰石为材料的历史建筑物和艺术品，耐酸性差，容易受酸雨腐蚀。

（二）酸雨的类型和分布

酸雨中的阴离子主要是 SO_4^{2-} 和 NO_3^-，根据两者在酸雨样品中的浓度可以判定降水的主要影响因素是 SO_2 还是 NO_x。SO_2 主要是来自矿物燃料燃烧，NO_x 主要是来自汽车尾气等污染源。根据 SO_4^{2-} 和 NO_3^- 的浓度比值可将酸雨分成三类，分别是硫酸型或燃煤型（$SO_4^{2-}/NO_3^->3$）、混合型（$0.5<SO_4^{2-}/NO_3^-\leq3$）和硝酸型或燃油型（$SO_4^{2-}/NO_3^-\leq0.5$）。因此，可以根据一个地方的酸雨类型来初步判断酸雨的主要影响因素。燃煤多的地区，酸雨属于硫酸型酸雨，燃石油多的地区常下硝酸型酸雨。从危害而言，硫酸型酸雨由于酸性较强，所以危害更大。

当前，世界最严重的三大酸雨区是西欧、北美和东南亚。欧洲北部的斯堪的纳维亚半岛是最早发现酸雨，并引起人们注意的地区。在 20 世纪 70 年代，西欧的降水 pH 值曾降至 4.0，并且向海洋和东欧方面不断扩展；北美的东部降水 pH 值也曾经降至 4.5，中国、日本、亚非区国家降水 pH 值也在下降。

1. 欧洲

在 20 世纪 70 年代，北欧瑞典和挪威降水 pH 值已经降至 4.0～4.5。当时英国是欧洲 SO_2 和 NO_x 排放量最大的国家之一，酸雨也比较严重。根据有关资料分析，欧洲 SO_2 排放量分布与 SO_4^{2-} 含量分布趋势十分相似，高值区出现在欧洲主要工业区，东自民主德国工业区和联邦德国鲁尔，向西延伸到法国东北部、比利时、荷兰南部，过英伦海峡，延伸到英国大的工业区。由此可见，酸雨形成与工业区排放的 SO_2 之间有密切关系。

2. 北美

美国酸雨始于 20 世纪 50 年代初期，由于美国很早就在发电站和大企业采用 200～300m 高烟囱排放 SO_2，令 SO_2 等污染物大量被扩散到远离排放口的地区，这使与其相邻的加拿大深受其害。加拿大境内的不少酸雨，污染源竟远在美国。美国的酸雨自西向东逐渐加重。20 世纪 80 年代开始，美国采取一系列措施控制 SO_2 和 NO_x 排放量，使整个美国降水 pH 值没有继续降低。

3. 中国

当前我国的酸雨区主要分布在长江以南的广大地区、东北东南部、华北的大部以及西南和华南沿海等广大地区，酸雨分布区大致呈东北—西南走向。我国的酸雨类型主要以硫酸型酸雨为主，我国三大酸雨区分别为：①华中酸雨分布区，为全国酸雨污染中心强度最高、范围最大的酸雨污染区；②西南酸雨分布区，是仅次于华中酸雨分布区的降水污染严重区域；③华东沿海酸雨分布区，该区域的污染强度较华中、西南酸雨分布区低。

根据《2018 中国生态环境状况公报》：2018 年，酸雨区面积约 53 万平方千米，占国土面积的 5.5%，比 2017 年下降 0.9 个百分点；其中，较重酸雨区面积占国土面积的 0.6%。酸雨污染主要分布在长江以南—云贵高原以东地区，主要包括浙江、上海的大部分地区、福建北部、江西中部、湖南中东部、广东中部和重庆南部。

二、控制酸雨的行动和措施

（一）国际行动

大气无国界，防治酸雨是一个国际性的环境问题，不能依靠一个国家单独解决，必须共同采取对策，减少硫氧化物和氮氧化物的排放量。经过多次协商，1979 年 11 月在日内瓦举行的联合国欧洲经济委员会的环境部长会议上，通过了《控制长距离越境空气污染公约》，并于 1983 年生效。《控制长距离越境空气污染公约》规定，到 1993 年底，缔约国必须把二氧化硫排放量削减为 1980 年排放量的 70%。欧洲和北美（包括美国和加拿大）的 32 个国家在公约上签了字。为了实现许诺，多数国家都已经采取了积极的对策，制定了减少致酸物排放量的法规。例如，美国的《酸雨法》规定，密西西比河以东地区二氧化硫排放量要由 1983 年的 2000 万吨 / 年，经过 10 年减少到 1000 万吨 / 年；加拿大二氧化硫排放量由 1983 年的 470 万吨 / 年，到 1994 年减少到 230 万吨 / 年等。

（二）中国行动

根据《中华人民共和国大气污染防治法》，为控制酸雨污染，改善大气环境质量，国务院环境保护行政主管部门会同国务院有关部门，根据气象、地形、土壤等自然条件，对酸雨污染严重的地区，经国务院批准后划定为酸雨控制区。划为酸雨控制区的基本条件是：现场监测降水 pH≤4.5，硫沉降超过临界负荷，二氧化硫排放量较大。国务院于 1998 年 1 月批准的酸雨控制区覆盖 14 个省、直辖市、自治区的 148 个市（包括地区）、县、区，面积为 80 万平方千米。同时，根据气象、地形、土壤等自然条件，可以将已经产生、可能产生酸雨的地区或者其他二氧化硫污染严重的地区，划定为酸雨控制区或者二氧化硫污染控制区，即"两控区"。一般来说，降雨 pH≤4.5 的，可以划定为酸雨控制区；近 3 年来环境空气二氧化硫年平均浓度超过国家二级标准的，可以划定为二氧化硫污染控制区。

（三）酸雨防治的措施

1. 提高能源利用率，减少污染气体的排放

煤是当前最重要的能源之一，但煤中含有硫，燃烧时会释放出 SO_2 等有害气体。煤中的硫含无机硫和有机硫两种。无机硫大部分以矿物质的形式存在，科学家利用生物技术脱硫，取得了良好效果。美国煤气研究所筛选出一种新的微生物菌株，它能从煤中分离有机硫而又不降低煤的质量。捷克则筛选出一种酸热硫化杆菌，可脱除黄铁矿中 75% 的硫。生物技术脱硫符合"源头治理"和"清洁生产"的原则，备受世界各国的重视。

2. 改变能源消费观念和能源结构，加速发展无污染能源

在过去，人们对于能源消费的观念主要考虑到的是经济性，但是随着环境问题的不断恶化，改变能源消费结构已经成为社会发展必须要进行的改变。在这样的大环境中，人们的能源消费观念也应该做出改变，为了环境更好地发展，在能源消费方面，清洁能源应该作为能源消费的首选，也就是说在能源消费方面，必须要打破传统的经济性观念，向环保型理念发展。通过观念的改变，促进经济的可持续发展。

倡导循环经济，优化能源结构。积极树立循环经济、低碳经济的理念和引进相关循环经济、低碳经济技术，依法开展企业清洁生产工作，实现"节能、降耗、减污、增效"目标；控制高耗能、高污染行业过快增长，加快淘汰落后产能，完善促进产业结构调整的政策措施；积极推进能源结构调整，大力发展太阳能、水能、风能、地热能等清洁能源；进一步促进生态农村建设，加大力度发展沼气池，开展沼气入户工程，用沼气取暖和煮饭，沼气池渣还可肥田，且减少酸性气体排放。

3. 种植抗酸雨农作物品种

利用高新技术，加快培育抗酸雨的品种，如银杉、金橘、桑树、樟树等树种，可以减轻酸雨的危害，因为这些植物有很强的吸酸能力；种植绿肥、施用有机肥，缓解土壤酸化过程；利用设施推广大棚避雨栽培方式，通过塑料薄膜的隔离，减轻酸雨对植物的直接危害。

4. 完善环境法规，建立激励和约束机制

一是制定更详尽的酸雨气体排放标准，明确法律责任；二是尽快全面推行征收 SO_2 排污费制度，依据排放量的多少来收取相应的环境保护费用，工业排放企业完成每年的指标，则给予一定的奖励，没完成的则给予超出征税的惩罚。

5. 建立公众参与机制，倡导绿色消费出行

大力倡导市民购买低排量的机动车，限制机动车数量，控制行驶速度，倡导多使用公交车、自行车或步行，鼓励人们更多关注和选择低能耗、低污染和

低排放的绿色出行方式。"防酸治酸"是每个公民的神圣使命，人人都应该像爱护自己的眼睛一样爱护环境，珍惜资源，绿水青山就是金山银山，要保护好地球家园。

第五节　荒漠化

一、荒漠化现状

荒漠化（desertification）被称作"地球的癌症"，是由于大风吹蚀、流水侵蚀、土壤盐渍化等造成的土壤生产力下降或丧失，有狭义和广义之分。狭义的荒漠化（即沙漠化）是指由于人为过度的经济活动，使原非沙漠的地区出现了类似沙漠景观的环境变化过程。凡是具有发生沙漠化过程的土地都称为沙漠化土地。沙漠化土地还包括了沙漠边缘在风力作用下沙丘前移入侵的地方以及由于植被破坏发生流沙活动的沙丘活化地区。广义荒漠化则是指由于人为和自然因素的综合作用，使得干旱、半干旱甚至半湿润地区自然环境退化（包括盐渍化、草场退化、水土流失、土壤沙化、狭义沙漠化、植被荒漠化、沙丘前移入侵等以某一环境因素变化为标志的自然环境退化）的总过程。

（一）世界荒漠化现状

据联合国环境规划署（UNEP）统计，全球已经受到和预计会受到荒漠化影响的地区占全球土地面积的35%。荒漠和荒漠化土地在非洲占55%，北美和中美占19%，南美占10%，亚洲占34%，澳大利亚占75%，欧洲占2%。荒漠和荒漠化土地在干旱地区和半干旱地区占土地面积的95%，在半湿润地区占土地面积的28%。世界平均每年约有5万~7万平方千米土地荒漠化，以热带稀树草原和温带半干旱草原地区发展

荒漠化及其成因

最为迅速。半个世纪以来，非洲撒哈拉沙漠南部荒漠化土地扩大了65万平方千米，萨赫勒地区已成为世界上最严重的荒漠化地区。

目前，全球荒漠化面积已达到3600万平方千米，占到整个地球陆地面积的1/4，相当于俄罗斯、加拿大、中国和美国国土面积的总和。全世界受荒漠化影响的国家有100多个，约9亿人。全世界每年因荒漠化而遭受的损失达到420亿美元。

全球每年约有600万公顷的土地变为荒漠，其中320万公顷是牧区，250万公顷是旱地，12.5万公顷是水浇地，另外还有2100万公顷土地因退化而不能生长谷物。亚洲是世界上受荒漠化影响的人口分布最集中的地区，遭受荒漠化影响最严重的国家依次是中国、阿富汗、蒙古、巴基斯坦和印度。荒漠化已被公认为当今世界的头号环境问题。荒漠化已经不再是一个单纯的生态问题，它给人类带来贫困，伴随着严重的经济和社会问题。

（二）中国荒漠化现状

中国是世界上荒漠化面积大、分布广、类型复杂、危害重的国家之一，中国发生土地荒漠化的潜在面积为33170万公顷，占国土总面积的34.6%。根据第五次全国荒漠化和沙化监测结果，全国荒漠化土地面积261.16万平方千米，沙化土地面积172.12万平方千米。根据岩溶地区第三次石漠化监测结果，全国岩溶地区现有石漠化土地面积10.07万平方千米。

中国的荒漠化土地主要分布在北京、天津、河北、山西、内蒙古、辽宁、吉林、山东、河南、海南、四川、云南、西藏、陕西、甘肃、青海、宁夏、新疆18个省区的528个县。荒漠化土地集中分布于新疆、

内蒙古、西藏、甘肃、青海 5 省区，其荒漠化土地面积分别为 10706.18 万公顷，6092.04 万公顷，4325.62 万公顷，1950.20 万公顷和 1903.58 万公顷，分别占全国荒漠化土地总面积的 40.99%、23.33%、16.56%、7.47%、7.29%。其余 13 省区荒漠化土地面积合计为 1138.31 万公顷，占全国荒漠化土地总面积的 4.36%。

从荒漠化类型来看，截至 2014 年我国风蚀荒漠化土地面积 182.63 万平方千米，占荒漠化土地总面积的 69.93%；水蚀荒漠化土地面积 25.01 万平方千米，占 9.58%；盐渍化土地面积 17.19 万平方千米，占 6.58%；冻融荒漠化土地面积 36.33 万平方千米，占 13.91%。不同类型荒漠化土地分布如图 2-4 所示。

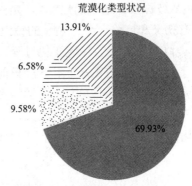

图 2-4　不同类型荒漠化土地分布

从侵蚀程度看，轻度荒漠化土地面积为 74.93 万平方千米，占荒漠化土地总面积的 28.69%；中度为 92.55 万平方千米，占 35.44%；重度为 40.21 万平方千米，占 15.40%；极重度为 53.47 万平方千米，占 20.47%。不同程度荒漠化土地分布如图 2-5 所示。

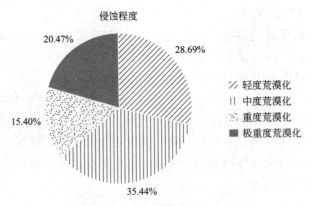

图 2-5　不同程度荒漠化土地分布

从各沙化土地类型来看，流动沙丘（地）面积为 39.89 万平方千米，占沙化土地总面积的 23.17%；半固定沙丘（地）为 16.43 万平方千米，占 9.55%；固定沙丘（地）为 29.34 万平方千米，占 17.05%；戈壁为 66.12 万平方千米，占 38.41%；风蚀劣地（残丘）为 6.38 万平方千米，占 3.71%；沙化耕地为 4.85 万平方千米，占 2.82%；露沙地面积为 9.10 万平方千米，占 5.29%；非生物治沙工程地面积为 89km²，占 0.01%。我国沙化土地类型如图 2-6 所示。

二、荒漠化防治

（一）国际行动

荒漠化是全球普遍关注的热点问题，也是最为严重的世界性生态问题，影响着全球 2/3 的国家和 1/5 的人口，我国是世界上荒漠化土地面积较大、危害最严重的国家之一。1977年，联合国召开世界荒漠化问题会议，提出了全球防治荒漠化的行动纲领《防治荒漠化行动计划》。1987 年联合国环境规划署成立了"防治荒漠化规划中心"，其主要活动是协调有关国家将防治沙漠化的计划与国家的经济发展结合起来，制定统一、协调的计划。1992 年，在巴西里约热内卢召开的联合国环境与发展大会上荒漠化被列为国际社会优先采取行动的领域，于 1994 年通过《联合国关于在发生严重干旱和 / 或荒漠化的国家特别是在非洲防治荒漠化的公约》（简称《联合国防治荒漠化公约》），1996 年 12 月 26 日正式生效，其宗旨是在发生严重干旱和 / 或荒漠化的国家，尤其是在非洲，防治荒漠化，缓解干旱影响，以期协助受影响的国家和地区实现可持续发展。2015 年，荒漠化防治纳入联合国 2030 年可持续发展议程，该议程提出"到 2030 年实现全球土地退化零增长目标"，形成了防治荒漠化的全球共识。

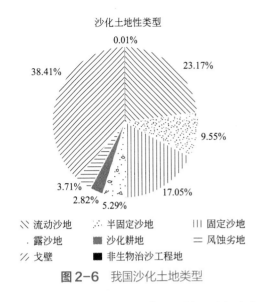

沙化土地性类型

＼＼ 流动沙地	半固定沙地
露沙地	沙化耕地
戈壁	非生物治沙工程地

| ||| 固定沙地 |
| ＝ 风蚀劣地 |

图 2-6　我国沙化土地类型

为了有效地提高世界各地公众对执行与自己和后代密切相关的《联合国防治荒漠化公约》重要性的认识，加强国际联合防治荒漠化行动，迎合国际社会对执行公约及其附件的强烈愿望，以及纪念国际社会达成防治荒漠化公约共识的日子，1994 年 12 月 19 日第 49 届联合国大会根据联大第二委员会（经济和财政）的建议，通过了 49/115 号决议，决定从 1995 年起把每年的 6 月 17 日定为"世界防治荒漠化和干旱日"，旨在进一步提高世界各国人民对防治荒漠化重要性的认识，唤起人们防治荒漠化的责任心和紧迫感。这个世界日意味着人类共同行动同荒漠化抗争从此揭开了新的篇章，为防治土地荒漠化，全世界正迈出共同步伐。2007 年联合国大会宣布 2010—2020 年为"联合国荒漠及防治荒漠化十年"。2009 年 12 月，联合国大会要求五大联合国机构针对十年计划发起相关活动。这五大机构分别为联合国环境规划署、联合国开发计划署、国际农业发展基金以及包括联合国秘书处新闻部在内的其他联合机构。

（二）中国行动

中国是世界上荒漠化面积最大、受风沙危害严重的国家。中国政府历来高度重视荒漠化防治工作，认真履行《联合国防治荒漠化公约》，采取了一系列行之有效的政策措施，加大荒漠化防治力度。经过半个多世纪的积极探索和不懈努力，走出了一条生态与经济并重、治沙与治穷共赢的荒漠化防治之路。全国荒漠化土地面积自 2004 年以来已连续三个监测期持续净减少，荒漠化扩展的态势得到有效遏制，实现了由"沙进人退"到"绿进沙退"的历史性转变，成为全球荒漠化防治的成功典范，为实现全球土地退化零增长目标提供了"中国方案"和"中国模式"，为全球生态治理贡献了"中国经验"和"中国智慧"，受到国际社会的广泛赞誉。

2017 年 9 月 6 日，《联合国防治荒漠化公约》第十三次缔约方大会在内蒙古自治区鄂尔多斯市召开，大会主题为"携手防治荒漠，共谋人类福祉"，主要任务是落实可持续发展议程，制定公约新战略框架，确认实现土地退化零增长目标，并筹集资金支持。大会期间发布了《中国土地退化零增长履约自愿目标国家报告》，举办了《筑起生态绿长城》——中国防治荒漠化成就展，全方位、多侧面展示了防治荒漠化

的"中国态度""中国方案""中国智慧""中国成就"和"中国精神"。与会代表审议通过了《鄂尔多斯宣言》：强调了政府主导、多方合作及调动私营部门、民间组织、妇女和青年参与的重要性，认可了防治荒漠化、遏制土地退化、减缓干旱、缓解沙尘暴危害与应对气候变化、保护生物多样性、维护粮食安全的密切关系，承诺加强荒漠化防治，遏制土地退化，修复和重建退化生态系统。2019年2月，美国国家航天局研究结果表明，全球从2000年到2017年新增的绿化面积中，约1/4来自中国，中国贡献比例居全球首位。

防治荒漠化是生态文明建设的重要内容。党的十八大以来，内蒙古深入学习贯彻习近平生态文明思想，高度重视荒漠化防治，创造了许多针对沙漠、戈壁、草原等生态治理的经验，荒漠化防治取得显著成效。尤其是库布其沙漠治理，更是生动诠释了绿水青山就是金山银山的绿色发展观，全面展示了人与自然和谐共生的科学自然观，集中彰显了共谋全球生态文明建设之路的共赢全球观，为广袤的荒漠化地区带去绿色希望，向世界提供了防治荒漠化的中国经验。

从全球荒漠化治理看库布其
模式的"中国经验"

库布其国际沙漠论坛是全球唯一的致力于推动世界荒漠化防治和绿色经济发展的大型国际论坛。自创办以来，已于2007年、2009年、2011年、2013年、2015年、2017年和2019年连续成功举办七届，2013年9月在纳米比亚召开的联合国防治荒漠化公约组织第十一次缔约方大会上，中国创办的"库布其国际沙漠论坛"被作为实现全球防治荒漠化公约战略目标的重要手段和平台写入了大会报告。2014年2月，中国批准库布其国际沙漠论坛为国家机制性大型涉外论坛。当前，库布其国际沙漠论坛已经成为全球公认的交流防沙治沙经验的重要平台，是传播"绿水青山就是金山银山"生态文明理念的重要窗口，是推动建设绿色"一带一路"的重要抓手。

视频：荒漠化防治的
鄂尔多斯探索

第六节　持久性有机污染物

持久性有机污染物（persistent organic pollutants，POPs）是指人类合成的能持久存在于环境中、通过生物食物链（网）累积，并对人类健康造成有害影响的化学物质。这类化学物质可以在环境里长期地存留，能够在大气环境中长距离迁移并能沉积回地球；它们可以通过食物链蓄积，逐级地传递，进入到有机体的脂肪组织里聚积。最

持久性有机污染物
的特性和危害

终会对生物体、人体产生不利的影响。

一、我国持久性有机污染物污染现状

（一）我国 POPs 生产与使用现状分析

我国属于 POPs 生产、使用和排放大国。《斯德哥尔摩公约》中首批控制

的 12 种 POPs 中，与我国有关的 POPs 产品有氯丹、滴滴涕（DDT）、六氯苯（六六六）、三氯苯、七氯、灭蚁灵、多氯联苯、毒杀芬、二噁英和苯并呋喃共 10 种。在 12 种首批控制的 POPs 中，有 9 种是有机氯农药，我国除了艾氏剂、狄氏剂、异狄氏剂和灭蚁灵未生产之外，曾大量生产和使用过 DDT、毒杀芬、六氯苯、氯丹和七氯 5 种农药。1982 年我国开始实施农药登记制度以后，已先后停止了氯丹、七氯和毒杀芬的生产和使用，但目前仍保留 DDT 和六氯苯的生产。DDT 主要用于生产农药三氯杀螨醇的原料；六氯苯作为农药已禁止使用，主要用于生产农药五氯酚和五氯酚钠的中间体。

我国自 1952 年开始生产多氯联苯，到 20 世纪 80 年代初全部停止生产。在此期间我国生产的多氯联苯（PCBs）总量累计达到万吨，其中大多数用作电力电容器的浸渍剂。此外，在 20 世纪 50～80 年代，我国在未被告知的情况下，还先后从比利时、法国等国进口大量装有 PCBs 的电力电容器。目前这些含有大量 PCBs 的设备多数已经报废，被封存在废旧厂房、地下或山洞中。由于管理问题加上时间久远，部分含多氯联苯的电力电容器的封存记录已无从查找。有些封存地点已改作他用，形成永久性污染源，个别地区曾发生过废弃电力设备造成严重污染的事件。目前，我国也尚无成熟的多氯联苯处置技术和设备。

对于非故意生产的二噁英、呋喃等副产物，由于涉及我国的钢铁、有色金属、垃圾焚烧、水泥、造纸、化工等众多国民经济支柱产业，其来源非常广泛，也极难控制。在我国，二噁英类的来源主要有两类：一类来源于精细化工行业，如五氯酚及其钠盐的生产过程可能产生大量的二噁英；另一类主要来源于含氯废物及垃圾焚烧过程中产生的副产物，含氯废物与垃圾不完全燃烧可能会产生大量的二噁英类物质。随着中国垃圾焚烧比例的加大，由此产生的二噁英污染问题将更加严重。

（二）我国环境中 POPs 的污染情况

由于 POPs 物质的持久性与生物蓄积性，POPs 物质的生产和使用曾经和正在继续对中国人体健康和环境造成严重的污染危害。在中国境内水体、底泥、沉积物等环境介质以及农作物、家畜家禽、野生动物甚至人体组织、乳汁和血液中均有 POPs 被检出的报道。

1. POPs 对水体环境的污染

持久性有机污染物在水生环境中产生严重的残留物，华南地区地下水中存在大量的有机氯污染物，黄浦江和淮河流域 PCBs 的浓度也高于其他国家，沉积物中 PCBs 的浓度与国外某些沉积物相似，在中国东部湾和中国东海岸河口发现了持久性有机污染物，在广州港和广州段表层沉积物中也检测到 PCBs。可以看出，该地区的水也受到更严重的持久性有机污染物的污染，即使在西藏的羊湖，环境监测也显示出有机氯农药的存在，表明高原湖泊也受到有机氯农药的污染，据分析，这可能是由于暖流引起的持久性有机污染物所致。

2. POPs 对大气环境的污染

在大气中，POPs 通常以气体的形式存在，可以吸附在悬浮颗粒上，悬浮颗粒迁移和扩散，导致持久性有机污染。POPs 在城乡空气环境中也存在着不同的污染条件。由于持久性有机污染物的持续迁移和不同的天气条件，农村持久性有机污染物的数量也在增加。POPs 的全球迁移，致使一些组分在高纬度和极地地区富集。当 POPs 人为排放强烈时，大气中 POPs 的浓度增高，地表介质将从大气中吸收，当大气 POPs 浓度降低或环境温度升高时，地表介质中的一部分 POPs 又重新释放进入大气。

3. POPs 对土壤环境的污染

在植物生长过程中，土地提供了重要的养分，土壤中持久性有机污染物的残留被转移到植物并通过

食物链迁移。在中国禁止使用六六六和 DDT 后，DDT 在土壤中保存了几十年，华南有机氯农药残留量明显高于北方土壤有机氯农药残留；在中南部平原，蔬菜地比农田丰富得多；滇池流域农田土壤中有机氯农药检出率为 95.9%，其中最重要的残留量为 DDT，农田有机氯农药检出率为 100%。

二、持久性有机污染物的防治行动和措施

（一）国际行动

为控制 POPs 长距离空气污染，UNEP 于 1998 年对 1979 年的远距离越境空气污染公约进行了修正，达成了针对 POPs 的奥尔胡斯协议。1998 年 2 月，联合国欧洲经济委员会的成员国在长距离越境空气污染协议（LRTAP）的基础上就 POPs 问题达成具有法律效力的区域性草案，以控制、减少或消灭某种 POPs 的喷洒和排放。2009 年 4 月 14 日，欧盟官方公报公布了欧委会第 304/2009/EC 号法规，该法规修订了欧盟持久性有机污染物法规 850/2004/EC 的附件 IV 和 V。新法规 304/2009/EC 主要修订了含有持久性有机污染物的废物在加热生产和冶金生产过程中处理的内容，并更新了由持久性有机污染物构成、含有持久性有机污染物或被持久性有机污染物污染废物的无害环境管理等一般技术准则。

2001 年 5 月 22 日至 23 日，联合国环境规划署在瑞典斯德哥尔摩组织召开了《关于持久性有机污染物的斯德哥尔摩公约》外交全权代表会议，并通过了《关于持久性有机污染物的斯德哥尔摩公约》，它是继 1985 年《保护臭氧层维也纳公约》和 1992 年《气候变化框架公约》之后第三个具有强制性减排要求的国际公约，是国际社会对有毒化学品采取优先控制行动的重要步骤。至今已有 151 个国家签署、83 个国家批准。

（二）中国行动

2001 年 5 月 23 日，中国政府签署《关于持久性有机污染物的斯德哥尔摩公约》；2004 年 6 月 25 日，第十届全国人大常委会第 10 次会议批准公约。2004 年 11 月 11 日，《关于持久性有机污染物的斯德哥尔摩公约》正式对中国生效。

为保证中国有效履行《关于持久性有机污染物的斯德哥尔摩公约》，国务院于 2005 年 5 月批准成立了以原国家环境保护总局牵头，外交部、发展改革委、科技部、财政部、建设部、商务部、农业部、卫生部、海关总署和电监会共 11 个相关部委组成的国家履行斯德哥尔摩公约工作协调组。2007 年 4 月 14 日，国务院批准了《中国履行斯德哥尔摩公约国家实施计划》（以下简称《国家实施计划》），为落实《国家实施计划》要求，2009 年 4 月 16 日，环境保护部会同国家发展改革委等 10 个相关管理部门联合发布公告（2009 年 23 号），决定自 2009 年 5 月 17 日起，禁止在中国境内生产、流通、使用和进出口滴滴涕、氯丹、灭蚁灵及六氯苯（滴滴涕用于可接受用途除外），兑现了中国关于 2009 年 5 月停止特定豁免用途、全面淘汰杀虫剂 POPs 的履约承诺。

十八大以来，围绕《关于持久性有机污染物的斯德哥尔摩公约》的深入落实，我国在发展中国家率先制定并更新国家履约实施计划，实施《全国主要行业持久性有机污染物污染防治"十二五"规划》，在28种受控持久性有机污染物中已全面淘汰了滴滴涕等17种。铁矿石烧结、再生有色金属冶炼、废物焚烧三个行业的二噁英排放强度降低超过15%，已发现的受控物质基本得到了无害化处理处置。我国在化学品"三公约"（即《控制危险废料越境转移及其处置巴塞尔公约》《关于在国际贸易中对某些危险化学品和农药采用事先知情同意程序的鹿特丹公约》和《关于持久性有机污染物的斯德哥尔摩公约》）谈判多个核心议题中发挥建设性作用，积极应对一批新增列的受控物质，开发实施了一批履约示范项目，履约成效显著，被"三公约"执行秘书誉为履约典范。2016年7月2日，第十二届全国人大常委会第二十一次会议审议批准《〈关于持久性有机污染物的斯德哥尔摩公约〉新增列六溴环十二烷修正案》。该修正案自2016年12月26日对我国生效。

（三）防治措施

1. 完善执法监测行动

为了预防和控制持久性有机污染物，有必要制订科学合理的执法监督行动计划。在实施过程中，应加强以下控制措施：监测持久性有机污染物的来源，事实上，应在监测点和含多氯联苯的周边地区监测排雷设备，监测PCBs的生命周期，监测二噁英的排放；还应注意监测持久性有机污染物，包括空气和水的水平；从当地膳食结构的角度，我们可以选择性地检测农副产品和食品中的持久性有机污染物，并生成监测报告。

2. 加强宣传教育力度

通过良好的信息和长期的教育，促进持久性有机污染物的监测和管理。在具体工作中，应实施以下控制：①根据国家环境宣传教育行动计划和区域实际情况，制定本区域环境宣传教育规划；②积极拓展宣传教育渠道，充分发挥电视媒体和报纸的作用，提高公众对持久性有机污染物的危害和来源的认识，积极参与持久性有机污染物的管理工作；在宣传教育活动中，可通过听证会或其他活动促进公众参与持久性有机污染物的预防和控制；③完善奖惩制度，充分发挥社会监督的作用，提高持久性有机污染物防治的效率和质量。

3. 采取有效的治理方法

从目前的环境监测实际情况来看，我国的持久性有机污染物更为严重，对此，业界一直在探索减少持久性有机污染物对环境和人类的有害影响的途径。从实际来看，使用物理方法和局部处理持久性有机污染物可为后续处理带来极大便利，目前，常用的物理方法包括吸收法和萃取法等，结合运用其他方法，能够有效治理持久性有机污染物，比如超声波氧化法以及光催化法等。为了全面提高持久性有机污染物的质量，必须加强治理技术研究和治理方法创新，为相关工作的发展提供有效帮助。

第七节　海洋污染

海洋污染（marine pollution）通常是指人类改变了海洋原来的状态，使海洋生态系统遭到破坏。联合

国教科文组织下属的政府间海洋学委员会对海洋污染明确定义为：由于人类活动，直接或间接地把物质或能量引入海洋环境，造成或可能造成损害海洋生物资源、危害人类健康、妨碍捕鱼和其他各种合法活动、损害海水的正常使用价值和降低海洋环境的质量等有害影响。有害物质进入海洋环境而造成的污染，会损害生物资源，危害人类健康，妨碍捕鱼和人类在海上的其他活动，损害海水质量和环境质量等。海洋面积辽阔，储水量巨大，因而长期以来是地球上最稳定的生态系统。由陆地流入海洋的各种物质被海洋接纳，而海洋本身却没有发生显著的变化。然而近几十年，随着世界工业的发展，海洋的污染也日趋严重，使局部海域环境发生了很大变化，并有继续扩展的趋势。

一、海洋污染的现状与危害

（一）全球海洋污染的现状

2016 年 7 月，联合国教科文组织下属的政府间海洋学委员会就全球大型海洋生态系统的现状发布研究报告称，不断加剧的气候变化和人类活动导致全球大型海洋生态系统状况堪忧。1957—2012 年，在全球 66 个大型海洋生态系统中，有 64 处海域的海水温度持续上升。在塑料污染方面，东亚和东南亚海域、地中海和黑海存在较高的污染风险。在海水富营养化方面，到 2050 年有 21% 的大型海洋生态系统将面临富营养化风险，这些区域主要集中在东亚、南美和非洲。此外，超过 50% 的全球珊瑚礁受到威胁，到 2030 年这一比例将达到 90%。

海洋污染的定义和途径

（二）我国海洋污染的现状

我国海洋生物种类、海洋可再生能源蕴藏、海洋石油资源量均处于世界领先水平，但是随着城市化的快速发展和人口数量的增长，海洋污染日益严重，入海流域周边的生活污水、工业废水、石油产品泄漏、海上石油开采、海水养殖的添加剂对我国近海造成了严重的污染。

根据我国海洋环境质量公报，2017 年我国近岸海域监测面积共 281012 平方千米，一类海水面积 110493 平方千米，二类海水面积 110048 平方千米，三类海水面积 32566 平方千米，四类海水面积 17341 平方千米，劣四类海水面积 33155 平方千米。按照监测点位计算，全国近岸海域水质一类海水比例为 34.5%，二类海水比例为 33.3%，三类海水占 10.1%，四类海水占 6.5%，劣四类海水占 15.6%。

四大海区近岸海域中，渤海近岸海域水质一般，优良点位比例为 67.9%，主要超标因子为无机氮和石油类；黄海近岸海域水质良好，优良点位比例为 82.4%，主要超标因子为无机氮；东海近岸海域水质差，优良点位比例为 46.9%。主要超标因子为无机氮和活性磷酸盐；南海近岸海域水质一般，优良点位比例为 75.8%。

据不完全统计，我国沿海自 1980 年以来共发生赤潮（又称红潮，国际上也称其为"有害藻类"或"红色幽灵"，因海洋中的浮游生物暴发性急剧繁殖造成海水颜色异常的现象）300 多次，其中 1989 年发生的一次持续达 72 天的赤潮，造成经济损失 4 亿元，仅河北黄骅一地 6666.67hm² 对虾就减产上万吨。1997 年 10 月至 1998 年 4 月，发生在珠江口和香港海面范围达数千平方千米的大赤潮，给海上渔业生产造成的损失也是数以亿计。

海洋重要鱼、虾、贝、藻类的产卵场、索饵场、洄游通道及自然保护区主要受到无机氮、活性磷酸盐和石油类的污染。无机氮污染以东海区、黄渤海区部分渔业水域和珠江口渔业水域相对较重，活性磷酸盐污染以东海区、渤海及南海近岸部分渔业水域相对较重，石油类的污染以东海部分渔业水域相对较重。

（三）海洋污染的危害

1. 油污染的影响

据估计，1L 石油在海面上的扩散面积可达到 100～200m²，扩散在海面上的油在氧化和分解过程中，会大量消耗水中的溶解氧。通常，1L 石油完全氧化需消耗 40 万升海水中的溶解氧，从而使大面积的海域缺氧，对生物资源造成严重危害。还会使某些致癌物质在鱼、贝类体内蓄积，使海鸟因沾染油污而死亡。另外，由于溢油的漂移扩散，会荒废海滩和海滨旅游区，造成极大的社会危害。

2. 赤潮的危害

赤潮引起的危害有：① 导致水体缺氧，危及海洋生物；② 含毒素的赤潮生物使鱼、贝类死亡或产生的鱼毒、贝毒危害人体健康；③ 赤潮生物（均为浮游植物）使海洋生物的呼吸器官发生堵塞，妨碍呼吸，从而导致海洋生物死亡。

3. 海洋热污染

海洋热污染是指因能源消耗，把废热排入海洋水域及大气从而引起增温的现象。热污染主要来源于沿海城市、工业区及热电厂等能量消耗大的地区。主要影响有增强温室效应及沿海城市热岛效应，水体热污染影响海洋生物的生长。

水体增温显著地改变了水生生物的习性、活动规律和代谢强度，从而影响到水生生物的分布和生长繁殖。增温幅度过大和升温过快，对水生生物有致命的危险。

二、保护海洋环境的行动和措施

（一）国际行动

每年的 6 月 8 日被联合国大会定为"世界海洋日"，2019 年世界海洋日活动主题为"珍惜海洋资源　保护海洋生物多样性"。

为了应对由"气候变化、环境污染和过度捕捞等因素"导致的海洋环境恶化，各个国家和地区出台了相关政策措施，而在技术方面，不少相关的新技术、新发明，也正在为海洋环境保驾护航。

纵贯于澳大利亚东北沿海的大堡礁是世界上最大的珊瑚礁群，各种寄居的藻类让珊瑚呈现多种色彩，近年来，海洋温度上升、海域污染、过度捕捞等威胁让大堡礁珊瑚出现大规模白化迹象。为解决这一问题，澳大利亚已经在大堡礁开展世界最大规模的珊瑚人工播种实验，珊瑚虫卵被人工采集并转移到大型储罐中，在那里完成受精和发育成珊瑚幼虫过程。随后幼虫被送回礁石上。这一项目将确保大堡礁珊瑚的健康生长和延续。

海水变暖和过度旅游开发让泰国旅游胜地皮皮岛上的玛雅海滩生态环境遭到破坏。如今，玛雅海滩每年有 4 个月的时间休养生息、闭门谢客。接待游客期间，海滩每天的游客数量也会限制在 2000 人，而且船只不能停靠海滩。

（二）中国行动

20 世纪 70 年代末到 90 年代，中国沿海地区经济建设速度加快，海洋开发活动日趋频繁，海洋生态环境保护问题日渐为人们所重视。我国于 1999 年修订《中华人民共和国海洋环境保护法》，增加了海洋生态保护章节。国务院陆续出台了多项法规政策，将海洋保护列为重点工作之一。

依据《中华人民共和国国民经济和社会发展第十三个五年规划纲要》，"科学开发海洋资源，保护海洋生态环境"成为规划重点内容，创新、协调、绿色、开放、共享的五大发展理念在海洋生态保护中发挥了积极作用。

国家发展改革委、国家海洋局联合发布《"一带一路"建设海上合作设想》，提出"共走绿色发展之路"的合作重点。中国政府倡议沿线国家共同发起海洋生态环境保护行动，提供更多优质的海洋生态服务，维护全球海洋生态安全。中国作为倡议的先行者，将为沿线国家和周边国家做出表率作用。

除了国家层面的战略布局，每年的世界海洋日暨全国海洋宣传日，各地举办不同形式的宣传活动，呼吁人们重视保护海洋。为准确掌握海洋生态环境的现状和变化趋势，中国目前开展了多项海洋监测业务，努力实现由单一污染监测向海洋生态综合监测转变。全国已设立 235 个海洋监测机构，开展 8000 余个站位的监测，同时采用雷达、卫星遥感等多种手段，实现对海洋和海岸生态系统实时、立体的监测。

目前，我国已建成各类海洋自然保护区 80 余个，其中国家级海洋自然保护区 24 个。这些海洋自然保护区保护了具有较高科研、教学、自然历史价值的海岸、河口、岛屿等海洋生境，保护了中华白海豚等珍稀濒危海洋动物及其栖息地，也保护了红树林、珊瑚礁、滨海湿地等典型海洋生态系统。这些举措的相继实施和成果初现，展示了我国治理海洋生态环境的决心和行动力，为建设海洋强国打下了坚实的基础。

2018 年 2 月，国家海洋局印发《全国海洋生态环境保护规划（2017 年—2020 年）》（以下简称《规划》），要求各有关部门和单位深入推进海洋生态文明建设的重要举措，细化任务分工，分解责任目标，明确实施路径，确保各项工作取得实际成效。《规划》明确了"绿色发展、源头护海""顺应自然、生态管海""质量改善、协力净海""改革创新、依法治海""广泛动员、聚力兴海"

的原则，确立了海洋生态文明制度体系基本完善、海洋生态环境质量稳中向好、海洋经济绿色发展水平有效提升、海洋环境监测和风险防范处置能力显著提升四个方面的目标，提出了近岸海域优良水质面积比例、大陆自然岸线保有率等八项指标。《规划》以实施以生态系统为基础的海洋综合管理为导向，按照陆海统筹、重视以海定陆的发展原则，以全面深化改革和全面依法行政为动力和保障，实行最严格的生态环境保护制度，打好海洋污染治理攻坚战。此外，《规划》提出了"治、用、保、测、控、防"六个方面的工作，即推进海洋环境治理修复，在重点区域开展系统修复和综合治理，推动海洋生态环境质量趋向好转；构建海洋绿色发展格局，加快建立健全绿色低碳循环发展的现代化经济体系；加强海洋生态保护，全面维护海洋生态系统稳定性和海洋生态服务功能，筑牢海洋生态安全屏障；坚持"优化整体布局、强化运行管理、提升整体能力"，推动海洋生态环境监测提能增效；强化陆海污染联防联控，实施流域环境和近岸海域污染综合防治；防控海洋生态环境风险，构建事前防范、事中管控、事后处置的全过程、多层级风险防范体系。

当前，我国在中国海洋生态环境保护的创新探索主要有以下三个方面。

一是建立政府间区域海洋环境治理机构。海洋生态环境的流动性和整体性决定了海洋环境治理必须坚持"陆海统筹"，将流域、河口、海域纳入一个海洋区域，区域内地方政府之间的协调配合就显得尤为重要，分散的管理机构以及低效的协调机制亟须改变。建立由生态环境部直属的区域海洋环境治理委员会，由区域内各地党政一把手担任委员，以专门立法规定委员会常务会议及临时会议制度并赋予其一定程度立法权，严格问责措施，可很大程度提高流域内各地方政府协调、配合、执行能力与责任意识，避免"公地悲剧"。

二是重视海洋科技的发展与利用。海洋科技的发展与利用很大程度上影响着海洋生态环境保护的现代化水平。重视海洋科技研究与人才培养，加大关键领域资金投入，是推动海洋科技发展的重要举措。科学技术发展的最终归宿是利用，将海洋科技发展的结果运用于海洋生态环境立法、执法、司法，污染治理决策，海洋垃圾处理，海洋环境修复、监测与评估和海洋信息共享系统与综合管理系统建设等方面。

三是强化海洋生态环境保护公众参与力度。公共信托理论下的社会公众是当然的权利主体，社会公众参与海洋生态环境保护具有理论基础。公众参与表现在公众参与决策和公众参与监督两方面，要强化海洋生态环境保护中的公众参与，必须从普及海洋环保教育，提高公众环保意识，落实听证制度，加强海洋环境信息公开，拓宽公众监督渠道等方面入手，并以法律制度的形式赋予相关措施执行强制力。

第八节　危险废物越境转移

根据《中华人民共和国固体废物污染环境防治法》的规定，危险废物是指列入国家危险废物名录或者根据国家规定的危险废物鉴别标准和鉴别方法认定的具有危险特性的固体废物。

一、危险废物及其现状

（一）危险废物

危险废物是国际上普遍认为具有爆炸性、易燃性、腐蚀性、化学反应性、急性毒性、慢性毒性、生

态毒性和传染性等特性中的一种或几种特性的生产性垃圾和生活性垃圾，前者包括废料、废渣、废水和废气等，后者包括废食、废纸、废瓶罐、废塑料和废旧日用品等，这些垃圾给环境和人类健康带来危害。

（二）我国危险废物现状

根据中国统计年鉴统计数据，2017 年中国危险废物产生量为 6936.89 万吨，其中综合利用 4043.42 万吨，处置 2551.56 万吨，870.87 万吨堆存，危险废物处理处置利用率达 95% 以上，相比 2016 年的 82.8% 有了长足的发展。但是，近年来中国危险废物产生量激增，据国家统计局统计数据，2015 年中国危险废物产生量为 3976.11 万吨，2016 年为 5347.30 万吨，2017 年为 6936.89 万吨。迅猛增长的危险废物产生量给危险废物的管理带来了新的挑战。

二、危险废物越境转移的控制

（一）国际行动——《巴塞尔公约》

《巴塞尔公约》

联合国环境规划署执行理事会于 1987 年 6 月 17 日通过 14/30 号决议，批准了"危险废物环境安全处理开罗准则和原则"，并授权执行主任组织法律和技术专家特别工作组，起草《控制危险废物越境转移全球公约》（*Basel Convention on the Control of Transboundary Movements of Hazardous Wastes and Their Disposal*）。公约草案起草工作完成后，联合国环境规划署于 1989 年 3 月 20 日至 22 日在瑞士巴塞尔召开了"控制危险废物越境转移及其处理公约"外交大会。这次大会是一次规模较大、规格较高的会议，共有 117 个国家和 34 个国际组织参加，63 个部长级代表团出席。会议最后一致通过了该公约及其会议最后文件《巴塞尔公约》。

《巴塞尔公约》由序言、29 条条约和 6 个附件组成，内容包括公约的管理对象和范围、定义、一般义务、缔约国主管部门和联络地点、缔约国之间危险废物越境转移的管理、非法运输的管制、缔约各方的合作、秘书处的职能、解决争端的办法和公约本身的管理程序等。其目标在于加强世界各国在控制危险废物越境转移和处置方面的合作，促进其环境安全管理，保护环境和人类的健康。《巴塞尔公约》通过之时就明确了三大核心宗旨：减量化——将危险废物的数量和危险性降至最低；环境无害化——危险废物及其他废物的就近环境无害化处置；越境转移控制——按环境无害化管理原则将危险废物及其他废物的越境转移减到最低。

随着社会经济和技术的发展，21 世纪初期，《巴塞尔公约》履行职能的国际环境发生演变：由此前的废物特别是危险废物被完全视为一种应尽可能限制其转移的环境危害，转变为对废物资源性的逐渐认识。《巴塞尔公约》发展的重心开始转向强调废物减量化和环境无害化管理。2011 年，《巴塞尔公约》缔约方大会第十次会议通过了关于废物减量化的重要决定"卡塔赫纳宣言"，此后陆续通过了"卡塔赫纳宣言"实施行动路线图、开发《废物预防和减量技术准则》等，积极推进各缔约方开展废物预防和减量。同年，废物环境无害化管理被列为促进公约成效的重要工具之一，《巴塞尔公约》更加侧重从国家战略和政策层面指导缔约方实施环境无害化管理。

（二）中国行动

2004年国务院发布了《危险废物经营许可证管理办法》（以下简称《办法》）并于2016年修订，《办法》规定在境内从事危险废物收集、贮存、处置经营活动的单位，应当依照《办法》的规定，领取危险废物经营许可证。2016年修订版《国家危险废物名录》将危险废物调整为46大类别479种（其中362种来自原名录，新增117种），明确了危险废物管理的范围。

除此之外，《中华人民共和国环境保护法》《中华人民共和国固体废物污染环境防治法》《中华人民共和国循环经济促进法》组成了中国危险废物处理处置行业的法律体系，形成了包括污染防治责任制度、标识制度、管理计划制度、申报登记制度、源头分类制度、转移联单制度、经营许可证制度、应急预案备案制度、人员业务培训制度以及贮存设施管理制度在内的一套完整的管理体系。

目前，中国危险废物治理行业主管部门为各级生态环境主管部门，生态环境部负责对中国危险废物环境污染防治工作实施统一监督管理，各级地方生态环境主管部门负责对本行政辖区内的生态环境工作实施具体监督管理。虽然，中国的危险废物管理已形成了一系列法规制度，但应该进一步加强行业自律，加快危险废物处理处置行业的细分领域的标准及规范的制定修订工作，让行业内的企业有法可依，有标准可依，从制度层面上杜绝大型事故的发生；同时要推动危险废物的综合利用，减少填埋，向着"无废城市"的整体规划逐步迈进。

三、危险废物的管理

危险废物成分复杂，对生态环境和人类健康构成了严重威胁。被称为动植物和人类生存的"杀手"的废电池、废灯管和医院的特种垃圾，都列入了国家危险废物名录。近年来，危险废物的产生量也呈现出逐年上升的趋势。

（一）我国危险废物的管理体制和政策现状

1. 制定危险废物全过程管理模式

我国模仿和借鉴了国外法律法规的体系模式，形成了危险废物的全过程管理模式，体现了固体废物资源化、减量化和无害化的处置原则，在体系上也比较缜密。全过程管理的原则体现在污染控制的基本对策上是避免危险废物产生、综合利用和妥善处置。避免产生主要是提倡清洁生产工艺，控制废物的产生和排放量。综合利用是实现资源和能源最有效的利用，主要措施有系统内部的回收利用、系统外的综合利用和区域集中管理。生产过程中排出的危险废物，可通过系统外的废物交换、物质转化、再加工等措施，实现其综合利用，对工业危险废物进行区域内的集中管理显得十分必要。妥善处置是进行无害化或稳定化处理以及最终的处置与监控。

2. 结合相关法律和制度管控危险废物

通过危险废物相关法规和国家环境保护基本制度相结合来控制危险废物物流的全过程。通过《中华人民共和国固体废物污染环境防治法》对危险废物环境管理做出特殊规定，通过环境保护其他法律和基本管理制度，如分类收集制度、工业固体废物申报登记制度、固体废物污染环境影响评价及其防治措施的"三同时"制度、排污收费制度、限期治理制度等，来控制危险废物的产生、排放、处置和经营活动。

3.《巴塞尔公约》与我国相关法律制度不冲突

作为缔约国签署《巴塞尔公约》，落实公约中的各项条款，与我国的危险废物环境管理的现有法律、制度和控制标准并不矛盾。

4. 环境保护行政主管部门管理危险废物资源化利用

按照《中华人民共和国固体废物污染环境防治法》的规定，危险废物资源化利用由环境保护行政主管部门管理。

5. 高标准高技术管理危险废物

强调危险废物重点控制原则，并提出较一般废物更严格的标准和更高的技术要求。针对危险废物，还需制定一些行之有效的管理制度。

除了颁布上述法规外，国家还颁布了配套的鉴别、测定和污染控制等标准。国家法律法规大都原则性强，地方政府还可根据各自的特点，制定相应配套的法规制度和标准，形成适合本地的可操作性强的危险废物管理体系。如江苏省、浙江省、上海市、天津市、广州市、深圳市等各自出台的有关危险废物污染防治办法和一系列的制度等。

（二）危险废物管理中存在的主要问题

由于我国危险废物的管理起步较晚，在管理法规、处理技术和处置设施的建设等方面均可进一步完善。

1. 涉及危险废物的现行法规体系尚需进一步完善

与发达国家相比，我国还需制定《中华人民共和国固体废物污染环境防治法》相应的实施细则。我国法律责任以行政处罚为主，刑事责任还需进一步严厉，增加明确的量化标准。运营机构的收费、税收、资质认定、技术等级认定等还需配套政策的支持。危险废物的管理尚需进入规范化、系统化、程序化的管理规程。

2. 有关管理机构对危险废物的认识及管理还需进一步提高

我国危险废物管理体制尚需完备，需建立统一的监督管理体系，提高人员素质，增强全过程管理意识，提高管理水平。由于没有充分认识到危险废物的巨大、潜在危害性，个别危险废物管理机构对所辖地区的危险废物的种类、数量及处理基本情况尚不清楚，因而有时对其疏于管理。这有导致危险废物流向复杂，流失严重的风险。

3. 现有危险废物集中处置和管理体系还需完善

按照《中华人民共和国固体废物污染环境防治法》等有关规定，产生危险废物的单位必须将危险废物的种类、数量、性状、流向、贮存、处置等资料向环保部门申报登记。但由于我国现有危险废物集中处置和管理体系还需进一步完善，个别产生危险废物的单位考虑成本等因素，没有按要求进行危险废物的申报登记。个别无处置能力的废物产生单位，将废物交给个别小企业，他们将其中一部分加以"利用"后，其余倾倒掩埋，造成较严重的污染。

4. 有危险废物与一般生活废物混合处理，或仅对其进行简单处置的情况

这种现象有时会出现在地方中小型乡镇企业中。个别企业将危险废物混在生活垃圾里倒掉，有的送城镇郊区的填埋场简单填埋，或直接堆置在道路旁，或直接排入河沟。这将对周围地下水、地表水和土壤等产生严重的危害。

5. 危险废物交换体系还需进一步完善

通过危险废物的交换，一方面可节省危险废物产生单位的污染治理投资，另一方面又可以使危险废物得到安全、有效的处理处置，实现其无害化和减量化。在一些发达国家，危险废物交换开展得比较早，仅在美国、加拿大就成立了 320 多家废物交换机构。美国芝加哥一家 JOY 资源回收科技公司回收电线、电缆和电子产品废物，每年有上亿美元的收入。近 10 年来，我国逐渐接受这种思想，一些省市固体废物管理中心已开展了这方面的工作，但在废物交换种类、规模以及市场容量方面还需进一步完善。

6. 处置技术、设施落后，处理能力需加强

由于受经济能力和技术水平的限制，我国危险废物处理处置技术和设备有待进一步升级，目前全国需大力建设符合环境标准的处置场，提升设计、管理和运行经验，提升危险废物的处置技术水平，有些危险废物只是进行简单处理，还需加强管理以达到减量化、资源化、无害化的要求。

（三）危险废物管理的对策

1. 完善相关法律法规

针对当前《中华人民共和国固体废物污染环境防治法》虽然已初具框架，但其下一层次的法规还有待进一步完善的现状，应出台一系列行政法规，将《中华人民共和国固体废物污染环境防治法》中有关危险废物管理的条款加以具体化，建立系统可行的危险废物管理制度，危险废物的污染监测、登记管理及风险评价制度，并制定统一的危险废物风险评价方法与准则，特性鉴定及分析测试方法，为今后危险废物的有效管理和发展适合中国国情的处理处置技术提供科学依据。

2.加强危险废物监管力度，全面推行管理制度

各级环境管理部门应建立负责本辖区危险废物管理的机构，配备具有工作能力的管理和技术人员，在组织上保证危险废物管理制度的实施。加强地方特别是县级环保管理工作。

3.加大宣传教育力度，提高环境法治意识

今后可针对不同的宣传教育对象，采用各种信息载体、培训班等不同形式的宣传教育手段，提高全社会对危险废物的认识，增强民族的环境意识。重点将固体废物和危险废物的出现形式、危害性以及防范措施、监督和举报的方法以及途径等重点向人民群众进行宣传教育。

4.建立集中处置设施，实行危险废物集中控制

这是发达国家的经验，也是我国危险废物管理的必由之路。废物集中处置可以避免各企业单独处理所造成的高成本；便于采用先进的处理技术和控制手段（如收集装箱化、运输机械化等），提高污染控制水平。危险废物的处置应遵循集中处置和就近处置的原则，避免危险废物转运过程中的污染风险。

5.危险废物处置向专业化、产业化发展，发挥市场调节的作用

危险废物处理企业与传统的制造业有着天壤之别，在其发展与运营过程中不仅要有经济效益，更重要的是其担负着对社会以及环境的重大责任。因此，必须通过认真审核、筛选，认定和扶植一些专业化的集中处置企业，使危险废物的处理、处置有强大的技术和设施保障。只有使废物处置企业走产业化经营之路，发挥市场调节的作用，才能不断地创造价值，调动它的积极性，使其走上良性的发展道路。

6.完善危险废物交换体系

依据国家有关固体废物污染防治和危险废物污染防治以及资源综合利用方面的有关法律法规、管理制度，积极开展危险废物交换体系的试点工作和废物交换系统的运行机构、操作内容、运行方式、废物交换对象、废物交换服务渠道等方面的科研工作，为废物交换体系的建立和完善提供指导。

7.增加资金投入，提高危险污染防治技术水平

积极引进国外相对成熟的关于危险废物的减量化、资源化、无害化的处理处置设备、工艺，并重视以上工艺的推广；进一步完善废物资源化的各项鼓励政策（如减免税、优先投资、资金补偿等），促进有关单位治理危险废物积极性的提高；增加危险废物的科研投入，加快危险废物无害化、资源化、减量化处理技术的开发研究进程。

思考题

1. 中国签署的与环境保护相关的公约有哪些？执行状况如何？

2. 全球气候变化会对中国产生哪些影响？中国政府在应对及减缓气候变化方面采取的主要行动有哪些？

3. 中国在酸雨防治方面已经采取了哪些措施？你认为效果如何？在以后的环境保护过程中，你认为应当如何调整？

4. 中国持久性有机污染物现状如何？你认为应该采取哪些有效措施进行？

5. 中国在荒漠化治理方面进行了积极有效探索，介绍分析库布其荒漠化治理模式及典型经验。

6. 我国针对危险废物的管理制定了什么规章条例？除此之外，我国还采取了什么措施来进行危险废物的管理？

第三章 大气环境保护

○○ ── ○○ ○ ○○ ────────

图解：《大气污染防治
行动计划》

 引 言

　　2017 年 10 月 18 日，习近平总书记在十九大报告中提出：要坚决打好防范化解重大风险、精准脱贫、污染防治的攻坚战，使全面建成小康社会得到人民认可、经得起历史检验。环境污染作为"三大攻坚战"之一走入每个中国人心中、并化为环境污染防控的行动。2018 年 1 月，中央经济工作会议进一步指出：打好污染防治攻坚战，要使主要污染物排放总量大幅减少，生态环境质量总体改善，重点是打赢蓝天保卫战。大气环境保护事关人民群众根本利益，事关经济持续健康发展，事关全面建成小康社会，事关实现中华民族伟大复兴中国梦。2019 年中的世界环境日主题聚焦大气污染防治，确定了"打赢蓝天保卫战，我是行动者"中文口号，表达了中国人民对美好环境的向往和追求。

　　青山就是美丽，蓝天也是幸福。为有效解决雾霾频发的问题、让蓝天常在，党中央、国务院对大气污染治理进行战略部署，先后颁布实施《大气污染防治行动计划》（国发〔2013〕37 号）、《打赢蓝天保卫战三年行动计划》（国发〔2018〕22 号），明确了我国大气污染防治工作的总体思路、基本目标和主要任务。党的十八大以来，习近平总书记多次在不同场合就打赢蓝天保卫战等工作发表重要讲话，"空气质量直接关系到广大群众的幸福感""环境就是民生，青山就是美丽，蓝天也是幸福。""坚持全民共治、源头防治，持续实施大气污染防治行动，打赢蓝天保卫战。"

　　自 2013 年《大气污染防治行动计划》实施以来，我国在成因机理、影响评估、预测预报、决策支撑、精准治理方面，实现了一批关键技术的突破和应用，用 7 年左右时间走过了发达国家三四十年的大气治理历程，全国空气质量总体改善，重点区域明显好转，人民群众的蓝天获得感显著增强。至 2020 年底，全国地级及以上城市优良天数比例为 87%，地级及以上城市重污染天数比例下降为 1.2%，PM$_{2.5}$ 未达标地级及以上城市平均浓度相比 2015 年下降 28.8%，二氧化硫、氮氧化物排放量下降幅度超过既定目标，蓝天保卫战成效持续显现。我国在大气污染治理方面做出的艰辛努力和取得的积极成效，为世界治理空气污染提供"中国范本"，得到国际社会的广泛赞誉。2019 年 3 月，第四届联合国环境大会在肯尼亚首都内罗毕举行，联合国环境规划署代理主任乔伊斯·姆苏亚说："中国在应对国内空气污染方面表现出了无与伦比的领导力，在推动自身空气质量持续改善的同时，也致力于帮助其他国家加强行动力度。中国领跑，激发全球行动来拯救数百万人的生命。"

《印度斯坦时报》刊文：中国治理空气污染成效显著，测量与监测、具体和可衡量的目标以及实际的具体行动三方面经验值得印度借鉴。

打好大气污染防治攻坚战，关键是落实好科学治污、精准治污和依法治污，而科学治污又是做到精准治污、依法治污的基础、前提和关键所在。这场持续七年的大气治理之战，正进入深水区，我们更要面对现实，立足当前，着眼长远，科学应对大气治理的短板和关键环节，坚守靠实干才能保蓝天的信念，构筑保卫蓝天的制度堤坝。新时代的中国青年更应当坚守科学打赢污染防治攻坚战的信念，用现代化的大气治理方案、经济高效的节能减排技术武装自己，突出精准、科学、依法治污，针对大气污染防治新形势因地制宜、科学谋划大气治理新思路，制定差异化减排目标，推进大气污染治理精细化。

An air pollutant is known as a substance in the air that can cause harm to humans and the environment. Pollutants can be in the form of solid particles, liquid droplets, or gases. In addition, they may be natural or man-made. Pollutants can be classified as either primary or secondary. Usually, primary pollutants are substances directly emitted from a process, such as ash from a volcanic eruption, the carbon monoxide gas from a motor vehicle exhaust or sulfur dioxide released from factories. Secondary pollutants are not emitted directly. Rather, they form in the air when primary pollutants react or interact. An important example of a secondary pollutant is ground level ozone-one of the many secondary pollutants that make up photochemical smog. Note that some pollutants may be both primary and secondary, that is，they are both emitted directly and formed from other primary pollutants.

📚 导　读

大气质量的好坏，直接影响着整个生态系统和人类的健康。某些自然过程不断地与大气进行着物质和能量交换，影响着大气的质量，尤其是人类活动的不断加强，对大气环境产生了更为深刻的影响。因此大气污染已经成为当前我们所面临的重要环境问题之一。本章由四部分组成，首先分析了大气的组成及大气层结构，从湍流、逆温、大气稳定度等角度讨论了污染物扩散问题。第二部分讨论了大气污染的定义及大气污染物的来源，并依据污染物存在的形式、排放的方式、排放的时间、产生的类型对大气污染源进行分类，同时讨论了大气污染对人体、动植物、天气/气候及农业生产的影响。第三部分分析了我国大气污染的现状、主要大气污染物的产生量、大气污染的特点，并结合当前开展的大气环境保护措施分析了我国大气污染防治的成效及存在的主要问题。第四部分从产业结构及布局的调整与优化、能源利用效率的提高、清洁能源的开发与利用、工业污染控制工程的建设、大气污染防治基础设施的建设等多个方面讨论了开展大气污染控制的主要对策。

第一节　大气层结构与气象要素

一、大气的组成

地球大气（atmosphere）与太阳系中其他星球的大气很不相同，几乎没有一个天体能像地球一样有适合于生命生存的环境。地球大气的组成是在 45 亿年前地球形成以后逐渐变化而来的，是多种气体的混合物。大气圈的质量约为 $6×10^{15}$ t，虽然只占地球总质量的 0.0001% 左右，但是其成分却极为复杂，除了氧、氮等气体外，还悬浮着水滴（如云滴、雾滴）、冰晶和固体微粒（如尘埃、孢子、花粉等）。按其成分可以概括为三部分：干燥清洁的空气、水汽和悬浮微粒。大气中的悬浮物常称为气溶胶质粒，没有水汽和悬浮物的空气称为干洁空气。干洁空气的主要成分是氮、氧、氩、二氧化碳气体，其含量占全部干洁空气的 99.996%（体积分数）；氖、氦、氪、氙等次要成分只占 0.004% 左右，见表 3-1。

表3-1　干洁空气的组成

成分	分子量	体积分数 /%	成分	分子量	体积分数 /%
氮（N_2）	28.01	78.09	氖（Ne）	20.18	0.0018
氧（O_2）	32.00	20.95	氦（He）	4.003	0.0005
氩（Ar）	39.94	0.93	二氧化碳（CO_2）	44.01	0.03
氪（Kr）	83.70	0.0001	氢（H_2）	2.016	0.00005
氙（Xe）	131.30	0.000008	臭氧（O_3）	48.00	0.000001

注：引自左玉辉，环境学。

二、大气层结构分层

包围在地球外围的大气层，总质量约为 $5.3×10^{15}$ t，由于受重力的作用，大气从地面到高空逐渐稀薄，大气质量约 50% 集中在 5km 以下，75% 集中在 10km 以下，98% 集中在 30km 以下。地球大气在不同的高度有不同的特征，按照温度结构分为对流层、平流层、中间层、热成层和散逸层，如图 3-1 所示。

（一）对流层

对流层（troposphere）位于大气圈的最底层，虽然很薄，但其质量却占了整个大气圈的 75%。由于对流程度在热带要比寒带强烈，故自下垫面算起对流层的厚度随纬度增加而降低：热带为 16～17km，温带为 10～12km，两极附近只有 8～9km。同时，由于太阳辐射主要加热地面，地面的热量通过传导、对流、湍流、辐射等方式再传递给大气，因而接近地面的大气温度较高，远离地面的大气温度较低，每升高 100m 平均降温约 0.65℃。在水平方向上，温度和湿度的分布也是不均匀的，在热带海洋

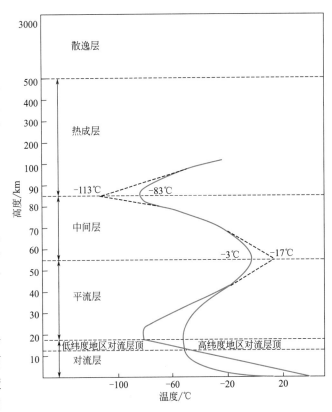

图 3-1　大气垂直方向的分层

上空，空气比较温暖潮湿，在高纬度内陆上空，空气比较寒冷干燥，因而也经常发生大规模空气的水平运动。

对流层对人类生产、生活的影响最大，云、雾、雪等主要天气现象都出现在这一层，大气污染现象也主要发生在这里，特别是地面以上1～2km范围内由于受地表影响大，又被称为摩擦层或边界层。在摩擦层之上又可细分出中层（距地面2～6km）、上层和对流顶层。上层温度处于0℃以下，最低在低纬度地区可达－83℃，在高纬度地区可达－53℃，对流顶层厚度约1km，处于逆温状态。

（二）平流层

从对流层顶到距地面50～60km高度的一层称为平流层（stratosphere）。在平流层中，臭氧吸收太阳的紫外线后被分解为氧原子和氧分子，当它们重新化合成臭氧时会放出大量的热能，因而温度随高度的增加而增高，其下半部温度随高度增加增高较少，在30～35km高度保持在－55℃左右，称为同温层；上半部即从同温层以上到平流层顶，温度则随高度增高较多，称为逆温层，到达平流层顶时温度已达－3℃，比对流层顶处的温度高出近60℃。

在平流层中空气大多作水平运动，对流十分微弱，而且空气稀薄干燥，水汽、尘埃含量甚微，大气透明度好，因而对流层中极少出现云、雨、雪等天气现象，是现代超声速飞机飞行的理想场所。同样，大气污染物进入平流层后由于大气扩散速度慢，污染物停留时间长，有时可达数十年之久，甚至会长期滞留其中。进入平流层的氮氧化物、氯化氢及氟利昂有机制冷剂等能与臭氧发生光化学反应，致使臭氧浓度降低，出现臭氧"空洞"。如果臭氧层遭到破坏，太阳辐射到地球表面的紫外线将增强，地球上的生命系统将会受到极大威胁。

（三）中间层

从平流层顶到距离地面85km高度的大气层称为中间层（mesosphere），由于该层的臭氧稀少，而且氮、氧等气体所能直接吸收的太阳短波辐射大部分已被上层大气吸收，温度随高度的增加迅速递减，在这一层中空气具有强烈的对流运动，垂直混合明显。

（四）热成层

从中间层顶至距地表250km（太阳宁静期）或500km（太阳活动期）的大气层称为热成层（thermosphere）。该层下部基本上由分子氮组成，上部由原子氧组成，电离后的原子氧能够强烈吸收太阳紫外线的能量，温度随高度上升而迅速升高，最高可升至1200℃。由于来自太阳和其他星球的各种射线作用，该层大部分空气分子发生电离而具有高密度的带电粒子，因此也称电离层。电离层能将电磁波反射回地球，对全球的无线电通信具有重大意义。

（五）散逸层

热成层以上的大气层统称为散逸层（exosphere），它是大气圈的最外层，距地表 500km 以上到 2000～3000km，该层大气十分稀薄，是从大气圈逐步过渡到星际空间的大气层。该层空气在阳光和宇宙射线作用下大部分发生电离，气温也随高度而上升。散逸层的大气粒子很少互相碰撞，中性粒子基本上按抛物线轨迹运动，有些速度较大的中性粒子能够克服地球的引力而逸入宇宙空间。

大气压力的垂直分布，总是随着高度的增高而降低的，并可以用静力学方程来描述。大气密度随高度的变化遵循和压力相同的变化规律。大气成分的垂直分布，主要取决于分子扩散和湍流扩散的强弱。在 100km 以下的气层中，以湍流扩散为主，气体成分均匀，称为匀和层；在 100km 以上的气层中，以分子扩散为主，气体成分不均匀，称为非匀和层。在散逸层中较轻的气体成分明显增加。

三、影响大气污染的气象因素

在大气污染源排放相对稳定的一段时期，大气污染物浓度时空分布的不确定性在一定程度上主要取决于大气扩散条件。制约大气污染物水平和垂直扩散的最根本的因子是平均风和湍流。而平均风和湍流又由大尺度天气背景与边界层层结所控制，因此，影响大气污染物散布的气象因素主要包括平均风和湍流、大气层结特征、地 - 气系统的辐射、大尺度天气形势和下垫面条件等。

（一）平均风和湍流

大气污染物的水平稀释和输送主要是平均风的作用。一般，风速越大，污染物的扩散能力越强，但另一方面，风速越大，则烟羽的抬升高度越低，反而会增加污染物的地面浓度，同时风速增大还可能增加开放源的源强，因此风速对污染物环境浓度具有双重影响。风向也是影响大气污染物散布的重要因素，为了反映风向和风速的联合作用，通常以污染系数（某风向的频率 / 该风向的平均风速）来分析当地各水平方向的扩散能力，污染系数越小说明该风向的下风方向的扩散能力越强，可能造成的污染越轻。湍流是一种不规则运动，是叠加在平均风上的扰动。湍流的形成机制有两种：动力机制和热力机制。由机械或动力作用生成的湍流为机械湍流，如由地表粗糙度产生的近地面风切变；由热力因素诱发的湍流为热力湍流，如太阳加热地表导致的热泡对流运动，地表热性质不同或气层不稳定形成的热力湍流等。

（二）大气层结特征

大气层结稳定度表征了大气对污染物的湍流扩散能力，层结越不稳定，则湍流扩散能力越强。由于天气背景对大气边界层的影响及其边界层自身结构的日变化，不同季节各类稳定度出现的频率不等，一天中各类稳定度出现的时间也不同。同时，上述大气稳定度频率的季节和日变化还存在着地区间差异。在一般情况下，大气稳定度的日变化遵循如下的规律：上午日出后层结不稳定逐渐加强，正午时分不稳定层结最强，午后大气逐渐变为中性层结，日落后大气稳定层结逐渐加强。

（三）地 - 气系统的辐射

太阳辐射是地球大气运动的源动力。地表和大气层吸收太阳短波辐射能量，同时以长波辐射的形式向外放射能量。地表及大气温度的分布和变化，制约大气的运动状态，影响云和降水的形成，对大气污染也起着至关重要的作用。地 - 气系统的辐射状况影响着大气层结的稳定性。例如，在晴朗的白天，太阳辐射加热地面，使近地层气温升高，大气处于不稳定状态，夜间，地面长波辐射失去能量，近地层气温降低，形成逆温；有云的条件下，云一方面反射和吸收太阳辐射，减少到达地面的太阳直接辐射，另一方面，增加了大气逆辐射，因此，云层的存在可以减小气温的垂直梯度，使大气趋于中性层结。

（四）大尺度天气形势

大尺度天气形势（背景）及其控制下的局地输送扩散条件对空气污染物环境浓度的分布影响显著。当某地区为低压中心控制时，空气作上升运动，云天较多，通常大气呈中性状态或不稳定状态，有利于污染物扩散稀释；当某地区为高压中心控制时，空气作下沉运动，常形成下沉逆温，不利于污染物向上扩散。如果高压移动缓慢，长期停留在某一地区，那么，污染物就会长期得不到扩散。尤其是天气晴朗时，夜间容易形成辐射逆温，对污染物的扩散更不利，此时易出现污染危害。如果再加上不利的地形条件，往往形成严重的污染事件。

（五）下垫面条件

复杂的下垫面状况和地形会对气流运动产生动力和热力影响，从而改变污染物的扩散规律。例如，城市上空环流在楼群林立的环境中形成"树冠"动力效应，使街区地表风场改变，水泥路代替地表绿化形成城市"干岛""热岛"，改变局地动力及热力结构，从而改变了大气污染物浓度的垂直分布；城市周边大地形往往是影响某些城市空气污染物扩散的"瓶颈"；另外，城市规划布局（如工业区、高层建筑群、高架环线公路等的布局）也会对污染物扩散产生影响。一些典型的局地环流，如城市和郊区温差引起的热岛环流，山地地形使山坡和山谷受热不均匀形成的山谷风环流，以及海面陆面热容不同，产生海陆气温差形成的海陆风环流等。

第二节　大气污染

一、大气污染相关概念

（一）大气污染的概念

通过对大气成分的了解可以看出，干洁空气中痕量气体的含量是微不足道的，不足以对人类、自然界动植物产生毒害作用，但是由于人类生产和生活活动以及各种自然过程都不断地向大气排放各种大气中原本没有或者极微量的物质，从而使大气圈中原有的物质组成和生态平衡体系发生变化，当这些物质达到足够的浓度、持续足够的时间并因此而危害了人体的舒适、健康和正常的生产和生活

活动，并对建筑物和设备财产等构成损害时，大气就处于被污染的状态了。大气污染的范围广泛，小到工厂烟囱排放废气造成的直接影响，大到整个地球大气层的污染，如温室效应、臭氧层破坏、酸雨等全球性环境问题都可以归为大气污染的范畴里。

大气污染的危害

大气污染（air pollution）按照国际标准化组织（ISO）的定义，"大气污染通常是指由于人类活动或自然过程引起某些物质进入大气中，呈现出足够的浓度，达到足够的时间，并因此危害了人体的舒适、健康和福利或环境的现象"。

雾霾作为最具代表性的大气污染，引起了大量的关注。其中最具有伤害性的污染物种类之一是$PM_{2.5}$。

（二）主要大气污染事件

回顾工业革命以来的二百多年的历史，空气污染像一个梦魇，一直萦绕在地球上空，徘徊不去，愈演愈烈。著名的伦敦烟雾事件、洛杉矶光化学烟雾事件，已焦急地告诉人们：梦魇已化作了现实。历史上一些较严重的大气污染事件见表3-2。而文明最集中、工业最发达的城市，则遭受着最为严重的空气污染。许多城市的空气质量，已恶化至威胁人类健康的程度。由于城市扩张、交通发达、经济高速发展和能源过度消费，最近几十年来，城市大气质量虽在局部地区有所好转，在全球范围内却是更加恶化了。世界上一半的城市CO浓度过高，12亿人暴露于高浓度的SO_2中，北美和欧洲15%～20%的城市中NO_x浓度超标。

表3-2 历史上一些较严重的大气污染事件

时间	地点	简况（污染程度）	额外伤亡人数
1930年12月1日至5日	马斯河谷（比利时）	烟尘和SO_2，逆温层，一周内死亡率剧增	6千多人得病，60多人死亡
1931年	曼彻斯特（英国）	烟尘和SO_2，9天内呼吸道病人剧增	死亡592人
1948年10月27日至31日	多诺拉（美国）	烟尘和SO_2，大雾，看不见人和物	近6千人发病，死亡20人
1948年11月26日至12月1日	伦敦（英国）	烟尘（2.8mg/m³）和SO_2（0.75mg/m³），一周内支气管炎病人死亡人数增多	死亡700～800人
1952年12月5日至9日	伦敦（英国）	烟尘（4.46mg/m³）和SO_2（3.8mg/m³），逆温层，无风，大雾	死亡近4000人
1952年12月	洛杉矶（美国）	O_3、NO_x、醛类、SO_2、CO、汽车尾气经阳光作用形成光化学烟雾	75%的居民患眼病，死亡约400人
1956年1月3日至6日	伦敦（英国）	烟尘（3.25mg/m³）和SO_2（1.6mg/m³）	死亡约1000人
1957年12月2日至5日	伦敦（英国）	烟尘（2.4mg/m³）和SO_2（1.8mg/m³）	死亡400多人
1961年	四日市（日本）	SO_2和烟雾，哮喘病人增多	患者超过500人，死亡10人
1962年12月5日至10日	伦敦（英国）	SO_2（4.1mg/m³）和烟尘（2.8mg/m³）	死亡750人
1970年7月18日	东京（日本）	光化学烟雾，加上SO_2，无风	受害者近万人

（三）大气重污染成因及来源

1.污染排放

污染排放是主因和内因。污染排放有四大主要来源：工业、燃煤、机动车及扬尘。在污染排放中这四大来源占比要达到90%以上，当然城市与城市间略有差别。另外，$PM_{2.5}$组分也逐步清楚，相关研究结果表明其主要的组分为四大类，硝酸盐、硫酸盐、铵盐和有机物，比重达到70%以上。

2.气象条件

气象条件虽然是外因，但对大气重污染也会产生非常明显的影响。专家的评估结果指出，同样的污染排放，不同年份气象条件有的可能拉高10%，有的可能拉低10%，个别城市可能还会达到15%。另外，风速低于2m/s，湿度大于60%，近地面逆温、混合层高度低于500m，这样的天气极容易形成重污染

天气。也正是因为如此，在预测到有这样气象条件的时候，一定要进行重污染天气的预警应急，要采取应急措施，把污染排放降下来，这样才能减轻重污染程度。

3. 区域传输

区域传输对重污染天气也会产生显著的影响。在一个传输通道内，如京津冀及周边"2+26"城市这个范围内，大概相互之间的影响平均是 20%～30%，重污染气象天气发生时，会提高 15%～20%，即可能达到 35%～50%，个别城市可能会到 60%～70%。

二、大气污染源

大气污染源是指造成大气污染的污染物发生源，可分为天然大气污染源和人为大气污染源。天然大气污染源是指大气污染物的天然发生源，如排出火山灰、二氧化硫、硫化氢等的活火山，自然逸出煤气和天然气的煤田和油田，放出有害气体的腐烂的动植物。人为大气污染源是指大气污染物的人为发生源，如资源和能源的开发（包括核工业）、燃料的燃烧以及向大气释放出污染物的各种生产场所、设施和装置等。由于自然环境所具有的物理、化学和生物机能，自然过程造成的大气污染经过一定时间后往往会自动消除，使生态平衡自动恢复。一般而言，大气污染主要是人类活动造成的，因此人类大气污染源是大气污染控制的工作重点。根据不同的研究目的，人为大气污染源的类型主要有以下四种划分方法。

（一）按污染源存在的形式划分

1. 固定污染源

固定污染源主要是指排放污染物的固定设施，如工矿企业的烟囱、排气囱、民用炉灶等，生活污染源和工厂污染源都属于固定污染源。

2. 移动污染源

移动污染源主要是指排放污染物的交通工具，又称交通污染源，移动污染源位置可以移动，并且在移动过程中排放出大量废气，如汽车等交通污染源。

这种分类方法适用于进行大气质量评价时绘制污染源分析图。

（二）按污染物排放的方式划分

1. 点源

点源通常是指一个烟囱或几个距离很近的固定污染源，其排放的污染物只构成小范围的大气污染，但在一般情况下，这是排放量比较大的污染源。

2. 面源

面源是指一个大城市或者大工业区，工业生产烟囱和交通工具排出的废气，构成的通常是较大范围的空气污染。

3. 线源

线源主要是指汽车、火车、轮船、飞机在公路、铁路、河流和航空线附近构成大气污染。

4. 体源

体源是指由源本身或附近建筑物的空气动力学作用使污染物呈一定体积向大气排放的源，如焦炉炉体、屋顶天窗等。

这种分类方法适用于大气扩散计算。

（三）按污染物排放的时间划分

1. 连续源

连续源是指污染物连续排放，如化工厂的排气筒等。

2. 间断源

间断源是指排放源时断时续，如采暖锅炉的烟囱。

3. 瞬间源

瞬间源是指排放源排放时间短暂，如某些工厂的事故排放。

这种分类方法适用于分析污染物排放的时间规律。

（四）按污染物产生的类型划分

1. 工业污染源

工业生产中的一些环节，如原料生产、加工过程、燃烧过程、加热和冷却过程、成品整理过程都要向大气排放各种有机和无机气体，这些生产设备或生产场所都可能成为工业污染源。不同的工业生产过程排放出的废物含有不同的污染物，如火力发电厂、钢铁厂等工矿企业在生产过程中和燃煤过程中所排放的烟气中含有一氧化碳、二氧化硫、苯并[a]芘和粉尘等污染物；一些化工生产过程排出的废气主要含有硫化氢、氮氧化物、氟化氢、氯化氢、甲醛、氨等各种有害气体。这些污染物在人类生活环境中循环、富集，造成大气污染，并且对人体健康构成长期威胁，可见，工业污染源对环境危害最大。

2. 生活污染源

生活污染源是指人们由于烧饭、取暖、沐浴等生活上的需要，燃烧化石燃料向大气排放煤烟所造成的大气污染的污染源，在我国的一些城市里，居民普遍使用小煤炉做饭、取暖，这些小煤炉在城市区域范围内构成大气的面污染源，是一种排放量大、分布广、排放浓度低、危害性不容忽视的空气污染源。

3. 交通污染源

交通污染源是指由汽车、飞机、火车和船舶等交通工具排放尾气造成大气污染的污染源。交通污染源排放的主要污染物有一氧化碳、氮氧化物、烃类、二氧化硫、铅化合物、苯并[a]芘、石油和石油制品以及有毒有害的运载物。

三、大气污染物

目前已认识到的、在环境中已产生和正在产生影响的主要大气污染物种类很多，主要包括含硫化合物（SO_2、H_2S 等）、含氮化合物（NO、NO_2、NH_3 等）、含碳化合物（CO、VOCs 等）、光化学氧化剂（O_3、H_2O_2 等）、含卤素化合物（HCl、HF 等）、颗粒物、持久性有机污染物、放射性物质八类。将这些大气污染物按其物理状态分类，可分为气态污染物（如 SO_2、NO）和颗粒物两大类；若按形成过程分类，则可分为一次污染物和二次污染物。

所谓一次污染物，是指直接从污染源排放的污染物质，如一氧化碳、二氧化硫等。二次污染物则是指由一次污染物经化学反应或光化学反应形成的污染物，如臭氧、硫酸盐、硝酸盐、有机颗粒物等。值得注意的是，二氧化碳以前不被认为是空气污染物，但鉴于其对气候变化的重要影响，一些国家已经把二氧化碳作为大气污染物对待。我国 2012 年颁布的《环境空气质量标准》中所规定的大气污染物包括二氧化硫、总悬浮颗粒物（TSP）、颗粒物 PM_{10}、细颗粒物 $PM_{2.5}$、氮氧化物、一氧化碳、臭氧、铅（Pb）、苯并[a]芘、氟化物、氰化物等。

第三节　我国大气污染现状

我国大气污染特点

自 20 世纪 70 年代以来，中国政府加强了对环保工作的力度，颁布并采取了一些防治大气污染的政策和措施，尤其是 2013 年国务院发布的《大气污染防治行动计划》（以下简称"大气十条"）实施以来，空气质量改善收到显著效果，但从总体来看，环境污染和破坏还没有完全被控制，中国大气污染防控仍任重而道远。

一、我国大气污染概况

根据 2019 年 5 月发布的《2018 中国生态环境状况公报》，城市空气质量总体较 2017 年有所好转，部分城市污染依然严重。全国酸雨分布区域保持稳定，但酸雨污染仍较重。

（一）空气质量

2018 年，全国 338 个地级及以上城市（以下简称 338 个城市）中，121 个城市环境空气质量达标，占全部城市数的 35.8%，比 2017 年上升 6.5 个百分点；217 个城市环境空气质量超标，占 64.2%。338 个城市平均优良天数比例为 79.3%，比 2017 年上升 1.3 个百分点；平均超标天数比例为 20.7%。7 个城市优良天数比例为 100%，186 个城市优良天数比例在 80%～100%，120 个城市优良天数比例在 50%～80%，25 个城市优良天数比例低于 50%。图 3-2 为 2018 年 338 个城市环境空气质量各级别天数比例，图 3-3 为 2018 年 338 个城市环境空气质量不同级别天数比例年际比较，图 3-4 为 2018 年 338 个城市六项污染物不同浓度区间城市比例分布。

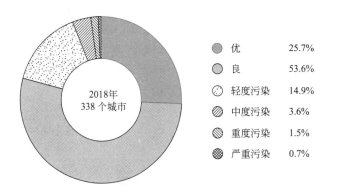

图 3-2　2018 年 338 个城市环境空气质量各级别天数比例

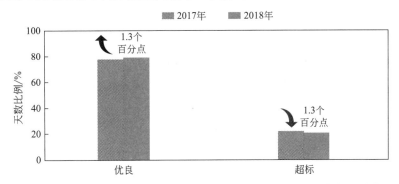

图 3-3　2018 年 338 个城市环境空气质量不同级别天数比例年际比较

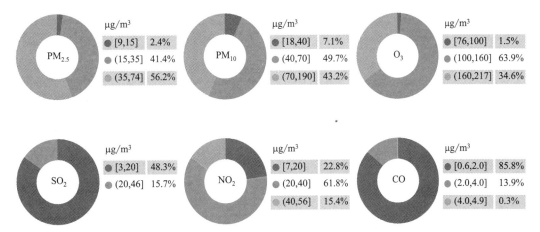

图 3-4　2018 年 338 个城市六项污染物不同浓度区间城市比例分布

338 个城市发生重度污染 1899 天次，比 2017 年减少 412 天；严重污染 822 天次，比 2017 年增加 20 天。以 $PM_{2.5}$ 为首要污染物的天数占重度及以上污染天数的 60.0%，以 PM_{10} 为首要污染物的占 37.2%，以 O_3 为首要污染物的占 3.6%。$PM_{2.5}$、PM_{10}、O_3、SO_2、NO_2 和 CO 浓度分别为 $39\mu g/m^3$、$71\mu g/m^3$、$151\mu g/m^3$、$14\mu g/m^3$、$29\mu g/m^3$ 和 $1.5mg/m^3$，超标天数比例分别为 9.4%、6.0%、8.4%、不足 0.1%、1.2% 和 0.1%。与

2017 年相比，O_3 浓度和超标天数比例均上升，其他五项指标浓度和超标天数比例均下降。图 3-5 为 2018 年 338 个城市六项污染物浓度年际比较，图 3-6 为 2018 年 338 个城市六项污染物超标天数比例年际比较。若不扣除沙尘影响，338 个城市中，环境空气质量达标城市比例为 33.7%，超标城市比例为 66.3%；$PM_{2.5}$ 和 PM_{10} 平均浓度分别为 41μg/m³ 和 78μg/m³，分别比 2017 年下降 6.8% 和 2.5%。

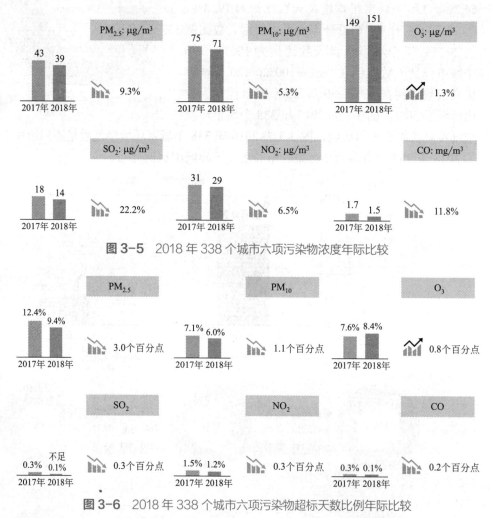

图 3-5 2018 年 338 个城市六项污染物浓度年际比较

图 3-6 2018 年 338 个城市六项污染物超标天数比例年际比较

（二）酸雨

2018 年，酸雨区面积约 53 万平方千米，占国土面积的 5.5%，比 2017 年下降 0.9 个百分点；其中，较重酸雨区面积占国土面积的 0.6%。酸雨污染主要分布在长江以南—云贵高原以东地区，主要包括浙江、上海的大部分地区、福建北部、江西中部、湖南中东部、广东中部和重庆南部。

471 个监测降水的城市（区、县）中，酸雨频率平均为 10.5%，比 2017 年下降 0.3 个百分点。出现酸雨的城市比例为 37.6%，比 2017 年上升 1.5 个百分点；酸雨频率在 25% 及以上、50% 及以上和 75% 及以上的城市比例分别为

16.3%、8.3% 和 3.0%。图 3-7 为 2018 年不同酸雨频率的城市比例年际比较，图 3-8 为 2018 年不同降水 pH 年均值的城市比例年际比较。

全国降水 pH 年均值范围为 4.34（重庆大足区）～8.24（新疆喀什市），平均为 5.58。酸雨、较重酸雨和重酸雨城市比例分别为 18.9%、4.9% 和 0.4%。

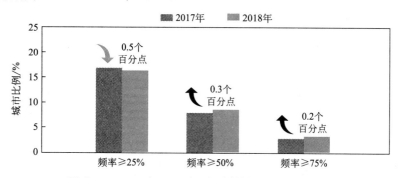

图 3-7　2018 年不同酸雨频率的城市比例年际比较

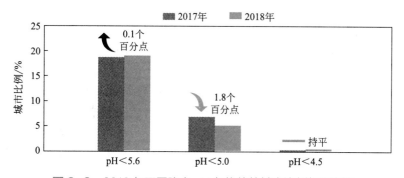

图 3-8　2018 年不同降水 pH 年均值的城市比例年际比较

（三）废气中主要污染物排放量

2017 年，我国二氧化硫排放量为 875.4 万吨，烟尘排放量为 796.26 万吨，氮氧化物排放量为 1258.83 万吨，分别比上年下降 20.6%、21.2%、9.7%。表 3-3 为全国近三年废气中主要污染物排放量。

表3-3　全国近三年废气中主要污染物排放量

年度	二氧化硫排放量 / 万吨	烟尘排放量 / 万吨	氮氧化物排放量 / 万吨
2015	1859.12	1538.01	1851.02
2016	1102.86	1010.66	1393.31
2017	875.4	796.26	1258.83

二、我国大气污染防治成效及问题

（一）我国大气污染防治工作取得的成果

我国政府对大气污染防治工作高度重视，党的十九大对打赢蓝天保卫战做出重大决策部署。在最近发布的《全面加强生态环境保护坚决打好污染防治攻坚战》中，关于坚决打赢蓝天保卫战的部署安排，

在几个污染防治标志性战役中篇幅最大，而且对其他标志性战役的要求均是"打好"，唯有蓝天保卫战是明确要求"打赢"。近几年大气污染防治取得了积极进展，主要表现在以下方面。

1. 全面实现空气质量改善目标

2017 年，全国地级及以上城市 PM_{10} 比 2013 年下降 22.7%，京津冀、长三角、珠三角等重点区域 $PM_{2.5}$ 分别比 2013 年下降 39.6%、34.3%、27.7%；珠三角区域 $PM_{2.5}$ 平均浓度连续三年达标；北京市 $PM_{2.5}$ 从 2013 年的 $89.5\mu g/m^3$ 降至 2017 年的 $58\mu g/m^3$；"大气十条"确定的各项空气质量改善目标得到实现。

2. 支持这些空气质量改善的重大工程和重大措施超额完成，解决了多项大气污染防治难题

（1）从能源结构来看，全国煤炭消费总量 2013—2017 年这五年持续下降，煤炭占一次能源消费的比重由 67.4% 下降至 60% 左右。淘汰城市建成区 10 蒸吨以下燃煤小锅炉 20 余万台，"2+26"城市完成以电代煤、以气代煤 470 多万户。全国燃煤机组累计完成超低排放改造 7 亿千瓦。

（2）加快淘汰落后产能。全国全面完成淘汰落后产能、化解过剩产能任务，1.4 亿吨地条钢全部清理完毕；"2+26"城市在去年一年清理整顿涉气"散乱污"企业 6.2 万余家，实现环境效益、经济效益和社会效益多赢。

（3）推进重点行业提标改造。编制或修订水泥、石化等重点行业排放标准 20 多项，实施了一轮污染治理设施提标改造工程。1 万多家国家重点监控企业全部安装在线监控，实现 24 小时实时监管；企业排放达标率大幅度提升。

（4）加强"车、油、路"统筹。2013—2017 年这五年淘汰黄标车和老旧车 2000 多万辆。实施国五机动车排放标准，基本实现与欧美发达国家接轨。车用汽柴油品质 5 年内连续两级跳，这是其他国家不可想象的一件事，"2+26"城市从国四跃升到国六。环渤海港口不再接收公路运输煤炭，改由铁路运输。

（5）大气环境监管能力明显增强。建成国家环境空气质量监测网，2012 年之前国家还没有 $PM_{2.5}$ 的例行监测站点，2017 年 1436 个国控监测站点全部具备 $PM_{2.5}$ 等六项指标监测能力，且已完成国家环境空气质量监测事权上收。形成覆盖区域、省、市三级空气重污染预测预警体系，基本实现 3 天精准预报和 7 天潜势分析，实现重污染天气应急区域联动。强化大气污染治理科技支撑，启动大气重污染成因与治理攻关项目。

3. 初步建立了大气污染防治体制机制

（1）齐抓共管的治理格局初步建立。细化分解任务，层层压实责任，并实

施年度考核。自 2015 年开始对 31 个省（区、市）开展中央生态环境保护督察；开展"2+26"城市大气污染防治强化督察。党政同责、一岗双责得到有力有效落实。

（2）区域联防联控实现重大创新。在京津冀、长三角等重点区域建立大气污染防治协作机制，打破了行政区划界限，着力破解大气污染长距离传输、区域间相互影响的世界性难题。

（3）环境法治保障更加有力。《中华人民共和国环境保护法》和《中华人民共和国大气污染防治法》相继修订出台，按日计罚、停产限产、查封扣押等执法手段更加丰富。组织冬季大气污染防治专项执法检查，严厉打击超标排放等环境违法行为。

（4）完善环境经济政策。国务院有关部门发布环保电价、提高排污收费征收标准等 22 项配套政策。设立大气污染防治专项资金，中央财政已累计下达 528 亿元专项资金和 100 多亿元中央预算内投资。

（5）全社会环境意识有所增强。积极倡导文明、节约、绿色的消费方式和生活习惯，广大群众参与环保的积极性高涨，"同呼吸、共奋斗"成为全社会行为准则。

（二）存在的主要问题

2013 年"大气十条"实施以来，我国大气污染防治取得明显进展。不过，产业结构偏重、能源结构偏煤、产业布局偏乱、交通运输结构不合理等多重压力仍然存在，大气污染物排放总量大、排放强度高的局面仍然没有根本扭转，环境容量背负着"难以承受之重"。一些地区空气质量还处于普遍超标状态，一旦遭遇持续静稳、湿度较高的不利气象条件，就可能出现比较严重的空气污染，没有从根本上摆脱"靠天吃饭"的状态。一些地区夏季臭氧污染在增多，这也是一个新的挑战。面对大气污染这个顽疾，各地区各部门拿出时不我待的责任担当，保持持续进击的战斗姿态，按照"军令状"一仗一仗打、一微克一微克拼，才能积小胜为大胜，完成艰巨的攻坚任务。

1. 结构性污染问题较为突出

《中华人民共和国大气污染防治法》规定防治大气污染应当以改善大气环境质量为目标，坚持源头治理，规划先行，转变经济发展方式，优化产业结构和布局，调整能源结构。检查中发现，个别地区产业结构偏重、布局偏乱，能源结构调整尚未到位，运输结构不合理，成为大气污染的主因。

2. 环保意识有待加强

当前，个别城市过于重视经济效益和经济增长，为了发展经济，可能会放松对环境污染的监管。如果城市发展理念存在偏差，会导致个别企业盲目追求经济效益而不有效处理污染物，进而加剧大气污染，浪费公共资源。生态环境部门要有效监督企业处理废物，部分城市应加大监管力度，全面监管涉污企业，避免大气污染更加严重。

3. 污染防治技术水平有待提高

大气污染防治需要良好的处理技术作为支撑，但是从整体来看，现阶段，污染防治技术水平有待提高。大气污染治理目前主要采取传统方法，部分化工企业和能源企业的能源利用率有待提高，废物处理技术有待提高，还需引入脱硫脱硝等先进技术，以避免污染物大量排放。另外，企业污染物排放标准需要进一步提升，随着大气污染的加剧，污染物排放要求需要更加严格。

4. 部分配套法规和标准制定尚需加快

《中华人民共和国大气污染防治法》要求排污许可的具体办法和实施步骤由国务院规定，但国务院排污许可管理条例尚未出台。《中华人民共和国大气污染防治法》规定的机动车和非道路移动机械环境保护召回制度还需进一步落实。个别大气污染较重的地市尚需制定地方性法规。

标准体系有待进一步完善。《中华人民共和国大气污染防治法》明确禁止进口、销售和燃用不符合质量标准的石油焦，但还应加快出台相应产品质量标准。《中华人民共和国大气污染防治法》规定，大气污染物排放标准的执行情况应当定期进行评估，根据评估结果对标准适时进行修订。但是，当前执行的《大气污染物综合排放标准》是 20 世纪 90 年代发布实施的，亟须更新。

5. 加强大气污染监督管理制度的落实

《中华人民共和国大气污染防治法》明确要求排放工业废气的企业应当取得排污许可证，但许可证发放范围尚未涵盖全部排污企业，个别企业固定污染源未纳入监管。

《中华人民共和国大气污染防治法》要求环境保护主管部门负责建设与管理大气环境质量监测网。但个别东中部区县和西部大气污染严重城市监控点少、监控网布局不合理。个别地方环境质量监测弄虚作假。《中华人民共和国大气污染防治法》规定重点排污单位应当对自动监测数据的真实性和准确性负责。检查中发现，个别企业监测数据不准确，影响治污实效。部分企业不如实公开自动监测数据，检查组现场检测发现测量浓度与标准样品浓度差异超过误差范围，不符合技术规范。

6. 加强重点领域大气污染防治措施执行力度

工业污染控制力度尚需加强。个别地方存在不符合产业政策的"散乱污"企业和产业布局不合理的企业群，治污设施简陋甚至没有治污设施，不能达标排放。

民用散煤污染控制力度尚需加强。《中华人民共和国大气污染防治法》规定，地方各级人民政府应当加强民用散煤的管理。但目前散煤燃烧效率低、污染重，我国北方一些地区每年冬季取暖消耗 2 亿多吨散煤。

机动车污染和油品质量监管尚需加强。《中华人民共和国大气污染防治法》对机动车污染控制、车辆监管、油品质量等做了专节规定。个别重型柴油车未安装污染控制装置或者污染控制装置不符合要求，不能达标排放。个别地方存在机动车排放检验机构数据造假现象。

7. 严格落实法律责任

政府责任和部门监管责任落实还需加强。个别地方治理工作存在"上热、中温、下冷"现象，存在污染治理压力和责任逐级递减及"政热企冷"等问题。

企业治污主体责任落实还需加强。《中华人民共和国大气污染防治法》规定了企业事业单位和其他生产经营者应当防止、减少大气污染，对所造成的损害依法承担责任。个别企业污染防治不主动、不自觉，管理粗放，设施不健全，有超标排污的风险。

第四节　大气污染防治措施

无论是大气污染源、污染物、污染类型还是大气污染的危害，都是多种多样的，正是这种多样性给大气污染的治理带来了很大的难度，因此要从根本上解决大气污染的问题，就必须多种手段并行；同时无论是颗粒状污染物还是气体状污染物，都能够在大气中扩散，因此大气污染的程度要受到区域自然条件、能源构成、工业结构和布局、交通状况以及人口密度等多种因素的影响。大气污染的综合防治，应该立足于环境问题的区域性、系统性和整体性之上，从区域环境的整体出发，充分考虑该地区的环境特征，对所有能够影响大气质量的各项因素做全面、系统的分析，充分利用环境的自净能力，综合运用各种防治大气污染的技术措施，并在这些措施的基础上选择最佳的防治措施，以达到控制区域性大气环境质量、消除或减轻大气污染的目的。

大气污染综合治理措施包括宏观的也包括微观的，既有技术措施也有管理措施，既有合理利用大气自净能力的高烟囱排放，也有利用人为的各种大气污染控制技术，既有集中控制，也有分散的单项治理技术。由于各个地区大气污染的特征以及大气污染综合防治的方向和重点也不尽相同，因此很难找到适用于各个地区的综合防治措施，在此，仅在借鉴国内外经验的基础上，结合我国实际，对大气污染的综合防治措施做一综述。

一、积极调整产业结构和产业布局

产业结构（industrial structure）是指产业系统内部各部分、各行业间的比例关系，主要包括产业部门结构、行业结构、产业结构、原料结构、规模结构等。工业部门不同、产品不同、生产规模不同，则获得单位产值（或产品）所产生的污染物的量、性质和种类也不同，因此在保证实现本地区经济目标的前提下，调整和优化工业结构，优选出经济效益、社会效益和环境效益相统一的工业结构，是大气污染综合防治的一个重要措施。淘汰严重污染环境的落后工艺和设备，采用技术起点高的清洁工艺，最大限度地减少能源和资源浪费，从根本上控制污染物的产生和排放。

造成大气污染的主要元凶，主要为落后的生产工艺以及能源利用方式。因此在社会发展过程中需要积极促进节能环保的产业发展，减少能源消耗比较高的产业发展和增加。首先在社会发展过程中要减少煤炭能源的消耗，加强天然气、水能、太阳能、风能和核能的使用概率，减少 SO_2 和 NO_x 的排放量。在社会发展过程中要积极开发和推广更多的节能环保技术，例如清洁煤技术以及煤气化技术，积极开发先进的用煤技术，例如热电联产、煤气化发电、循环流化床、燃料电池、水煤浆、液化等。在技术的发展过程中，通过强化清洁产品的开发和清洁产品生产的研究工作，来促进节能环保技术的可持续发展。

产业布局不合理是造成我国城市大气污染的主要原因之一，改善不合理的产业布局，合理利用大气环境容量是十分必要的。比如厂址的选择要考虑地形因素的影响，对于新建工矿企业，应尽量选择在有利于污染物扩散稀释的位置，如城市主导方向的下风口，以减少废气对居民的危害；再比如把有原料供应关系的化工厂放在一起，相互利用以减少废气排放量。同时要注意工厂区和生活区之间保持合理距离。

二、利用市场手段强化污染治理措施

目前个别企业在市场发展过程中能力不足，自身的经营能力有限，因此在发展过程中没有能力购买环保设备，也没有能力建设节能减排设备系统，因此有可能造成非常严重的污染。面对这样的发展背景，政府部门需要积极加强环保工作的宣传力度，出台各种优惠政策来促进环保减排理念的推广，这样能够有效激励社会企业积极参与到环保设备的投资购买过程中。要加强大气污染治理市场的放开力度，积极鼓励社会资本和外资能够参与到环境保护市场中来，特别是针对市场中的重点污染行业治理方面，更需要委托专业的环境服务企业，为行业发展提供更加专业化的节能减排服务。在市场发展过程中能够形成真正的排污权交易制度，把市场调节跟强制性减排制度结合在一起，能够有效利用市场营销手段来促进大气污染防治工作的开展。

三、开发和利用清洁能源

清洁能源

在大力提高能源利用效率、提倡节能的同时，积极开发和利用清洁能源，一方面可以缓解能源危机，减少对煤、石油等能源的依赖；另一方面，利用清洁能源会减少环境污染物的产生，从根本上达到治理环境污染的目的。

目前，世界上发展较快的清洁能源主要是风能、太阳能、水力发电、地热能、潮汐能和生物质能等新型能源。

四、强化监督考核机制

在大气污染治理过程中要建立大气污染监测预警体系，我国的排放量负荷比较大，因此面对现代化社会发展形势，需要政府部门能够强化对于环境治理工作的开展力度，在工作中能够形成完善的监督考核制度，从而通过规范化制度的要求完善大气污染监测预警体系，有效减少污染风险的出现。在大气污染治理过程中可以充分利用遥感监测技术，寻找污染源，并提前制定出预警方案。针对污染源一定要加强监管力度，强化大气污染的监督和执法力度，加强机动车尾气的治理和监测，引导排污企业能够主动减排。

五、加强宏观调控改善大气环境质量

严格环境准入制度。加大产业结构调整力度，把环境影响评价制度作为从源头防治大气污染的根本措施，大力推进规划环评工作。严格项目审批，严防落后产能转移，严禁高耗能、高排放和产能过剩行业盲目投资和重复建设。加强国土规划，按照形成主体功能区的要求，确定发展方向。新建项目必须符合国家规定的准入条件和排放标准，对已无环境容量的区域禁止新建增加污染排放量的项目。

加强产业政策引导。建议国家通过产业政策，引导地方政府和企业从重视经济增长速度转变为重视经济发展质量，在重视 GDP 增长的同时更加重视环境保护。建议国家从长远战略考虑，出台支持小排量、低污染汽车生产和销售的导向性政策，提高小排量汽车市场份额。解决燃油清净剂强制添加政策与自愿选择政策不一致的问题。大力推进洁净煤技术的运用，提高原煤洗选比例。

重视经济政策支持。建议国务院有关部门加快完善落后产能退出的补偿政策，引导加快淘汰落后产能。尽快落实国家 2007 年提出的关于提高二氧化硫排污费征收标准的政策。研究制定氮氧化物污染防治经济政策。

注重调整农村能源结构。近年来国务院有关部门对农村能源结构调整取得积极进展，但距离满足需要还有差距。建议国家在总结经验的基础上，进一步加强指导，加大对农村沼气建设的投入力度，解决农村能源紧缺的问题，减少农村生产和生活用煤带来的污染排放。

强化企业和公众环保责任。做好大气污染防治工作不仅要落实地方政府的减排责任，也要强化企业和公众的环保责任，明确企业减排的主体地位。既要鼓励企业依法治污，又要加大对违法行为的惩罚力度。要加强宣传教育，提高公众环保意识，倡导公众选择简约的生活方式，引导绿色生产和消费。

六、采取综合措施推进大气污染防治工作

全面落实与大气污染防治相关的各项法律。近年来，涉及大气污染防治的法律陆续出台或修订，为大气污染防治工作提供了重要的法律依据。当前，要把《中华人民共和国大气污染防治法》的各项措施落实到位。同时，要进一步落实《中华人民共和国环境影响评价法》《中华人民共和国节约能源法》《中华人民共和国可再生能源法》和《中华人民共和国循环经济促进法》等相关法律，从源头控制污染，促进能源的节约使用和新能源的开发利用。进一步加大执法力度，加强对法律实施情况的监督检查。

积极发展清洁能源。加快对太阳能、风能、水能、生物质能、煤层气等能源的开发利用，并要与群众生活紧密结合，推动研究建立低碳经济试点。重视核电的开发利用，建议国务院有关部门加大资金投入力度，加快建设进度，加强对核心技术的科研工作和安全监管，确保核电科学、健康、安全发展。

加快推进循环经济。加快建立健全有利于循环经济发展的经济政策体系、技术创新支撑体系、循环经济评价指标体系等，推动循环经济发展。推动关键技术创新，提高能源利用效率。组织实施清洁生产重点工艺技术示范工程，对重点行业和企业推行强制性清洁生产审核。

七、加强大气污染排放标准研究及监测能力建设

研究建立科学合理的大气环境指标体系。现在大气环境质量评价体系是 1982 年针对煤烟型污染建立的，虽然 1996 年进行了调整，但已不适应当前发展阶段，不能客观反映污染特征与群众感受。建议国务院有关部门尽快修改完善环境空气质量标准评价体系。研究建立适应区域污染特征的区域大气环境质量评价体系，增加臭氧、一氧化碳、$PM_{2.5}$、能见度等监测指标。

进一步完善大气污染物排放标准体系。鼓励地方根据实际制定严于国家排放标准的地方标准。健全有毒有害污染物的排放标准体系，有效控制有毒有害污染物排放。尽快启动氮氧化物污染防治工作，修

订火电厂大气污染排放标准，严格氮氧化物控制要求，加快推动氮氧化物控制技术设备的国产化。

切实加强大气环境监测能力建设。建议进一步加大对大气环境监测技术装备的投入力度，建立污染源监督性监测运行费用保障制度。统筹城乡环境监测工作，加快基层环境监测体系建设，重视对农村环境监测能力建设。建议国务院有关部门加强环境监测质量管理，确保监测数据的科学性、规范性和公信力。增加市、县大气环境质量自动监测站点数量，科学合理布局大气环境质量监测站点，确保监测数据真实、准确反映城市环境质量现状。加强对排放有毒有害气体污染源的监督性监测，完善重点污染源在线监测制度，尽快形成大气环境监测网络，确保监测数据全面反映污染排放情况和变化趋势。

八、加强大气污染防治重要环境法律制度关系

中国现行立法对于环境几大制度的理论规定尚需完善，以便更好地应对日益严重的大气污染现状。理论研究的不充足与不完备会加剧影响法律制度在实施过程中的效力。当前，中国关于大气污染防治重要环境法律制度的研究更多地侧重于对某一环境法律制度从产生发展到概念性质直至制度架构、法律设计等制度内在的法律关系、法律属性等问题的探讨，而鲜有关于几大环境法律制度之间关系与衔接内容的研究。大多数学者将视角集中于某一环境法律制度内部问题的分析，专门针对几大制度关系的研究很少，而且更多地止步于制度内部的不同侧面研究。总之，环境规划制度、污染物总量控制制度、排污交易制度、排污许可制度、环境影响评价制度、"三同时"制度之间的制度关系尚需进一步理顺。面对当前中国大气污染防治立法与司法实践活动供需有待进一步匹配、几大重要环境法律制度尚需进一步关联的现状，厘清大气污染防治立法过程中相关环境法律制度之间的互动关系已显得尤为重要。唯有如此，才能更好地避免理论与现实相脱节的可能性，以期实现理论研究为实践需要服务的最终目的。

第五节　大气环境规划

大气环境规划是指为协调某一区域经济、社会和大气环境质量要求之间的关系，以期达到大气环境系统功能的最优化，最大限度地发挥大气环境系统组成部分的功能，寻求解决该区域大气环境问题的环境方案。

大气环境规划总体上划分为两类，即大气环境质量规划和大气污染控制规划。这两类规划相互联系、相互影响、相互作用构成了大气环境规划的全过程。

一、大气环境规划技术思路

在开展大气环境规划时，应首先对大气环境系统进行系统分析，确定各子系统之间的关系；其次对规划期内的主要资源进行需求分析，重点分析城市能流过程，从能源的输入、输送、转换、分配和使用各个环节中，找出产生污染的主要原因和控制污染的主要途径，从而为确定和实现大气环境目标提供可靠保证，技术思路如图3-9所示。

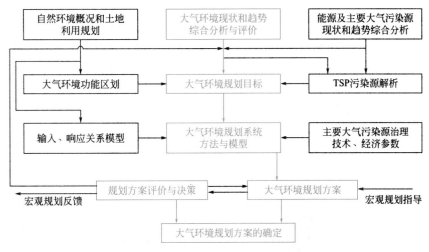

图3-9　大气污染综合防治规划框图

（资料来源：国家环境保护总局行政体制与人事司主编，环境保护基础教程，中国环境科学出版社）

一个完整的大气环境规划包括多方面的内容，如大气环境评价、大气环境污染预测、大气环境目标确定、大气环境功能区的划分及大气环境容量核算与总量控制等。这些内容对制定切实可行的规划方案，具有相当重要的作用。

二、大气环境现状分析

大气环境现状分析是一个环境系统工程，一般应包括区域污染源调查和评价、区域大气环境现状监测及数据分析和区域大气环境现状评价。

（一）区域污染源调查和评价

污染源调查的目的是弄清区域内污染的来源。根据区域内污染源的类型、性质、排放量、排放特征及相对位置，结合当地的风向、风速等气象资料，分析和估计它们对该区域的影响程度，并通过污染源的评价，确定出该区域的主要污染源和主要污染物。

（二）区域大气环境现状评价

大气环境质量的现状评价是弄清大气污染物来源、性质、数量和分布的重要手段。依据此评价结果，可以了解区域内大气环境质量现状的优劣，为确定大气环境的控制目标提供依据；也可通过大气污染物

浓度的时空分布特征，了解当地烟气扩散的特征和污染物来源，进行大气污染趋势分析，并可为建立污染源和大气环境质量的响应关系提供基础数据。

由于大气环境中 TSP 污染物的来源复杂，在制定 TSP 污染源治理规划时首先采用源解析方法，对大气中 TSP 来源进行鉴别，确定各类来源的贡献率，以便根据来源的性质明确削减对象。

（三）大气环境污染预测

在进行大气污染预测时，首先应确定主要大气污染物，以及影响排污量增长的主要因素；然后预测排污量增长对大气环境质量的影响。这就需要确定描述环境质量的指标体系，并建立或选择能够表达这种关系的数学模型。大气污染预测主要包括两个部分：一是污染物排放量（源强）预测；二是大气环境质量变化预测。

三、大气环境规划目标和指标体系

（一）大气环境规划目标

大气环境功能区划

大气环境规划目标主要包括大气环境质量目标和大气环境污染总量控制目标。大气环境质量目标是基本目标，依不同的地域和功能区而不同，由一系列表征环境质量的指标来体现。大气环境污染总量控制目标是为了达到质量目标而规定的便于实施和管理的目标，其实质是以大气环境功能区环境容量为基础的目标，将污染物控制在功能区环境容量的限度内，其余的部分作为削减目标或削减量。

区域大气环境规划目标主要依据大气环境功能区划的结果，确定最终的环境质量目标和总量控制目标。同时根据环境污染现状、发展趋势、资源 - 环境 - 经济 - 社会（REES）系统评价结果以及城市宏观环境规划方案的反馈信息，制定出各功能区分期的规划目标。

（二）大气环境规划的指标体系

根据区域大气环境保护的基本要求和大气环境的基本特征，可以提出一般的大气环境规划指标体系。

1. 大气环境规划指标

我国的大气环境规划指标应分为气象气候指标、大气环境质量指标、大气环境污染控制指标、城市环境建设指标及城市社会经济指标等。

2. 筛选大气环境规划指标的方法

大气环境规划属于综合性的环境规划，因此指标涉及面广，内容比较复杂。为了编制环境规划，期望从众多的统计和监测指标中科学地选取出大气环境规划指标，要进行指标筛选。一般指标筛选方法主要有综合指数法、层次分析法、加权平分法和矩阵相关分析法等。

四、大气污染物总量控制

大气污染物总量控制是通过控制给定区域污染源允许排放总量，并将其优化分配到源，以确保实现大气环境质量目标值的方法。

（一）颗粒物总量控制

颗粒物总量控制主要根据目标年颗粒物的环境空气质量目标值，确定各颗粒物源类允许贡献值，使颗粒物总量控制直接与环境空气质量相联系，技术路线如图3-10所示。由于环境空气中的颗粒物来源于各种源类，每一种源类对环境空气中颗粒物的贡献都要占去一定的环境容量。因此，根据环境空气质量目标，对颗粒物实施目标容量总量控制，应考虑各源类对环境空气中颗粒物的现状排放量和贡献值，

大气环境容量测算

并通过一定的技术方法和手段制定各源类的目标允许排放量和贡献值。只有这样才能使实现颗粒物的总量控制与环境空气质量挂钩，才能回答颗粒物总量控制方案能否实现环境空气质量达标等难题。

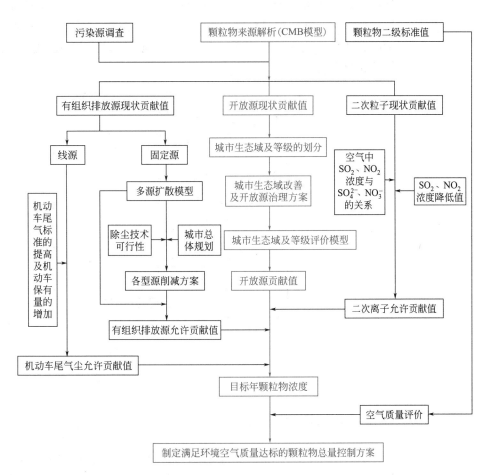

图 3-10　颗粒物总量控制技术路线

对于燃煤污染源排放的煤烟尘，采用最佳经济技术的方法来确定固定污染源的允许贡献值和排放量。这是因为，一是我国属于发展中国家，保持经济的快速发展十分重要。同时，根据经济增长和能源消费的关系，我国正处于经济增长的第一阶段，即人均收入低于 1000 美元，属于能源消费较高、利用效率较低的阶段。虽然采用清洁能源是解决大气污染的有效途径，但从我国实际出发，今后一段时期内，能源以煤炭为主的格局不会很快改变。二是传统的烟尘和工业粉尘的总量控制方法中，由于缺乏目标年煤烟尘分担率的数据支持，所以计算的目标年煤烟尘允许排放量往往脱离实际，不具有可操作性。比如，一个近期不可能搬迁的企业，若其除尘效率已达到 99%，还让其减少烟尘排放量，无论从经济上还是技术上都是不可行的。三是根据颗粒物源解析结果，确定首要污染源，对其进行控制。

（二）SO_2 总量控制

对 SO_2 排放源进行分类，计算代表各类排放源先进技术水平的绩效标准，确定基准允许排放因子，计算环境综合调节系数，根据各污染源的性质和排放状况设定其初始允许排放量，利用环境空气质量模型进行环境目标可达性分析，对于未达到环境目标的总量分配结果，通过调节各类燃煤源的基准排放因子，循环模拟计算环境浓度，直到达到环境目标为止。SO_2 总量控制技术路线如图 3-11 所示。

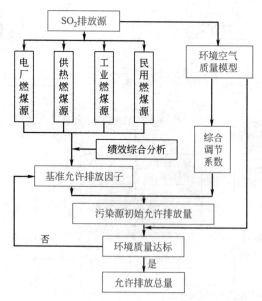

图 3-11 SO_2 总量控制技术路线

1.电厂燃煤源基准排放因子

原国家环境保护总局根据发电机组所在区域和投产时间，确定了不同类型机组的排放绩效值和各省（自治区、直辖市）火电行业 SO_2 排放量指标。根据发电绩效标准确定火电行业 SO_2 基准排放因子。各电厂燃煤源的基准排放因子取相应的排放绩效标准：

$$Q_{dci} = G_i$$

式中，Q_{dci} 为第 i 电厂燃煤源的基准排放因子，$g/(kW·h)$；G_i 为第 i 电厂燃煤源的 SO_2 排放绩效标准，$g/(kW·h)$，即控制时期内期望达到的排放绩效标准，其值应小于现状排放绩效标准 G_c，$g/(kW·h)$。

$$G_i < G_c = \frac{F_c}{D_c} = \frac{\sum_{i=1}^{n} f_{ci}}{\sum_{i=1}^{n} d_{ci}}$$

式中，F_c 为总量控制范围内电厂的现状污染物排放量，g；D_c 为控制范围内电厂的现状发电量，$kW·h$；f_{ci} 为第 i 电厂现状污染物排放量，g；d_{ci} 为第 i 电厂现状发电量，$kW·h$。

根据 Q_{dci} 得出各电厂燃煤源的 SO_2 基准排放量 T_{dci}(t)：

$$T_{dci} = Q_{dci} D_{dci} \times 10^{-6}$$

式中，D_{dci} 为控制时段内电厂发电总量估算值，$kW·h$。

2. 工业燃煤源基准排放因子

选择单位产值 SO_2 排放量分析工业燃煤源的排放绩效。由于不同工业行业的排污系数、清洁生产水平、规模、效益等差别较大，为了公平、公正地比较分析不同行业的绩效水平，需将工业燃煤源按行业类别分类统计绩效值。行业需达到的排放绩效值标准 P_{gyi} 建立在现状普遍生产工艺的排污水平上，需在一定程度上反映本行业先进生产工艺、治理技术的高产低排水平，采用不同类别行业现状绩效值的加权平均值 $E(x)$ 来表征此值：

$$E(x) = \sum_{k=1}^{n} x_k p_k$$

式中，将各行业的现状排放绩效值按大小分为 n 个等级，p_k 为绩效值 x 在第 k 等级内出现的频率，x_k 为第 k 等级绩效值的中值。在计算中，可酌情筛除部分生产工艺极为落后的燃煤源，确保所得排放绩效标准能代表行业先进生产水平。各行业基准排放因子的确定按下式计算：

$$Q_{gyi} = \alpha P_{gyi}$$

式中，Q_{gyi} 为第 i 行业的 SO_2 基准排放因子，$kg/$ 万元产值；P_{gyi} 为第 i 行业需达到的排放绩效标准，$kg/$ 万元产值，即第 i 行业现状排放绩效的加权平均值；α 为行业的重要程度系数，根据城市（地区）的发展规划、国家和地方的有关产业政策和环境保护政策，分为主导行业、鼓励发展的行业、限制发展的行业、逐步淘汰的行业 4 个层次分别设定 α 值。

工业燃煤源的 SO_2 基准排放量 T_{gyi}(t)，按下式计算：

$$T_{gyi} = Q_{gyi} Y_{gyi} \times 10^{-3}$$

式中，Y_{gyi} 为工业企业在控制时段内总产值的估算量，万元。

3. 供热燃煤源基准排放因子

选择供热源在采暖期提供单位热量的污染物排放量为指标，同样用 $E(x)$ 来表征供热燃煤源需达到的 SO_2 排放绩效标准。供热燃煤源基准排放因子按下式计算：

$$Q_{gri} = \eta_i P_{gri}$$

式中，Q_{gri} 为第 i 供热燃煤源的基准排放因子，g/kJ；η_i 为第 i 供热燃煤源的管道效率；P_{gri} 为当地供热燃煤源需达到的排放绩效标准，g/kJ。

供热燃煤源的 SO_2 基准排放量 $T_{gri}(t)$，按下式计算：

$$T_{gri} = Q_{gri} J_{gri} \times 10^{-6}$$

式中，J_{gri} 为供热源在控制时段内的供热量，kJ。

4. 污染源初始允许排放量确定

第 j 类燃煤源中的第 i 个源的初始允许排放量 T'_{ij} 为基准排放量 T_{ij} 与综合调节系数 β_{ij} 的乘积：

$$T'_{ij} = T_{ij} \beta_{ij}$$

5. 环境目标可达性分析及最终允许排放量确定

将确定的排放源初始允许排放量输入环境空气质量模型，进行环境目标可达性分析，对于未达到环境目标的总量分配结果，通过调节各类燃煤源的基准排放因子（采暖季调节重点为效率低的供热源，非采暖季则优先调整部分老旧火电机组和清洁生产工艺落后、对污染物环境浓度贡献较大的工业燃煤源），循环模拟计算环境浓度，直到达到环境目标为止，此时各污染源的排放量即为其最终的允许排放量（即排污许可核定量）。各污染源最终的允许排放量之和即为区域的允许排放总量。

（三）规划方案的制定

将经过优化分析的各规划方案根据环境目标和经济承受能力等因素采用综合协调的方法进行决策分析，当以上各因素有矛盾时应适当修改环境目标，以保证规划方案的可实施性。

将决策可行的最优规划方案按轻、重、缓、急的时间安排进行分解，并逐一落到各执行部门和污染单位，使决策方案成为可实施的方案。

在分解过程中，一般按实施过程的时间序列分解（制定 2～3 年滚动计划和年度计划）和按规划区域空间分解（人口密集区、城市中心区及城市上风区）。

在综合防治规划中，要将有关措施按部门所属关系分解到位，将规划项目变成有关部门的工作计划。当有关部门落实有困难时，可采用参数修订的方式将信息反馈给规划系统。

思考题

1. 简述大气层的结构，分析对流层和平流层的特点。

2. 主要的大气污染物和大气污染源有哪些？举例说明主要大气污染物的来源和危害。

3. 你认为目前我国的能源消费状况主要有哪些特点？有哪些途径可以解决我国的能源需求问题？

4. 简述控制大气污染的主要途径。

5. 分析你所在地区大气质量的好坏，并简述存在的主要问题。

6. 到目前为止，我国的大气污染防治行动计划实施情况如何？

第四章　水环境保护

○○ —— ○○ ○ ○○ ——

图解：《水污染防治行动计划》

 引　言

　　水是生命之源、生产之要、生态之基。人类由水而生、依水而居、因水而兴，治水兴水历来是民生大事、发展要事。"为所有人提供水和环境卫生并对其进行可持续管理"也是联合国提出的 17 个可持续发展目标之一。2015 年，习近平总书记提出"节水优先、空间均衡、系统治理、两手发力"十六字治水方针，为新时期强化水治理、保障水安全指明了方向。2021 年 3 月 22 日是第二十九届"世界水日"，3 月 22—28 日是第三十四届"中国水周"。联合国确定 2021 年"世界水日"的主题为"Valuing Water"（珍惜水、爱护水），水利部确定我国纪念 2021 年"世界水日"和"中国水周"活动的主题为"深入贯彻新发展理念，推进水资源集约安全利用"。

　　水污染防治是我国环境污染防治攻坚战开展第二项重点行动。2015 年 2 月，中央政治局常务委员会会议审议通过《水污染防治行动计划》（简称"水十条"），并于 2015 年 4 月由国务院正式发布实施（国发〔2015〕17 号），提出了"江河湖海实施分流域、分区域、分阶段科学治理，系统推进水污染防治、水生态保护和水资源管理"总体思路、基本目标和主要任务。2018 年 6 月，《中共中央国务院关于全面加强生态环境保护　坚决打好污染防治攻坚战的意见》正式发布，进一步明确"着力打好碧水保卫战"的行动方案。2019 年以来，习近平总书记就加强水生态环境保护多次作出重要指示，继推动长江经济带发展座谈会后，又亲自主持召开黄河流域生态保护和高质量发展座谈会，为大江大河生态环境保护修复和系统治理指明了方向。五年来，围绕饮用水水源地环境保护、城市黑臭水体治理、大江大河保护修复、农业农村污染治理和渤海综合治理等标志性重大战役，全国水环境质量总体保持持续改善势头，推动水污染防治攻坚战各项工作取得积极进展。至 2020 年底，全国地表水国控断面水质优良（Ⅰ～Ⅲ类）、丧失使用功能（劣Ⅴ类）比例分别为 83.4%、0.6%，分别比 2015 年提高 17.4 个百分点、降低 9.1 个百分点；大江大河干流和重要湖泊（水库）水质稳步改善，全国近岸海域水质总体稳中向好。但水污染防治形势依然严峻，水生态环境保护不平衡、不协调的问题依然比较突出；水生态破坏以及河湖断流干涸现象还比较普遍；城乡环境基础设施建设仍存在一些短板；城乡面源污染防治任重道远，部分重点湖库周边水产养殖、农业面源污染问题突出，需要加快推动解决。

　　水生态环境治理千头万绪，问题纷繁复杂，科学应对、精准施策是关键，要更加注重水生态环境保护和治理的系统性、整体性、协同性，以"钉钉子"的精神抓落实。作为有强烈社会责任感的新时代青年，我们也应该强化自身环境保护及节水意识，通过日常实际行动保护水资源和水环境。新的时期，水生态环境保护工作需要围绕群众关心的热点、难点、痛点问题，在水环境改善的基础上，更加注重水生态保护修复，顺应自然规律，注重"人水和谐"，满足"有河要有水，有水要有鱼，有鱼要有草，下河能游泳"的新要求，让群众拥有更多生态环境获得感和幸福感。在"十四五"及中远期，让我们每一个人在习近平生态文明思想的正确指导下，全面落实水环境保护和水污染防治的决策部署，持续打好碧水保卫战。

Water is the base of all life forms. The human organism approximately consists of two thirds of water. For living humans need a daily amount of 2.5 to 3.5 liter water. Without drinking humans can only survive for 5-6 days. Water resources are sources of water that are useful or potentially useful to humans. Uses of water include agricultural, industrial, household, recreational and environmental activities. Virtually all of these human uses require fresh water. Comprising over 70% of the Earth's surface, water is undoubtedly the most precious natural resource that exists on our planet. However, 97% of it is salt water，leaving only 3% as fresh water of which over two thirds is frozen in glaciers and polar ice caps. The remaining unfrozen freshwater is mainly found as groundwater, with only a small fraction present above ground or in the air. Fresh water is a renewable resource, yet the world's supply of clean, fresh water is steadily decreasing. Water demand already exceeds supply in many parts of the world, and as world population continues to rise at an unprecedented rate, many more areas are expected to experience this imbalance in the near future.

导　读

水是一切生命赖以生存、社会经济发展不可缺少和不可替代的重要自然资源和环境要素。20世纪90年代以来，世界淡水资源日渐短缺，水环境愈加恶化，污染日益严重，水、旱灾害愈演愈烈，使地球生态系统的平衡和稳定遭到破坏，并直接威胁着人类的生存和发展。本章首先介绍了表征水体环境质量的主要指标及控制标准。其次，明确了水污染的概念，分析了水污染物的主要来源及危害。在第三部分主要讨论了无机污染物、有机污染物、石油类物质、氮和磷化合物在水体中的迁移转化规律，分析了水体的自净能力。在第四部分，根据我国环境质量公报及相关监测资料，分析了我国淡水环境及海洋环境的污染现状和主要水污染物的排放，总结了当前我国水污染防治工作取得的成果及存在的主要问题。在第五部分，从水资源利用效率的提高、城市污水的资源化、面源污染的控制、流域性水污染的综合防治等方面讨论了水体污染的主要防治对策。最后，提出了开展水环境规划的主要技术思路与工作内容。

第一节　水质及水环境质量指标

一、水质指标

（一）水质

水质（water quality），水体质量的简称。它标志着水体的物理（如色度、浊度、臭味等）、化学（无机物和有机物的含量）和生物（细菌、微生物、浮游生物、底栖生物）特性及其组成的状况。为评价水体质量的状况，规定了一系列水质参数和水质标准。如饮用水、工业用水、渔业用水和景观用水等水质标准。

（二）水质指标

水质指标用于表示水质特性，并可用于评价给水和污水处理方法的优劣，某些指标还可预测污水排入水体后对水体的影响。水质指标可概括性地分为物理指标、化学指标、生物学指标和放射性指标。

1. 物理指标

物理指标包括水温、外观（包括漂浮物）、颜色、臭味、浊度、透明度、固体含量（又称残渣）、矿化度、电导率和氧化还原电位等。本书中主要介绍浊度和固体含量。

（1）浊度（turbidity）　水中含有黏土、泥沙、微细有机物、无机物、浮游生物和微生物等悬浮物可以使水质变得浑浊而呈现一定浊度。水的浊度不仅与水中悬浮物质的含量有关，而且与它们的大小、形状及折射率等有关。

（2）固体含量　固体含量分为总固体含量、可滤固体含量（即通过滤器的全部固体，也称溶解性固体）和不可滤固体含量（即截留在滤器上的全部固体，也称悬浮物）。

在固体含量指标中，悬浮固体（Suspended Solids，SS）是通常最受关注的一项指标，是指把水样用孔径为 0.45μm 的滤膜过滤后，被滤膜截留的残渣在一定温度下（103～105℃）烘干至恒重后所残余的固体物质总量。

2. 化学指标

根据水中所含物质的化学性质不同，化学指标可分为无机物指标与有机物指标。

（1）无机物指标　包括 pH 值、碱度、溶解氧、植物营养元素（氮、磷）、无机盐类及重金属离子等。在无机物指标中，溶解氧是一项很重要的指标。

溶解氧（Dissolved Oxygen，DO）是指水体中溶解的氧气浓度。氧气本身并不是水体污染物，但是由于有机污染物进入水体后要被微生物氧化分解，消耗水体中的氧气，从而导致受纳水体的溶解氧降低。因此，溶解氧尽管是一个无机物指标，但是它却间接反映了水体受有机物污染的程度，溶解氧值越高，说明水体中有机物浓度越小，即水体受有机物污染程度越低。

此外，由于氮和磷是导致湖泊、水库和海湾等缓流水体富营养化的主要因子，因此氮和磷是备受关注的无机物指标。下面对这两种无机物指标做一简单介绍。

氮的水质指标通常包括总氮、氨氮、亚硝酸盐氮、硝酸盐氮和凯氏氮等。其中总氮是衡量水质的重要指标之一；氨氮是指水中游离氨（NH_3）和离子状态铵盐（NH_4^+）之和，鱼类对水中氨氮比较敏感，当氨氮含量高时会导致鱼类死亡；亚硝酸盐氮是指水中以亚硝酸盐形式（NO_2^-）存在的氮；硝酸盐氮是指水

中以硝酸盐形式（NO_3^-）存在的氮；凯氏氮又称基耶达氮（Kjeldahl Nitrogen，KN），是指以凯氏法测得的含氮量，指有机氮与氨氮之和。

磷的水质指标通常使用总磷来表示，包括有机磷和无机磷。重金属指标主要是指汞、镉、铅、铬、镍，以及类金属砷等生物毒性显著的元素，也包括具有一定毒害性的一般重金属，如锌、铜、钴、锡等。

（2）有机物指标　是反映水中有机物总量的综合性指标。包括各种有机污染物，但是由于有机物种类繁多，现有的分析技术难以区分并定量，因此根据有机物都可被氧化这一共同特性，用氧化过程所消耗的氧量来进行定量。这些综合指标值越大，表示污水中的有机物浓度越高，水被污染的程度越严重。常用的有机物总量综合指标主要包括生化需氧量（Bio-Chemical Oxygen Demand，BOD）、化学需氧量（Chemical Oxygen Demand，COD）和总需氧量（Total Oxygen Demand，TOD）等指标。

生化需氧量（BOD）的定义是指在水温为20℃的条件下，水中有机污染物被好氧微生物分解至无机物时所消耗的溶解氧的量，可以直接反映出水中能被微生物氧化分解的有机物的多少。

在有氧条件下，可生物降解有机物的降解可分为两个阶段：第一阶段是碳氧化阶段，第二阶段是硝化阶段。由于有机物的生化过程延续时间很长，在20℃水温下，完成两阶段约需100天以上。20天以后的生化反应过程速度趋于平缓，因此常用20天的生化需氧量BOD_{20}作为总生化需氧量。在实际应用中，20天时间太长。而5天的生化需氧量占总碳氧化需氧量的70%～80%，故通常用经过5天后微生物氧化有机物所消耗的氧量——五日生化需氧量（BOD_5）来表示可生物降解有机的综合浓度指标。

化学需氧量（COD）是指在酸性条件下用强氧化剂（重铬酸钾或高锰酸钾）将有机物氧化成CO_2与H_2O所消耗的氧量，用氧（O_2）的mg/L数来表示。

根据使用氧化剂的不同，又可分为COD_{Cr}和COD_{Mn}（即高锰酸盐指数，有时又称Oxygen Consumption，OC）。其中COD_{Cr}常应用于污水，COD_{Mn}常应用于微污染水如地表水或饮用水等。

在使用生物法处理有机污水前，通常要考虑污水的可生化性，即BOD_5/COD的值，该比值越大，说明该污水越容易被生物处理。一般认为此比值大于0.3的污水，才适于采用生物处理。

总需氧量（TOD）是指有机物中的主要组成元素C、H、O、N、P、S等被氧化后，分别产生CO_2、H_2O、NO_2和SO_2等所消耗的氧量，通常是指在900℃高温下燃烧变成稳定的氧化物时所需的氧量。

几种反映有机物总量的综合指标按数值大小的排序为$TOD > COD_{Cr} > BOD_5 > COD_{Mn}$。

3. 生物学指标

生物学指标是指水中浮游植物、浮游动物及微生物的生长情况。生物学指标主要包括大肠菌群数（或称大肠菌群值）、大肠菌群指数、病毒及细菌总数等。

（1）大肠菌群数（大肠菌群值）　表示每升水样中所含有的大肠菌群的数

目，是粪便污染的指示菌群，可表明水体受到粪便污染的严重程度，间接表明有肠道病原菌如伤寒、痢疾和霍乱等致病菌存在的可能性，以个/L计。

（2）大肠菌群指数　是指查出1个大肠菌群所需的最少水量，以毫升（mL）计。

（3）病毒　是表明水体中是否存在病毒及其他病原菌（如炭疽杆菌）的病毒指标。因为检出大肠菌群，只能表明肠道病原菌的存在，但不能表明是否存在病毒。

（4）细菌总数　是大肠菌群数、病原菌、病毒及其他细菌数的总和，以每毫升水样中的细菌菌落总数表示。细菌总数越多，表示病原菌与病毒存在的可能性越大。

生物学指标主要根据生物种类、数量、生物指数、多样性指数、生物生产力等指标，也参考生理生化、病理形态及污染物残留量进行多指标综合评价。生物学指标评价能综合反映水体污染的程度，但难以定性、定量确定污染物的种类和含量。

4. 放射性指标

放射性污染是放射性物质进入水体后造成的，放射性污染物可以附着在生物体表面，也可以进入生物体蓄积起来，还可通过食物链对人产生内照射。水中的放射性污染物可能来源于核电站、工业和医疗研究用的放射性物质或铀矿开采中产生的废物。有些地下水中天然就含有氡。

放射性指标包括总 α 放射性、总 β 放射性、^{226}Ra（镭226）和 ^{228}Ra（镭228）等。

二、水质标准

不同用途的水，对水质的要求也不同。为此，针对不同用途的水，必须建立起相应的物理、化学和生物学的质量标准，对水中的杂质加以一定的限制。此外，为了保护环境、保护水体的正常用途，也需要对排入水体的生活污水和工农业废水水质提出一定的限制和要求，这些就是水质的标准。下面介绍我国几种常用的水质标准。

（一）生活饮用水卫生标准

饮用水直接关系到人民日常生活和身体健康，因此供给居民以质量优良、足量的饮用水是最基本的卫生条件之一。2007年7月1日，由国家标准委和卫生部联合发布的《生活饮用水卫生标准》（GB 5749—2006）强制性国家标准和13项生活饮用水卫生检验国家标准正式实施。这是国家21年来首次对1985年发布的《生活饮用水标准》进行修订。

（二）地表水环境质量标准

保护地表水体免受污染是整个环境保护工作的重要任务之一，它直接影响水资源的合理开发和有效利用。这就要求一方面制定水体的环境质量标准和废水的排放标准，另一方面要对必须排放的废水进行必要而适当的处理。

2002年原国家环保总局颁布了《地表水环境质量标准》（GB 3838—2002）。该标准依据地面水水域使用目的和保护目标，将我国地表水划分为五类。

Ⅰ类：主要适用于源头水、国家自然保护区。

Ⅱ类：主要适用于集中式生活饮用水地表水源地一级保护区、珍稀水生生物栖息地、鱼虾类产卵场、仔稚幼鱼的索饵场等。

Ⅲ类：主要适用于集中式生活饮用水地表水源地二级保护区、鱼虾类越冬场、洄游通道、水产养殖

区等渔业水域及游泳区。

Ⅳ类：主要适用于一般工业用水区及人体非直接接触的娱乐用水区。

Ⅴ类：主要适用于农业用水区及一般景观要求水域。

（三）地下水环境质量标准

为保护和合理开发地下水资源，防止和控制地下水污染，保障人民身体健康，促进经济建设，国家技术监督局1993年12月颁布了《地下水质量标准》（GB/T 14848—93）。新的《地下水质量标准》（GB/T 14848—2017）于2018年5月1日正式实施，规定了地下水质量分类、指标及限值，地下水质量调查与监测，地下水质量评价等内容。适用于地下水质量调查、监测、评价与管理。与修订前相比，新版标准将地下水质量指标划分为常规指标和非常规指标，并根据物理化学性质做了进一步细分，水质指标由39项增加至93项，其中有机污染指标增加了47项。

Ⅰ类：主要反映地下水化学组分的天然低背景含量。适用于各种用途。

Ⅱ类：主要反映地下水化学组分的天然背景含量。适用于各种用途。

Ⅲ类：以人体健康基准值为依据。主要适用于集中式生活饮用水水源及工、农业水。

Ⅳ类：以农业和工业用水要求为依据。除适用于农业和部分工业用水外，适当处理后可作生活饮用水。

Ⅴ类：不宜饮用，其他用水可根据使用目的选用。

（四）污水综合排放标准

只对地表水体中有害物质规定容许标准值，并不能完全控制各种工业废物对水体的污染。为了进一步保护水环境质量，必须从控制污染源着手，制定相应的污染物排放标准。1996年原国家环保局颁布的《污水综合排放标准》（GB 8978—1996）就是其中之一。

1. 标准分级

（1）排入GB 3838 Ⅲ类水域（划定的保护区和游泳区除外）和排入GB 3097中二类海域的污水，执行一级标准。

（2）排入GB 3838中Ⅳ、Ⅴ类水域和排入GB 3097中三类海域的污水，执行二级标准。

（3）排入设置二级污水处理厂的城镇排水系统的污水，执行三级标准。

（4）排入未设置二级污水处理厂的城镇排水系统的污水，必须根据排水系统出水受纳水域的功能要求，分别执行一级标准或二级标准。

（5）GB 3838中Ⅰ、Ⅱ类水域和Ⅲ类水域中划定的保护区，GB 3097中一类海域，禁止新建排污口，现有排污口应按水体功能要求，实行污染物总量控制，以保证受纳水体水质符合规定用途的水质标准。

为了更好落实污水排放管控措施，改善地表水环境质量，在《污水综合排放标准》基础上又形成了地方污水综合排放标准和行业污水排放标准两大体系，前者如天津市《污水综合排放标准》（DB 12/356—2018），后者如《医疗机构水污染物排放标准》（GB 18466—2005）。

2. 标准值

标准将排放的污染物按其性质及控制方式分为两类。

（1）第一类污染物，不分行业和污水排放方式，也不分受纳水体的功能类别，一律在车间或车间处理设施排放口采样，其最高允许排放浓度必须达到标准要求（采矿行业的尾矿坝出水口不得视为车间排放口）。

（2）第二类污染物，在排污单位排放口采样，其最高允许排放浓度必须达到标准要求。

此外，《污水综合排放标准》（GB 8978—1996）还对 1997 年 12 月 31 日之前建设（包括改、扩建）单位的第二类污染物最高允许排放浓度以及 1997 年 12 月 31 日之前的建设（包括改、扩建）单位和 1998 年 1 月 1 日以后的建设（包括改、扩建）单位的部分行业制定了最高允许排水量。

（五）城镇污水处理厂污染物排放标准

城镇污水占了我国污水排放的绝大部分，我国对城镇污水处理厂污染物排放标准进行了多次修正，目前使用的是 2002 年颁布的（GB 18918—2002），它规定了城镇污水处理厂出水、废气排放和污泥处置（控制）的污染物限值。适用于城镇污水处理厂出水、废气排放和污泥处置（控制）的管理。另外，居民小区和工业企业内独立的生活污水处理设施污染物的排放管理，也按该标准执行。

（六）城市污水再生回用标准

为推动城市污水再生利用技术进步，明确城市污水再生利用技术发展方向和技术原则，指导各地开展污水再生利用规划、建设、运营管理、技术研究开发和推广应用，促进城市水资源可持续利用与保护，积极推进节水型城市建设，建设部、科学技术部联合制定了《城市污水再生利用技术政策》（建科［2006］100 号），提出城市污水再生利用的总体目标是充分利用城市污水资源、削减水污染负荷、节约用水、促进水的循环利用、提高水的利用效率，并指出：城市景观环境用水要优先利用再生水；工业用水和城市杂用水要积极利用再生水；再生水集中供水范围之外的具有一定规模的新建住宅小区或公共建筑，提倡综合规划小区再生水系统及合理采用建筑中水；农业用水要充分利用城市污水处理厂的二级出水。2003 年国家标准化委员会开始制定《城市污水再生利用》系列标准，其中包括《城市污水再生利用——分类》《城市污水再生利用——城市杂用水水质》《城市污水再生利用——景观环境用水水质》《城市污水再生利用——补充水源水质》《城市污水再生利用——工业用水水质》《城市污水再生利用——农田灌溉用水水质》六项。

（七）其他标准

为贯彻《中华人民共和国环境保护法》和《中华人民共和国水污染防治法》，我国还颁布了《农田灌溉水质标准》（GB 5084—2005）、《景观娱乐用水水质标准》（GB 12941—91）、《海水水质标准》（GB 3097—1997）等一系列环境质量标准，同时为控制水污染物的排放还制定了《制浆造纸工业水污染物

排放标准》（GB 3544—2008）、《电镀污染物排放标准》（GB 21900—2008）、《羽绒工业水污染物排放标准》（GB 21901—2008）、《合成革与人造革工业污染物排放标准》（GB 21902—2008）、《发酵类制药工业水污染物排放标准》（GB 21903—2008）、《化学合成类制药工业水污染物排放标准》（GB 21904—2008）、《提取类制药工业水污染物排放标准》（GB 21905—2008）、《中药类制药工业水污染物排放标准》（GB 21906—2008）、《生物工程类制药工业水污染物排放标准》（GB 21907—2008）、《混装制剂类制药工业水污染物排放标准》（GB 21908—2008）、《制糖工业水污染物排放标准》（GB 21909—2008）等工业废水污染物排放标准，同时根据社会经济发展形势不断修订相关污染物排放标准。

第二节　水污染及水体自净

一、水污染的危害

水体污染直接影响人民生产生活，破坏生态和工农业生产，直接危害人与自然的健康，给国民经济健康发展以及社会和人类、自然界可持续发展造成了很大的危害。主要危害表现在以下几个方面。

水污染与污染源

（一）危害人的健康

水污染后，通过饮用水或食物链，污染物有可能进入人体，使人急性或慢性中毒。砷、铬、铵类、苯并[a]芘等，还可诱发癌症。被寄生虫、病毒或其他致病菌污染的水，会引起多种传染病和寄生虫病，由于卫生保健事业的发展，很多传染病和寄生虫病虽然已经得到有效控制，但对人类的潜在威胁仍然存在。

各类重金属污染的水对人的健康均有危害。被镉污染的水、食物，人饮食后，会造成肾、骨骼病变，骨骼中的钙被镉取代而疏松，造成自然骨折，疼痛难忍，即"骨痛病"；摄入硫酸镉20mg，就会造成死亡。铅离子能与多种酶络合，干扰机体的生理功能，引起贫血，甚至危及神经、肾与脑，造成永久性的脑受损。六价铬有很大毒性，引起皮肤溃疡，还有致癌作用。饮用含砷的水，会发生急性或慢性中毒。有机磷农药会造成神经中毒。有机氯农药会在脂肪中蓄积，对人和动物的内分泌、免疫功能、生殖机能均造成危害。稠环芳烃多数具有致癌作用。氰化物也是剧毒物质，氰化物进入机体后分解出具有毒性的氰离子（CN⁻），氰离子能抑制组织细胞内42种酶的活性。其中，细胞色素氧化酶对氰化物最为敏感。氰离子能迅速与氧化型细胞色素氧化酶中的三价铁结合，阻止其还原成二价铁，妨碍细胞正常呼吸，组织细胞不能利用氧，造成组织缺氧，致使机体呼吸衰竭窒息死亡。

我们知道，世界上 80% 的疾病与水有关。伤寒、霍乱、胃肠炎、痢疾、传染性肝炎是人类五大疾病，均由水的不洁引起。

（二）破坏水生态系统

水环境的恶化导致水生生物资源的减少或绝迹，打乱了原有水生态系统的平衡状态，据统计全国鱼虾绝迹的河流约达 2400km。水污染使湖泊和水库的鱼类有异味，体内毒物严重超标，无法食用。水污染破坏了水域原有的清洁的自然生态环境。水质恶化使许多江河湖泊水体浑浊，气味变臭，尤其是富营养化加剧了湖泊衰亡，全国在 11km^2 以上的湖泊数量，在 30 年间减少了 543 个。

（三）加剧缺水状况

一方面，随着人口的增长，工农业生产的不断发展，造成了水资源供需矛盾的日益加剧。另一方面，有限的水资源由于受到污染的影响，而产生水质性缺水（水质性缺水是指有可资利用的水资源，但这些水资源由于受到各种污染，致使水质恶化不能使用而缺水）。水质性缺水不是水量不足，也不是供水工程滞后，而是大量排放的废污水造成淡水资源受污染而短缺的现象。水质性缺水往往发生在丰水区，是沿海经济发达地区共同面临的难题。以珠江三角洲为例，尽管水量丰富，身在水乡，但由于河道水体受污染、冬春枯水期又受咸潮影响，清洁水源严重不足，因此节约用水、珍惜和保护好水资源已经成为一个迫切的问题。

（四）影响正常的工农业生产

水体受到污染后，工业用水必须投入更多的处理设施和处理费用，造成资源、能源浪费。食品工业用水要求非常严格，水质直接影响产品质量，水质不合格会导致生产停顿。农业使用污水，有可能使作物减产，品质降低，甚至使人畜受害，大片农田遭受污染，降低土壤质量。海洋污染的后果也十分严重，如石油泄漏造成的污染，将会导致大量的海鸟和海洋生物的死亡等。

（五）加剧水体的富营养化

含有大量氮、磷、钾的生活污水的排放，大量有机物在水中降解放出营养元素，促进水中藻类丛生，植物疯长，使水体通气不良，溶解氧下降，甚至出现无氧层。以致水生植物大量死亡，水面发黑，水体发臭，形成"死湖""死河""死海"，进而变成沼泽。这种现象称为水的富营养化（eutrophication）。富营养化的水臭味大、颜色深、细菌多，这种水的水质差，不能直接利用，水中鱼类大量死亡。

水体富营养化的危害主要表现在三个方面。

一是富营养化造成水的透明度降低，阳光难以穿透水层，从而影响水中植物的光合作用和氧气的释放，同时浮游生物的大量繁殖，消耗了水中大量的氧，使水中溶解氧严重不足，而水面植物的光合作用，则可能造成局部溶解氧的过饱和。溶解氧过饱和以及水中溶解氧少，都对水生动物（主要是鱼类）有害，将会造成鱼类大量死亡。

二是富营养化水体底层堆积的有机物质在厌氧条件下分解产生的有害气体，以及一些浮游生物和藻类所产生的毒素（如石房蛤毒素和藻毒素等）也会伤害水生动物。

三是富营养化水中含有亚硝酸盐和硝酸盐，人畜长期饮用这些物质含量超过一定标准的水，会中毒致病等。

二、水体自净

自然界各种水体都具有一定的自净能力，这是由水自身的理化特征所决定，同时也是自然界赋予我们人类的宝贵财富。如果我们能够科学有效地利用水的自净功能，就可以降低水体的污染程度，使有限的水资源发挥最大的效益。

水体自净（self-purification of water bodies）是指水体受到污染后，由于物理、化学、生物等因素的作用，使污染物的浓度和毒性逐渐降低，经过一段时间，恢复到受污染以前状态的自然过程。水体自净过程复杂，受多种因素的影响，按其净化机理，可分为三种情况，即物理自净、化学自净和生物化学自净。它们同时发生，相互影响，共同作用。

（一）物理自净

物理自净是指通过污染物在水体中进行混合、稀释、扩散、挥发、沉淀等作用降低浓度，使水体得到一定程度净化的过程。物理自净能力的强弱取决于污染物自身的物理性质，如密度、形态、粒度等，以及水体的水文条件，如温度、流速、流量、河道弯曲程度、污水排放口的位置和形式等。在湖泊、水库和海洋中影响污水稀释的因素还有水流方向、风向和风力、水温和潮汐等。物理自净对海洋和容量大的河段起着重要作用。

（二）化学自净

化学自净是指水体中的污染物质通过氧化、还原、中和、吸附、凝聚等反应，使其浓度降低的过程。流动的水体从水面上大气中溶入氧气，使污染物中铁、锰等重金属离子氧化，生成难溶物质析出沉降。某些元素在一定酸性环境中，形成易溶性化合物，随水漂移而稀释；在中性或碱性条件下，某些元素形成难溶化合物而沉降。天然水中的胶体和悬浮物质微粒，吸附和凝聚水中污物，随水流移动或逐渐沉降。影响这种自净能力的因素有污染物质的形态和化学性质、水体的温度、氧化还原电位、酸碱度等。

（三）生物化学自净

生物化学自净是指进入水体的污染物，经过水生生物吸收、降解作用，使其浓度降低或转变为无害物质的过程。生物化学自净的狭义概念是指水体中的有机污染物质被微生物氧化分解并转化为无害、稳定无机物质的过程。工业有机废水和生活污水排入水域后，即产生分解转化，并消耗水中溶解氧。水中一部分有机物消耗于腐生微生物的繁殖，转化为细菌机体；另一部分转化为无机物。细菌又成为原生动物的食料。有机物逐渐转化为无机物和高等生物，水便得到净化。如果有机物过多，氧气消耗量大于补充量，水中溶解氧不断减少，终于因缺氧，有机物由好氧分解转为厌氧分解，于是水体变黑发臭。生物净化过程进行的快慢和程度与污染物的性质和数量、微生物种类及水体温度、供氧状况等条件有关。

物理自净、化学自净及生物化学自净三种过程是相互交织、相互影响和同时进行的。一般来说，生物化学自净和物理自净在水体自净中占主要地位。

水体自净能力是有限度的，当超过自净能力时，就会造成或加剧水体污染。所以，研究和掌握水体的自净规律，对充分利用水体的自净能力，确定排入污水的处理程度，经济、有效地防止水体污染具有十分重要的意义。

第三节　水体污染物的迁移和转化

污染物排入河流后，在随河水往下游流动的过程中受到稀释、扩散和降解等作用，污染物浓度逐步减小。污染物在河流中的扩散和分解受到河流的流量、流速、水深等因素的影响。大河和小河的纳污能力差别很大。

河口是指河流进入海洋前的感潮河段。一般以落潮时最大断面的平均流速与涨潮时最小断面的平均流速之差等于 0.05m/s 的断面作为河口与河流的分界。河口污染物的迁移转化受潮汐影响，受涨潮、落潮、平潮时的水位、流向和流速的影响。污染物排入后随水流不断回荡，在河流中停留时间较长，对排放口上游的河水也会产生影响。

湖泊、水库的储水量大，但水流一般比较慢，对污染物的稀释、扩散能力较弱。污染物不能很快地和湖、库的水混合，易在局部形成污染。当湖泊和水库的平均水深超过一定深度时，由于水温变化使湖（库）水产生温度分层，当季节变化时易出现翻湖现象，湖底的污泥翻上水面。

海洋虽有巨大的自净能力，但是海湾或海域局部的纳污和自净能力差别很大。此外，污水的水温较高，含盐量少，密度较海水小，易于浮在表面，在排放口处易形成污水层。

地下水埋藏在地质介质中，其污染是一个缓慢的过程，但地下水一旦污染要恢复原状非常困难。污染物在地下水中的迁移转化受对流与弥散、机械过滤、吸附与解吸、化学反应、溶解与沉淀、降解与转化等过程的影响。

一、无机污染物在水体中的迁移和转化

无机污染物通过沉淀 - 溶解、氧化 - 还原、络合作用、胶体形成、吸附 - 解吸等一系列物理化学作用进行迁移转化，参与和干扰各种环境化学过程和物质循环过程，最终以一种或多种形态长期存留于环境，形成永久性的潜在危害。下面以重金属为例来对无机污染物在水体中的迁移转化加以说明。

重金属在水体中迁移转化的过程是一个复杂的物理、化学及生物过程。所以，在研究其在河流中迁移转化的规律时，必须正确综合考虑各过程及其影响因素。重金属迁移指的是重金属在自然环境中空间位置的移动和存在形态的转化，以及由此引起的富集与分散问题。

重金属在水环境中的迁移，按照物质运动的形式，可分为机械迁移、物理化学迁移和生物迁移三种基本类型。

机械迁移是指重金属离子以溶解态或颗粒态的形式被水流机械搬运。迁移过程服从水力学原理。

物理化学迁移是指重金属以简单离子、络离子或可溶性分子，在环境中通过一系列物理化学作用（水解、氧化、还原、沉淀、溶解、络合、吸附作用等）所实现的迁移与转化过程。这是重金属在水环境中的最重要迁移转化形式。这种迁移转化的结果决定了重金属在水环境中的存在形式、富集状况和潜在生态危害程度。

生物迁移是指重金属通过生物体的新陈代谢、生长、死亡等过程所进行的迁移。这种迁移过程比较复杂，它既是物理化学问题，也服从生物学规律。重金属能通过生物体迁移，并使重金属在某些有机体中富集起来，经食物链的放大作用，构成对人体危害。

重金属在水环境中的物理化学迁移包括下述几种作用。

（一）沉淀作用

重金属在水中可经过水解反应生成氢氧化物，也可以同相应的阴离子生成硫化物或碳酸盐。这些化合物的溶度积都很小，容易生成沉淀物。沉淀作用的结果，使重金属污染物在水体中的扩散速度和范围受到限制，从水质自净方面看这是有利的，但大量重金属沉积于排污口附近的底泥中，当环境条件发生变化时有可能重新释放出来，成为二次污染源。

（二）络合作用

天然水体中存在着许多天然和人工合成的无机与有机配位体，它们能与重金属离子形成稳定度不同的络合物和螯合物。无机配位体主要有 Cl^-、OH^-、CO_3^{2-}、SO_4^{2-}、HCO_3^-、F^-、S^{2-} 等。有机配位体主要是腐殖质。腐殖质能起络合作用的是各种含氧官能团，如—COOH、—OH、—C$=$O、—NH$_2$ 等。各种无机、有机配位体与重金属生成的络合物和螯合物可使重金属在水中的溶解度增大，导致沉积物中重金属的重新释放。重金属的次生污染在很大程度上与此有关。

（三）吸附作用

天然水体中的悬浮物和底泥中含有丰富的无机胶体和有机胶体。由于悬浮物和胶体有巨大的比表面积、表面能和带大量的电荷，因此能够强烈地吸附各种分子和离子。无机胶体主要包括各种黏土矿物和各种水合金属氧化物，其吸附作用主要分为表面吸附、离子交换吸附和专属吸附。有机胶体主要是腐殖质。胶体的吸附作用对重金属离子在水环境中的迁移有重大影响，是使许多重金属从不饱和的溶液中转入固相的最主要途径。

（四）氧化还原作用

氧化还原作用在天然水体中有较重要的地位。由于氧化还原作用的结果，使得重金属在不同条件下的水体中以不同的价态存在，而价态不同，其活性与毒性也不同。

二、有机污染物在水体中的迁移和转化

有机污染物主要指生活污水和某些工业废水中所含的碳水化合物、蛋白质、脂肪和木质素等有机化合物，在微生物作用下能够最终分解为简单的无机物质，即二氧化碳和水等。因这些有机物质在分解过程中需要消耗大量的氧气，故又被称为需氧污染物，有机污染物是水体中普遍存在的污染物之一。

有机污染物的生物降解过程比较复杂，根据各类化合物在有氧或无氧条件下进行反应的共性，可归纳出大致的降解步骤和最终产物。有机污染物的降解过程制约着水体中溶解氧的变化过程，因此，研究此问题对进行水污染评价、水产资源危害及水体自净作用都有重要意义。20世纪50年代，美国学者巴特希（A.F.Bartsh）和英格莱姆（W.M.Ingram）就编制出了关于被生活污水污染的河流中 BOD 和溶解氧（DO）相互关系的模式图（图4-1），在世界范围内被广泛应用。该图非常清楚地反映出在被污染河流中 BOD 与 DO 之间沿程变化的曲线，即氧垂曲线。根据 BOD 与 DO 变化曲线可把河流分成相应的几个区段，即清洁区、分解区、腐败区、恢复区和清洁区。

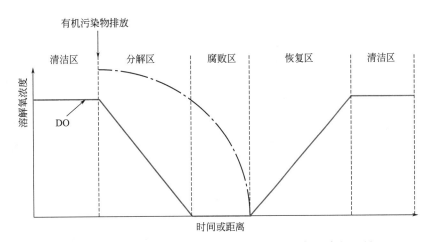

图4-1　生活污水污染的河流中 BOD 和溶解氧（DO）相互关系

三、石油类物质在水体中的迁移和转化

石油是水体中分布广、危害较大的污染物。石油中含有烷烃和芳烃等。石油进入水体后就浮于水面，在水面扩展、漂流，发生一系列复杂的迁移转化过程，主要包括扩展、挥发、溶解、乳化、光化学氧化、微生物降解、生物吸收和沉积等。

（一）扩展过程

油在海洋中的扩展形态由其排放途径决定。船舶正常行驶时需要排放废油，这属于流动点源的连续

扩展；油从污染源（搁浅、触礁的船或陆地污染源）缓慢流出，这属于点源连续扩展；船舶或储油容器损坏时，油立刻全部流出来，这属于点源瞬时扩展。扩展过程包括重力惯性扩展、重力黏滞扩展、表面张力扩展和停止扩展四个阶段。重力惯性扩展在 1h 内就可完成；重力黏滞扩展大约需要 10h；而表面张力扩展要持续 100h。

扩展作用与油类的性质有关，同时受到水文和气象等因素的影响。扩展作用的结果，一方面扩大了污染范围，另一方面使油-气、油-水接触面积增大，使更多的油通过挥发、溶解、乳化作用进入大气或水体中，从而加强了油类的降解过程。

（二）挥发过程

挥发的速度取决于石油中各种烃的组分、起始浓度、面积大小和厚度以及气象状况等。挥发模拟试验结果表明：石油中低于 C_{15} 的所有烃类（例如石油醚、汽油、煤油等），在水体表面很快全部挥发掉；$C_{15}\sim C_{25}$ 的烃类（例如柴油、润滑油、凡士林等），在水中挥发较少；大于 C_{25} 的烃类，在水中极少挥发。挥发作用是水体中油类污染物质自然消失的途径之一，它可去除海洋表面约 50% 的烃类。

（三）溶解过程

与挥发过程相似，溶解过程取决于烃类中碳的数目多少。石油在水中的溶解度实验表明，在蒸馏水中的一般规律是：烃类中每增加 2 个碳，溶解度下降至原来的 1/10。在海水中也服从此规律，但其溶解度比在蒸馏水中低12%～30%。溶解过程虽然可以减少水体表面的油膜，但却加重了水体的污染。

（四）乳化过程

指油-水通过机械振动（海流、潮汐、风浪等），形成微粒互相分散在对方介质中，共同组成一个相对稳定的分散体系。乳化过程包括水包油和油包水两种乳化作用。顾名思义，水包油乳化是把油膜冲击成很小的涓滴分布水中。而油包水乳化是含沥青较多的原油将水吸收形成一种褐色的黏滞的半固体物质。乳化过程可以进一步促进生物对油类的降解作用。

（五）光化学氧化过程

主要指石油中的烃类在阳光（特别是紫外线）照射下，迅速发生光化学反应，先解离生成自由基，接着转变为过氧化物，然后再转变为醇等物质。该过程有利于消除油膜，减少海洋水面油污染。

（六）微生物降解过程

与需氧有机物相比，石油的生物降解较困难，但比化学氧化作用快 10 倍。微生物降解石油的主要过程有：烷烃的降解，最终产物为二氧化碳和水；烯烃的降解，最终产物为脂肪酸；芳烃的降解，最终产物为琥珀酸或丙酮酸和 CH_3CHO；环己烷的降解，最终产物为己二酸。石油物质的降解速度受油的种类、微生物群落、环境条件的控制。同时，水体中的溶解氧含量对其降解也有很大影响。

（七）生物吸收过程

浮游生物和藻类可直接从海水中吸收溶解的石油烃类，而海洋动物则通过吞食、呼吸、饮水等途径将石油颗粒带入体内或被直接吸附于动物体表。生物吸收石油的数量与水中石油的浓度有关，而进入体内各组织的浓度还与脂肪含量密切相关。石油烃在动物体内的停留时间取决于石油烃的性质。

（八）沉积过程

沉积过程包括两个方面：一是石油烃中较轻的组分被挥发、溶解，较重的组分便被进一步氧化成致密颗粒而沉降到水底；二是以分散状态存在于水体中的石油，也可能被无机悬浮物吸附而沉积。这种吸附作用与物质的粒径有关，同时也受盐度和温度的影响，即随盐度增加而增加，随温度升高而降低。沉积过程可以减轻水中的石油污染，沉入水底的油类物质，可能被进一步降解，但也可能在水流和波浪作用下重新悬浮于水面，造成二次污染。

四、氮、磷化合物在水体中的转化

水体中氮、磷营养物质过多，是水体发生富营养化的直接原因。因此，研究水体中氮、磷的平衡、分布和循环，生物吸收和沉淀，底质中氮、磷形态，有机物分解和释放等规律，对水体的富营养化过程和防治都有重要意义。

水体富营养化的关键不仅在于水体中营养物的浓度，更重要的是连续不断流入水体中的营养物氮、磷的负荷量。进入湖泊的氮、磷物质加入生态系统的物质循环，构成水生生物个体和群落，并经由自养生物 - 异养生物和微生物所组成的营养级依次转化迁移。氮在生态系统中具有气、液、固三相循环，被称为"完全循环"。磷只存在液、固相形式的循环，被称为"底质循环"。湖泊底质和水体之间处在物质交换过程之中，而且底质中磷的释放是湖泊水体中磷的重要来源之一。不同湖泊底质磷的释放速度差异很大；对同一个湖泊而言，其底质磷的释放速度也随季节的不同而变化。

湖泊底质中磷分为有机态和无机态两大类。无机态中按照与其结合的物质又分为钙磷、铝磷、铁磷和难溶磷四种形态。底质中磷的释放与其形态密切相关。许多学者研究试验结果表明，底质中向水体释放的磷主要来自铁磷。例如日本霞浦湖底质，在好气条件下，总磷量从 1.14mg/g 降到 0.96mg/g，减少了 0.18mg/g。而在磷的各形态中，铝磷、钙磷量几乎没有变化，但铁磷却从 0.30mg/g 降至 0.13mg/g，减少了 0.17mg/g。两者相比，明显地看出，总磷量减少的数量基本上是由铁磷减少的结果。

影响底质中磷释放的因素很多，其中主要有水中溶解氧、pH 值、Eh、温度、混合强度、生物扰动等方面。另外，水中硝酸盐浓度对底质磷释放有明显作用。丹麦的湖泊调查研究表明，当湖中硝酸盐的浓度低于 $0.5mol/m^3$ 时，沉积物中磷能释放到水体中；当超过 $0.5mol/m^3$ 时，沉积物就不能释放出磷。

第四节 我国水污染现状

一、淡水环境现状

（一）水环境质量状况

根据《2018中国生态环境状况公报》，2018年，全国地表水监测的1935个水质断面（点位）中，Ⅰ～Ⅲ类比例为71.0%，比2017年上升3.1个百分点；劣Ⅴ类比例为6.7%，比2017年下降1.6个百分点。图4-2为2018年全国地表水水质类别年际比较。

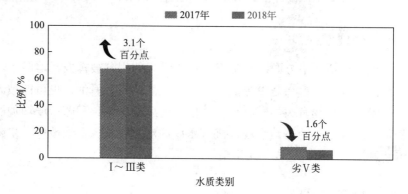

图4-2 2018年全国地表水水质类别年际比较

1. 流域

2018年，长江、黄河、珠江、松花江、淮河、海河、辽河七大流域和浙闽片河流、西北诸河、西南诸河监测的1613个水质断面中，Ⅰ类占5.0%，Ⅱ类占43.0%，Ⅲ类占26.3%，Ⅳ类占14.4%，Ⅴ类占4.5%，劣Ⅴ类占6.9%。图4-3为2018年全国流域总体水质状况。

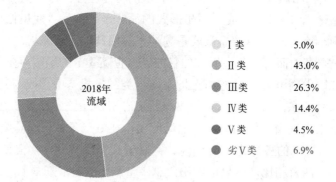

Ⅰ类		5.0%
Ⅱ类		43.0%
Ⅲ类		26.3%
Ⅳ类		14.4%
Ⅴ类		4.5%
劣Ⅴ类		6.9%

图4-3 2018年全国流域总体水质状况

与2017年相比，Ⅰ类水质断面比例上升2.8个百分点，Ⅱ类上升6.3个百分点，Ⅲ类下降6.6个百分点，Ⅳ类下降0.2个百分点，Ⅴ类下降0.7个百分点，劣V类下降 1.5 个百分点。图 4-4 为 2018 年全国流域总体水质状况年际比较。

西北诸河和西南诸河水质为优，长江、珠江流域和浙闽片河流水质良好，黄河、松花江和淮河流域为轻度污染，海河和辽河流域为中度污染。图 4-5 为 2018 年七大流域和浙闽片河流、西北诸河、西南诸河水质状况。

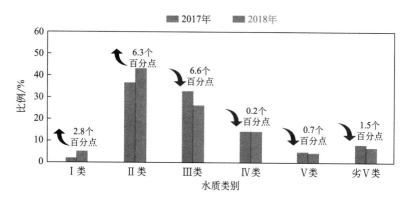

图 4-4　2018 年全国流域总体水质状况年际比较

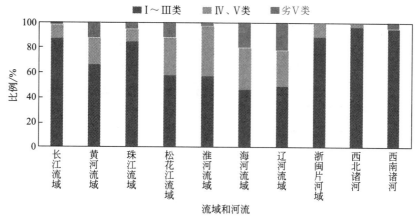

图 4-5　2018 年七大流域和浙闽片河流、西北诸河、西南诸河水质状况

2. 湖泊（水库）

2018 年，监测水质的 111 个重要湖泊（水库）中，I 类水质的湖泊（水库）7 个，占 6.3%；II 类 34 个，占 30.6%；III 类 33 个，占 29.7%；IV 类 19 个，占 17.1%；V 类 9 个，占 8.1%；劣V类 9 个，占 8.1%。主要污染指标为总磷、化学需氧量和高锰酸盐指数。监测营养状态的 107 个湖泊（水库）中，贫营养状态的 10 个，占 9.3%；中营养状态的 66 个，占 61.7%；轻度富营养状态的 25 个，占 23.4%；中度富营养状态的 6 个，占 5.6%。图 4-6 为 2018 年重要湖泊（水库）的水质情况。

（二）废水和主要污染物排放量

根据国家统计局资料显示：2017 年，全国废水排放总量为 699.7 亿吨，比上年下降 1.6%；化学需氧量排放量为 1021.97 万吨，比上年下降 2.3%；氨氮排放量为 139.51 万吨，比上年下降 1.6%。表 4-1 为全国近三年废水和主要污染物排放量。

2018年重要湖泊(水库)水质

水质类别	三湖	重要湖泊	重要水库
I类、II类	—	班公错、红枫湖、香山湖、高唐湖、花亭湖、柘林湖、抚仙湖、泸沽湖、洱海、邛海	云蒙湖、大伙房水库、密云水库、昭平台水库、瀛湖、王瑶水库、南湾水库、大广坝水库、龙岩滩水库、水丰湖、高州水库、里石门水库、大隆水库、石门水库、龙羊峡水库、怀柔水库、长潭水库、双塔水库、丹江口水库、解放村水库、黄龙滩水库、鲇鱼山水库、隔河岩水库、千岛湖、太平湖、松涛水库、党河水库、东江水库、湖南镇水库、漳河水库、新丰江水库
III类	—	色林错、骆马湖、衡水湖、东平湖、斧头湖、瓦埠湖、东钱湖、梁子湖、南四湖、百花湖、武昌湖、阳宗海、万峰湖、西湖、博斯腾湖、赛里木湖	于桥水库、察尔森水库、三门峡水库、崂山水库、鹤地水库、磨盘山水库、鸭子荡水库、红崖山水库、山美水库、小浪底水库、鲁班水库、尔王庄水库、董铺水库、白龟山水库、白莲河水库、富水水库、铜山源水库
IV类	太湖、滇池	白洋淀、白马湖、沙湖、阳澄湖、焦岗湖、菜子湖、南漪湖、鄱阳湖、镜泊湖、乌梁素海、小兴凯湖、洞庭湖、黄大湖	松花湖、玉滩水库、莲花水库、峡山水库
V类	巢湖	杞麓湖、龙感湖、仙女湖、淀山湖、高邮湖、洪泽湖、洪湖、兴凯湖	—
劣V类[①]	—	艾比湖、呼伦湖、星云湖、异龙湖、大通湖、程海、乌伦古湖、纳木错、羊卓雍错	—

①程海、乌伦古湖和纳木错氟化物天然背景值较高，程海和羊卓雍错pH天然背景值较高。

图4-6　2018年重要湖泊（水库）的水质情况

表4-1　全国近三年废水和主要污染物排放量

年份	废水排放量／亿吨	化学需氧量排放量／万吨	氨氮排放量／万吨
2015	735.3	2223.5	229.91
2016	711.1	1046.53	141.78
2017	699.7	1021.97	139.51

二、我国水污染防治成效及问题

（一）我国水污染防治工作取得的成果

2011年环境保护部印发《全国地下水污染防治规划（2011—2020年）》，明确提出未来10年我国地下水污染防治的总体目标和主要任务，并安排财政资金346.6亿元用于地下水污染调查、典型场地地下水污染预防示范等6大项目的建设和实施。此文件将水污染防治问题推上了政府政策议程的新高度，2011年前后形成了该领域政策制定的高峰期。

2015年4月，国务院正式发布《水污染防治行动计划》，简称"水十条"。其主要内容包括全面控制污染物排放，推动经济结构转型升级，着力节约保护水资源，全力保障水生态环境安全，充分发挥市场机制作用，明确和落实各方责任。并坚持地表与地下、陆上与海洋污染同治理，市场与行政、经济与科技手段齐发力，节水与净水、水质与水量指标同考核的基本原则。

2018 年，水污染防治工作取得新的积极进展。新修订的水污染防治法正式施行。组建生态环境部，打通了地上和地下、岸上和水里、陆地和海洋、城市和农村，推动水生态环境保护统一监管。截至 2018 年底，全国 97.4% 的省级及以上工业集聚区建成污水集中处理设施并安装自动在线监控装置。加油站地下油罐防渗改造已完成 78%。拆除老旧运输海船总吨位 1000 万吨以上，拆解改造内河船舶 4.25 万艘。全国城镇建成运行污水处理厂 4332 座，污水处理能力达 1.95 亿立方米 / 天。累计关闭或搬迁禁养区内畜禽养殖场（小区）26.2 万多个，创建水产健康养殖示范场 5628 个。开展农村环境综合整治的村庄累计达到 16.3 万个，浙江"千村示范、万村整治"荣获 2018 年联合国地球卫士奖。具体表现如下。

1. 黑臭水体整治取得积极进展

到 2018 年年底，36 个重点城市 1062 个黑臭水体中，95% 消除或基本消除黑臭，实现攻坚战年度目标。据不完全统计，36 个重点城市直接用于黑臭水体整治的投资累计 1140 多亿元，共建设污水管网近 2 万千米、污水处理厂（设施）305 座，新增日处理能力 1415 万吨，有效提升了水污染防治水平。36 个重点城市黑臭水体涉及的 101 个国控断面中，Ⅰ～Ⅲ类水质比例同比提高 3 个百分点，劣Ⅴ类比例下降 4.9 个百分点，为全国水环境质量改善做出了重要贡献。需要特别指出的是，社会公众和舆论监督在黑臭水体整治工作中发挥了巨大作用。专项行动过程中，共收到 3000 多条群众举报信息，新闻媒体发表 200 余篇报道，有效传导了压力和动力。

2. 持续强化饮用水源环境监管

开展全国集中式饮用水水源地环境保护专项行动，对长江经济带县级城市、其他省份地级城市水源地进行排查，共发现 276 个地市 1586 个水源地存在 6251 个问题，其中 6242 个于 2018 年底前完成整改。有效保障南水北调水质安全，截至 2018 年年底，南水北调工程中东线累计调水 223.9 亿立方米。

3. 扎实推进工业园区治污设施建设

超过 97% 的省级及以上工业园区建成污水集中处理设施并安装自动在线监控装置，比 2015 年"水十条"实施前提高 40 多个百分点。

4. 认真落实改革举措

组建流域生态环境监督管理机构，深入推进入河、入海排污口设置管理改革，探索优化水功能区和水环境控制单元管理。联合水利部全面推动落实河（湖）长制，压实地方各级政府水污染防治责任。2018 年，全国地表水优良水质断面比例同比提高 3.1 个百分点，达到 71%；劣Ⅴ类降低 1.6 个百分点，达到 6.7%。其中，长江流域水质优良断面比例同比提高 3 个百分点，劣Ⅴ类降低 0.4 个百分点。全国水环境质量持续改善，碧水保卫战开局良好。

5. 加强农业农村水污染防治

2018 年修订的《中华人民共和国水污染防治法》中新增了以下条款：明确国家支持农村污水、垃圾

处理设施的建设，推进农村污水、垃圾集中处理；要求地方政府统筹规划建设农村污水、垃圾集中处理设施，并保障其正常运行；明确制定化肥、农药等质量标准和使用标准，应当适应水环境保护要求；明确农业主管部门和其他部门应当采取措施，指导农业生产者科学、合理施用化肥和农药，推广测土配方施肥和高效低毒低残留农药，控制化肥和农药的过量使用，防止造成水污染；要求畜禽散养密集区所在地县、乡级人民政府组织对畜禽粪便污水进行分户收集、集中处理利用；禁止向农田灌溉渠道排放工业废水或者医疗污水。

6. 船舶污染防治得到加强

目前我国在船舶水污染治理方面制定的相应法律、法规及规章依据主要有《中华人民共和国水污染防治法》《中华人民共和国海洋环境保护法》《防止船舶污染海洋环境管理条例》《中华人民共和国防止船舶污染内河水域环境管理规定》《中华人民共和国船舶及其有关作业活动污染海洋环境防治管理规定》《船舶污染事故调查处理管理规定》等法律法规规章。同时在技术标准方面，发布了《船舶水污染物排放控制标准》（GB 3552—2018）以及《船用柴油机氮氧化物排放试验及检验指南》（2015）等相应的船舶检验技术规范和标准。

7. 水污染防治法律法规和政策体系不断完善

全国人大常委会组织对水污染防治法进行了修订，完善了水污染防治管理体系，强化了政府的环保责任，加大了对违法行为的惩处力度，为全面推进水污染防治工作提供了有力的法律武器。有关部门先后转发或发布了《最高人民法院关于审理环境污染刑事案件法律适用若干问题的解释》《最高人民检察院关于渎职侵权犯罪案件立案标准的规定（节选）》《关于环境保护行政主管部门移送涉嫌环境犯罪案件的若干规定》等，为依法严惩污染环境的犯罪行为提供了法律和制度保障。相关部门研究制定了一系列有利于环境保护的财政、税收、价格、信贷、保险、贸易等政策，建立了金融机构与环保部门信息共享、上市公司环保核查、"双高（高污染、高风险）"产品目录、出口企业监管信息共享等制度和机制，全面监督企业生产经营活动中的环境行为。

8. 水污染防治执法力度不断加大

根据中央生态环境保护督察办公室的相关通报，第一轮督察及"回头看"共受理群众举报 21.2 万余件，合并重复举报后向地方转办约 17.9 万件，绝大多数已办结，直接推动解决群众身边生态环境问题 15 万余件。其中，立案处罚 4 万多家，罚款 24.6 亿元；立案侦查 2303 件，行政和刑事拘留 2264 人。第一轮督察及"回头看"共移交责任追究问题 509 个。从 2019 年开始，将用三年左右的时间完成第二轮中央生态环境保护例行督察，再用一年时间完成第二轮督察"回头看"。

9. 水污染防治支撑保障水平不断提高

政府、企业、社会多渠道资金投入机制正在逐渐形成，水污染治理投资不断增加。相关部门发布了《环境影响评价公众参与暂行办法》《环境信息公开办法（试行）》，从制度上保障了公众的环境知情权、参与权和监督权；每年发布《中国环境质量状况公报》和《中国环境统计年报》，为社会各界能够客观了解我国的环境状况提供了基础数据。

（二）水污染防治工作存在的主要问题

1. 历史欠账问题整治进入攻坚期

我国用近40年时间追赶发达国家的工业化、城市化进程，当前的生态环境问题是发达国家200多年工业化进程中出现问题的集中凸显，处理起来难度很大。过去我国经济增长与发展方式粗放，工业源与农业源污染未得到有效控制，城镇污水收集和处理设施短板明显，以国控断面劣Ⅴ类水体、城市黑臭水体、水源地等为代表的突出环境问题整治面临严峻挑战。参照发达国家莱茵河、琵琶湖等治理进程，发达国家用了30～35年的时间水质状况才有较大幅度改善，我国部分污染严重的水体，如京津冀地区（海河流域），水环境质量实现根本好转，治理时间可能需要30～35年。

2. 经济社会发展对水资源诉求不断增加

我国水生态环境压力仍然处于高位，水生态环境保护形势依然严峻，经济和人口的增长、快速的城市化给有限的水资源带来巨大压力。我国第七次全国人口普查数据显示，我国城镇常住人口为90199万人，占总人口比重为63.89%。按照水资源规划，用水总量到2030年将控制在7000亿吨以内，用水总量增速逐步下降，用水效率加速提升，但水资源消耗与环境承载力不足的矛盾依然突出。

3. 水安全风险还在不断累积

高质量发展是新时代的主题，而改善水环境质量，实现绿色可持续发展，是高耗水、高污染行业高质量发展的要义。比如，长江流域沿江集中了众多重化工企业，对水源地安全的风险隐患短期内难以解决。从长远来看，工业制造业仍将是我国经济的重要支撑，石油、化工、制药、冶炼等行业对水环境安全的风险仍长期存在。此外，近年来我国部分流域已出现一些新型污染物（如持久性有机污染物、抗生素、微塑料、内分泌干扰物等），这些污染物在环境中难以降解，具有累积性，缺乏有效的管控措施，这些健康风险是潜在隐患。

4. 突发水污染事件时有发生

2012—2017年突发水污染事件561起。其中，华东、华中、西南地区是污染事件发生率较高的地区，所占比重分别为43%、14%和12%。由于我国华东、华中各地区的工业经济较发达，其工矿企业多，污染概率大，导致其突发水污染事件较多，达全国的57%。

5. 水污染防治法律有待进一步完善且监管力度尚需进一步加强

目前我国的水污染治理的法律体系主要基于以下三部法律：《中华人民共和国水污染防治法》《中华人民共和国水法》和《中华人民共和国环境保护法》，但是现有法律还需进一步健全、细化，增加量化标准以便降低执行难度。现阶段很多水污染针对的是某一河流的某一段进行治理，这就有可能导致在对很多跨行政区域的河流进行治理时出现纠纷，也可能导致这条河流无法得到真正的保护，进而导致水污染治理的效果大大低于预期。水环境监管能力还需加强以更好地满足水环境管理需求，部分环境管理队伍人员不足、能力不强的问题需尽快解决；进一步树立环保执法权威，解决执法难的问题；有法不依、执法不严、违法不究的现象有时仍然存在。

第五节　水体污染防治途径

一、完善相关制度和法律法规

为了推进水污染防治工作的顺利进行，政府部门必须积极完善当前的制度，细化其中的相关内容，便于为水污染防治工作提供参考。例如，以《中华人民共和国水污染防治法》《中华人民共和国水法》和《中华人民共和国环境保护法》的结构框架为前提，可以制定并出台"水污染防治办法细则"等具体管控内容、落实精细化管理的新需求。其中对水污染的类型进行总结，并根据具体的原因确定相应的处理措施。采用此种方式，能够为基层的工作提供更具针对性的指导，保证工作期间可以实现"有法可依""有据可循"的目的。另外，地方政府还可以结合当前的实际情况，制定"有特色"的制度与法则，但不能脱离《中华人民共和国环境保护法》《中华人民共和国水法》《中华人民共和国水污染防治法》的既定要求，如广东省所施行的"粤十条"，该条款当中的主要内容有：①全面控制污染物的排放，既要控制污染物排放的数量、种类、浓度，也要控制排放的时间、地点、范围等，例如，只有在阴雨天才可以对农业和养殖业的一些污染物进行污水集中排放处理等；②推动经济结构转型升级，将原本的粗放型生产结构，向精细化的方向升级，提升生态环境治理在生产效能升级当中的作用；③着力节约保护水资源，通过技术升级等方式，减少生产环节的水资源消耗，提高中水回收利用率；④强化科技支撑，通过化学污水处理、物理污水处理、生物污水处理等综合处理技术，对目前的水环境进行综合治理，提升水污染治理的科学性；⑤充分发挥市场机制的作用，提高环境发展保护税费体系的科学性，对造成严重水污染的企业，征收高额的环境保护税，对污水处理良好的企业，给予较大力度的环境补贴；⑥严格环境执法监督，提升内部监督与外部监督在污水处理控制过程当中的作用，提升内部控制效果，对违规违法企业进行严肃的行政处罚；⑦切实加强水环境管理，落实管理责任；⑧全力保障水生态环境安全，提高生物防范机制在污水处理中的作用；⑨明确和落实各方责任，政府要发挥平台作用与沟通作用；⑩强化公众参与和社会监督，给予举报群众以物质和精神奖励。

二、加大防治工作投入

首先，政府部门应该加大关于水污染防治的财政投入，积极完善相关的硬件设施，便于及时更换全新的水质监测仪器。另外，相关部门以及工作人员应该加大对水污染监测技术的研究，积极提高相关技术的水平，同时不断增强具体工作的科学性。在这一前提下，可以更加及时获取水资源状况，并实现对水污染问题的有效防治。除此之外，政府部门还应该重视对各大企业的教育、宣传，使其能够意识到水污染防治的重要性。基于此，引导企业在生产经营过程中主动规范自身的行为，为废水进行合理的处理以后再进行排放。最后，政府部门还应该构建全流域生态补偿机制，通过经济方式对利益主体的管理进行调节，同时对受损者进行相应的生态补偿。此种方式同样能够鼓励更多的利益主体自觉保护水资源，为水污染防治贡献力量。

三、构建统一管理机制

为了强化水资源污染的防治效果，政府部门应该积极构建统一的管理机制，即密切水资源利用、水污染治理的关系。在具体的工作中，应该将二者放在同等重要的位置上，同时对其进行协调管理。开发与利用水资源的过程中，需要践行节约、环保的理念，在保护水质的同时避免出现浪费的现象。基于此，可以为水污染防治奠定良好的基础，减小各项工作的难度，进而能够切实实现可持续发展的目的，并践行《水污染防治行动计划》的理念，即 2020 年，全国水环境质量得到阶段性改善，到 2030 年，全国水环境总体改善，水生态系统功能初步恢复。到 21 世纪中叶，生态环境质量全面改善，生态系统实现良性循环。为了实现这个目标，各地政府要对本地的污染企业进行严格的监督与管控，做好长效计划，始终按照这个目标来指导自身的发展。长此以往，能够在很大程度上提高水污染防治的科学性，保证具体工作程序的有效程度。同时，还可以实现"防"大于"治"的目的，彰显其可持续发展理念的重要价值。

四、发挥公众管理作用

我国水污染防治的过程中基本以政府、企业为主体，公众的参与度还需进一步提高，并未实现"全民参与"的目标。面对这样的问题，政府部门应该加大宣传力度，提倡公众参与至水污染防治工作中。例如，通过电视频道、广播、网络等进行宣传。另外，基层政府应该对农民进行水污染防治的教育，使其能够正确使用农药，减少对地下水的污染。不仅如此，政府还可以设置奖励机制，对有突出贡献的公众给予相应奖励、表彰，进而能够充分调动公众的积极性。经过一段时间的发展以后，可以在全社会形成良好的水污染防治氛围，并有效提高公众水污染防治的意识水平，构建"全民防治"的体系，发挥广大社会公众的作用，降低政府、企业各项工作的难度。由此可见，构建政府、企业、社会的三维关系，让公众参与进来监督企业的排污行为、监督政府的管理行为，维护切身利益和权益，就显得尤为关键。

第六节 水环境规划

水环境规划是对某一时期内的水环境保护目标和措施所做出的统筹安排和设计。其目的是在发展经济的同时保护好水质，合理地开发和利用水资源，充分地发挥水体的多功能用途，在达到水环境目标的基础上，寻求最小（或较小）的经济代价或最大（或较大）的经济和环境效益。它是在水资源危机纷呈的背景下产生和发展起来的，特别是近20年来，由于人口和经济的较快速增长，以致对水量、水质的需求越来越高；但另一方面，水资源日益枯竭、水环境污染日趋严重，使水环境问题的矛盾越来越尖锐。水环境规划作为解决这一问题的有效手段，因而受到了普遍的重视，并在实践中得到了广泛的应用。

一、水环境规划技术思路

在开展水环境规划时，首先应对水环境系统进行综合分析，摸清水量、水质的供需情况，合理确定水体功能和水质目标，进而对水的开采、供给、使用、处理和排放等各个环节做出统筹的安排和决策，拟定规划措施，提出供选方案。水环境规划过程是一个反复协调决策的过程，以寻求一个最佳的统筹兼顾方案，城市水环境规划内容及技术路线如图4-7。因此，在规划中，要特别处理好近期与远期、需要与可能、经济与环境等的相互关系，以确保规划方案的科学性和实用性。

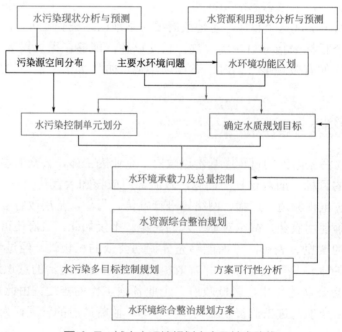

图4-7 城市水环境规划内容及技术路线

二、水环境现状分析

（一）水资源供需平衡分析

水资源供需分析（也称水流分析）就是综合考虑社会、经济、环境和水资源的相互关系，分析不同发展时期、各种规划方案的水资源供需状况。供需平衡分析就是采取各种措施使水资源供水量和需求量处于平衡状态。供需平衡是一个反复的过程，由于供水与需水预测的多方案性，所以供需平衡也存在众多的方案，在对这些方案进行合理性分析的基础上，确定经济、技术、环境可行的方案。

（二）主要水污染源调查分析

水污染源调查汇总分析后要求获得下列数据资料：① 水污染物排污量及等标污染负荷；② 排污系数（万元工业产值排污量，吨产品排污量）；③ 排污分担率；④ 污染源分布图；⑤ 主要水污染物；⑥ 主要排放水污染物的重点污染源。特别要重视非点源的调查分析。

（三）水环境污染现状评价

对水环境污染的状况做出系统的评价是水污染防治与水质规划管理工作中的一项基本内容。它也是水环境调查成果的分析总结。

全面的城市水环境系统评价，主要包括河流水环境系统评价、污染源评价、地下水质评价等。

三、水环境容量测算

水环境功能区划与
水污染控制单元

水环境容量（water environmental capacity）是指在满足水环境质量标准的条件下，水体所能容纳的污染物的量或自身调节净化并能够保持生态平衡的能力时所能接纳的最大允许污染物负荷量，又称水体纳污能力。水环境容量是制定地方性、专业性水域排放标准的依据之一，环境管理部门还利用它确定在固定水域到底允许排入多少污染物。

在理论上，水环境容量是环境的自然规律参数与社会效益参数的多变量函数，它反映污染物在水体中的迁移、转化规律，也满足特定功能条件下水环境对污染物的承受能力。在实践上，水环境容量是环境目标管理的基本依据，是水环境规划的主要环境约束条件，也是污染物总量控制的关键参数。水环境容量的大小与水体特征、水质目标和污染物特性有关。

水环境容量一般包括两部分，即差值容量与同化容量。水体稀释作用属差值容量，生物化学作用称同化容量。

地表水体对某种污染物的水环境容量可用下式表示：

$$W = W_1 + W_2 = V(C_s - C_b) + W_2$$

式中　W——某地表水体对某污染物的水环境容量，kg；

　　　W_1——某地表水体对某污染物的差值容量，kg；

　　　W_2——某地表水体对某污染物的同化容量，kg；

V——该地表水体的体积，m^3；

C_s——该地表水中某污染物的环境标准（水质目标），mg/L；

C_b——该地表水中某污染物的环境背景值，mg/L。

可见，水环境容量既反映了满足特定功能条件下水体对污染物的承受能力，也反映了污染物在水环境中的迁移、转化、降解、消亡规律。当水质目标确定之后，水环境容量的大小就取决于水体对污染物的自净能力。

四、水污染物总量控制

水污染物总量控制就是依据某一区域的水环境容量确定该区域内水污染物容许排放总量，再按照一定原则分配给区域内的各个污染源，同时制定出一系列政策和措施，以保证区域内水污染物排放总量不超过区域容许排放总量，主要有以下三种形式。

（一）容量总量控制

从受纳水体容许纳污量出发，制定排放口总量控制负荷指标。容量总量控制以水质标准为控制基点，以污染源可控性、环境目标可达性两个方面进行总量控制负荷分配。

（二）目标总量控制

从控制区域容许排污量控制目标出发，制定排放口总量控制负荷指标。目标总量控制以排权限制为控制基点，从污染源可控性研究入手，进行总量控制负荷分配。

（三）行业总量控制

从总量控制方案技术、经济评价出发，制定排放口总量控制负荷指标。行业总量控制以能源、资源合理利用为控制基点，从最佳生产工艺和实用处理技术两方面进行总量控制负荷分配。

根据水污染物总量控制目标，最终制定水环境污染控制方案，主要有两种途径：一是减少污染物排放负荷；二是提高或充分利用水体的自净能力。与第一种途径相应的技术措施包括清洁生产工艺、污染物排放浓度控制和总量控制、污水处理、污水引灌、氧化塘和土地处理系统等。与第二种途径相应的措施包括河流流量调控、河内人工复氧和污水调节等。水环境规划方案制定后，为了检验和比较各个方案的可行性与可操作性，可通过费用 - 效益分析、可行性分析以及水环境承载力分析，对规划方案进行综合评价，从而为最佳规划方案的选择与决策提供科学依据。为控制全国主要水污染物排放总量，防治水环境污染，促进经济、社会和环境可持续发展，我国目前在水污染控制上实行总量管控的污染物为 COD 和氨氮，部分地区根据污染的来源增加了总磷、总氮和部分重金属作为总量管控因子。

✐ 思考题

1. 水体主要污染物主要分几大类？各有何危害？
2. 反映有机物总量的综合指标有哪些？并比较它们的区别？
3. 什么是水体自净作用？水体自净作用的机理有几种？各是什么？
4. 水体污染防治的主要途径有哪些？
5. 到目前为止，我国的"水十条"实施情况如何？
6. 分析你所在地区附近河水（或湖泊）质量的好坏，并简述存在的主要问题。
7. 社会调查题目：调查工矿企业生产污水和生产废水的排放情况。选择一家工矿企业，调查该企业生产原料、产品和工艺，了解其排放的生产污水和生产废水的水质和水量，最后对其污水处理方法和工艺进行评价。

第五章　土壤环境保护

图解：《土壤污染防治行动计划》

 引　言

　　土壤是生命之基、万物之母。土壤和空气、水一样，是构成生态系统的基本要素，是粮食安全、水安全和更广泛的生态系统安全的物质基础，是人居环境健康的重要基石，也是经济社会发展不可或缺的宝贵自然资源。"民以食为天，农以土为本"道出了土壤对国民经济的重大作用。2013 年 6 月，世界粮农组织大会将每年的 12 月 5 日作为世界土壤日（World Soil Day），鼓励所有人采取实际行动，提高人们对健康土壤的重视。土壤污染是同大气、水环境污染同样严峻的生态环境问题，但因其更难被人直观感受，近年来才逐渐成为人们关注的热点。

　　"十三五"以来，土壤污染防治已经成为国民经济和社会发展的重要内容，国家将其纳入污染防治三大攻坚战和粮食安全省长责任制目标考核，并将土壤环境指标作为美丽中国建设评估指标体系的重要内容。2016 年 5 月，国务院发布实施《土壤污染防治行动计划》（简称"土十条"），立足我国国情和发展阶段，着眼经济社会发展全局，以改善土壤环境质量为核心，以保障农产品质量和人居环境安全为出发点，坚持预防为主、保护优先、风险管控，提出了"突出重点区域、行业和污染物，实施分类别、分用途、分阶段治理，严控新增污染、逐步减少存量，形成政府主导、企业担责、公众参与、社会监督的土壤污染防治体系"总体思路、基本目标和主要任务。2018 年 5 月，在第八次全国生态环境保护大会上，习近平总书记进一步提出："要全面落实土壤污染防治行动计划，突出重点区域、行业和污染物，强化土壤污染管控和修复，有效防范风险，让老百姓吃得放心、住得安心。"2018 年 6 月，《全面加强生态环境保护坚决打好污染防治攻坚战》正式发布，进一步明确"扎实推进净土保卫战"的行动方案。2018 年 8 月，十三届全国人大常委会第五次会议全票通过了《中华人民共和国土壤污染防治法》，填补了我国土壤污染防治领域专项法律空白，推动形成较为全面的我国土壤环境法规标准体系，成为各地、各部门实施土壤污染防治的基础依据。近年来，按照"打基础、建体系、防风险、守底线"的总体部署，我国有序推进土壤污染状况详查、土壤污染源头防控、土壤污染风险管控和修复、土壤污染综合防治先行区建设、土壤污染治理与修复技术应用试点、土壤环境监管能力提升等工作，土地资源利用的环境安全保障体系日益完善，推动我国土壤污染防治体系从无到有，地方实践高效有序推进，为新时期深化土壤污染防治奠定了较好基础。但由于我国土壤污染防治工作起步较晚，各项工作基础较弱，土壤污染风险管控形势依然严峻。

　　土壤污染具有长期性、累积性，与大气、水污染治理相比，土壤污染治理更为复杂，治理和恢复的周期更长、成本更高，且容易产生二次污染。未来一段时期，是深入贯彻习近平生态文明思想、全面启动美丽中国建设、推动实现第二个百年奋斗目标的首个五年，是我国开启第二个百年奋斗目标的起步期和奠基期，也是持续深入实施"土十条"和贯彻落实《中华人民共和国土壤污染防治法》的关键五年，具有重要的历史与战略意义。为打好升级版的污染防治攻坚战，深化净土保卫战，助力美丽中国建设，需要在新时期生态环境保护总体战略思想指引下，系统总结土壤污染防治进展，充分认识土壤污染防治工作的特殊性、复杂性和艰巨性，找出差距和短板，顺应土壤污染防治客观规律，明确未来一段时期土壤污染防治重点方向，推动土壤污染从末端治理走向全面防控，从过去的"吃药"式被动应急防控污染走向"保健"式主动全面预防。这一过程要保持历史耐心和战略定力，以功成不必在我的精神境界和功成必定有我的历史担当，既要谋划土壤污染防控的长远，又要干在当下，一张蓝图绘到底。

Soil pollution comprises the pollution of soils with materials, mostly chemicals, which are out of place or are present at concentrations higher than normal which may have adverse effects on humans or other organisms. It is difficult to define soil pollution exactly because different opinions exist on how to characterize a pollutant; while some consider the use of pesticides acceptable if their effect does not exceed the intended result, others do not consider any use of pesticides or even chemical fertilizers acceptable. However, soil pollution is also caused by means other than the direct addition of xenobiotic (man-made) chemicals such as agricultural runoff waters, industrial waste materials, acidic precipitates, and radioactive fallout.

导　读

　　土壤是重要的自然资源，它是农业发展的物质基础。没有土壤就没有农业，也就没有人们赖以生存的衣、食等基本原料。"民以食为天，农以土为本"道出了土壤对国民经济的重大作用。由于人口不断增加，人类对食物的需求量越来越大，土壤在人类生活中的作用也越来越大。因此，人们必须更深入地了解土壤，利用和保护土壤。但随着城乡工业不断发展壮大，"三废"污染越来越严重，并由城市不断向农村蔓延，加之化肥、农药、农膜等物质大量使用，土壤污染在所难免。减少和防治土壤污染已成为当前环境科学和土壤科学共同面临、亟待解决的重要问题。通过本章的学习可以了解土壤环境的污染源、土壤污染的危害及土壤的自净作用，了解重金属和化学农药在土壤中的积累、迁移、转化和生物效应，了解土壤污染的防治方法，了解土壤的水土流失、沙漠化、盐渍化及其控制对策。

第一节　土壤污染与污染源

一、土壤污染

（一）土壤污染与污染判定

视频：土壤污染　　　　　　土壤侵蚀及控制

　　目前土壤污染（soil pollution）的定义各异，但归其共同点，土壤污染就是指人类活动所产生的物质（污染物），通过多种途径进入土壤，其数量和速度超出了土壤容纳的能力和土壤净化的速度，因而使土壤的性质、组成及性状等发生变化，使污染物质的积累过程逐渐占据优势，破坏了土壤的自然动态平衡，从而导致土壤自然正常功能失调，土壤质量恶化，影响作物的生长发育，以致造成产量和质量的下降，并通过食物链引起对生物和人类的直接危害，甚至形成对有机生命的超地方性危害。土壤污染物应该是指土壤中出现的新的合成化合物和增加的有毒化合物，土壤原来含有的化合物不应包括在内。事实上，土壤原有的物质中，已经包含了多种有毒物质，如汞、砷、铅、镉等，只是含量极少而不能表现出危害。

　　土壤（soil）环境中污染物的输入、积累和土壤环境的自净作用是两个相反而又同时进行的对立、统一的过程，在正常情况下，两者处于一定的动态平衡。在这种状态下，土壤环境是不会发生污染的。但当这种平衡被破坏时，土壤生态将发生明显变异，土壤酸化、板结，土质变坏，导致土壤微生物区系（种类、数量和活性）的变化，土壤酶活性减少；同时，由于土壤环境中污染物的迁移转化，从而引起大气、水体和生物的污染，并通过食物链最终影响到人类的健康。

　　从土壤污染概念来看，判断土壤是否发生污染的指标有两个：一是土壤背景值（或本底值），通常以一个国家或地区的土壤中某元素的平均含量作为背景值，与污染区土壤中同一元素的平均含量进行比较，若土壤中某元素的平均含量超过背景值，即发生了土壤污染；二是生物指标，土壤中某有害元素或污染物含量较高时，被植物吸收的量也相应增加，可引起植物的一系列反应，土壤微生物区系发生变化，人们食用受污染的植物后对人体健康的危害程度等均可作为度量污染的生物指标。

（二）土壤污染的类型

1. 水质污染型

　　这是土壤环境污染的最主要发生类型。利用工业和城市污水进行灌溉，使污染物质在土壤中累积而造成土壤污染。经由水体污染所造成的土壤环境污染，由于污染物质大多以污水灌溉形式从地表进入土体，所以污染物一般集中于土壤表层。但是，随着污灌时间的延续，某些污染物质可随水自土体上部向下部迁移，乃至达到地下水层，整体上沿着已被污染的河流或干渠呈树枝状或呈片状分布。

　　在北方缺水地区和南方特旱季节，人们为了保障农产品产量无奈地利用未经处理或处理不彻底的生活污水、工业废水浇灌田地；在广大的灌区，人们并未意识到灌溉用水受到了污染，无意之中将含有污染物质的水浇灌到了农田，造成土壤污染。利用污水浇灌农田是造成土壤污染的主要原因，我国80%的土壤污染与灌溉有关；环境保护部和国土资源部开展的首次土壤污染状况调查结果表明，55个污水灌溉区中有39个（占71%）存在土壤污染问题，在1378个土壤点位中，超标点位占26.4%，主要污染物为镉、砷和多环芳烃。

2. 大气污染型

　　污染物质来源于被污染的大气，其污染特点是以大气污染源为中心呈环状或带状分布，长轴沿主风

向伸长。污染的面积、程度和扩散的距离，取决于污染物质的种类、性质、排放量、排放形式及风力大小等。

大气污染型的土壤污染特征是：污染物质主要集中在土壤表层，其主要污染物是大气中的二氧化硫、氮氧化物和颗粒物等，它们通过沉降和降水而降落地面。由于大气中的二氧化硫等酸性氧化物使雨水酸度增加，从而引起土壤酸化，破坏土壤的肥力与生态系统的平衡。各种大气飘尘中包括重金属、非金属有毒有害物质及放射性散落物等多种物质，它们造成土壤的多种污染。如某市大气中的钒、铁等可以随飘尘和降尘飘落在数千米外的土壤中。又如某地的大气污染物以氟为主，它可使半径近百千米的地区的土壤氟含量达 $400 \sim 600 \mu g/g$，这主要是由于冶炼厂（炼铝厂）、磷肥厂、钢厂、砖瓦窑厂等排放的含氟废气，这些废气一方面可直接影响周围农作物，另一方面可造成土壤的氟污染。

3. 固体废物污染型

固体废物污染型主要是指工矿企业排出的尾矿、废渣、污泥和城市垃圾在地表堆放或处置过程中通过大气扩散、降水淋滤等直接或间接地影响土壤，造成土壤受污染的类型。有害固体废物长期堆存，经过雨雪的淋溶作用（eluviation），可溶成分随水从地表向下渗透，向土壤迁移转化，富集有害物质，使堆场附近土质酸化、碱化、硬化，甚至发生重金属型污染。例如，一般有色金属冶炼厂附近的土壤里，铅含量为正常土壤中含量的 $10 \sim 40$ 倍，铜含量为 $5 \sim 200$ 倍，锌含量为 $5 \sim 50$ 倍。这些有毒物质一方面通过土壤进入水体，另一方面在土壤中发生积累而被植物吸收，毒害农作物进而通过食物链进入动物和人体内。污染特征属点源性质，主要是造成土壤环境的重金属污染，以及油类、病原菌和某些有毒有害有机物的污染。

4. 农业污染型

农业污染型是指由于农业生产的需要而不断地使用化肥、农药、城市垃圾堆肥、污泥等所引起的土壤环境污染。污染程度与化肥、农药的数量、种类、利用方式及耕作制度等有关。有些农药如有机氯杀虫剂 DDT、六六六等，可在土壤中长期残留，并在生物体内富集。氮、磷等化学肥料，凡未被植物吸收利用和未被根层土壤吸附固定的养分都在根层以下积累或转入地下水，成为潜在的环境污染物。残留在土壤中的农药和氮、磷等化合物在地面径流或土壤风蚀时，就会向其他地方转移，扩大土壤的污染范围。农业污染型的污染物质主要集中在土壤表层或耕层，其分布比较广泛，属面源污染。

5. 放射性污染型

随着核技术在工农业、医疗、地质、科研等各领域的广泛应用，越来越多的放射性污染物进入土壤中，这些放射性污染物除可直接危害人体外，还可以通过生物链和食物链进入人体，在人体内产生内照射，损害人体组织细胞，引起肿瘤、白血病和遗传障碍等疾病。

6. 综合污染型

土壤环境污染的发生往往是多源性质的。对于同一区域受污染的土壤，其污染源可能同时来自受污染的地面水和大气，或同时遭受固体废物、放射性废物以及农药、化肥的污染。因此，土壤环境的污染往往是综合污染型的。但对于一个地区或区域的土壤来说，可能是以某一污染类型或某两污染类型为主。

各种土壤污染类型是相互联系的，在一定的条件下，它们可以相互转化。固体废物污染型可以转化为水污染型和大气污染型，农业污染型本身就包括固体废物污染型、大气污染型及水污染型。

（三）土壤污染的特点

1. 土壤污染具有隐蔽性（潜伏性）和滞后性

大气污染、水污染和废物污染等问题一般都比较直观，通过感官就能发现。而土壤污染则不同，土壤是更复杂的三相共存体系。孙铁珩院士指出："土壤污染往往通过对土壤样品进行分析化验和农作物残留检测情况，甚至通过粮食、蔬菜和水果等农作物以及摄食的人或动物的健康状况才能反映出来，从遭到污染到产生'恶果'需要相当长的过程。"此外，各种有害物质在土壤中，并不是简单地单一存在，而是与土壤胶体（soil colloid）相结合，有的为土壤生物所分解或吸收，从而改变其本来的面目而隐藏在土壤里，或自土体排出，且不被发现。当土壤将有害物质输给农作物，再通过食物链而损害人畜健康时，土壤将有可能还继续保持其生产能力而经久不衰，这就充分体现了土壤污染危害的隐蔽性。这种性质使认识土壤污染问题的难度增加，以致污染危害持续发生。

2. 土壤污染的易累积性

污染物质在大气和水体中，一般都比在土壤中更容易迁移。这使得污染物质在土壤中并不像在大气和水体中那样容易扩散和稀释，因此容易在土壤中不断积累而超标，同时也使土壤污染具有很强的地域性。

3. 土壤污染具有不可逆转性和持久性

土壤一旦遭到污染后就很难恢复，重金属对土壤的污染是一个不可逆过程，许多有机化学物质的污染也需要较长的降解时间。例如，被某些重金属污染的土壤可能要100～200年才能恢复。

4. 土壤污染具有难治理性

如果大气和水体受到污染，切断污染源之后通过稀释作用和自净化作用也有可能使污染问题不断逆转，但是积累在污染土壤中的难降解污染物则很难靠稀释作用和自净化作用来消除。土壤污染一旦发生，仅仅依靠切断污染源的方法则往往很难恢复，有时要靠换土、淋洗土壤等方法才能解决问题，其他治理技术可能见效较慢。因此，治理污染土壤通常成本较高、治理周期很长。

鉴于土壤污染难以治理，而土壤污染问题的产生又具有明显的隐蔽性和滞后性等特点，土壤污染问题一般短期内都不太容易受到重视。

（四）土壤的自净能力

土壤环境的自净作用（self purification of the soil）即土壤环境的自然净化作用（或净化功能的作用过程），是指进入土壤的物质，通过稀释和扩散等作用可以降低其浓度，或者被转化为不溶性化合物而沉

淀，或被胶体牢固地吸附，从而暂时脱离生物小循环及食物链；或者通过生物和化学的降解作用，转化为无毒或毒性小的物质，甚至成为营养物质；或经挥发和淋溶从土体中迁移至大气和水体。所有这些现象都可以理解为土壤的自净过程，但土壤的自净主要是指生物和化学的降解作用。

土壤环境自净作用的机理既是土壤环境容量的理论依据，又是选择土壤环境污染调节与防治措施的理论基础。因此，有必要进一步研究自净作用过程。按其作用机理的不同，可划分为物理净化作用（如农药的挥发扩散）、物理化学净化作用、化学净化作用（如酸的中和）和生物净化作用（如有机物的生物降解）四个方面。

1. 物理净化作用

土壤是一个多相的疏松多孔体，犹如天然的大过滤器，固相中的胶态物质——土壤胶体又具有很强的表面吸附能力，因而，进入土壤中的难溶性固体污染物可被土壤机械阻留；可溶性污染物可被土壤水分稀释，从而使得毒性减小，或被土壤固相表面吸附（指物理吸附），但也可能随水迁移至地表水或地下水层，特别是那些呈负吸附的污染物（如硝酸盐、亚硝酸盐），以及呈中性分子态和阴离子形态存在的某些农药等，随水迁移的可能性更大；某些污染物可挥发或转化成气态物质在土壤孔隙中迁移、扩散，乃至迁移入大气。这些净化作用都是一些物理过程，因此，统称为物理净化作用（physical depuration）。

土壤的物理净化能力与土壤孔隙、土壤质地、结构、土壤含水量、土壤温度等因素有关。例如，砂性土壤的空气迁移、水迁移速率都较快，但表面吸附能力较弱。增加砂性土壤中有机胶体的含量，可以增强土壤的表面吸附能力，以及增强土壤对固体难溶污染物的机械阻留作用；但是，土壤孔隙度减小，则空气迁移、水迁移速率下降。此外，增加土壤水分，或用清水淋洗土壤，可使污染物浓度降低，减小毒性；提高土温可使污染物挥发、解吸、扩散速度增大等。但是，物理净化作用只能使污染物在土壤中的浓度降低，而不能从整个自然环境中消除，其实质只是污染物的迁移。土壤中的农药向大气的迁移，是大气中农药污染的重要来源。如果污染物大量迁移入地表水或地下水层，将造成水源的污染，同时，难溶性固体污染物在土壤中被机械阻留，是污染物在土壤中的累积过程，产生潜在的威胁。

2. 物理化学净化作用

所谓土壤环境的物理化学净化作用（chemical-physical depuration），是指污染物的阳、阴离子与土壤胶体上原来吸附的阳、阴离子之间的离子交换吸附作用。例如：

$$（土壤胶体）Ca^{2+} + HgCl_2 \rightleftharpoons （土壤胶体）Hg^{2+} + CaCl_2$$

$$（土壤胶体）3OH^- + AsO_4^{3-} \rightleftharpoons （土壤胶体）AsO_4^{3-} + 3OH^-$$

此种净化作用为可逆的离子交换反应，且服从质量作用定律（同时，此种净化作用也是土壤环境缓冲作用的重要机制）。其净化能力的大小可用土壤阳离子交换量或阴离子交换量的大小来衡量。污染物的阳、阴离子被交换吸附到土壤胶体上，降低了土壤溶液中这些离子的浓（活）度，相对减轻了有害离子对植物生长的不利影响。由于一般土壤中带负电荷的胶体较多，因此，一般土壤对阳离子或带正电荷的污染物的净化能力较强。当污水中污染物离子浓度不大时，经过土壤的物理化学净化以后就能得到很好的净化效果。增加土壤中胶体的含量，特别是有机胶体的含量，可以相应提高土壤的物理化学净化能力。此外，土壤 pH 值增大，有利于对污染物的阳离子进行净化；反之，则有利于对污染物阴离子进行净化。对于不同的阴、阳离子，其相对交换能力大的，被土壤物理化学净化的可能性也就较大。

但是，物理化学净化作用也只能使污染物在土壤溶液中的离子浓（活）度降低，相对地减轻危害，而并没有从根本上将污染物从土壤环境中消除。如果利用城市污水灌溉，只是污染物从水体迁移入土体，对水体起到了很好的净化作用。然而经交换吸附到土壤胶体上的污染物离子，还可以被其他相对交换能力更大的，或浓（活）度较大的其他离子交换下来，重新转移到土壤溶液中去，又恢复原来的毒性和活性。所以说物理化学净化作用只是暂时性的、不稳定的；同时，对土壤本身来说，则是污染物在土壤环境中的积累过程，将产生严重的潜在威胁。

3. 化学净化作用

污染物进入土壤以后，可能发生一系列的化学反应。例如，凝聚与沉淀反应、氧化还原反应、络合 - 螯合反应、酸碱中和反应、同晶置换反应、水解反应、分解反应和化合反应，或者发生由太阳辐射能和紫外线等能流而引起的光化学降解作用等等。通过这些化学反应，或者使污染物转化成难溶性、难解离性物质，使危害程度和毒性减小；或者分解为无毒物或营养物质，这些净化作用统称为化学净化作用（chemical depuration）。

土壤环境的化学净化作用反应机理很复杂，影响因素也较多。不同的污染物有着不同的反应过程。其中特别重要的是化学降解和光化学降解作用，因为这些降解作用可以将污染物分解为无毒物，从土壤环境中消除。而其他的化学净化作用，如凝聚沉淀反应、氧化还原反应、络合 - 螯合反应等，只是暂时降低污染物在土壤溶液中的浓（活）度，或暂时减小活性和毒性，起到了一定的减缓作用，但并没有从土壤环境中消除。当土壤 pH 值或氧化还原电位发生改变时，沉淀了的污染物可能又重新溶解，或氧化还原状态发生改变，又恢复原来的毒性、活性。

已知 pH 值为 7 时，该体系的阳极电位为 0.42V。因此，当土壤 Eh<0.42V、pH<7 时，已经沉淀的 MnO_2 又可重新被还原为有一定毒性的活性 Mn^{2+}。

土壤环境的化学净化能力的大小与土壤的物质组成、性质，以及污染物本身的组成、性质有密切关系。例如，富含碳酸钙的石灰性土壤，对酸性物质的化学净化能力很强。从污染物的本性来考虑，一般化学性质不太稳定的化合物，易在土壤中被分解而得到净化。但是，那些性质稳定的化合物，如多氯联苯（PCBs）、稠环芳烃（PAHs）、有机氯农药，以及塑料、橡胶等合成材料，则难以在土壤中被化学净化。重金属在土壤中只能发生凝聚沉淀反应、氧化还原反应、络合 - 螯合反应、同晶置换反应，而不能被降解。当然，发生上述反应后，重金属在土壤环境中的迁移方向可能发生改变。例如，富里酸可与一般重金属形成可溶性的螯合物，使重金属在土壤中随水迁移的可能性增大。

土壤环境的化学净化能力还与土壤环境条件有关。调节适宜的土壤 pH 值、Eh 值，增施有机胶体，以及其他化学抑制剂，如石灰、碳酸盐、磷酸盐等，可相应提高土壤环境的化学净化能力。当土壤遭受轻度污染时，可以采取上述措施以减轻其危害。另外，同时进入土壤环境的几种污染物相互之间也可能发生化学反应，从而在土壤中沉淀、中和、络合、分解或化合等，我们把这些过程也看作是土壤环境的化学净化作用。

4. 生物净化作用

土壤中存在着大量依靠有机物生活的微生物，如细菌、真菌、放线菌等，它们有氧化分解有机物的

巨大能力。当污染物进入土体后，在这些微生物体内酶或分泌酶的催化作用下，发生各种各样的分解反应，统称为生物净化作用（biological depuration），也称生物降解作用。这是土壤环境自净作用中最重要的净化途径之一。土壤中天然有机物的矿质化作用，就是生物净化过程。例如，淀粉、纤维素等糖类物质最终转变为CO_2和水；蛋白质、多肽、氨基酸等含氮化合物转变为NH_3、CO_2和水；有机磷化合物释放出无机磷酸等。这些降解作用是维持自然系统碳循环、氮循环、磷循环等所必经的途径之一。

由于土壤中的微生物种类繁多，各种有机污染物在不同条件下的分解形式是多种多样的。主要有氧化还原反应、水解、脱烃、脱卤、芳环羟基化和异构化、环破裂等过程，并最终转变为对生物无毒性的残留物和CO_2。一些无机污染物也在土壤微生物的参与下发生一系列化学变化，以降低活性和毒性。但是，微生物不能降解重金属，甚至能使重金属在土体中富集，这是重金属成为土壤环境的最危险污染物的根本原因。

土壤的生物降解作用是土壤环境自净作用的主要途径，其净化能力的大小与土壤中微生物的种群、数量、活性，以及土壤水分、土壤温度、土壤通气性、pH值、Eh值、适宜的C/N值等因素有关。例如，土壤水分适宜，土温在30℃左右，土壤通气良好，Eh值较高，土壤pH值偏中性到弱碱性，C/N在20：1左右，则有利于天然有机物的生物降解。相反，有机物分解不彻底，可能产生大量的有毒害作用的有机酸等，这是在具体工作中必须引起注意的。土壤的生物降解作用还与污染物本身的化学性质有关，那些性质稳定的有机物，如有机氯农药和具有芳环结构的有机物，生物降解的速度一般较慢。

土壤环境中的污染物质，被生长在土壤中的植物所吸收、降解，并随茎叶、种子而离开土壤，或者为土壤中的蚯蚓等软体动物所食用，污水中的病原菌被某些微生物所吞食等，都属于土壤环境的生物净化作用。因此，选育栽培对某种污染物吸收、降解能力特别强的植物，或应用具有特殊功能的微生物及其他生物体，也是提高土壤环境生物净化能力的重要措施。

上述四种土壤环境的自净作用，其过程互相交错，其强度的总和构成了土壤环境容量的基础。尽管土壤环境具有上述多种净化作用，而且也可通过多种措施来提高土壤环境的净化能力，但是，其净化能力毕竟有限。随着人类社会的不断发展，各种污染物的排放量不断增加，其他环境要素中的污染物又可通过多种途径输入土壤环境。如果我们对土壤环境的自净与污染这一对矛盾的对立统一关系缺乏认识，而又不重视土壤环境保护工作，那么土壤环境污染将会日趋严重，并直接威胁到人类的生活和健康。土壤自净能力的强弱取决于土壤性质及组成的综合作用，也与化学物质的组成和特性有关，同时还受气候及其他环境条件的影响。

（五）土壤污染的危害

1. 土壤污染影响农作物产量和品质

土壤污染会影响作物生长，造成减产；农作物可能会吸收富集某种污染物，影响农产品质量；我国每年因土壤污染造成农产品减产和重金属超标的损失达 200 亿元。例如，某地区长期受有色金属冶炼的污染物排放影响，导致土壤镉污染严重，造成稻谷和蔬菜中镉严重超标；2001 年，某铅锌矿区多个选矿厂尾砂库因洪水灾害造成垮坝，致使沿岸 5000 多亩农田受到严重污染。

2. 土壤污染危害人体健康

长期食用受污染农产品可能对人体健康造成损害，住宅、商业、工业等建设用地土壤污染还可能通过皮肤接触、呼吸和经口摄入等途径危害人体健康。如某矿区长期不合理的矿产资源开采，会造成周边农田及农作物严重污染，进而导致位于其下游的上坝村村民重病频发，健康损害严重。

3. 土壤污染威胁生态安全

土壤污染影响植物、动物和微生物的生存和繁衍，危及正常的土壤生态过程和生态系统服务功能。土壤中的污染物可能发生转化和迁移，继而进入地表水、地下水和大气环境，影响周边环境介质的质量。

二、土壤污染源

（一）土壤环境污染物

通过各种途径输入土壤环境中的物质种类十分繁多，有的是有益的，有的是有害的，有的在少量时是有益的，而在多量时是有害的；有的虽无益，但也无害处。我们把输入土壤环境中的足以影响土壤环境正常功能，降低作物产量和生物学质量，有害于人体健康的那些物质，统称为土壤环境污染物质。其中主要是指城乡工矿企业所排放的对人体、生物体有害的"三废"物质，以及化学农药、病原微生物等。土壤污染物大致可分为下列四类。

1. 化学污染物

化学污染物包括无机污染物和有机污染物（表 5-1）。无机污染物主要有重金属和放射性核素物质，以及有害的氧化物、酸、碱、盐、氟等。其中以重金属和放射性物质污染最难彻底清除，对人体最具潜在危害性。重金属一般是指对生物有明显毒性的元素，如汞、镉、铅、铬、锌、铜、钴、镍、锡、钡、锑等，从毒性角度通常把砷、铍、锂、硒等也包括在内。目前最受关注的 5 种重金属元素是汞、砷、镉、铅、铬。有机污染物主要有人工合成的有机农药、酚类物质、氰化物、石油、稠环芳烃、洗涤剂，以及有害微生物、高浓度好氧有机物等。其中有机氯农药、有机汞制剂、稠环芳烃等性质稳定、不易分解的有机物，在土壤环境中易积累，造成污染危害。

2. 物理污染物

物理污染物是指来自工厂、矿山的固体废物如尾矿、废石、粉煤灰和工业垃圾等。

3. 生物污染物

生物污染物是指带有各种病菌的城市垃圾和由卫生设施（包括医院）排出的废水、废物以及厩肥等。

4. 放射性污染物

放射性污染物主要存在于核原料开采和大气层核爆炸地区，以锶和铯等在土壤中生存期长的放射性元素为主。

但我们根据污染物的性质，把土壤环境污染物质大致分为无机污染物和有机污染物两大类重点讨论。

表5-1 土壤环境主要污染物质

污染物种类			主要来源
无机污染物	重金属	汞（Hg）	制烧碱、汞化物生产等工业废水和污泥、含汞农药、汞蒸气
		镉（Cd）	冶炼、电镀、燃料等工业废水、污泥和废气，肥料杂质
		铜（Cu）	冶炼、铜制品生产废水、废渣和污泥，含铜农药
		锌（Zn）	冶炼、镀锌、纺织等工业废水和污泥、含锌农药、磷肥
		铅（Pb）	颜料、冶炼等工业废水、汽油防爆燃烧排气、农药
		铬（Cr）	冶炼、电镀、制革、印染等工业废水和污泥
		镍（Ni）	冶炼、电镀、炼油、染料等工业废水和污泥
		砷（As）	硫酸、化肥、农药、医药、玻璃等工业废水、废气、农药
		硒（Se）	电子、电器、涂料、墨水等工业的排放物
	放射性元素	铯（^{137}Cs）	原子能、核动力、同位素生产等工业废水、废渣，核爆炸
		锶（^{90}Sr）	原子能、核动力、同位素生产等工业废水、废渣，核爆炸
	其他	氟（F）	冶炼、氟硅酸钠、磷酸磷肥等工业废水、废气，肥料
		盐、碱	纸浆、纤维、化学等工业废水
		酸	硫酸、石油化工、酸洗、电镀等工业废水、大气酸沉降
有机污染物	有机农药		农药生产和施用
	酚		炼焦、炼油、合成苯酚、橡胶、化肥、农药等工业废水
	氰化物		电镀、冶金、印染等工业废水，肥料
	苯并[a]芘		石油、炼焦等工业废水、废气
	石油		石油开采、炼油、输油管道漏油
	有机洗涤剂		城市污水、机械工业污水
	有害微生物		厩肥、城市污水、污泥、垃圾

注：引自刘培桐主编，环境保护概论，高等教育出版社，1985。

（二）土壤环境污染源

由表5-1可知土壤环境污染物的来源极其广泛，这与土壤环境在生物圈中所处的特殊地位和功能密切相关联。

人类是把土壤作为农业生产的劳动对象和获得生命能源的生产基地。为了提高农产品的数量和质量，每年都不可避免地要将大量的化肥、有机肥、化学农药施入土壤，从而带入某些重金属、病原微生物、农药本身及

重金属在土壤中迁移转化的一般规律

其分解残留物。同时，还有许多污染物随农田灌溉用水输入土壤。利用未做任何处理的，或虽经处理而未达标排放的城市生活污水和工矿企业废水直接灌溉农田，是土壤有毒物质的重要来源。

土壤历来就是作为废物（生活垃圾、工矿业废渣、污泥、污水等）的堆放、处置与处理场所，而使大量有机和无机污染物随之进入土壤，这是造成土壤环境污染的重要途径和污染来源。

由于土壤环境是个开放系统，土壤与其他环境要素之间不断地进行着物质与能量的交换，因大气、水体或生物体中污染物质的迁移转化，从而进入土

壤，使土壤环境随之遭受二次污染，这也是土壤环境污染的重要来源。例如，工矿企业所排放的气体污染物先污染了大气，然后通过干、湿沉降作用于土壤中。以上这几类污染是由人类活动的结果而产生的，统称人为污染源。根据人为污染物的来源不同，污染源又可大致分为工业污染源、农业污染源和生物污染源。

工业污染源就是指工矿企业排放的废水、废气、废渣。一般直接来源于工业"三废"引起的土壤污染仅限于工业区周围数十千米范围内，属点源污染。工业"三废"引起的大面积土壤污染往往是间接的、复杂的，并经长期作用使污染物在土壤环境中积累而造成的。例如，将废渣、污泥等作为肥料施入农田，或由于大气、水体污染所引起的土壤环境二次污染等。

农业污染源主要是指由于农业生产本身的需要，而施入土壤的化学农药、化肥，以及残留于土壤中的农用地膜等。如杀菌剂氯化乙基汞（C_2H_5HgCl）中含有 Hg，若消毒种子的药剂用量为 15～2kg/t，则随拌种进入每公顷土壤的 Hg 量为 3～6g。土壤一旦被重金属污染，是较难彻底清除的，对人类危害严重。

生物污染源是指含有致病的各种病原微生物和寄生虫的生活污水、医院污水、垃圾，以及被病原菌污染的其他水体等，都是造成土壤环境生物污染的重要污染源。

第二节　农药与土壤污染

农药对土壤环境的污染主要通过下列途径：施用的农药大部分落入土壤，附着于作物上的农药也因风吹雨淋，或随落叶而输入土壤；直接对土壤消毒；吸附有农药的尘埃以及呈气溶胶态飘浮于大气中的农药，可通过干沉降或随雨、雪而降落到土壤中；引用受农药污染的水源灌溉。

一、农药在土壤中的迁移转化

农药在土壤中的移动是通过扩散和质体流动两个过程进行的。扩散是由于分子的热能引起的分子不规则运动的结果而使物质转移的过程。不规则的分子运动使得分子逐渐不均匀地分布在系统中，因而引起由较高浓度的位置移动到较低浓度位置的净运动。质体流动的发生是由于外力的结果。农药既能溶于水中，也能悬浮在水中，或以气态存在或吸附于土壤固体物质，或存于土壤有机质组成上。因此，农药质体流动将由水和土壤微粒或两种物质皆有的质体流动引起。由于空气在土壤中的移动产生的质体流动被认为是可以忽略不计的，因此，移动的总比率是扩散相质体流动之和。

农药进入土壤后，与土壤中的物质发生一系列化学、物理化学和生物化学的反应过程。由于这些过程的发生，农药在土壤环境中迁移、转化、降解，或者残留、累积。农药在土壤中的迁移转化行为主要有吸附和降解作用。影响农药在土壤环境中迁移转化的因素很多，这就导致农药在土壤中的变化类型各有不同，影响农药在土壤中行为的因素和土壤中农药的变化类型如图 5-1 和图 5-2 所示。

（一）土壤对农药的吸附作用

土壤对化学农药的吸附作用，有物理吸附（如通过"水桥"吸附极性农药分子）、物理化学吸附（吸附呈离子态农药）、借氢键或配位键与胶体结合、与黏土矿物构成复合体。其中主要是物理化学吸附（或离子交换吸附）。进入土壤的化学农药，在土壤中一般解离为有机阳离子，为带负电荷的土壤胶体所吸附。有机胶体吸附量最大，不同胶体对农药的吸附能力依次为：有机胶体＞蛭石＞蒙脱石＞伊利石＞绿泥石＞高岭石。例如，残留在土壤中的林丹、西玛津和 2,4,5-T，大部分都吸附在土壤中的有机部分，农药也可在土壤中解离成有机阴离子，被带正电荷的土壤胶体吸附，这种情况在砖红壤中特别普遍。另外，

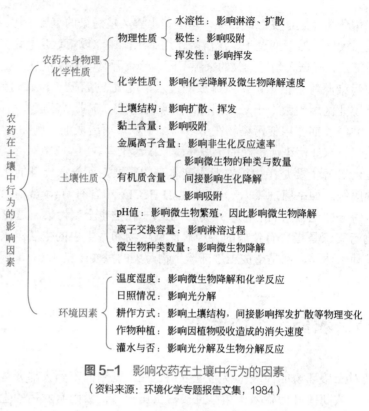

农药本身物理化学性质
- 物理性质
  - 水溶性：影响淋溶、扩散
  - 极性：影响吸附
  - 挥发性：影响挥发
- 化学性质：影响化学降解及微生物降解速度

土壤性质
- 土壤结构：影响扩散、挥发
- 黏土含量：影响吸附
- 金属离子含量：影响非生化反应速率
- 有机质含量
  - 影响微生物的种类与数量
  - 间接影响生化降解
  - 影响吸附
- pH值：影响微生物繁殖，因此影响微生物降解
- 离子交换容量：影响淋溶过程
- 微生物种类数量：影响微生物降解

环境因素
- 温度湿度：影响微生物降解和化学反应
- 日照情况：影响光分解
- 耕作方式：影响土壤结构，间接影响挥发扩散等物理变化
- 作物种植：影响因植物吸收造成的消失速度
- 灌水与否：影响光分解及生物分解反应

图5-1 影响农药在土壤中行为的因素
（资料来源：环境化学专题报告文集，1984）

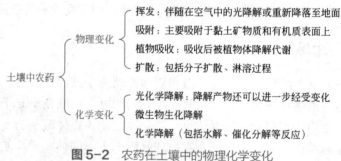

土壤中农药
- 物理变化
  - 挥发：伴随在空气中的光降解或重新降落至地面
  - 吸附：主要吸附于黏土矿物质和有机质表面上
  - 植物吸收：吸收后被植物体降解代谢
  - 扩散：包括分子扩散、淋溶过程
- 化学变化
  - 光化学降解：降解产物还可以进一步经受变化
  - 微生物生化降解
  - 化学降解（包括水解、催化分解等反应）

图5-2 农药在土壤中的物理化学变化
（资料来源：环境化学专题报告文集，1984）

土壤胶体对有些农药的吸附作用是有选择性的。如高岭石对除草剂2,4-D的吸附能力，要比蒙脱石大；杀草快和百草枯可为黏土矿物所强烈吸附，而有机胶体对它们的吸附能力却较弱。

除土壤胶体的种类和数量以及胶体的阳离子组成外，土壤对化学农药的吸附作用还取决于农药本身的化学性质。化学农药的种类繁多，物质成分和性质各异，对吸附作用都有很大影响。如各种农药中，凡是带有R_3N^+—、—OH、—$CONH_2$、—NH_2COR、—NH_2、—OCOR、—NHR功能团的，都能增强吸附强度。在同一类型的农药中，农药的分子越大，则吸附能力越强。农药在水中的溶解度越小，如DDT，则土壤对其吸附能力越强；反之，在水中溶解度越大，如一些有机磷类农药，土壤对其吸附能力越弱。

化学农药被土壤吸附后，由于存在形态的改变，其迁移转化能力和生理毒性也随之变化。某些化学农药被土壤有机胶体或黏土矿物强烈吸附以后，它们在土壤溶液中的溶解度和生理活性就大大降低，所以土壤对化学农药的吸附作用，在某种意义上就是土壤对有毒污染物质的净化和解毒作用。土壤的吸附能力越强，农药在土壤中的有效度越低，净化效果就越好。然而，这种土壤净化作用是相对不稳定的，也是有限度的。

（二）农药在土壤中的迁移转化

进入土壤的化学农药，在被土壤吸附的同时，还通过气体挥发相随水淋溶而在土体中扩散和移动，被生物体吸收或移出土体之外，而导致大气、水体和生物污染。化学农药在土壤中扩散受土壤孔隙度、土壤结构、土壤吸附作用、土壤水分、土壤温度、土壤特性及农药的理化性质如农药溶解度、蒸气密度和扩散系数等影响。

扩散可以是气态形式，也可以是非气态的形式。非气态扩散发生于溶液中，或气 - 液界面，或固 - 固界面等。用各种农药在等体积水和空气中的溶解量的比值作为衡量各种农药扩散性能的指标，当比值小于 1×10^4 时，农药主要是以气体挥发的形式进行扩散；当比值大于 3×10^4 时，则以水体扩散为主。农药在水体中的扩散非常缓慢，仅为气体扩散速度的万分之一。因此，土壤中农药向大气的扩散是大气农药污染的主要途径。

农药的水迁移方式有两种：一是直接溶于水中；二是被吸附于土壤固体细粒表面上随水分移动而进行机械迁移。但是，除水溶性大的农药易淋溶外，大部分农药为土壤有机质和黏土矿物强烈吸附，特别是难溶性农药，在一般情况下不易在土体内随水向下淋移，因而大多累积在土壤表面 30cm 土层内。据研究，农药对地下水的污染作用不大，而主要是由于土壤侵蚀，通过地表径流，流入地面水体，造成地表水水体污染。

农药还会被植物吸收。有研究表明，马铃薯、胡萝卜和萝卜等根菜类作物的根表皮可直接吸收农药，并在体内残留。黄瓜和莴苣等吸收农药后，在叶、茎、果实等食用部分残留。从对农药的吸收能力看，一般根菜类＞叶菜类＞果实类。另外，通过降水、灌溉和农田耕作等农业措施也可以使农药在土壤中产生大面积的转移，这些作用往往比前面所述的扩散要强烈得多。化学农药在土壤中的扩散、迁移，尽管可以促使土壤本身净化，但却导致大气、水体、生物等环境因素的污染。

（三）化学农药在土壤中的降解作用

农药在土壤中的降解，包括光化学降解、化学降解和微生物降解等，其中微生物降解是主要途径。

1. 光化学降解

光化学降解（photochemical degradation）指土壤表面接受太阳辐射能和紫外线等能流而引起农药中的 C—C、C—H、C—O、C—N 等键变成激发态分子的反应。农药光解的研究表明，大多数农药都能发生光解作用，而生成新的化合物；大部分除草剂和 DDT 也都能发生光解反应。这可能是农药变化或消失的一个重要途径。如杀草快经光解生成盐酸甲胺，对硫磷经光解形成对氧磷、对硝基酚和硫乙基对硫酸等。光解产物在环境中仍会不断地分解。对于汞、砷、铅、镉和其他元素的化合物，受到光化学作用也可分解，但它们不会转化为无毒的化合物，它们有在不同生物体内积累的危险，并可能进入食物链中。

通常认为，在光解过程中首先是光能使农药分子中的化学键断裂而形成自由基，这种自由基是非常活跃的中间产物。然后，自由基再与溶剂或其他反应物相互作用，得到光解产物。

光化学反应可使一些农药的毒性降低，如有机磷酸酯类农药的光水解过程，有机氯农药在紫外线作用下的光解等，但是，也有的农药发生光化学反应后毒性增大。例如，紫外线照射能使很多硫代硫酸酯类农药转变为毒性更强的化合物，这是由于光氧化或光异构化作用的结果。已经证明，甲基对硫酸、对

硫酸、乐果、苯硫酸等，均能在光化学变化下毒性增大。

2. 化学降解

进入土壤中的农药在有氧或无氧的情况下就会发生氧化还原反应，这种反应对农药的降解就是化学降解（chemical degradation）。化学降解可分为催化反应和非催化反应。非催化反应包括水解、氧化、异构化、离子化等作用，其中以水解和氧化最为重要。

各种磷酸酯或硫代磷酸酯类农药，也如羧酸酯那样，易发生水解。其水解速率极为重要，因为它们一经水解就失去毒性和活性。磷酸酯（A）与水、碱或酸（B）之间的反应遵守二级反应动力学规律。

$$A + B \longrightarrow C + D$$
$$\text{（反应物）} \qquad \text{（生成物）}$$

反应速率公式如下：

$$\frac{\mathrm{d}x}{\mathrm{d}t} = k_2(a-x)(b-x)$$

式中　a，b——反应物A与B的初始浓度；

　　　x——经过时间 t 以后，浓度下降之量。

如一种反应物 B 大量过剩，或它的浓度保持不变时，反应变成假一级反应，上列公式则简化为：

$$\frac{\mathrm{d}x}{\mathrm{d}t} = k_1(a-x)$$

反应速率除用水解速率常数 k_1 或 k_2 表示外，也常常用半衰期（t_{50}）表示。其含义是指原有的物质 50% 被水解掉的时间，磷酸酯类的半衰期公式如下：

$$t_{50} = \frac{1}{k_1}\ln 2 = \frac{0.693}{k_1}$$

农药的水解速率与化学结构及反应条件有关。在水溶液中，大多数有机磷农药在 pH 值介于 1～5 时最稳定，但是在碱性溶液中稳定性低得多。例如，当 pH 值介于 7～8 时，水解速率陡升，pH 值每增加一个单位，水解速率几乎增加 10 倍。温度的影响也很大，大约温度每升高 10℃，水解速率就加大 4 倍。因此，在 20℃时的有机磷农药的半衰期要比 70℃约长几百倍。

在碱性条件下的水解反应，实际上是羟基离子的催化水解作用。在土壤环境中，除碱性催化水解作用外，有机磷农药还可受某些金属离子或金属离子与某些螯合剂结合的螯合物所催化水解。例如，土壤中的氨基酸与 Cu、Fe、Mn 等金属离子所组成的螯合物就是很好的催化有机磷农药水解的催化剂。

无机金属离子除能促进农药的水解外，还可促进某些氧化还原反应的进行，改变农药在土壤环境中的降解速度。

3. 微生物降解

土壤微生物对有机农药的降解起着极其重要的作用。土壤中的微生物（包括细菌、霉菌、放线菌等各种微生物），能够通过各种生物化学作用参与分解土壤中的有机农药，将农药分子彻底分解成最终产物——CO_2，而且，速度很快，这就是微生物降解（microbial degradation）。由于微生物菌属不同，破坏化学物质的机理和速度也不同，土壤中微生物对有机农药的生物化学作用主要有脱氯作用、氧化还原作用、脱烷基作用、水解作用、环裂解作用等。

微生物对化学农药的降解，是土壤中化学农药的最主要的散失过程，也是土壤对农药最彻底的净化。

（1）脱氯作用　有机氯农药 DDT 等化学性质稳定，在土壤中残留时间长，通过微生物作用脱氯，使 DDT 变成 DDD，或是脱氢脱氯变为 DDE，而 DDE 和 DDD 都可以进一步氧化为 DDA。DDT 在旱地（好氧条件下）分解很慢，降解产物 DDE、DDD 的毒性虽比 DDT 低得多，但 DDE 仍然有慢性毒性，而且其水溶性比 DDT 大。对此类农药，要注意其分解产物在环境中的积累。

（2）脱烷基作用　三氯苯类农药在微生物作用下易发生脱烷基作用，但这种作用并不伴随发生去毒作用。如二烷基胺三氮苯脱烷基后的中间产物比其本身毒性还大，只有脱氨基和环破裂才能变为无毒物质，反应如下：

（3）环裂解作用　许多土壤微生物都能使芳香环破裂，这是环状有机物在土壤中彻底降解的关键步骤。在同一类的农药化合物中，影响其降解速度的是这些化合物分子结构中的取代基的种类、数量、位置以及取代基团分子的大小。当取代基的数量越多，基团的分子越大，就越难分解。据研究，在苯类化合物中，由于取代基的不同，各种衍生物抗分解的能力不同，而且，在带有 C—Cl 键结合的卤代化合物中，间位上卤化物衍生物最难分解；邻位次之，对位卤化的最易分解。在脂肪族类化合物中，在 α 位上卤化比在 β 位上卤化的容易在微生物的作用下起脱卤反应。取代基的位置对分解速度的影响程度比取代基数量的影响程度要大。

二、农药在土壤中的残留

由于各种农药的化学结构、性质的不同，在环境中的分解难易也各不相同。在一定的土壤条件下，每一种农药都有各自的相对稳定性，它们在土壤中的持续性是不同的。农药在土壤中的持续性常用半衰期和残留期来表示。半衰期是指附着于土壤的农药因降解等原因含量减少一半所需要的时间；残留期是指土壤中的农药因降解等原因含量减少 75%～100% 所需要的时间。

实验结果表明，有机氯农药在土壤中残留期最长，一般都有数年至二三十年之久；其次是均三氮苯类、取代脲类和苯氧乙酸类除草剂，残留期一般在数月至一年左右；有机磷和氨基甲酸酯类以及一些杀菌剂，残留时间一般只有几天或几周，在土壤中很少有积累。但也有少数有机磷农药在土壤中的残留期较长，如二嗪农的残留期可达数月之久。

各种农药在土壤中残留时间的长短，除主要取决于农药本身的理化性质外，还与土壤质地、有机质含量、酸碱度、水分含量、土壤微生物群落、耕作制度和作物类型等多种因素有关。例如，农药在有机质含量高的土壤中比在砂质土壤中残留的时间长，其顺序为：有机质土壤＞砂壤＞粉砂壤＞黏壤。有科学家认为在有机质含量高的土壤中，农药残留期较长的原因，是农药可溶于土壤有机质中的脂类内，使之免受细菌的分解所致。

土壤 pH 值较高时，一般农药的消失速度均较快。例如，1605 在碱性土壤中的残留量比在酸性土壤中少 20%～30%。此外，一般当土壤水分适宜、温度较高时，农药的残留期均相对较短。

土壤微生物的种群、数量、活性等均对农药的残留期产生很大影响。设法筛选和培育能够分解某种

农药的微生物，然后将此微生物施放入土壤，并创造良好的土壤环境条件，以促进微生物的繁殖和增强活性，乃是消除土壤农药污染的重要措施。

近年来，人们应用同位素 ^{14}C 示踪技术和燃烧法研究土壤中农药残留的动态，发现土壤中存在着结合态农药残留物，其数量占到农药施用量的7%～90%。同时提出了一个新的概念，即农药的键型残留问题。在此之前所谓农药在土壤中的残留主要认为是以有机溶剂反复萃取土壤中的农药所得到的残留物。但是，现在发现有些农药施于土壤中，其农药分子本身或分解代谢的中间产物如苯胺以及衍生物能与土壤有机物结合，生成稳定的键型残留物，并能长期残留于土壤中，而不为一般有机溶剂所萃取。这种结合态的农药残留物的生物效应、毒性及其对土壤性质和环境的影响，目前了解还不够充分。因此，关于农药及其分解的中间产物在土壤中的键型残留问题引起了环境科学工作者的注意。

各种农药在土壤中残留时间的长短，对环境保护工作与植物保护工作两者的意义是不同的。对于环境保护来说，希望各种农药的残留期越短越好。但是，从植物保护的角度来说，如果残留期太短，就难以达到理想的防治效果，特别是用作土壤处理的农药，更是希望残留期要长一些，才能达到预期的目的。因此，对于农药残留期的评价，要从防止污染和提高药效两方面来衡量，两者不能偏废。从理想来说，农药的毒性、药效保持的时间能长到足以控制目标生物，又衰退得足够快，以致对非目标生物无持续影响，并免于环境遭受污染。

第三节　我国土壤污染现状

一、土壤污染现状

长期高强度使用农药、化肥与地膜，会带来严重的耕地污染。根据国家统计局数据显示，1991 年我国农药使用量为 76.53 万吨，2012 年达到峰值，为180.61 万吨，年均增速超过 7%，单位面积施用量也从 1991 年的 5.11kg/hm^2 增长到 2012 年的 11.16kg/hm^2，远高于美国的 1.5kg/hm^2，欧盟的 1.9kg/hm^2。大量喷洒的农药大约 30% 作用于目标生物，其余大部分直接沉降在土壤之上或随空气飘至远方，最终进入土壤内部破坏土壤生物结构。同时，农药经过作物吸收在根茎、果实中积聚，造成农产品药物残留超标，对土壤和人身健康产生威胁。我国地膜的使用量已从 1991 年的 64.21 万吨增加到 2015 年的 260.36 万吨。但由于地膜回收制度和技术的缺乏，使得在自然环境中难以降解的地膜不断累积，污染土壤并进而影响作物正常吸收水分和养分。其次，我国庞大的农村人口产生了大量生活垃圾，但多数没有得到有效回收利用，而被随意丢弃，有污染大气、水、土壤的风险。再次，规模化养殖业与乡镇企业的快速发展带来大量污染。一方面，随着人民生活水平的提升，对肉、蛋、奶的需求量不断增加，养殖业迅猛发展。在畜禽饲料中含有大量 Cu、Zn 等重金属，重金属不能被动物吸收，绝大多数随畜禽类粪便排出。这些畜禽粪便是有机肥生产的重要来源，随着有机肥的大量施用，造成土壤重金属的累积。另一方面，随着城市化进程加快，城市土地资源短缺问题日益突出，为化解城市土地资源短缺问题，一些城市有时选择将在城市中心的老旧农药厂、肥料厂、化工厂、炼油厂等土地回收再利用。但是，有些工厂生产工艺落后，工业"三废"处理未达国家标准便直接排放，有可能会污染工厂周边土壤，形成了诸多"棕地"。这些被污染的土地如果通过征收、拍卖再次进入市场，开发成为住宅小区、学校、医院、公园等，会对人民群众的生活造成极大的隐患。同时，大规模开发建设产生大量建筑垃圾，成为城市土壤污染的主要来源之一。据估算，我国每年产生的建筑垃圾超过 20 亿吨，并以每年 10% 的速度高速增长，占城市垃圾总量的 70%。当前，我国对于建筑垃圾的处理相对简单，主要是进行简单掩埋或堆放，不仅占用大量土地，而且经过雨水冲刷产生的污水会污染周边土壤，其中的重金属污染更是难以在自然界中自然消除。即便对建筑垃圾进行资源化利用，有时处理技术也较为初级，主要通过粉碎作为建筑混合料或制砖，生产成本较高，选址和运输难度大，造成生产企业"无料生产"或"不愿生产"问题。同时，建筑垃圾在长途运输过程中操作的不规范会产生大量的工业粉尘，经过沉降和雨水冲刷，有污染道路两旁土壤的风险。在考察城市土壤污染问题过程中，发现城市污染呈现出一些新的趋势，即由城市向农村蔓延、由点源污染向面源污染扩散的趋势，并且长期积累的土壤污染问题有开始集中爆发的风险。

2005 年 4 月至 2013 年 12 月，我国开展了首次全国土壤污染状况调查，并于 2014 年 4 月发布了《全国土壤污染状况调查公报》，结果表明全国土壤环境状况总体不容乐观，部分地区土壤污染较重，耕地土壤环境质量堪忧，工矿业废弃地土壤环境问题突出；工矿业、农业等人为活动以及土壤环境背景值高是造成土壤污染或超标的主要原因；全国土壤总的点位超标率为 16.1%，其中轻微、轻度、中度和重度污染点位比例分别为 11.2%、2.3%、1.5% 和 1.1%；污染类型以无机型为主，有机型次之，复合型污染比重较小，无机污染物超标点位数占全部超标点位的 82.8%。从污染分布情况看，南方土壤污染重于北方；长江三角洲、珠江三角洲、东北老工业基地等部分区域土壤污染问题较为突出，西南、中南地区土壤重金属超标范围较大；镉、汞、砷、铅 4 种无机污染物含量分布呈现从西北到东南、从东北到西南方向逐渐升高的态势。

我国不同利用类型土壤的污染状况如表 5-2 所示。

表5-2　我国不同利用类型土壤污染状况

土壤利用类型	点位超标率	不同程度污染点位比例		主要污染物
耕地	19.4%	轻微	13.7%	无机重金属、滴滴涕和多环芳烃
		轻度	2.8%	
		中度	1.8%	
		重度	1.1%	
林地	10.0%	轻微	5.9%	砷、镉、六六六、滴滴涕
		轻度	1.6%	
		中度	1.2%	
		重度	1.3%	
草地	10.4%	轻微	7.6%	镍、镉、砷
		轻度	1.2%	
		中度	0.9%	
		重度	0.7%	
未利用地	11.4%	轻微	8.4%	镍、镉
		轻度	1.1%	
		中度	0.9%	
		重度	1.0%	

续表

土壤利用类型	点位超标率	不同程度污染点位比例	主要污染物
重污染企业用地	690 家企业，5846 个点位，超标率 36.3%		重金属和多环芳烃
工业废弃地	81 块地，775 个点位，超标率 34.9%		镉、铅、锌、砷、多环芳烃
工业园区	146 家，2523 个点位，超标率 29.4%		镉、铅、锌、砷、多环芳烃
固体废物集中处理处置场地	188 处，1351 个点位，超标率 21.3%		以无机物为主
采油区	13 个，494 个点位，超标率 23.6%		石油烃和多环芳烃
采矿区	70 个，1672 个点位，超标率 33.4%		镉、铅、砷、多环芳烃
污水灌溉区	55 个污灌区，39 个有污染，1378 个点位中，超标率 26.4%		镉、砷、多环芳烃
干线公路两侧	267 条公路，1578 个点位，超标率 20.3%		铅、砷、锌、多环芳烃

二、我国土壤污染防治成效及问题

（一）我国土壤污染防治工作取得的成果

2016 年 5 月底，《土壤污染防治行动计划》（以下简称"土十条"）正式颁布。"土十条"提出：土壤是经济社会可持续发展的物质基础，关系人民群众身体健康，关系美丽中国建设，保护好土壤环境是推进生态文明建设和维护国家生态安全的重要内容，同时指出，"部分地区污染较为严重，已成为全面建设小康社会的突出短板之一"。

1. "土十条"主要内容

"土十条"从十个方面对有效开展土壤污染防治工作做出了系统的战略部署（图 5-3），提出了预防为主、保护优先、风险管控的总体思路，确定了土壤污染防治的工作目标和主要指标。

（1）工作目标　到 2020 年，全国土壤污染加重趋势得到初步遏制，土壤环境质量总体保持稳定，农用地和建设用地土壤环境安全得到基本保障，土壤环境风险得到基本管控。到 2030 年，全国土壤环境质量稳中向好，农用地和建设用地土壤环境安全得到有效保障，土壤环境风险得到全面管控。到 21 世纪中叶，土壤环境质量全面改善，生态系统实现良性循环。

（2）主要指标　到 2020 年，受污染耕地安全利用率达到 90% 左右，污染地块安全利用率达到 90% 以上。到 2030 年，受污染耕地安全利用率达到 95% 以上，污染地块安全利用率达到 95% 以上。

2. "土十条"实施进展

针对我国土壤污染防治工作基础较为薄弱的现实，按照"打基础、建体系、守底线、控风险"的思路，扎实推进土壤污染防治工作。根据《土壤污染防治行动计划》，中央财政设立了土壤污染防治专项资金，2016 年以来累计下达 280 亿元，有力支持了土壤污染状况详查、土壤污染源头防控、土壤污染风

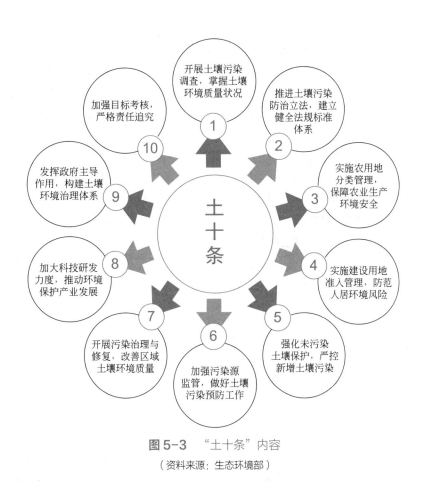

图 5-3 "土十条"内容

（资料来源：生态环境部）

险管控和修复、土壤污染综合防治先行区建设、土壤污染治理与修复技术应用试点、土壤环境监管能力提升等工作。

（1）在打基础、建体系方面

① 健全和完善法律法规标准体系。2016年12月至2018年5月，生态环境部先后发布实施了污染地块、农用地、工矿用地土壤环境管理办法三个部门规章；2019年1月《中华人民共和国土壤污染防治法》正式实施，这是我国第一部土壤污染防治领域法律。多地发布土壤污染防治条例，2016年10月1日，湖北省率先发布的《湖北省土壤污染防治条例》正式实施。至2019年底，湖南、广东、河南、天津、山东、山西等省市相继发布《土壤污染防治条例》。此外，我国自2017年开始陆续制定发布一系列土壤污染防治与风险管控技术规范，2018年6月发布农用地土壤污染风险管控标准、建设用地土壤污染风险管控标准。

② 扎实推进全国土壤污染状况详查。2017年7月，全国土壤污染状况详查工作全面启动，历时两年，农用地土壤污染状况详查的主体工作已经完成，重点行业企业用地土壤污染状况调查工作稳步推进，为土壤污染风险管控奠定坚实基础。

③ 推动健全土壤生态环境保护管理及支撑体系。2018年11月，农业农村部、生态环境部联合印发《国家土壤环境监测网农产品产地土壤环境监测工作方案（试行）》，国务院10个部委签署数据资源共享协议，共同建立全国土壤环境信息平台。2019年4月，生态环境部在原中国—东盟环境保护合作中心（中国—上海合作组织环境保护合作中心、澜沧江—湄公河环境合作中心）基础上组建生态环境部土壤与农业农村生态环境监管技术中心，各级生态环境部门陆续成立负责土壤生态环境保护工作的机构。

④ 推进浙江台州等7个先行区建设和200余个土壤污染治理修复与风险管控试点示范项目实施，为土壤生态环境保护探索管理经验和技术模式。

（2）在守底线、控风险方面

① 推进农用地土壤污染风险管控。深入开展涉镉等重金属重点行业企业三年排查整治行动，从源头防控农用地土壤污染，保障粮食安全。积极配合农业农村部，做好耕地土壤环境质量类别划分、受污染耕地安全利用试点等工作。

② 完善建设用地准入管理防范人居环境风险。各地建立建设用地土壤污染调查评估制度、土壤污染风险管控和修复名录制度，基本建立污染地块准入管理机制。部署应用全国污染地块信息系统，实现污染地块信息从国家到基层多部门共享。

③ 完善工矿用地土壤污染防治监管。各省（区、市）发布土壤环境重点监管企业名单，有序推进在排污许可证核发中纳入土壤污染防治相关责任和义务。推动城镇人口密集区危险化学品生产企业搬迁改造过程中的土壤污染风险管控。

（二）土壤污染防治工作存在的主要问题

1.土壤污染治理面临着优先性困境

一方面，土壤污染的隐蔽性、滞后性、累积性特性使其长期被忽视，人们注意力向大气污染治理和水污染治理偏重，分配到土壤污染治理的资源相对有限，而强调土壤污染治理则表明污染治理逻辑要从大气污染、水污染治理优先调整为土壤污染治理优先或平衡发展，这会对已经形成的结构、资源分配机制产生冲击。另一方面，还有如何向土壤污染治理倾斜的问题。在现有治理资源分配中，对于土壤污染治理资源的分配是减少大气污染治理和水污染治理的资源向土壤污染治理倾斜还是在保障大气污染治理和水污染治理治理资源基础上向土壤污染治理倾斜，仍是一个未解的难题。所以，如何在有限资源配置下实现土壤污染治理的优先性发展是土壤污染治理面临的首要困境。

2.土壤污染治理面临着精准性困境

土壤污染治理是一项系统性工程，中央与地方政府都制订定了实施方案，但存在任务设置非精准化的问题。《土壤污染防治行动计划》的路线图分别用"初步遏制""稳中向好"和"全面改善"来限定土壤治理的目标，虽然在语言学上我们能够分辨土壤污染治理阶段性目标的差异，但是在土壤污染治理的实践中，仅按污染耕地安全利用率、污染地块安全利用率这两个指标来进行具体化是远远不够的。而且在实践中有时也容易出问题，有些地方政府只知道中央政府的规划，而不知道如何进行政策的跟进与细化。此外，各个地区的经济发展情况、民众环境保护意识、资源禀赋、污染现状是存在差异的，因此地方政府在土壤污染治理方案的制定过程中要兼顾一般性与特殊性，因地制宜。有的地区农村面源土壤污染严重，有的地区城市面源土壤污染严重，不同面源污染的污染源和污染物、治理手段存在较大差异，即使对于农村面源土壤污染，农村工业用地、农用地和生活用地的污染也不尽相同，需要针对不同面源、不同污染物质进行详细的规定。因此，在确定土壤污染治理的优先性后，如何将治理任务进行精准分配则是土壤污染治理面临的另一困境。

3.土壤污染治理面临着协作性困境

第一，目前我国土壤污染治理社会参与机制还需进一步健全，促进广大企业、居民、农民更多融入政策制定和执行过程，以便进一步提高政策执行的积极性与主动性。第二，土壤污染治理涉及地方政府、环境主管部门、土地管理部门、农业部门等，有时各个部门间在管理权限上会交叉、重叠，易造成"多头治理"问题，治理过程中不同地区政府、机构还需建立更加有效的协作机制。同时，需要注意的是，环境保护部门隶属于地方政府，人员编制、财政预算等皆受地方政府管理，个别地方政府有追求 GDP 而忽视环境保护的行为，有使监督流于形式的风险。第三，我国关于土壤污染治理的规定还需进一步细化，对于宣示性条款，要明确具体有效的预防、修复、监督标准和手段，杜绝土壤保护停留在"法律条文"上。当前关于土壤污染治理的条款多是为了法律的完整性和周延性而加入的，在制定时应更多地考虑土壤污染的特殊性，以避免各种法律之间相互矛盾冲突的现象，进一步提高系统性与整体性。

第四节　土壤环境质量标准

土壤环境质量是指土壤容纳、吸附和降解各种环境污染物质的能力，包括土壤肥力质量、土壤环境质量、土壤健康质量三部分。土壤健康质量与土壤环境质量密切相关，是土壤环境质量在人类和动植物体上的反映。环境质量的优劣决定了人类生存和发展的适宜性，当土壤中污染物超出某一浓度标准时，可能对植物、动物和人体健康产生危害而使土壤的应用价值降低，因此我们必须保持土壤在健康和洁净的状态。对污染土壤来说，对其质量评价的最重要依据是其环境质量标准，因而制定合适的、具有法律效力的土壤环境质量标准是评价土壤环境质量的核心。

一、土壤环境质量标准概况

我国的《土壤环境质量标准》（GB 15618—1995）于 1995 年发布，1996 年 3 月起实施。该标准在考虑土壤主要性质的基础上，规定了三大类土地功能区的镉、汞、砷、铜、铅、铬、锌、镍 8 个元素以及六六六、滴滴涕的最高允许浓度，即当土壤中上述污染物浓度低于标准浓度时具备相应的应用功能，符合保护目标。在该标准的制定中，第一级采用地球化学法，主要依据土壤背景值。很多有机食品生产基地土壤采用第一级标准。第二级采用生态环境效应法，主要依据土壤中有害物质对植物和环境是否造成危害或污染的影响。一般农田、蔬菜地等采用第二级标准。该标准的制定反映了我国多年来的土壤科研成果，统一了全国土壤环境质量标准，使土壤环境污染研究、土壤环境质量评价、预测等有法可依，促进了土壤资源的保护、管理与监督，从而对提高土壤环境质量起到积极的作用。但随着我国土壤环境形势的变化，该标准体系的问题也暴露出来：① 试用范围小，仅适用于农田、蔬菜地、菜园、果园、牧场、林地、自然保护区等地的土壤；② 项目指标少，仅规定了 8 项重金属指标和六六六、滴滴涕 2 项农药指标；③ 实施效果不理想，部分指标存在偏严（如镉）、偏宽（如铅）的争议。

《土壤环境质量标准》（GB 15618—1995）规定标准值见表 5-3。

表5-3 《土壤环境质量标准》(GB 15618—1995) 规定标准值

项目		标准值 / (mg/kg)				
		一级	二级			三级
		自然背景	pH＜6.5	pH=6.5~7.5	pH＞7.5	pH＞6.5
镉≤		0.20	0.30	0.30	0.60	1.0
汞≤		0.15	0.30	0.50	1.0	1.5
砷	水田≤	15	30	25	20	30
	旱地≤	15	40	30	25	40
铜	农田等≤	35	50	100	100	400
	果园≤	—	150	200	200	400
铅≤		35	250	300	350	500
铬	水田≤	90	250	300	350	400
	旱地≤	90	150	200	250	300
锌≤		100	200	250	300	500
镍≤		40	40	50	60	200
六六六≤		0.05	—	0.50	—	1.0
滴滴涕≤		0.05	—	0.50	—	1.0

注：1.重金属（铬主要是三价）和砷均按元素总量计，适用于阳离子交换量＞125cmol/kg的土壤，若≤125cmol/kg，其标准值为表内数值的半数。

2.六六六为四种异构体总量，滴滴涕为四种衍生物总量。

3.水旱轮作地的土壤环境质量标准，砷采用水田值，铬采用旱地值。

针对上述问题，2018 年 6 月 22 日，生态环境部组织制定并发布实施了两项新的土壤环境质量标准。其中，《土壤环境质量　农用地土壤污染风险管控标准（试行）》（GB 15618—2018）替代《土壤环境质量标准》（GB 15618—1995），《土壤环境质量　建设用地土壤污染风险管控标准（试行）》（GB 36600—2018）替代《展览会用地土壤环境质量评价标准（暂行）》（HJ/T 350—2007），这两项标准的出台，为开展农用地分类管理和建设用地准入管理提供了技术支撑，对于贯彻落实"土十条"、保障农产品质量和人居环境安全具有重要意义。

二、农用地土壤污染风险管控标准

《土壤环境质量　农用地土壤污染风险管控标准（试行）》（GB 15618—2018）取消了原有的土壤环境质量分类体系（Ⅰ类土壤执行一级标准、Ⅱ类土壤执行二级标准、Ⅲ类土壤执行三级标准），建立了以农用地使用性质（水田、其他农田）及土壤酸碱度（pH≤5.5、5.5＜pH≤6.5、6.5＜pH≤7.5、pH＞7.5）为基本架构的标准指标体系；遵循风险管控的思路，创造性地提出了风险筛选值和风险管制值的概念，用于风险筛查和分类。其中，风险筛选值的基本内涵是：农用地土壤中污染物含量等于或者低于该值的，对农产品质量安全、农作物生长或土壤生态环境的风险低，一般情况下可以忽略。对此类农用地，应切实加大保护力度。风险管制值的基本内涵是：农用地土壤中污染物含量超过该值的，食用农产品不符合质量安全标准等农用地土壤污染风险高，且难以通过安全利用措施降低食用农产品不符合质量安全标准等农用地土壤污染风险。对此类农用地，原则上应当采取禁止种植食用农产品、退耕还林等严格管控措施；农用地土壤污染物含量介于筛选值和管制值之间的，可能存在食用农产品不符合质量安全标准等风险。对此类农用地原则上应当采取农艺调控、替代种植等安全利用措施，降低农产品超标风险。

　　农用地土壤污染风险筛选值（基本项目）见表5-4。农用地土壤污染风险筛选值（其他项目）见表5-5。农用地土壤污染风险管制值见表5-6。

表5-4　农用地土壤污染风险筛选值（基本项目）

序号	污染物项目[①②]		风险筛选值/（mg/kg）			
			pH≤5.5	5.5<pH≤6.5	6.5<pH≤7.5	pH>7.5
1	镉	水田	0.3	0.4	0.6	0.8
		其他	0.3	0.3	0.3	0.6
2	汞	水田	0.5	0.5	0.6	1.0
		其他	1.3	1.8	2.4	3.4
3	砷	水田	30	30	25	20
		其他	40	40	30	25
4	铅	水田	80	100	140	240
		其他	70	90	120	170
5	铬	水田	250	250	300	350
		其他	150	150	200	250
6	铜	果园	150	150	200	200
		其他	50	50	100	100
7	镍		60	70	100	190
8	锌		200	200	250	300

①重金属和类金属砷均按元素总量计。
②对于水旱轮作地，采用其中较严格的风险筛选值。

表5-5　农用地土壤污染风险筛选值（其他项目）

序号	污染物项目	风险筛选值/（mg/kg）
1	六六六总量[①]	0.10
2	滴滴涕总量[②]	0.10
3	苯并[a]芘	0.55

①六六六总量为α-六六六、β-六六六、γ-六六六、δ-六六六四种异构体的含量总和。
②滴滴涕总量为p,p'-滴滴涕、p,p'-滴滴涕、o,p'-滴滴涕、p,p'-滴滴涕四种衍生物的含量总和。

表5-6　农用地土壤污染风险管制值

序号	污染物项目	风险管制值/（mg/kg）			
		pH≤5.5	5.5<pH≤6.5	6.5<pH≤7.5	pH>7.5
1	镉	1.5	2.0	3.0	4.0
2	汞	2.0	2.5	4.0	6.0
3	砷	200	150	120	100
4	铅	400	500	700	1000
5	铬	800	850	1000	1300

　　修订后的《土壤环境质量农用地土壤污染风险管控标准（试行）》（GB 15618—2018）更符合土壤环境管理的内在规律，更能科学合理指导农用地安全利用，保障农产品质量安全。

三、建设用地土壤污染风险管控标准

《土壤环境质量　建设用地土壤污染风险管控标准（试行）》（GB 36600—2018）借鉴发达国家经验，结合我国国情，根据保护对象暴露情况的不同，将城市建设用地分为第一类用地和第二类用地：第一类用地，儿童和成人均存在长期暴露风险，主要是居住用地，考虑到社会敏感性，将公共管理与公共服务用地中的中小学用地、医疗卫生用地和社会福利设施用地，公园绿地中的社区公园或儿童公园用地也列入第一类用地；第二类用地主要是成人存在长期暴露风险，主要是工业用地、物流仓储用地等。城市建设用地分类见表5-7。

表5-7　城市建设用地分类

类别	具体分类
第一类用地	包括 GB 50137 规定的城市建设用地中的居住用地（R），公共管理与公共服务用地中的中小学用地（A33）、医疗卫生用地（A5）和社会福利设施用地（A6），以及公园绿地（G1）中的社区公园或儿童公园用地等
第二类用地	包括 GB 50137 规定的城市建设用地中的工业用地（M），物流仓储用地（W），商业服务业设施用地（B），道路与交通设施用地（S），公用设施用地（U），公共管理与公共服务用地（A）（A33、A5、A6 除外），以及绿地与广场用地（G）（G1 中的社区公园或儿童公园用地除外）等

该标准以人体健康为保护目标，规定了保护人体健康的建设用地土壤污染风险筛选值和管制值，适用于建设用地的土壤污染风险筛查和风险管制。建设用地土壤污染风险筛选值是指在特定土地利用方式下，土壤中污染物含量等于或低于该值的，对人体健康的危害可以忽略。超过该值后可能会对人体健康产生危害，应当开展进一步的详细调查和风险评估，确定具体污染范围和风险水平；并结合规划用途，判断是否需要开展风险管控或治理修复。而建设用地土壤污染风险管制值的基本内涵是在特定土地利用方式下，土壤中污染物含量超过该限值的，对人体健康通常存在不可接受风险，需要开展修复或风险管控行动。

第五节　土壤污染防治路径

一、立足现实，完善立法

我国《中华人民共和国土壤污染防治法》（以下简称《土壤污染防治法》）在立法模式上不仅关注土壤整治、修复与再利用，还关注土壤污染预防、风险管控。所以，在制度设计上，必须构建预防和保护相结合防线：一是将土壤污染治理前置，在土壤规划、环评的过程中就要明确土壤污染的评估，并制定相应的应对措施；二是建立土壤污染有害物质名录制度，对各地区、各生产污染企业进行有效监管；三是在具体的生产过程中，针对不同的污染状况采取相对应的治理政策，因地施策、因时施策。从根本上讲，土壤污染是大气、水体污染等的最后结果，所有的污染都与土壤污染之间有着重要联系。所以，在持续完善《土壤污染防治法》的同时，还需要针对大气、水体、固体废物、化学品等要素以及农业生产、城市规划、技术标准设定等进行完善，需要专门立法与外围法规协调治理。这样专门立法与外围立法，点面结合，横向拓展、纵向深入，各有侧重，可以有效预防可能发生的污染行为。

二、分工合作，系统治理

土壤污染治理涉及农业生产、土地规划、环境保护、水利等部门，有时会有跨区域水体污染造成的土壤污染治理问题。2018 年，在原环保部基础上，整合水利部、农业部、发改委、国土资源部等环境保护职能组建生态环境部，一定程度上整合了土壤污染的治理职责。但是，在实践中生态环境部土壤治理政策的实施，仍需要农业、水利、国土等部门协调配合，所以如何进一步在法律上明确生态环境部与其他部门在土壤治理领域的职责，如何有效配合，成为土壤治理能否成功的关键。对于土壤污染治理，可以参照流域治理"河长制"，即在各级政府成立土壤治理协调小组，地方党政一把手担任负责人，并将土壤治理考核结果纳入干部考核指标之中，也就是部分地区正在探索的"田长制"。当然土壤污染治理体制变革有多种路径，也可以采取类似于日本的管理体制，即中央的生态环境部负责土壤治理政策、法律的制定以及土壤治理效果的监督与考核，地方行政首长享有治理土壤污染的自主权，有权决定土壤污染区以及治理对策。同时，在土壤治理过程中要关注土壤的系统性，要从源头上解决土壤污染的可能性，对于农业面源的农药、化肥等的使用，城市面源的生活垃圾、建筑垃圾以及危险化学品，要制定严格的法律和标准。尤其要注意土壤污染与水体污染的协同治理，我国普遍存在"重土轻水"现象，地表水的污染极易使污染物质跟随水体沉降、扩散到土壤中，造成二次污染。

三、多方动员，共同参与

在土壤污染治理实践中，由于污染产生原因复杂、污染造成的损害超出污染者能力，政府在土壤治理过程中承担着主要治理责任。但政府资金、人力有限，有存在监管盲区的风险，且个别政府内部各机构间，有时也存在对土壤污染治理不重视的现象。因此，在土壤污染治理过程中，一是要畅通公众参与渠道，发挥社会监督的作用。在法律上确认人民群众对于土壤污染的知情权，政府对于土壤污染总体状况、污染源、存在风险应及时向社会公布，尤其是利用网络媒体、新媒体等平台及时向社会公布。政府在进行开工建设、环境评估时，应将社会公众尤其附近居民的意见纳入进去，以立法方式保障社会公众的参与权。政府与公众的根本利益是一致的，二者的良性互动对于预防土壤污染至关重要。二是要发挥企业在土壤污染治理过程中的作用。企业生产作为土壤污染的重要来源，在土壤污染治理过程中不应该而且也不能缺席，要转变企业发展理念，绿色生产、绿色运输、绿色消费，在源头上遏制污染的产生。同时，土壤污染治理是一项大的产业，应积极鼓励有能力的企业发挥科技优势，将土壤污染治理产业做大做强。

四、多方筹措，保障资金

在土壤污染治理过程中，发达国家普遍建立了土壤污染治理基金制度，如美国根据《综合环境响应、补偿和责任法》成立了"危险物质反应信托基金"和"危险物质超级基金"，在治理责任难以厘定或污染者无力承担治理费用时，由治理基金来支付治理费用。我国新施行的《土壤污染防治法》已经提出建立土壤污染防治基金制度，包括中央土壤污染防治专项资金和省级土壤污染防治基金，用于土壤污染责任人或土地使用权人无法确认的土壤污染的治理与修复。但在政府编列专门预算外，还可以向排污企业征

收税费，通过环境损害诉讼获取资金，向社会进行募捐，设立民间基金，发行生态环境彩票等。当然，对于基金的使用要设立专门制度，保障专款专用，定期向环境主管部门汇报资金的使用、收益情况。

第六节　土壤污染防治规划

视频：土壤污染防治技术与对策

一、土壤污染防治体系概念框架

目前，我国土壤污染防治体系以法律体系研究为主，忽视了技术体系和管理体系的系统研究。因此，在摸清土壤污染状况的基础上，结合我国实际情况，统筹推进污染源预防、建设用地和农用地分级分类管理，形成了如图 5-4 所示的土壤污染防治体系的基本概念框架，包括土壤环境质量调查、土壤污染源头管控、建设用地风险管控和农用地安全利用四个建设主题，以及由法律法规、标准体系、管理体制、融资机制、责任机制、市场机制、公众参与、科学研究和宣传教育等组成的保障支撑体系。

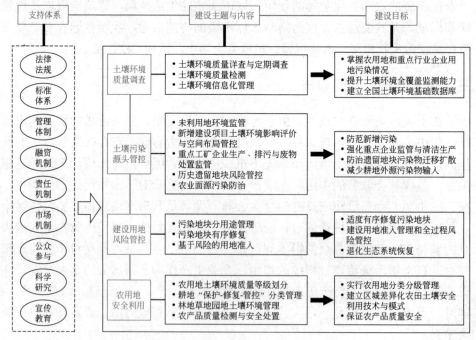

图 5-4　土壤污染防治体系概念框架

（一）土壤污染防治建设主题

1. 土壤环境质量调查

在我国土壤污染状况调查的基础上，扎实推进土壤污染状况详查工作，一方面，摸清农用地和重点行业企业用地的污染程度、面积、分布、风险等基本情况；另一方面，为建立全国范围的土壤环境数据库提供大数据支撑，并借助土壤监测点位实现数据的动态更新和部门共享。

2.土壤污染源头管控

按土地利用状态（未利用、规划利用、正在利用、搬迁遗留）和利用方式（建设用地和农用地）对可能造成土壤污染的风险源采取管控措施，坚持防范新增污染、减少污染输入、杜绝污染扩散和治理现存污染的建设目标。

3.建设用地风险管控

根据土壤污染状况详查结果和建设用地土壤环境风险评估结果，结合城市土地利用规划，合理确定土地用途，对暂不具备开发条件的土地采取治理修复或防止污染扩散的风险管控措施。

4.农用地安全利用

依据土壤污染程度兼顾农产品超标情况，划定耕地土壤环境质量类别，针对优先保护类、安全利用类和严格管控类耕地制定详细的管理措施，并针对数据不完整或者精度不够导致的耕地土壤环境质量划分与实际不符的情况，形成动态调整机制。同时，加强对林地、草地、园地等其他农用地的土壤环境管理，保障农业生产环境安全，尤其加强重度污染生产区的农林产品质量检测，对超标产品安全处置，对超标产品产地及时采取管控措施。

（二）土壤污染防治支撑体系

土壤污染防治工作的有序开展离不开可操作管理手段的配套支持，从加快立法进程、构建标准体系、完善管理体制、拓宽融资渠道、明确责任机制、发挥市场作用、鼓励公众参与、加大研发力度和开展宣传教育九个方面入手构建系统全面的土壤污染防治支撑体系，对于快速实现既定管理目标具有重要的现实意义。

二、农用地土壤污染防治技术体系

农用地土壤环境质量直接关系到农产品质量安全和人体健康。结合国内外研究进展和我国国情，构建全面涵盖预防技术、监管技术和修复与安全利用技术的农用地土壤污染防治技术体系（图5-5），并对每一类别中已研、在研或待研的关键技术进行阐述，为我国农田污染的有效防治提供技术指导和科学支撑。

（一）农用地土壤污染预防技术

1.土壤污染源解析技术

土壤污染源解析技术是指通过对农田土壤污染特征及周边环境进行调查，结合同位素分析技术、源解析模型和多目标调查技术等分析污染物的来源类型，并估计各污染源的贡献率，为针对性控制农田污染提供科学依据。同位素分析技术是以特定污染源具有特定的稳定同位素为原理而兴起的重金属污染源溯源技术，其实现需借助统计方法。定量源解析模型技术由于具有不依赖污染源排放的条件、气象和地学因素，及无须追踪污染物的具体迁移过程等优势，近年来获得了广泛发展。目前主要借助受体模型定

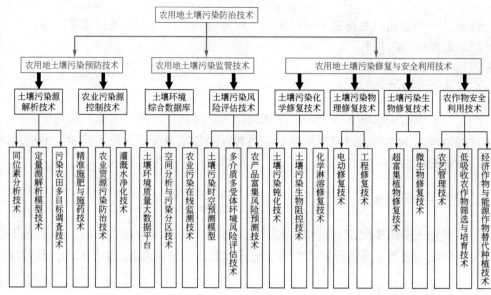

图 5-5　农用地土壤污染防治技术体系

量识别土壤污染物各类来源的贡献率。污染农田多目标调查技术通过合理选取土壤污染指标、综合应用多种监测和数值分析技术，优化土壤污染调查方案，达到揭示农田系统中污染物的多介质分布、输入途径和污染来源的目标。由于农田环境的复杂性，以及以重金属为代表的污染物的持续累积性，现有的技术尚难以实现真正意义上的源解析。目前的基本思路是：① 通过背景样地调查或者土壤剖面分析，明确区域农田土壤重金属污染是否由于高地质背景而非人类活动造成的；② 通过灌溉水、肥料、大气沉降等现状监测，明确其污染来源现状；③ 通过历史资料估算输入通量，综合运用模拟和统计分析，形成农田土壤重金属来源图谱（图 5-6）。

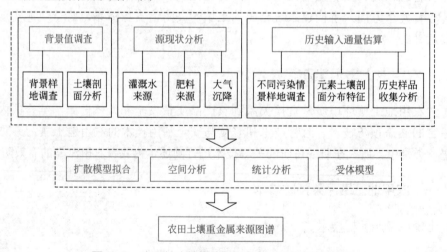

图 5-6　农用地土壤重金属污染来源解析技术框架

2. 农业污染源控制技术

农业污染源控制技术是对各类农业生产活动进行优化，防止或降低污染物进入农田系统，从源头上杜绝农田土壤污染。目前较成熟的、可大面积推广的技术主要包括：以测土配方施肥技术、缓控释肥技术和精准施药技术为主要手段的精准施肥与施药技术，避免因过度施肥、滥用农药等掠夺式农业生产方式造成土壤环境质量下降；以资源化利用农业废物和加强畜禽养殖污染防治为主要手段的农业面源污染防治技术，推行农业清洁生产；以加强灌溉水水质管理、开展灌溉水水质监测、净化处理未达标农田灌溉水为主要手段的灌溉水净化技术，防止污染水源进入农田系统，加重或新增污染土壤。

（二）农用地土壤污染监管技术

1. 土壤环境综合数据库

监管技术的关键首先在于集成土壤环境数据、土壤理化性质、土地利用方式、农产品质量等多源数据，构建样本量大、数据多源、指标动态的土壤环境综合数据库。

一方面，通过农业污染的在线监测（包括农田灌溉水、地表径流、降尘和降水等），提供农田系统污染物的实时输入负荷，实现与土壤环境质量大数据平台的有机整合及数据更新。另一方面，基于农田污染普查数据和相关土壤、农产品环境质量标准，划分农田系统土壤污染程度以及农产品超标程度的空间分布图，确定农田污染优先控制区，实现土壤环境质量大数据平台的数据完善。此外，也可基于大数据平台实现土壤污染风险评估，预测土壤环境质量演变趋势，为区域土壤环境综合管理提供支撑。

2. 土壤污染风险评估技术

土壤污染风险评估技术是以土壤环境综合数据库为基础，综合考虑土壤环境质量、农产品超标情况和土壤污染趋势，全面评估区域农用地土壤污染风险，为土壤环境综合管理提供决策参考，包括以下三个方面。

（1）土壤污染风险评估　基于农田土壤中污染物的实测浓度，参照标准文件中定义的土壤环境质量标准值和分级标准，对农田土壤污染程度进行评估和风险等级划分。对于重金属类污染需要考虑地质背景。

（2）农产品超标风险评估　考虑不同类型和品种作物对不同污染物的生物富集差异，根据农产品中污染物的实测浓度和《食品安全国家标准　食品中污染物限量》（GB 2762—2017）中限量标准值，评估农产品超标风险。

（3）污染累积风险评估　基于区域农田污染特征，识别主要污染来源，估算污染物输入输出通量，分析土壤污染物累积趋势，对土壤污染风险进行评估和分级。

（三）农用地土壤污染修复与安全利用技术

1. 化学修复技术

以改变污染物特性、阻止污染物吸收和促进污染物分离为思路，可将化学修复技术分为钝化技术、阻控技术和淋溶技术三类。

土壤污染钝化技术是基于重金属土壤化学行为的改良措施，通过向污染土壤中添加重金属钝化剂来降低重金属在土壤中的溶解性、迁移能力和生物有效性，从而使重金属转化为低毒性或移动性较低的化学形态，以减轻其对生态环境和人类健康的危害，但钝化剂的添加并不能将重金属污染从土壤中去除，其长期稳定性以及能否有效降低农作物吸收需要田间验证。

土壤污染阻控技术利用硅（Si）、锰（Mn）、锌（Zn）等微量元素与重金属之间的竞争拮抗关系，不仅能有效抑制作物对重金属的吸收与转运，也能提供大量的营养元素保证植物正常生长，在一定程度上突破了重金属移除技术成本高、难大面积应用的技术瓶颈，但并非在所有的农田生态系统中均能成功应用。

化学淋溶修复技术通过向污染土壤中注入淋洗剂，将污染物从土壤相中溶解，转移至液相中，再将富含污染物的液体进行抽提、分离和处理；但该技术易受土壤质地、淋洗剂种类和水源等因素制约，且存在破坏土壤性质和造成二次污染的隐患，目前尚无农田土壤污染修复中成功实施的案例。

2. 物理修复技术

与化学修复相比，物理修复速度较快，修复效果显著，几乎不受土壤性质限制，且不易对环境造成二次污染，但这类修复方法工程量较大，以工程修复技术和电动修复技术为代表。工程修复技术根据污染程度，采取以污染土壤转移及清洁土壤置换为手段的换土法、以清洁土壤表层覆盖或与原污染土壤混匀为手段的客土法和以翻挖深层清洁土壤至场地表面为手段的深耕法等稀释污染物浓度，减轻污染物的生物毒害性。电动修复技术是向污染土壤中插入惰性石墨电极，通入直流电，使土壤中的金属在外加电场作用下发生定向移动并在电极附近累积，定期将电极附近的电渗液抽出处理，除去污染物。该技术修复过程缓慢，常需配合其他修复技术联用，目前仍停留在实验室基础研究阶段，尚无农田土壤污染修复中成功实施的案例。

3. 生物修复技术

生物修复技术具有环境友好和修复效果缓慢等特点，包含两个主要作用原理：一是利用超富集植物的重金属累积作用，将重金属从污染土壤中吸收、积累，使土壤中重金属含量降至可接受水平；二是利用微生物的代谢过程，改变根系微环境，使重金属发生沉淀、转移、吸收、氧化还原等作用，达到污染土壤修复目的。

4. 农作物安全利用技术

农作物安全利用技术根据农田土壤污染程度，分别采取农艺管理技术、低积累农作物筛选和培育技术及作物替代种植技术。农艺管理技术包括改变耕作制度和水分管理方式、调整作物品种、选择能降低土壤重金属污染的化肥或增施能固定重金属的有机肥等措施，来降低土壤重金属污染。此外，合理的农艺管理技术还能显著增加高富集植物对土壤重金属的吸收，从而提高植物修复效率。低积累农作物筛选技术根据植物对重金属吸收能力的差异性及吸收后重金属在植物各部位的分布规律，分析比较重金属在不同种类农作物或同类农作物不同品种各器官中（尤其可食部分）的积累水平，从而筛选出既不影响农作物产量且可食部分重金属含量在安全食用范围内的农作物品种，在当地污染农田进行推广种植。作物替代种植技术是指改种不被人体摄入的非食用经济作物

（如棉花、苎麻、桑树等）、非口粮作物（如酒用高粱、饲料玉米）和能源植物（如高粱）。一方面切断了重金属污染食物链，实现了农田土壤的污染修复，另一方面为当地创造了就业机会和经济效益，实现了农田土壤的高效利用和可持续发展。总体上，不同的修复技术有不同的适用性和优劣势，其应用范围受土壤理化性质、污染程度、成本和修复时间等因素影响也会有所差异。如化学修复效果显著，但成本较高且存在破坏土壤功能和造成二次污染的环境风险；物理修复效果稳定、修复彻底，但工程量大；生物修复见效慢，其优势在于操作简单和环境友好性；农作物安全利用技术以不破坏土壤特性、无生态风险、边修复边生产等优势，已在湖南、广东等地的重金属污染农田推广，但其修复效果及社会经济可行性有待考证。实际修复时应在不影响土地生产力的前提下，结合土壤污染特性，因地制宜地筛选可行性修复技术，集成使用多种修复技术，可在一定程度上克服单一修复技术存在的缺点，提高修复效率、降低修复成本。

三、建设用地土壤污染防治技术体系

我国大部分企业规模偏小，生产工艺落后，清洁生产和环境管理水平低下，污染治理设施、环境应急管理与处理处置设施配套滞后，导致局部存在土壤污染的风险隐患，严重影响周边居民生活质量和身体健康。为防控污染地块环境风险，原环境保护部于 2016 年 12 月发布《污染地块土壤环境管理办法》，为系统加强污染地块的环境保护监督管理提供支撑。以此为鉴，从场地环境管理的基本流程入手，构建全面涵盖污染预防、环境调查、风险评估、治理修复、可持续利用和全过程监管六个阶段的建设用地土壤污染防治技术体系（图 5-7）。

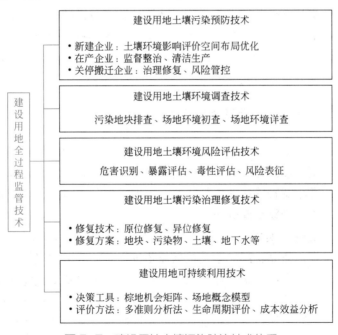

图 5-7　建设用地土壤污染防治技术体系

（一）建设用地土壤环境污染预防技术

加强工业土壤污染源源头管控，可有效降低工业活动环境影响，遏制土壤污染进一步加重，减轻区域土壤污染修复压力。从这个意义上来看，建设用地土壤环境污染预防技术主要包括三个方面：① 针对

新建企业，通过制定和完善建设用地土壤环境影响评价内容，根据污染物排放特征合理规划空间布局，从前端设计预防新建工业企业对土壤环境的污染，对土壤污染防治工作可起到事半功倍的作用；② 针对在产企业，加强日常生产活动及环境监管，开展重点企业整治，健全企业环境风险防范及应急体系，推进企业清洁生产；③ 针对关闭、搬迁、流转企业，开展土地用途改变及流转土壤环境质量状况强制调查，加强污染地块的跟踪监测，确保土地安全再利用。此外，在区域层面，明确区域土壤污染特征和环境容量，通过建立污染防控分区，引导企业合理布局，从土地规划、区域发展规划阶段就做好污染地块的处置、利用规划。

（二）建设用地土壤环境调查技术

建设用地土壤环境调查技术包括污染地块排查、初步场地环境调查和场地环境详细调查三个层面，以满足污染地块（或者潜在污染地块）分级分类管理的需求。污染地块排查通过收集土地变更、企业生产活动、主要工艺、管理水平和再开发利用需求等相关材料识别场地污染情况，对污染场地进行初步筛选，确定是否需要开展进一步的"修复调查"；若需要，则需对疑似污染地块开展初步场地环境调查，确定场地土壤可能受污染的区域，通过样品采集和实验分析判定污染物浓度是否超过基于当前土地用途的风险筛选值或者相关土壤质量标准，确定是否需要开展场地环境详细调查，进行风险评估；若需要，则根据风险评估技术导则的要求，开展规范、系统的深入调查，基于暴露途径、化学污染物浓度、污染场地面积等参数进行风险评估，确定场地初步修复目标值并划定修复范围。

（三）建设用地土壤环境风险评估技术

基于风险评估技术导则文件，建设用地土壤环境风险评估技术包括危害识别、暴露评估、毒性评估、风险表征和确定修复目标值等工作程序。根据场地环境调查获取的资料，结合土地规划利用方式，识别敏感受体、暴露途径，关注污染物空间分布特征及性质参数，建立污染物迁移模型、受体暴露模型等场地概念模型，计算污染物危害效应，在此基础上建立调查场地的风险评估模型，估算暴露风险并根据需要进行风险的空间表征。若暴露风险超过基于当前土地用途的整治值，则需计算关注污染物基于致癌或非致癌风险的土壤修复限值，结合修复成本、时间等因素确定场地修复目标。因此，建设用地土壤环境风险评估技术为制定可行的场地修复方案、开展污染土壤修复和后期场地再开发利用决策提供技术支撑。

（四）建设用地土壤污染治理修复技术

目前，国内外较为成熟或具有应用前景的工业污染场地修复技术主要包括工程措施（原位修复、异位修复和异位处置）和非工程措施（污染隔离、用地方式变更、污染受体防护和自然修复）两大类。而建设用地土壤污染治理与修复是一项复杂的系统工程，影响修复效果的关键不仅在于修复技术的合理选取，更取决于耦合场地环境、利益相关方、土地利用需求、修复技术体系和修复目标等各个方面的系统修复模式，针对不同的地块、土层深度、污染物、水文条件、土壤性质、废物产生及处置制定因地制宜的修复方案。

（五）建设用地可持续利用技术

污染土壤经修复通过验收后，将再次进入土地流转周期进行开发再利用。为防止土地再次污染，必须在耦合区域发展规划的基础上从前端设计入手合理规划土地用途，探索可持续的土地综合利用模式。借鉴欧美发达国家棕地可持续管理的成功经验，建设用地可持续利用技术可采用棕地机会矩阵、场地概念模型等决策工具，借助多准则分析法、生命周期评价、成本效益分析等方法量化识别土地再利用计划对社会、环境和经济受体的影响途径与作用机制，从而最大化污染场地再利用的增值服务（如作为公园用地改善环境质量和当地景观的同时，还可提高生物多样性及为居民创造社区融合的机会），最终实现场地再开发的社会效益、经济效益、环境效益的有机统一，满足区域环境、社会和经济发展的需求。

（六）建设用地土壤污染防治全过程监管技术

越早建立监管制度越能有效开展土壤污染的防治工作。全过程监管技术应涵盖建设用地土壤污染预防、日常生产活动监督（尤其是可能产生污染的行动）、污染土壤修复过程及相关材料递交和信息公开、修复结果审核等各个阶段，且需要环境保护主管部门联合其他权责部门、社会群体力量（公众、媒体及环保组织等）等广泛利益相关者的积极参与，特别要发挥社会群体力量在环境管理中的中流砥柱作用，加强对企业日常生产活动的监管力度，防止企业非法堆放、转移废物等可能加重场地污染的行为。

🖉 思考题

1. 简述土壤污染的原理与危害，我国土壤污染的表现形式和主要问题是什么？
2. 重金属对土壤环境有什么影响？以实例说明重金属对土壤的危害。
3. 重金属在土壤中的迁移机理是什么？查阅资料说明一种重金属在土壤中的迁移降解和残留过程。
4. 农药对土壤环境有什么影响？并简述农药在环境中的迁移降解和残留过程。
5. 当前我国土地退化主要表现在哪些方面？并简述其形成机理。
6. 通过查阅资料了解国内外目前对土壤污染治理的相关法律法规和治理现状。
7. "土十条"进展如何？结合"土十条"及我国环境现状，思考应对目前的土壤问题应采取的具体措施。

第六章　固体废物处置与管理

○○ ——— ○○ ○ ○○ ———————————

 引　言

　　固体废物主要包括生活垃圾、工业固废、建筑垃圾、危险废物等，同时具有污染源、污染汇和二次资源的多重属性，从某种程度上看，可以认为是放错了地方的资源，科学有序推进固体废物处理处置、资源利用与环境管理是解决固体废物最有效的途径，也是我国新时期以改善环境质量为根本目的的环境保护工作的重要内容。

　　为了保护和改善生态环境，防治固体废物污染环境，保障公众健康，《中华人民共和国固体废物污染环境防治法》于 1995 年 10 月 30 日第八届全国人民代表大会常务委员会第十六次会议通过，并先后在 2004 年 12 月 29 日、2020 年 4 月 29 日进行了两次修订，进一步完善了工业固体废物、建筑垃圾、农业固体废物和危险废物污染环境防治制度，明确国家推行生活垃圾分类制度，健全固体废物污染环境防治长效机制。2016 年 12 月，国务院办公厅印发《国务院办公厅关于印发生产者责任延伸制度推行方案的通知》（国办发〔2016〕99 号），明确将生产者对其产品承担的资源环境责任从生产环节延伸到产品设计、流通消费、回收利用、废物处置等全生命周期，为我国废弃电子电器产品、报废汽车等产品类废物的环境管理提供了重要的制度保障。2018 年 12 月，中央全面深化改革委员会审议通过了《"无废城市"建设试点工作方案》，着力于提高固体废物资源化利用水平，提出了"推动固体废物源头减量、资源化利用和无害化处理，促进城市绿色发展转型"的顶层设计方案和战略路径。2020 年 7 月，国家发展改革委联合生态环境部等九部委联合发布《关于扎实推进塑料污染治理工作的通知》（发改环资〔2020〕1146 号），提出了《相关塑料制品禁限管理细化标准（2020 年版）》，明确了进一步增强做好塑料污染治理工作的紧迫感和责任感，加大工作落实力度。这些制度的颁布实施推动我国固体废物防治及其环境管理步入良性发展的快车道。

　　美国著名的未来学家托夫勒在 1983 年出版的《第三次浪潮》中曾预言："继农业革命、工业革命、计算机革命之后，影响人类生存发展的又一次浪潮，将是世纪之交要出现的垃圾革命。"如今看来，垃圾问题已经成为人类文明发展的一个"世界难题"。在垃圾围城的压力下，明确生活垃圾分类要求，落实各相关主体责任，已是当务之急。由于发展程度各异、垃圾组分不同，世界上并不存在统一的垃圾分类标准，唯有因城施策、因地制宜。无论采取何种手段，最重要的是真正把垃圾分类落实到位，避免产生新的污染和造成资源浪费。习近平总书记十分关心垃圾分类工作，2013 年 7 月，习近平总书记在湖北考察民情时说道："垃圾是放错位置的资源，把垃圾资源化，化腐朽为神奇，即是科学，也是艺术。"2016 年 12 月，习近平总书记主持召开中央财经领导小组会议研究普遍推行垃圾分类制度，强调要加快建立分类投放、分类收集、分类运输、分类处理的垃圾处理系统，形成以法治为基础、政府推动、全民参与、城乡统筹、因地制宜的垃圾分类制度，努力提高垃圾分类制度覆盖范围。2017年3月，经国务院同意，国家发改委、住建部联合发布《生活垃圾分类制度实施方案》，明确了推进生活垃圾分类实施的总体思路、主要目标和实施路径。2019年6月，习近平总书记对垃圾分类工作再次作出重要指示："实行垃圾分类，关系广大人民群众生活环境，关系节约使用资源，也是社会文明水平的一个重要体现。"习总书记强调普遍推行垃圾分类制度，关系13亿多人生活环境改善，关系垃圾能不能减量化、资源化、无害化处理。建立打通分类各环节的流水线，让公众看到分类的实效，垃圾分类定能成为生活新风尚。当前，我国正加速推行垃圾分类制度，全国垃圾分类工作由点到面、逐步启动、成效初显。然而，垃圾分类处理是一个系统工程，人人都是垃圾的制造者，又是垃圾的受害者，我们更应是垃圾公害的治理者，因地制宜循序渐进推动固体废物环境管理。

What's solid waste? Unwanted or discarded solid, liquid，semisolid or contained gaseous material, including，but not limited to: demolition debris; material burned or otherwise processed at a resources recovery facility or incinerator; material processed at a recycling facility; and sludges or other residues from a ... Although garbage produced directly by households and businesses is a significant problem, most of the solid waste comes from mining, oil and natural gas production, agriculture, and industrial activities use to produce goods and services for consumers. Today the disposal of wastes by landfilling or land-spreading is the ultimate fate of all solid wastes, whether they are residential wastes collected and transported directly to a landfill site, residual materials from materials recovery facilities（MRFs）, residue from the combustion of solid waste, compost or other substances from various solid waste processing facilities. A modern sanitary landfill is not a dump; it is an engineered facility used for disposing of solid wastes on land without creating nuisances or hazards to public health or safety, such as the breeding of rats and insects and the contamination of groundwater.

导　读

　　人们在开发资源和制造产品的过程中，必然产生废物；任何产品经过使用和消费后，都会变成废物。废物是相对在某一过程或在某一方面没有使用价值，而并非在一切过程或一切方面都没有使用价值。某一过程的废物，往往是另一过程的原料，所以废物又有"放在错误地点的原料"之称。

　　固体废物为人类一切活动过程产生的且对所有者已不再具有使用价值而被废弃的固态或半固态物质。本章首先介绍了固体废物概念及固体废物的来源，结合我国固体废物的管理分析了固体废物的类别，结合社会经济发展，分析了全球及我国固体废物的产生现状，并对固体废物引发的环境问题加以阐述；其次，依据当前固体废物的控制要求，提出了固体废物控制的技术政策，分析了固体废物的处置技术，探讨了固体废物的综合利用方式及途径；最后，在世界先进国家固体废物管理经验分析的基础上，结合国际危险废物越境转移控制的要求，从城市生活垃圾管理、工业固体废物管理、危险废物管理、进口固体废物管理四个方面分析了我国固体废物的管理制度及对策。

第一节　固体废物的来源及危害

一、固体废物的来源与分类

根据《中华人民共和国固体废物污染环境防治法》，固体废物是指在生产、生活和其他活动中产生的丧失原有利用价值或者虽未丧失利用价值但被抛弃或者放弃的固态、半固态和置于容器中的气态的物品、物质以及法律、行政法规规定纳入固体废物管理的物品、物质。

（一）固体废物的来源

固体废物来源广泛，如日常生活可产生厨余类垃圾、粪便、塑料及玻璃、废纸、废旧电器、废家具等其他日常生活垃圾；农业生产可产生秸秆等农作物废料；城市建设过程产生渣土及废弃建筑材料等；核工业产生放射性废料等；木材加工业产生泡花、碎木、锯末等；化工行业产生有害化学废物；药品制造业产生有毒废物等；轮胎制造业产生废旧轮胎等；冶金及相关行业产生相应废渣等；矿业产生相应废弃矿石如煤矸石等；废水、废气治理产生废渣等。

（二）固体废物的分类

按化学性质可分为有机废物和无机废物；按形状可分为固体和泥状；按危害状况可分为有害废物（注意有害废物与危险废物的不同：有害废物是指在生产建设、日常生活和其他活动中产生的污染环境的有害物质、废弃物质，而只有列入《国家危险废物名录》中的有害废物才为危险废物）和一般废物；按来源可分为城市垃圾、工业固体废物、矿业固体废物、农业固体废物和放射性固体废物等，其来源及主要组成物见表6-1。

表6-1　固体废物的分类、来源及主要组成物

分类	来源	主要组成物
矿业固体废物	矿山、选冶	废矿石、尾矿、金属、废木、砖瓦灰石等
工业固体废物	冶金、交通、机械、金属结构等工业	金属、矿渣、砂石、模型、芯、陶瓷、边角料、涂料、管道、绝热和绝缘材料、黏结剂、废木、塑料、橡胶、烟尘等
	煤炭	矿石、木料、金属
	食品加工	肉类、谷物、果类、蔬菜、烟草
	橡胶、皮革、塑料等工业	橡胶、皮革、塑料、布、纤维、染料、金属等
	造纸、木材、印刷等工业	刨花、锯末、碎木、化学药剂、金属填料、塑料、木质素
	石油化工	化学药剂、金属、塑料、橡胶、陶瓷、沥青、油毡、石棉、涂料
	电器、仪器仪表等工业	金属、玻璃、木材、橡胶、塑料、化学药剂、研磨料、陶瓷、绝缘材料
	纺织服装业	布头、纤维、橡胶、塑料、金属
	建筑材料	金属、水泥、黏土、陶瓷、石膏、石棉、砂石、纸、纤维
	电力工业	炉渣、粉煤灰、烟尘

续表

分类	来源	主要组成物
城市垃圾	居民生活	食物垃圾、纸屑、布料、庭院植物修剪物、金属、玻璃、塑料、陶瓷、燃料灰渣、碎砖瓦、废器具、粪便、杂品
	商业、机关	管道、碎砌体、沥青及其他建筑材料、废汽车、废电器、含有易爆、易燃、易腐蚀、放射性的废物，类似居民生活栏内的各种废物
	市政维护、管理部门	碎砖瓦、树叶、死禽畜、金属锅炉灰渣、污泥、脏土等
农业固体废物	农林	稻草、秸秆、蔬菜、水果、果树树杈、糠秕、落叶、废塑料、人畜粪便、禽粪、农药
	水产	腥臭死禽畜、腐烂鱼、虾、贝壳，水产加工污水、污泥等
放射性固体废物	核工业、核电站、放射性医疗单位、科研单位	金属、含放射性废渣、粉尘、污泥、器具、劳保用品、建筑材料

注：引自何强著，环境学导论，清华大学出版社，2004。

依据《中华人民共和国固体废物污染环境防治法》，从固体废物管理的需要，我国将固体废物分为工业固体废物、生活垃圾和危险废物三类。

1. 工业固体废物

工业固体废物是指在工业生产活动中产生的固体废物。工业固体废物主要包括冶金工业固体废物、能源工业固体废物、石油化学工业固体废物、矿业固体废物、轻工业固体废物、其他工业固体废物。

2. 生活垃圾

生活垃圾是指在日常生活中或者为日常生活提供服务的活动中产生的固体废物以及法律、行政法规规定视为生活垃圾的固体废物。生活垃圾一般可分为四大类：可回收垃圾、厨余垃圾、有害垃圾和其他垃圾。

（1）可回收垃圾　包括纸类、金属、塑料、玻璃等，通过综合处理回收利用，可以减少污染，节省资源。如每回收 1t 废纸可造好纸 850kg，节省木材 300kg，比等量生产减少污染 74%；每回收 1t 塑料饮料瓶可获得 0.7t 二级原料；每回收 1t 废钢铁可炼好钢 0.9t，比用矿石冶炼节约成本 47%，减少空气污染 75%，减少 97% 的水污染和固体废物。

（2）厨余垃圾　包括剩菜剩饭、骨头、菜根菜叶等食品类废物，经生物技术就地处理堆肥，每吨可生产 0.3t 有机肥料。

（3）有害垃圾　包括废电池、废日光灯管、废水银温度计、过期药品等，这些垃圾需要特殊安全处理。

（4）其他垃圾　包括除上述几类垃圾之外的砖瓦陶瓷、渣土、卫生间废纸等难以回收的废物，采取卫生填埋可有效减少对地下水、地表水、土壤及空气的污染。

3. 危险废物

危险废物是指列入国家危险废物名录或者根据国家规定的危险废物鉴别标准和鉴别方法认定的具有腐蚀性、毒性、易燃性、反应性和感染性等一种或一种以上危险特性，以及不排除具有以上危险特性的固体废物。依据《中华人民共和国固体废物污染环境防治法》《固体废物鉴别导则》判断待鉴别的物品、物质是否属于固体废物，不属于固体废物的，则不属于危险废物。经判断属于固体废物的，则依据《国家危险废物名录》判断。凡列入《国家危险废物名录》的，属于危险废物，不需要进行危险特性鉴别（感染性废物根据《国家危险废物名录》鉴别）；未列入《国家危险废物名录》的，应依据《危险废物鉴别标准 腐蚀性鉴别》（GB 5085.1—2007）、《危险废物鉴别标准 急性毒性初筛》（GB 5085.2—2007）、《危险废物鉴别标准 浸出毒性鉴别》（GB 5085.3—2007）、《危险废物鉴别标准 易燃性鉴别》（GB 5085.4—2007）、《危险废物鉴别标准 反应性鉴别》（GB 5085.5—2007）、《危险废物鉴别标准 毒性物质含量鉴别》（GB 5085.6—2007）、《危险废物鉴别标准 通则》（GB 5085.7—2019）、《危险废物鉴别技术规范》（HJ 298—2019）进行鉴别，凡具有腐蚀性、毒性、易燃性、反应性等一种或一种以上危险特性的，属于危险废物。对未列入《国家危险废物名录》或根据危险废物鉴别标准无法鉴别，但可能对人体健康或生态环境造成有害影响的固体废物，由国务院环境保护行政主管部门组织专家认定。

固体废物的类别，除以上三者之外，还有来自农业生产、畜禽饲养以及农副产品加工产生的废物，如农作物秸秆等。这些废物多产生于城市外，一般多就地加以综合利用。

（三）固体废物的特点

1. 资源和废物的相对性

固体废物具有鲜明的时间和空间特征，是在错误时间放在错误地点的资源。从时间方面讲，它仅仅是在目前的科学技术和经济条件下无法加以利用，但随着时间的推移，科学技术的发展，以及人们的要求变化，今天的废物可能成为明天的资源。从空间角度看，废物仅仅相对于某一过程或某一方面没有使用价值，而并非在一切过程或一切方面都没有使用价值。一种过程的废物，往往可以成为另一种过程的原料。固体废物一般具有某些工业原材料所具有的化学、物理特性，且较废水、废气容易收集、运输、加工处理，因而可以回收利用。

2. 富集终态和污染源头的双重作用

固体废物往往是许多污染成分的终极状态。例如，一些有害气体或飘尘，通过治理最终富集成为固体废物；一些有害溶质和悬浮物，通过治理最终被分离出来成为污泥或残渣；一些含重金属的可燃固体废物，通过焚烧处理，有害金属浓集于灰烬中。但是，这些"终态"物质中的有害成分，在长期的自然因素作用下，又会转入大气、水体和土壤，故又成为大气、水体和土壤环境的污染"源头"。

3. 危害具有潜在性、长期性和灾难性

固体废物对环境的污染不同于废水、废气和噪声。固体废物呆滞性大、扩散性小，它对环境的影响主要是通过水、气和土壤进行的。其中污染成分的迁移转化，如浸出液在土壤中的迁移，是一个比较缓慢的过程，其危害可能在数年以致数十年后才能发现。从某种意义上讲，固体废物，特别是有害废物对环境造成的危害可能要比水、气造成的危害严重得多。

二、固体废物的产生现状

20 世纪 60 年代以来，工业越来越集中，各国工业化与城市化的进程加快，人口也随之涌入城市。城市人口的密集导致交通紊乱、垃圾成灾。城市垃圾的产生量往往随经济水平的提高而增加，世界主要国

家人均固体废物产生量如图 6-1 所示。发达国家垃圾增长率为 3.2%～4.5%，发展中国家为 2%～3%，全球年产垃圾 80 亿～100 亿吨。如此大量的垃圾产量严重破坏了生态环境，对居民的健康和生存构成了严重的威胁。现在一座百万人口的城市一天要产生上千吨的垃圾。如 2150 万人的墨西哥城，平均每人每天产生垃圾 2kg，全城每天 43000t。这些废物都在露天堆放，导致垃圾腐烂，污染土地和空气，严重威胁群众的健康。

我国是世界上垃圾包袱最沉重的国家之一，随经济的发展和人民生活水平的不断提高垃圾也在急剧增加，根据生态环境部发布的 2014—2019 年全国大、中城市固体废物污染环境防治年报，我国一般工业固体废物年产废规模达到 10 亿吨，一般工业固体废物处置利用不及时，储存量年年攀升，至 2018 年末已达到 8.1 亿吨。我国一般工业固体废物产生及处置情况见表 6-2。工业危险废物产生量及处置利用能力大幅度增加，但处置利用能力仍旧不匹配现有产废规模，储存量持续增加。

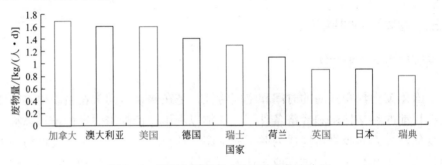

图 6-1 世界主要国家人均固体废物产生量

表6-2　一般工业固体废物产生及处置情况

产废年度	产废量 / 亿吨	利用量 / 亿吨	处置量 / 亿吨	储存量 / 亿吨	倾倒量 / 亿吨	备注
2013	23.8	14.65	7.08	1.97	57.9	汇总 261 个城市数据
2014	19.2	12	4.8	2.6	13.5	汇总 244 个城市数据
2015	19.1	11.8	4.4	3.4	17	汇总 246 个城市数据
2016	14.8	8.6	3.8	5.5	11.7	汇总 214 个城市数据
2017	13.1	7.7	3.1	7.3	9	汇总 202 个城市数据
2018	15.5	8.6	3.9	8.1	4.6	汇总 200 个城市数据

我国城市生活垃圾年产生量由 2013 年的 1.61 亿吨增至 2017 年的 2.11 亿吨，无害化处置比例也由 97.41% 升至 99.4%。但随着生活垃圾填埋场逐渐达到饱和，甚至超设计负荷运转，相关环境和卫生风险凸显，采用焚烧发电、水泥窑协同处置等技术处理生活垃圾是将来的必然趋势，生活垃圾分类也是减少生活垃圾污染，促进资源循环利用的必要措施。

三、固体废物的危害

固体废物已成为世界公害之一，它往往是水气污染的源头，又是水气污染物的最终形态。固体废物产生的环境问题主要表现在以下几个方面。

（一）影响环境卫生和视觉卫生

如果生活垃圾、粪便的清运能力不高，无害化处理率较低，会导致一部分垃圾堆存在城市的一些死角，严重影响环境卫生，对市容和景观产生"视觉污染"，给人们的视觉带来了不良刺激。这不仅会直接破坏城市、风景点等的整体美感，而且还会损害了国家和国民的形象。随着经济的迅速发展，特别是众多的新化学产品的不断投入市场，无疑，还会给环境带来更加严重的负担，也将对固体废物污染控制提出更多的课题。

（二）大量侵占土地

固体废物大量占地，人与垃圾展开土地争夺战。许多城郊边缘的农田被大量占用来堆放垃圾，城市处于垃圾山包围之中；对垃圾处理的方法主要用填埋法，也会占用大量土地；大量采矿废石堆积，会毁坏大片的农田和森林；工业固体废物历年的累积贮存量也会大量占地。

（三）污染土壤

土壤是许多细菌、真菌等微生物聚居的场所，这些微生物在土壤功能的体现中起着重要的作用，它们与土壤本身构成了一个平衡的生态系统。而堆放的大量固体废物特别是含有有害成分时，经过雨雪淋溶、地表径流等作用，其有毒液体将向土壤迁移转化，使土质发生酸化、碱化、硬化等恶化现象，甚至发生严重的有机物和重金属型污染，对农作物生长极为有害，进而破坏了土壤的功能，污染严重的地方甚至寸草不生。例如，一般在有色金属冶炼厂附近的土壤里，铅含量为正常土壤中含量的 10～40 倍，铜含量为 5～200 倍，锌含量为 5～50 倍。这些有毒物质通过土壤进入水体，直接污染地下水；有毒物在土壤中发生积累而被作物吸收，毒害农作物，通过植物吸收进入食物链，对人的生命健康构成严重威胁。

（四）污染水体，淤塞河床

固体废物未经无害化处理随意堆放，将随天然降水或地表径流进入河流、湖泊，长期淤积，使水面面积缩小，淤塞河床，其有害成分造成水体污染，如果人们将固体废物直接倾倒入水体中，则造成的危害将是更大的，固体废物的有害成分能随渗滤水进入土壤，从而污染地下水。通过对个别城市的垃圾填埋场周围检测发现，地下水的浓度、色度、总细菌数、重金属含量等污染指标严重超标。城市垃圾与工业废渣在雨水、雪水的作用下，流入江河湖海，造成水体的严重污染与破坏，如果将工业废渣或垃圾直接倒入河流、湖泊或沿海海域中会造成更大污染。

（五）污染大气

固体废物尤其是有机固体废物在堆放过程中，在适宜的温度和湿度下会被微生物分解，放出有害气体如 H_2S、NH_3 等恶臭气体和温室气体，造成对空气的污染。目前，焚烧法处理固体废物是一种较为流行的方式，但是焚烧将产生大量的有害气体和粉尘，尤其是二噁英；在废物运输、破碎、分选、压实等过程中也会产生大量的有害气体和粉尘；卫生填埋会产生温室气体污染。

（六）产生火灾隐患

固体废物堆放和处理过程中存在着大量火灾隐患。堆积如山的煤矸石发生自燃时，火势蔓延，难以救护，并放出大量的 SO_2 气体，污染环境；1995 年，某公司员工宿舍内发生了爆炸。经多次现场调查、监测结果表明：在该公司围墙外不足 20m 处，有一座垃圾场。该垃圾场未经环保部门审批，也未采取任何

防止渗漏措施，即利用一个容积为 15 万～20 万立方米的废弃砂坑，堆埋城市生活垃圾。由于长期堆埋，垃圾发酵而产生的沼气，通过砂石缝隙向外扩散到附近的职工宿舍内，泄漏的沼气遇明火，引起爆燃烧伤事故。一些危险固体废物引起的爆炸事件和填埋场发生火灾的现象也时有发生。

（七）传播和诱发疾病

在垃圾转运站或堆放场周围，老鼠遍地，蚊蝇成团，一些传染性的病毒、病菌也在这里繁殖、传播。垃圾会快速传播疾病尤其是医疗垃圾；有害废物会导致恶疾如畸变、癌变、基因突变等；水体、大气和土壤等受到固体废物污染后都会导致疾病的产生和传播，产生怪异疾病，严重的导致人体死亡。

（八）生物性污染与生物危害

目前世界上原子反应堆的废渣、核爆炸产生的散落物以及向深海投弃的放射性废物，已使能量为 0.74EBq 的同位素污染了海洋，海洋生物资源遭到极大破坏。

第二节　固体废物污染防治与综合利用

一、固体废物的控制措施

20 世纪 60 年代中期以后环保开始在国际上受到重视，污染治理技术迅速发展，从而形成了一系列固体废物处理方法。20 世纪 70 年代以来，一些工业发达国家，由于废物处置场地紧张、处理费用巨大，同时面临资源短缺的危机，在此背景下提出了"资源循环"口号，开始从固体废物中回收资源和能源，"资源化"逐步发展成为控制废物的核心途径。

我国固体废物污染控制工作起步较晚，开始于 20 世纪 80 年代初期。在 1995 年正式颁布《中华人民共和国固体废物污染环境防治法》，鼓励、支持开展清洁生产，减少固体废物的产生量，充分利用固体废物和无害化处理技术处理处置固体废物。但由于当时技术力量和经济力量有限，我国提出了以"资源化""无害化""减量化"作为控制固体废物污染的技术政策，并确定以后较长一段时间内应以"无害化"为主。进入 21 世纪以来，根据世界形势，我国已经把回收利用再生资源作为重要的发展战略。2004 年 12 月，《中华人民共和国固体废物污染环境防治法》由第十届全国人民代表大会常务委员会第十三次会议修订通过，明确提出：国家对固体废物污染环境的防治，实行减少固体废物的产生量和危害性、充分合理利用固体废物和无害化处置固体废物的原则，促进清洁生产和循环经济发展。国家采取有利于固体废物综合利用活动的经济、技术政策和措施，对固体废物实行充分回收和合理利用。国家鼓励、支持采取有利于保护环境的集中处置固体废物的措施，促进固体废物污染环境防治产业发展。2016 年 11 月 7 日第十二届全国人民代表大会常务委员会第二十四次会议通过对《中华人民共和国固体废物污染环境防治法》第四十四条第二款和第五十九条第一款等两款做出修改。2019 年 6 月 5 日，国务院常务会议通过《中华人民共和国固体废物污染环境防治法（修订草案）》，进一步强化工业固体废物产生者的责任，完善排污许可制度，要求加快建立生活垃圾分类投放、收集、运输、处理系统。

1. 无害化

固体废物无害化处理的基本任务是将固体废物通过工程处理，达到不损害人体健康、不污染周围的自然环境（包括原生环境与次生环境）的目标。目前，废物无害化处理工程已经发展成为一门崭新的工程技术。诸如，垃圾的焚烧、卫生填埋、堆肥，粪便的厌氧发酵，有害废物的热处理和解毒处理等。其中，"高温快速堆肥处理工艺""高温厌氧发酵处理工艺"在我国都已达到实用程度，"厌氧发酵工艺"用于废物无害化处理工程的理论也已经基本成熟，具有我国特点的"粪便高温厌氧发酵处理工艺"，在国际上一直处于领先地位。

在对废物进行无害化处理时，必须看到，各种无害化处理工程技术的通用性是有限的，它们的优劣程度，往往不是由技术、设备条件本身所决定。以生活垃圾为例，焚烧处理确实不失为一种先进的无害化处理方法，但它必须以垃圾含有高热值和可能的经济投入为条件，否则，便没有实用的意义。根据我国大多数城市垃圾平均可燃成分偏低的特点，近期内着重发展卫生填埋和高温堆肥处理技术是适宜的。特别是卫生填埋，处理量大，投资少，见效快，可以迅速提高生活垃圾处理率，以解决当前具有"爆炸性"的垃圾出路问题。至于焚烧处理方法，只能有条件地采用。即使在将来，垃圾平均可燃成分提高了，卫生填埋也是必不可少的方法，故又具有一定的长远意义。

2. 减量化

固体废物减量化的基本任务是通过适宜的手段减少固体废物的数量和体积。这一任务的实现，需从两个方面着手，一是对固体废物进行处理利用，二是减少固体废物的产生。

对固体废物进行处理利用，属于物质生产过程的末端，即通常人们所理解的"废物综合利用"，我们称之为"固体废物资源化"。例如，生活垃圾采用焚烧法处理后，体积可减少 80%～90%，余烬则便于运输和处置。固体废物采用压实、破碎等方法处理也可以达到减量并方便运输和处理处置的目的。

减少固体废物的产生，属于物质生产过程的前端，需从资源的综合开发和生产过程物质资料的综合利用着手。当今，从国际上资源开发利用与环境保护的发展趋势看，世界各国为解决人类面临的资源、人口、环境三大问题，越来越注意资源的合理利用。人们对综合利用范围的认识，已从物质生产过程的末端（废物利用）向前延伸了，即从物质生产过程的前端（自然资源开发）起，就考虑和规划如何全面合理地利用资源，把综合利用贯穿于自然资源的综合开发和生产过程中物质资料与废物综合利用的全过程，亦即"废物最小化"与"清洁生产"。其工作重点包括采用经济合理的综合利用工艺和技术，制定科学的资源消耗定额等。

3. 资源化

固体废物资源化的基本任务是采取工艺措施从固体废物中回收有用的物质和能源。固体废物资源化是固体废物的主要归宿。相对自然资源来说，固体废物属于二次资源或再生资源范畴，虽然它一般不具有原使用价值，但是通过回收、加工等途径，可以获得新的使用价值。

资源化应遵循的原则是：资源化技术是可行的；资源化的经济效益比较好，有较强的生命力；废物应尽可能在排放源就近利用，以节省废物在贮放、运输等过程的投资；资源化产品应当符合国家相应产品的质量标准。

二、固体废物的处理处置技术

固体废物处理通常是指通过物理、化学、生物、物化及生化方法把固体废物转化为适于运输、贮存、利用或处置的过程。固体废物处理的目标是无害化、减量化、资源化。目前采用的主要技术包括压实、破碎、分选、固化、焚烧、生物处理等。

（一）压实技术

压实是一种通过对废物实行减容化，降低运输成本、延长填埋场寿命的预处理技术。压实是一种普遍采用的固体废物预处理方法。如汽车、易拉罐、塑料瓶等通常首先采用压实处理。适于压实减少体积处理的固体废物还有垃圾、松散废物、纸带、纸箱及某些纤维制品等。对于那些可能使压实设备损坏的废物不宜采用压实处理，某些可能引起操作问题的废物，如焦油、污泥或液体物料，一般也不宜做压实处理。

（二）破碎技术

为了使进入焚烧炉、填埋场、堆肥系统等废物的外形尺寸减小，必须预先对固体废物进行破碎处理。经过破碎处理的废物，由于消除了大的空隙，不仅使尺寸大小均匀，而且质地也均匀，在填埋过程中更容易压实。固体废物的破碎方法很多，主要有冲击破碎、剪切破碎、挤压破碎、摩擦破碎等，此外还有专用的低温破碎和湿式破碎等。

（三）分选技术

固体废物分选是实现固体废物资源化、减量化的重要手段，通过分选将有用的成分选出来加以利用，将有害的成分分离出来；另一种是将不同粒度级别的废物加以分离。分选的基本原理是利用物料某些性质方面的差异，将其分选开。例如，利用废物中的磁性和非磁性差别进行分离，利用粒径尺寸差别进行分离，利用密度差别进行分离等。根据不同性质，可以设计制造各种机械对固体废物进行分选。分选包括手工拣选、筛选、重力分选、磁力分选、涡电流分选、光学分选等。

（四）固化处理技术

固化处理技术是通过向废物中添加固化基材，使有害固体废物固定或包容在惰性固化基材中的一种无害化处理过程。理想的固化产物应具有良好的抗渗透性，良好的机械特性，以及抗浸出性、抗干湿性、抗冻融特性。这样的固化产物可直接应用在安全土地填埋场，也可用作建筑的基础材料或道路的路基材料。固化处理根据固化基材的不同可以分为水泥固化、沥青固化、玻璃固化、自胶质固化等。

（五）焚烧和热解技术

焚烧法是固体废物高温分解和深度氧化的综合处理过程，把大量有害的废料分解而变成无害的物质。由于固体废物中可燃物的比例逐渐增加，采用焚烧方法处理固体废物，利用其热能已成为未来的发展趋势。以焚烧法处理固体废物，占地少、处理量大，在保护环境、提供能源等方面可取得良好的效果。欧洲国家较早采用焚烧方法处理固体废物，焚烧厂多设在 10 万人口以上的大城市，并设有能量回收系统。日本由于土地紧张，焚烧法也逐渐得到推广。焚烧过程获得的热能可以用于发电，也可以供居民取暖等。目前日本及瑞士每年把超过 65% 的都市废料进行焚烧而使能源再生。但是焚烧法也有缺点，例如投资较大，焚烧过程排烟造成二次污染，设备锈蚀现象严重等。

固体废物热解是将有机物在无氧或缺氧条件下高温（500～1000℃）加热，使之分解为气、液、固三类产物。与焚烧法相比，热解法则是更有前途的处理方法。它的显著优点是基建投资少。

（六）生物处理技术

生物处理技术是利用微生物对有机固体废物的分解作用使其无害化。多种技术可以使有机固体废物转化为能源、食品、饲料和肥料，还可以用来从废品和废渣中提取金属，是固体废物资源化的有效的技术方法。目前应用比较广泛的有堆肥化、沼气化、废纤维素糖化、废纤维饲料化、生物浸出等。对于因技术原因或其他原因还无法利用或处理的固态废物，是终态固体废物。终态固体废物的处置，是控制固体废物污染的末端环节，是解决固体废物的归宿问题。处置的目的和技术要求是，使固体废物在环境中最大限度地与生物圈隔离，避免或减少其中的污染组分对环境的污染与危害。

（七）固体废物的最终处理

没有利用价值的有害固体物质需进行最终处理，是固体废物污染控制的末端环节。目前主要的处置方法是安全填埋（包括山地填埋、土地填埋）、工程库或贮留池贮存、固体废物的资源化利用等。从海洋环境保护的角度，海上焚烧和深海投弃的方法已经禁止使用。

三、固体废物的综合利用

（一）城市垃圾的综合利用

1. 城市垃圾堆肥技术

堆肥化又称堆肥处理。指利用自然界广泛存在的微生物，有控制地促进固体废物中可降解有机物转化为稳定的腐殖质的生物化学过程。堆肥化的产物称为堆肥。堆肥化是处理可降解垃圾如农作物秸秆、农林废物、粪便、厨余垃圾等，制取农肥的最古老技术。堆肥是使垃圾、粪便中的有机物，在微生物降解作用下，进行生物化学反应，最后形成一种类似腐殖质土壤的物质，用作肥料或改良土壤。堆肥化的关键，在于提供一种使微生物活跃生长的环境，以加速微生物分解过程，使之达到稳定。

堆肥技术可分为厌氧堆肥与好氧堆肥两种。厌氧堆肥需在严格缺氧条件下进行。厌氧微生物生长较慢，故不多用；好氧分解过程可同时产生高温，可以杀灭病虫卵、细菌等。当前，我国主要采用好氧堆肥法处理城市垃圾。

好氧堆肥是以好氧菌为主（主要是嗜温菌和嗜热菌）对废物进行氧化、分解和吸收。堆肥的原理为：可溶性有机物首先透过微生物的细胞壁和细胞膜，为微生物吸收，固体和胶体有机物则先附着在微生物体

外，由微生物分泌胞外酶将其分解为可溶性物质，再渗入细胞。微生物通过自身代谢活动——氧化和合成，将一部分有机物用于自身增殖，其余有机物则被氧化成简单的无机物，并释放能量。与此同时，有机废物也发生各种物理、化学和生物化学变化，逐渐趋于稳定化和腐殖化，最终形成良好的有机复合肥。

城市生活垃圾的好氧堆肥技术见《生活垃圾堆肥处理技术规范》（CJJ 52—2014）、《城市生活垃圾堆肥处理厂技术评价指标》（CJ/T 3059—1996）。堆肥的无害化控制标准有《粪便无害化卫生要求》（GB 7959—2012）、《城镇垃圾农用控制标准》（GB 8172—87）、《农用污泥污染物控制标准》（GB 4284—2018）等。

2. 城市垃圾沼气化技术

利用有机垃圾、植物秸秆、人畜粪便、污泥等有机物在厌氧条件下，通过厌氧菌制取沼气（沼气中含有甲烷、氢气、硫化氢和一氧化碳等多种气体，其中，甲烷的含量为 60%～75%）的过程，称为沼气发酵，又称厌氧消化。沼气化技术，工艺简单、质优价廉，沼气发酵后的泥渣，除含有氮、磷、钾以外，还含有许多腐殖质，是一种很好的肥料，因而有广阔的发展前途。

沼气发酵的生化过程可分为液化（碳水化合物、蛋白质、脂肪等有机物在发酵细菌作用下分别转化为单糖或二糖、肽和氨基酸、脂肪酸和甘油等）、产酸（单糖或二糖、肽和氨基酸、脂肪酸和甘油等在产氢产醋酸细菌作用下被转化为丁酸、乙酸、乙醇、甲醇等简单有机物以及 CO_2、H_2 等气体，含氮有机物分解后除产生有机酸和醇外，还生成 NH_3 和 H_2S）和产甲烷（产甲烷菌利用乙酸、甲酸、乙醇等作为碳源，NH_3 作为氮源进行生长繁殖，甲烷则是产甲烷的一种代谢产物）三个阶段。

沼气池建造标准有《户用沼气池设计规范》（GB/T 4750—2016）、《户用沼气池施工操作规程》（GB/T 4752—2016）、《户用沼气池质量检查验收规范》（GB/T 4751—2016）。

我国农村推广的沼气池，主要是在房前屋后建一座 6～8m³ 的沼气池，并与猪圈、厕所连通，一般一个五口之家和养两头猪的人畜粪便，再加入平均每天 3～4kg 秸秆，所产生的沼气可供烧饭、照明之用。

3. 城市垃圾焚烧技术

城市垃圾焚烧技术在美国、日本、法国、德国等发达国家已得到初步应用，并带来了良好的环保和经济效益。焚烧垃圾、回收能源的办法是我国处理城市垃圾的一个主要发展方向。

焚烧法将固体废物进行高温热处理，在一定温度下、氧气充足条件下、在一定燃烧装置（焚烧炉）中，废物中的可燃成分与空气中的氧进行剧烈的氧化化学反应，放出热量，产生高温的燃烧气和固体残渣。经过焚烧，垃圾中的细菌、病毒被彻底消灭，带恶臭的氨气和有机质废气被高温分解，因此，焚烧法能以最快速度实现垃圾无害化、稳定化、减量化、资源化的最终处理目标，同时可以节约大量土地资源，因此是处理垃圾的比较好的方法。垃圾焚烧主要包括以下几部分：受给料部分、燃烧部分、能量回收部分和烟气净化部分。

实际焚烧操作中控制温度、停留时间、搅拌和过量空气率，即所谓的"3T+1E"（停留时间、燃烧温度、空气紊流混合程度和过剩空气量）。废物的停留时间与其粒度关系密切，一般固体物质的燃烧时间与其粒度的 $1\sim2$ 次方成正比；温度会影响废物在炉内的停留时间；良好的空气的紊流混合程度可以快速补充废物燃烧所需的氧，同时可以延长飞灰在炉膛内的停留时间，使烟气能够得到较完全的燃烧；而过剩空气量则是废物在短时间内充分燃烧所必需的，对于炉排型焚烧炉而言，过剩空气还有冷却炉排的作用。

焚烧既可减少垃圾体积，减少最终填埋量，又可灭菌并产生能量（根据实际情况可发电或供暖），能同时实现减量化、无害化和资源化，是垃圾的重要的处理处置技术。焚烧法适用于处理可燃物较多的垃圾，否则需加助燃剂。采用焚烧法，必须注意不造成焚烧残渣、空气如二噁英、恶臭、煤烟等的二次污染。通过控制一定的温度、停留时间、搅拌和过量空气率可降低二噁英、恶臭、煤烟等的产生。具体参见《生活垃圾焚烧污染控制标准》（GB 18485—2014）。

4. 城市垃圾的系统化处理

城市垃圾组成复杂，种类多样，单纯地采用任何一种方法"处理"垃圾都是不科学、不经济的，必须根据垃圾中组分的多样性，以分类收集、有效分选为前提，因地制宜地，以资源、能源回收为出发点，进行多种方法结合使用的系统化综合利用、处理和处置。其主旨内容为：首先进行有效分类和分选；然后进行系统化、综合性的利用、处理与处置：实现可用物资（废纸、金属、玻璃等）的回收再生利用；易腐有机物的堆肥或沼气化处理；高热值不易腐有机物的焚烧或热解；不可用上述方法处理的城市垃圾和灰渣的最终处置如填埋。

（二）工业固体废物的综合利用

将工业固体废物作为资源加以开发利用是最有效的处理和利用固体废物的方法，也可以视作为一种最终处置方式。由于冶炼渣、粉煤灰、炉渣和煤矸石等的化学组成及其性质类似于多种天然资源，故可在建筑材料、冶金原料、农用和回收能源等方面找到广阔的利用途径。几种工业固体废物的主要用途见表6-3。

表6-3　几种工业固体废物的主要用途

废渣	主要用途
高炉渣	水泥、混凝土骨料、砂石、砖瓦、砌块、墙板、渣棉、铸石、玻璃、肥料、土壤改良剂、过滤介质、建筑防火材料、铁路道砟、道路基材等
钢渣	冶炼钢铁炉料、铁路道砟、道路材料、肥料、水泥、填坑造地材料、建筑防火材料等
赤泥	水泥、砖瓦、砌块、混凝土轻骨料、炼铁、钛、钒、碱、铝等回收剂，净水剂、橡胶、催化剂、保温材料等
煤矸石	水泥、砖瓦、砌块、陶瓷、耐火材料、铸石、肥料、燃料、代土节煤、混凝土骨料等
粉煤灰	水泥、砖瓦、砌块、道路材料、墙板、肥料、土壤改良剂、混凝土骨料、过滤材料等

1. 煤矸石的处理和利用

将废石和尾矿填充于开采后的矿坑中，待废石和尾矿沉降稳定后，加以平整，然后在覆以一定厚度的好土上种植植物或建造房屋，使土地得到重新利用；煤矿开采和洗煤过程中，都排出矸石，占煤炭量的 $10\%\sim20\%$，它的主要成分是硅与铝的氧化物，其中 SiO_2 占 $50\%\sim65\%$，Al_2O_3 占 $20\%\sim25\%$，Fe_2O_3 占 $3\%\sim10\%$，CaO 占 $0.5\%\sim4\%$，MgO 占 $0.5\%\sim2\%$，烧失量约 10%，还有少量硫化物。主要的利用途径有：代替黏土制造砖瓦，而且其中可燃物在燃烧过程中也发挥作用，可节约煤炭，可节省因制砖所毁农田；利用煤矸石作水泥的混合材料生产水泥，这种水泥干缩率小，抗硫酸盐侵蚀能力强；代替黏土配

料煅烧水泥熟料，既起黏土作用，又可节约燃料，而且水泥质量稳定；用煤矸石做空心砖和加气砌块；用于生产轻混凝土骨料；生产陶瓷、耐火砖、铸石等；用以生产铵明矾、硫黄、硫酸等化工产品；制取结晶氧化铝、聚合铝、水玻璃和炭黑等；用煤矸石制成基肥改良土壤；对碳含量较高的煤矸石，可作为燃料等。

2.高炉渣的处理和利用

高炉渣是在高炉炼铁时产生的，它是由矿石中的脉石、燃料中的灰分和熔剂（一般是石灰石）中的非挥发组分形成的炉渣。高炉渣的生成量与矿石品位有关，高炉渣可分为炼钢生铁渣、铸造生铁渣和锰铁渣。其主要化学成分是钙、硅、铝、镁、锰、硫的氧化物，有些地区的炉渣中还含有钛、钒等成分（表6-4）。

表6-4 高炉渣的化学成分

冶炼铁种	化学组成 /%							
	SiO_2	Al_2O_3	CaO	MgO	FeO	Fe_2O_3	MnO	S
铸造生铁	32～42	6～16	35～45	4～12	<2	<2	<1	<1
炼钢生铁	22～42	4～18	38～46	2～10	<2	<2	<1	<1

高炉渣经过缓慢冷却后可生成钙黄长石（$2CaO \cdot SiO_2 \cdot Al_2O_3$）、硅酸二钙（$2CaO \cdot SiO_2$）、镁方柱石（$2CaO \cdot MgO \cdot 2SiO_2$）、钙镁橄榄石（$CaO \cdot MgO \cdot SiO_2$）等的固熔体和玻璃体的矿物，即重矿渣。用大量水激冷（水淬）的高炉渣可生成颗粒状玻璃体，即水渣；用适量水处理的高炉渣可形成浮石状物质，用气体可吹制成渣棉，即膨胀矿渣棉。

高炉渣利用技术是最成熟的工业废渣利用技术。高炉渣可作焚烧炉的炉体防护材料；含钛的高炉渣加入较少的石英砂、铁矿石和铬矿石，可制造出优质铸石。由于铸石强度高，耐磨性好，可代替钢材使用；将高炉矿渣，配以硅砂、磷酸钙、碳酸镁、苏打灰等组分，生产微晶玻璃。微晶玻璃具有耐腐蚀、耐热、耐磨、强度高、绝缘性好的特点，在许多情况下，它可以代替铁、钢、有色金属、混凝土、铸石、大理石、花岗石等材料制成各种制品。水渣作水泥原料；重矿渣代替碎石作混凝土骨料或路材使用；自然形成级配的膨珠是良好的轻混凝土骨料，也可代替水渣作水泥混合材料；膨珠还是空心砌块的优质原材料，也是良好的筑路材料；矿渣珠可用作保温、吸声、防火材料，由它可加工成保温板、保温毡、保温管、保温带、吸声板、吸声带等。矿渣棉制造的耐火板或耐火纤维，在700℃下使用而不变质；矿渣还可作玻璃、陶瓷、搪瓷原料；矿渣还是一种硅钙农肥，其中所含的铜、锰等许多成分是农作物微量元素的肥料。

3.钢渣的处理和利用

钢渣是炼钢过程排出的废渣，是在炼钢过程中由造渣材料和冶炼反应物及熔融的炉衬生成的。钢渣是由钙、铁、硅、镁、铝、锰、磷等的氧化物所组成。其中钙、铁、硅氧化物占绝大部分。钢渣的成分含量依炉型、钢种的不同而异，有时相差很悬殊，如表6-5所示。

表6-5 钢渣的化学组成

钢渣种类	化学组成 /%								
	SiO_2	Fe_2O_3	Al_2O_3	CaO	MgO	MnO	FeO	P_2O_5	S
转炉钢渣	8~17	1~12	2~5	42~60	3~14	<5	<20	<5	<1
平炉初期渣	<25	<20	<7	20~30	<20	<5	<20	<5	<1
平炉后期渣	<25	<10	<5	40~55	<15	<5	<10	<1	<1
电炉氧化渣	<20	<20	<5	30~40	<5	<5	<20	<1	<2
电炉还原渣	<20	<10	<5	<55	<5	<5	<10	<1	<2

钢渣可作为炼铁、炼钢的炉料；作炼铁熔剂；作道路的基层、结构层，尤其宜作沥青混凝土路面骨料和路材；用作铁路道砟；作水泥材料；作磷肥等。

4.有色金属渣处理利用

目前我国数量最多的有色金属渣是氧化铝厂残渣——赤泥，其次是铜、铅、锌、镍渣等。

赤泥是钙、硅、铝、铁为主的氧化物，另外还有 TiO_2、Na_2O、少量稀有金属和放射性元素。赤泥的矿物组分主要是硅酸二钙和硅酸三钙，尤以硅酸二钙含量最多。硅酸二钙在有激发剂激发下，具有水硬胶凝性能，且水化热不高。赤泥作水泥生料的配料，生产普通硅酸盐水泥；用赤泥作生料配料，生产特殊性能的油井水泥；将赤泥与水泥熟料、石膏等共同磨制，生产赤泥硫酸盐水泥；制作钢铁工业用的保护渣；从赤泥中回收碱以及铝、铁、钛、镓、钒等金属；作炼铁球团的黏结剂、炼钢助熔剂、制砖和砌块、烧制轻混凝土骨料，以及作气体吸收剂、净水剂、活性剂、橡胶填料、颜料、催化剂的填料等。但要注意它的放射性污染控制。

铜渣、铅渣、锌渣等含有 SiO_2、CaO、MgO、Al_2O_3、Fe、Cu、Pb、Zn 等，镍渣除上述成分外还有镍等。

铜渣的利用：代替铁粉配制水泥生料；用铜渣生产渣棉；利用铜渣或铜-镍渣生产铸石；用铜渣炼铁等。

铅渣利用：铅渣可作水泥的原料，具有降低熟料的熔融温度、降低煤耗、增大强度等特点。铅渣的用量一般为配料的 5% 左右。

锌渣利用：锌含量较高的锌渣可用来回收锌；锌含量较低时作建筑材料；锌渣还可制造铸石。

镍渣利用：镍渣制砖；镍渣作水泥混合材料、混凝土等。

5.粉煤灰的处理和利用

燃煤电厂发电过程中，煤炭中的灰分，一部分变成粉尘进入烟气中，通过除尘器捕集而得粉煤灰。粉煤灰是火山灰质混合物，主要含氧化铝、氧化硅、氧化铁等，粉煤灰的化学组成见表 6-6。

表6-6 粉煤灰的化学组成

化学成分	我国粉煤灰组成 /%	美国粉煤灰组成 /%
SiO_2	40~60	10~70
Al_2O_3	17~35	8~38
Fe_2O_3	2~15	2~50
CaO	1~10	0.5~30
MgO	0.5~2	0.3~8
SO_3	0.1~2	0.1~3
Na_2O 及 K_2O	0.5~4	0.4~16
烧失量	1~26	0.3~30

粉煤灰主要利用途径是：制蒸汽养护砖、烧结砖、隔声砖、屋面材料、大型墙板、轻骨料、泡沫或加气轻质砌块、空心砌块、加气混凝土、陶粒混凝土、石膏板、水泥、路基材料、回填材料、矿棉等；作土壤改良剂或肥料；生产铸石、板材、隔声或过滤材料等。

6.硫酸渣的处理和利用

硫酸渣是利用黄铁矿制造硫酸或亚硫酸的过程中排出的渣，又称黄铁矿渣，或烧渣。黄铁矿经焙烧分解后，铁、硅、铝、钙、镁和有色金属等转入烧渣中，其中铁、硅含量较多（Fe_2O_3 20%～50%，SiO_2 15%～65%），波动范围很大。根据铁含量的高低可分为高铁硫酸渣和低铁硫酸渣。高铁渣中氧化硅含量大于35%，低铁渣中氧化硅含量高达50%以上，类似于黏土。

硫酸渣的主要用途是作水泥原料、炼铁原料、建筑材料如制砖，从中回收有色金属如铜、铅、锌、金、银等。用回转窑生产生铁和水泥流程如图6-2所示。

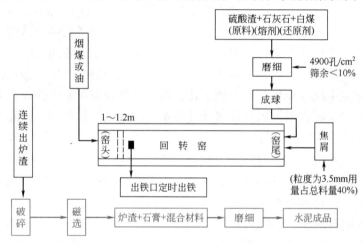

图6-2　用回转窑生产生铁和水泥流程

第三节　固体废物管理

固体废物管理是指运用环境管理的理论和方法，通过法律、经济、技术、教育和行政等手段，鼓励废物资源化利用和控制废物污染环境，促进经济与环境的可持续发展。

一、国外固体废物的管理

发达国家在固体废物管理的方面走在了前列，积累了丰富的经验，固体废物的管理战略从20世纪80年代起出现了重大变革。以污染防治（或预防）战略取代了末端治理为主的战略，以固体废物的回收利用和资源化为中心，制定了一系列法规和政策，开发了成套的固体废物资源化技术。

（一）德国

近年来，德国在城市固体废物立法管理方面一直处于世界领先地位。在城市固体废物管理和综合治理上的做法与措施不仅推动了垃圾废物处理进程的健康稳定发展，也给其他国家提供了许多宝贵经验。

循环经济的国际实践

德国政府长期重视废物立法管理，不断完善、提升和拓展业已形成的法律法规体系。现阶段，废物管理立法主要是指导、约束和规范废物管理和综合治理工作。1996 年 7 月，《固体废物循环经济法》在德国正式生效，成为德国固体废物管理的指导性法律。该法强调固体废物首先要减量化，特别是要降低废物的产生量和有害程度；其次是作为原料再利用或能源再利用；只有当固体废物在当前的技术和经济条件下无法进行再利用时，才可以在"保障公共利益的情况下"进行"在环境可承受能力下的安全处置"，它明确了固体废物管理的准则，确立了将固体废物循环再生利用作为一部分回用经济圈中的目标，即循环经济目标。

德国还根据本国固体废物的具体情况制定了《固体废物分类名录》，将固体废物分为 20 大类、800 多个小类，理顺了德国固体废物的基本范围与属性，为依法收集、清运、治理城市固体废物提供了基础保障条件。同时，还制定了《生活垃圾处理技术导则》《危险废物处理技术导则》和《固体废物填埋技术导则》等，对不同类型固体废物的处理技术、工艺、处理设施建设与维护等都提出了指导性的原则和工艺技术要求。

在固体废物运行管理方面，德国颁布实施的《固体废物规划法》要求固体废物产生量较大的企业必须制定废物减量化规划。而《固体废物代理人法》规定每个企业都必须有获得资质的专人对固体废物进行管理。《固体废物处理企业的专业资质证条例》规定对固体废物处理企业的专业资质进行规范管理。这些有关固体废物的管理规范已经延伸到德国固体废物处理、管理、运营和相关经济领域，并在德国固体废物治理实践中发挥着不可估量的作用。

（二）美国

美国 1965 年制定了《固体废弃物处理法》，1976 年颁布了《资源保护回收法》。自 20 世纪 80 年代开始，将环境保护的重点从传统的末端治理为主转移到加强防治污染上来，即将从源头减少污染和回收利用废物作为环保工作的中心。1984 年通过《危险和固体废物修正草案》，提出要在可能的情况下尽量减少和杜绝废物的产生，建立了国家和州政府废物最少化管理体系。同年国会通过了《资源保护与回收法》和《综合环境响应、补偿和责任法》。1988 年美国环保署颁布了《废物减少评价手册》，该手册系统地描述了采用清洁工艺技术的可能性，并叙述了不同阶段的程序和步骤。美国加利福尼亚州于 1989 年通过了《综合废弃物管理法令》，要求在 2000 年以前，实现 50% 固体废物通过削减和再循环的方式进行处理。

美国的固体废物管理中的行政许可制度独创性地引进了市场机制，消除了国家直接干预带来的不良后果，有效地培养了政府服务意识和公民的自治意识，建立起了政府与公民间的良性互动合作，极大地降低了环境保护的成本，节约了社会资源。

（三）日本

日本的城市固体废物处理分为前端控制、中间处理和最终处置三部分：前端控制主要是抑制固体废物的产生，实行废物分类收集及再生利用；中间处理包括固体废物的焚烧、堆肥及焚烧热能回收等；最终处置即最后阶段的卫生填埋处理，这一阶段的循环利用包括焚烧灰的再生利用等。日本对城市固体废

物的处理，无论是在立法上还是在技术上都处于领先水平。特别是进入 20 世纪 90 年代后，日本提出了"环境立国"的口号，加强了对环境的管理及监督力度，城市固体废物处理的基本对策也发生了很大变化，一改过去末端治理的方针，学习欧洲先进的固体废物处理经验，开始制定新的固体废物处理战略。日本政府为促进废弃资源回用，实现循环经济社会，制定了许多政策法规，其中大部分涉及废物的资源化利用。1992 年制定了《再生资源利用促进法》，并于同年修订了 1970 年颁布施行的《废弃物处理法》，1998 年日本制定了《家用电器再生利用法》，规定销售商有接收和回收消费者报废家电的义务，而消费者应当承担家电处理和再利用的部分费用。该法还规定，家电企业对废弃家电的具体回收利用率为：空调 60% 以上、电视机 55% 以上、冰箱 50% 以上、洗衣机 50% 以上，在规定时间内，生产企业如达不到上述回收重复利用的比例将受到相应处罚。该法的最大优点就是把回收利用废弃家电的责任从国营大型固体废物处理厂转移到了具体的企业，使得单位固体废物处理的成本降低，并提高了处理技术。除家电外，回收处理收费制度还普遍应用于汽车和城市废物等方面：对汽车采取预先付费方式，即在购买汽车时就预先交付报废费用，包括汽车破碎残渣、安全气囊、氟利昂的处理费；城市废物方面，采取废物处理费和税并存模式，通过强制使用收费袋和处理票的方式收取生活垃圾处理费，部分地方政府还对产业废物课税。公众参与下，日本生活垃圾分类是公认的全球典范。

为应对经济增长和人口增长导致的自然资源消耗和废物产生量增加，日本率先提出建设循环型社会，并采取有力措施予以推进。日本循环型社会建设以废物减量化、资源化为核心，旨在将自然资源消耗和环境负担降到最低程度。自 2003 年起，日本每 5 年颁布一个循环型社会建设基本计划——《建设循环经济社会基本规划》。在每个基本规划中，均针对日本社会经济活动的所有物质流设置了具体措施和目标。在 2013 年发布的第三个基本规划中，主要确定了 8 个领域的国内措施以及 2 个领域的国际措施。所有这些措施均是围绕建立"减量化、再利用"优先于"资源化"的社会和经济体系而设计的。日本固体废物管理相关法律体系如图 6-3 所示。

二、我国固体废物的管理

我国对固体废物的管理起步较晚。到目前为止，固体废物的管理体系已经基本建立，但仍需进一步修改和完善、建立支撑固体废物分类及资源化利用的相关法律法规及经济激励制度体系。

（一）城市生活垃圾管理

在我国，部分城市的生活垃圾分类制度开始试点至今已有接近 20 年时间。2000 年，北京、上海、广州、深圳、厦门、南京、杭州、桂林 8 个城市被确定为全国垃圾分类收集试点城市。2017 年 3 月，国家发改委和住建部下发《生活垃圾分类制度实施方案》，明确 2020 年底前，中国将在 46 个城市先行实施生活垃圾强制分类。此后，多个城市相继实施垃圾强制分类，中国垃圾分类进

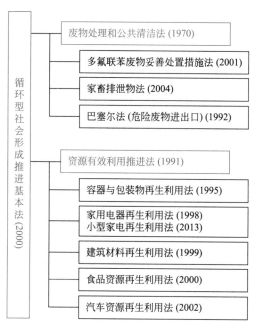

图 6-3　日本固体废物管理相关法律体系

入了"强制时代"。根据生态环境部环境与经济政策研究中心发布的《公民生态环境行为调查报告（2019年）》显示，92.2% 的受访者认为"垃圾分类"对于保护我国生态环境是重要的，但仅 30.1% 的受访者认为自身在"垃圾分类"方面做得"非常好"或"比较好"。因此，从整体上看，目前我国城市生活垃圾的分类收集、无害化处理及资源化利用水平仍然需要提高。

（二）工业固体废物管理

随着我国工业固体废物管理的不断发展，工业固体废物处理处置能力和综合利用有了长足发展，尤其是 1995 年以来，治理投资不断增加，综合利用和安全处置贮存能力不断提高。但是，每年仍有 1000 万吨以上的工业固体废物直接排放到环境中；另外每年还有 2600 多万吨的工业固体废物被置于贮存状态，没有得到妥善的最终处置。

随着我国经济体制的改革，国内许多环保公司开始向市场化的运营方式转变，各种资金也进入到固体废物处理处置项目的建设中。在沿海经济发达的城市和省会城市，已有相当大比例的医疗废物处置工程建设项目由私营企业、民营企业、股份制企业或外资企业投资建设，实施建设—运营—移交（BOT）运作模式。由于实施了市场化运作，对生活垃圾、医疗废物、危险废物等实施了收费处置，使企业看到良好的运作前景，纷纷投资该类工程项目的建设，并通过收费运营，获取了较高且稳定的经济回报。尤其是对于工业固体废物，国家出台了对固体废物综合利用产品实行包括减免税收在内的一系列优惠政策。如规定利用工业废渣生产的产品减免产品税并在 5 年内免交所得税和调节税；用工业废渣作原料生产的建材产品免征增值税等，但目前对这类环保产业进行管理的部门尚需进一步明确。

（三）进口固体废物管理

我国对废物进口实行"自动""限制"和"禁止"进口的管理政策，即我国禁止进口不能用作原料或者不能以无害化方式利用的固体废物，对可以用作原料的固体废物实行限制进口和自动许可进口分类管理。我国进口废物用作原料加工利用已有十几年历史。为了杜绝国家明令禁止进口的不可作原料的固体

废物贸易，根据《中华人民共和国固体废物污染环境防治法》和有关法律、行政法规，我国制定了《固体废物进口管理办法》，自 2011 年 8 月 1 日起施行。其中第五条规定："禁止中华人民共和国境外的固体废物进境倾倒、堆放、处置。"要求："未取得固体废物进口相关许可证的进口固体废物不得存入海关监管场所，包括保税区、出口加工区、保税物流园区、保税港区等海关特殊监管区域和保税物流中心（A/B 型）、保税仓库等海关保税监管场所。"第九条规定："对可以弥补境内资源短缺，且根据国家经济、技术条件能够以无害化方式利用的可用作原料的固体废物，按照其加工利用过程的污染排放强度，实行限制进口和自动许可进口分类管理。"2016 年 11 月，修订通过的《中华人民共和国固体废物污染环境防治法》进一步明确了固体废物进口管理的规定，其中，第二十五条规定："禁止进口不能用作原料或者不能以无害化方式利用的固体废物；对可以用作原料的固体废物实行限制进口和非限制进口分类管理。"要求："禁止进口列入禁止进口目录的固体废物。进口列入限制进口目录的固体废物，应当经国务院环境保护行政主管部门会同国务院对外贸易主管部门审查许可。"且要求："进口的固体废物必须符合国家环境保护标准，并经质量监督检验检疫部门检验合格。"自 2016 年起，中国陆续公布了多项政策停止进口洋垃圾。2017 年 7 月，国务院发布《禁止洋垃圾入境推进固体废物进口管理制度改革实施方案》（国办发〔2017〕70 号），明确提出分批分类调整进口固体废物管理目录，逐步有序减少固体废物进口种类和数量，并向 WTO 明确表示将禁止进口各类高污染固体废物。2017 年 7 月 27 日，国务院办公厅正式发布《关于印发禁止洋垃圾入境推进固体废物进口管理制度改革实施方案》，对禁止固体废物进口设定时间表：2017 年年底前，全面禁止进口环境危害大、群众反映强烈的固体废物；2019 年年底前，逐步停止进口国内资源可以替代的固体废物。通过持续加强对固体废物进口、运输、利用等各环节的监管，确保生态环境安全。2018 年 4 月，生态环境部、商务部、国家发展和改革委员会、海关总署发布 2018 年第 6 号公告，确定了 2018 年、2019 年年底调整为禁止进口的固体废物名录，涉及废五金类、废船、工业来源废塑料等 32 种进口的固体废物。2018 年 12 月 25 日，生态环境部、商务部、国家发展和改革委员会、海关总署四部委发布了第 68 号公告，进一步调整了《进口固废管理目录》，将废钢铁、铜废碎料、铝废碎料等 8 个品种固体废物从《非限制进口类可用作原料的固体废物目录》调入《限制进口类可用作原料的固体废物目录》。经过两次调整，形成了当前《非限制进口类可用作原料的固体废物目录》《限制进口类可用作原料的固体废物目录》和《禁止进口固体废物目录》我国打击"洋垃圾"走私、规范固体废物进口管理的管控名录，也宣告中国进口洋垃圾的历史正式终止。

（四）加强固体废物管理的对策

1.明确管理责任

提高固体废物的管理效率，首先要优化责任机制，只有做到职责明晰，相关职能部门才能将各自的责任真正落实到位。

从纵向来看，首先需界定中央与地方政府在废物管理上的关系。因为固体废物源于地方，也只会对地方的环境造成影响，因此必须切实执行地方负责制。中央政府提出总体目标，并提供一定的资金支持和技术指导，而具体实施应由地方政府因地制宜，各自负责。从横向来看，有必要在相关部门之间对职责进行重新分配，以缓解参与部门多职责分散可能会导致的管理效率低下的问题。

2. 充分发挥市场作用

加大城市生活垃圾无害化处理的资金投入，加快无害化处理设施建设。城市生活垃圾处理属公益性事业，现阶段各级政府要加大力度投入垃圾处理设施建设，垃圾处理设施运营按照市场化要求，实行特许经营制度，通过收取城市生活垃圾处理费解决运行费用，逐步实现垃圾处理产业化发展。根据污染者付费的原则，全面开征垃圾处理费。2017 年，随着我国具备了全面推行垃圾分类制度的基础（居民素质提升，垃圾收运处置设施初具规模），住建部印发的《关于加快推进部分重点城市生活垃圾分类工作的通知》中，重提"完善生活垃圾收费政策，逐步建立差别化的收费制度，实现按量收费"；随后，2018 年发改委印发的《关于创新和完善促进绿色发展价格机制的意见》中，再次提出"健全固体废物处理收费机制"；直到 2019 年 6 月 25 日《中华人民共和国固体废物污染环境防治法（修订草案）》（以下简称《草案》）的审议，在进一步强调推行生活垃圾分类制度的同时，提出了按照产生者付费原则实行生活垃圾处理收费制度，和建立覆盖农村的生活垃圾分类制度的有关要求，将有望把按照产生者付费原则实行生活垃圾处理收费制度的要求纳入法治框架。

如果我国未来全面推广生活垃圾处理收费制度，将生活垃圾处理从传统的政府付费转变为使用者付费，政府一方面可以提高居民从源头实施"固体废物减量化"的积极性，促使垃圾分类的有效开展；一方面可以减少政府的财政支出负担，优化投资结构；更重要的是，制度的全面实施或将从根本上改变我国固体废物行业的发展模式，从原来的政策驱动转变为真正的市场驱动，在优化固体废物处置商业模式的同时，进一步推动固体废物行业的发展。

在环卫体制改革过程中，财政、税务部门需研究制定在一定时期内对垃圾处理企业实行低税赋、零规费的相关政策；劳动保障部门需研究制定环卫工人提前退休、再就业等扶持政策，确保改革的稳步推进。完成了环卫体制改革的城市，要全面开放城市生活垃圾无害化处理投资、建设、运营和作业市场，鼓励多种所有制企业和外资企业参与城市生活垃圾无害化处理设施建设和运营，建立健全市场准入和特许经营制度，完善垃圾处理市场竞争机制和企业运营机制。

3. 将垃圾治理对策的视点和重心前移，推动发展循环经济，加快构建循环型社会

20 世纪初，我国开始引入循环经济的理念，这是我国资源利用领域的一次深刻革命，是从根本上转变我国经济发展方式，缓解资源约束，减轻环境压力，实现全面建设小康社会目标，促进人与自然和谐，建设生态文明的重要途径和战略选择。

循环经济是以资源的高效利用和循环利用为核心，以"减量化、再利用、资源化"为原则，以低消耗、低排放、高效率为基本特征，不断提高资源利用效率，以尽可能少的资源消耗和环境代价满足人们不断增长的物质文化需求，符合可持续发展理念的经济发展模式。发展循环经济，要求实现从"资源—产品—废物"的单向式直线过程向"资源—产品—废物—再生资源"的反馈式循环过程的转变，要求从高投入、高消耗、高排放、低效率的粗放型增长转变为低投入、低消耗、低排放、高效率的集约型增长，要求对"大量生产、大量消费、大量废弃"的传统发展模式实行根本变革。

我国大力推进循环经济发展，从立法、规划、政策、试点示范到工程项目等，多管齐下，多措并举，在政策措施上形成了一系列组合拳，取得了显著成效（表6-7）。

表6-7　推动循环经济发展的重要举措

措施	具体做法
加强法律规范	《中华人民共和国循环经济促进法》于2009年1月1日起施行，我国循环经济步入法制化轨道，这是继德国、日本后世界上第三个专门的循环经济法律。该法中提出了建立循环经济规划、生产者责任延伸、抑制资源浪费和污染物排放总量控制等重要制度，从管理、政策、技术等各方面为循环经济发展奠定了法律基础。同时，我国还制定了《中华人民共和国可再生能源法》《中华人民共和国节约能源法》《废弃电器电子产品回收处理管理条例》《再生资源回收管理办法》《商品零售场所塑料购物袋有偿使用管理办法》《报废汽车回收管理办法（修订）》等一系列促进循环经济发展的法律法规
注重规划引导	2009年和2010年，国务院先后批复了《甘肃省循环经济总体规划》和《青海省柴达木循环经济试验区总体规划》，这两个规划的批复对各地区发展循环经济具有重要的示范借鉴作用。国家发改委还批复了27个国家循环经济试点省市和单位的实施方案或规划。国务院印发了《循环经济发展战略及近期行动计划》，对循环经济发展做出了全面部署，"十三五"期间还印发了《循环发展引领行动》。这些规划广泛吸纳社会各界意见，从工业、农业、服务业各产业，从企业、园区、社会各层面，确定了发展循环经济的重点领域、重点工程和重大项目，调动了社会各界参与循环经济的积极性
完善政策措施	财政部、国家发改委设立循环经济发展专项资金，支持循环经济重点工程建设。国家发改委、人民银行等部门发布了《关于支持循环经济发展的投融资政策措施意见的通知》，提出了规划、投资、产业、价格、信贷、债权融资产品、股权投资基金、创业投资、上市融资、利用国外资金等方面支持循环经济发展的具体措施。国家有关部门出台了《资源综合利用企业所得税优惠目录》《关于再生资源增值税政策的通知》《关于以农林剩余物为原料的综合利用产品增值税政策》等政策措施。国家每年都安排中央财政资金支持循环经济重点项目建设，已投入财政资金100多亿元，这些引导资金有效调动了企业建设循环经济工程项目的积极性，带动社会投资1000多亿元
注重制度建设	2016年12月，国务院办公厅印发了国家发改委牵头起草的《生产者责任延伸制度推行方案》，探索建立适合我国国情和发展阶段的生产者责任延伸制度框架，这是推动我国循环经济发展的重大制度创新和突破。同时还建立了城市生活垃圾分类制度、产品生态设计制度、循环经济认证制度、再生产品推广使用制度等
开展试点示范	通过循环经济示范试点，培育出了一大批循环经济的典型，探索企业、企业间或园区、社会三个层面的循环经济发展模式。总结凝练出包括区域、园区和企业3个层面、14个种类的60个循环经济典型模式案例。循环经济试点企业天津北疆电厂，从新厂规划、设计、建设、运行和管理等环节科学搭建企业内部产业链，促进资源能源循环利用和梯级利用，构建了发电-海水淡化-浓海水制盐及盐化工-土地节约-新型建材"五位一体"的产业链，作为电力行业的副产品，每年在增加45万吨盐产量的同时，生产7200万吨的淡化海水，节约22.5万平方千米的盐田占地，90%的淡化水用于城市供水，为解决城市缺水提供了一条有效途径
实施重点工程	国家发改委、财政部会同有关部门先后组织实施了"城市矿产"示范基地、园区循环化改造、餐厨废物资源化利用和无害化处理、再制造产业化、资源综合利用、再生资源回收体系、资源循环利用基地等循环经济重点工程。这些重点工程产生了积极的示范辐射作用，带动循环经济重点领域、关键环节实现突破和发展

在国家宏观政策的支持下，循环经济的发展取得了一些积极进展，但同时面临一系列障碍和挑战，借鉴日本建设循环型社会的成功经验，提出以下措施。

（1）持续制定循环经济专项规划，确保循环经济建设目标和行动的一致和延续性　我国曾分别发布《循环经济发展战略及近期行动计划》（国发〔2013〕5号）和《循环发展引领行动》（发改环资〔2017〕75号）两份循环经济规划，在规划制定和目标治理上有丰富经验，这种经验应当在循环经济上充分体现，比如应当编制循环经济或资源循环利用效率提高的相关规划，结合五年国民经济发展总体规划实行定期更新，其中的量化目标、目标达成路径、具体行动领域和政策重点等内容要在基本保持一致的前提下发展和完善。

（2）科学研究支撑规划的目标指标体系，完善相应的监测统计核算体系　应尽快完善统计体系，加强监测评估，使目标支撑的指标体系构建有数据基础，量化目标制定有科学依据，完成情况能够准确评价。

（3）综合使用法律、行政、经济等手段促进资源利用效率提高，尤其要注重市场和经济手段的激励作用　未来，应在完善法律法规措施的基础上，不断完善市场和经济措施，加强其在各类措施间的地位，激发民间和企业内生活力，调动社会广泛参与。

（4）强化循环经济3R原则中的减量化和再利用的2R原则，探索发展2R新模式　我国尽管回收利用率有所上升，但全社会废物的产生量和最终处理量仍保持增长，废物预防和减量对我国未来提高资源效率、创造新经济模式有更重要意义。2R新模式包括反映全生命周期理念的生态设计、共享经济和再制造以及广泛安全的废物回收和运输渠道，因此要在社会上加大2R的优先宣传，通过生态设计，基于全生命周期生态环境影响评价理念设计产品；要在制造业服务化、再制造和共享经济等方面探索有效进行废物源头减量的商业模式；要通过搭建全面安全的废物收集和运输渠道，及时将生产生活废物投入到循环型产业中消纳。

三、"无废城市"建设试点

2018年12月29日，国务院办公厅印发《"无废城市"建设试点工作方案》（以下简称《方案》），开展"无废城市"建设试点是深入落实党中央、国务院决策部署的具体行动，是从城市整体层面深化固体废物综合管理改革和推动"无废社会"建设的有力抓手，是提升生态文明、建设美丽中国的重要举措。"无废城市"是以创新、协调、绿色、开放、共享的新发展理念为引领，通过推动形成绿色发展方式和生活方式，持续推进固体废物源头减量和资源化利用，最大限度减少填埋量，将固体废物环境影响降至最低的城市发展模式，也是一种先进的城市管理理念。"无废"并不是指没有固体废物产生，也不意味着固体废物的完全资源化利用，而是要让整个城市固体废物产量最小、资源化利用充分并妥善安全处置。

《方案》印发后，经各省推荐，生态环境部会同相关部门筛选，确定了深圳市、包头市、铜陵市、威海市、重庆市、绍兴市、三亚市、许昌市、徐州市、盘锦市、西宁市11城为"无废城市"试点城市。此外，河北雄安新区（新区代表）、北京经济技术开发区（开发区代表）、中新天津生态城（国际合作代表）、福建省光泽县（县级代表）、江西省瑞金市（县级市代表）作为特例，参照"无废城市"建设试点一并推动。最终确定"无废城市"建设11+5个试点城市和地区。

试点任务主要包括以下几个方面。

一是强化顶层设计引领。建立"无废城市"建设指标体系，加强制度政策集成创新，优化产业结构布局。

二是实施工业绿色生产，推动大宗工业固体物贮存处置总量趋零增长。全面实施绿色开采，开展绿色设计和绿色供应链建设，健全标准体系，推动大宗工业固体物资源化利用，逐步解决历史遗留问题。

三是推行农业绿色生产，促进主要农业废物全量利用。实现畜禽粪污就近就地综合利用，推动区域农作物秸秆全量利用，提升废旧农膜及农药包装废物再利用水平。

四是践行绿色生活方式，推动生活垃圾源头减量和资源化利用。支持发展共享经济，加快推进快递业绿色包装应用。推行垃圾计量收费，创建绿色餐厅、绿色餐饮企业，倡导"光盘行动"，加强生活垃圾分类和资源化利用，开展建筑垃圾治理。

五是提升风险防控能力，强化危险废物全面安全管控。将固体废物纳入排污许可证管理范围，全面实施危险废物电子转移联单制度。完善危险废物相关标准规范，严厉打击危险废物非法转移、非法利用、非法处置。

六是激发市场主体活力。提高固体废物领域环境信用评价、绿色金融和环境污染责任保险等政策措施的有效性，落实资源综合利用税收优惠政策。发展"互联网＋"固体废物处理产业，实现线上交废与线下回收有机结合，强化信息交换。积极培育第三方市场，鼓励专业化第三方机构从事固体废物资源化利用、环境污染治理与咨询服务。

2019"无废城市"建设试点推进会上，生态环境部介绍了"无废城市"建设试点工作所取得的阶段性成果。

一是编制完成试点实施方案。目前试点城市和地区组织编制的实施方案，已通过国家评审。

二是建立了试点工作推进体制机制。11+5 个试点城市和地区均成立了以市领导为组长的"无废城市"建设试点领导小组。

三是推动试点工作与城市经济社会发展相融合、相促进。许昌市充分应用"无废城市"试点契机，谋划实施了一批中德合作项目；威海市立足本市特色产业，自选海洋经济和旅游绿色发展作为重点工作；瑞金市创新旅游废物回收机制，打造无废红色旅游生态区；三亚市以"无废城市"建设为抓手，引领生态海岸、生态岛屿、生态农业建设。

四是着力推动制度、技术、市场监管体系建设。深圳市、徐州市、威海市分别启动生活垃圾和工业固体废物、危险废物管理的立法工作，中新天津生态城引入了新加坡的监管沙盒机制；重庆市、包头市以互联网＋大数据等信息技术为支撑，在探索解决再生资源交易纳税合规问题方面，取得积极进展。

五是部分试点城市宣传教育工作丰富多彩，营造了建设"无废城市"的良好社会氛围，"无废城市"理念得到社会各方的广泛认可。

我国"无废城市"建设计划旨在建立形成一批可复制、可推广的"无废城市"建设示范模式，为下一步推动建设"无废社会"奠定良好基础。同时，我国"无废城市"建设计划也将为其他国家开展废物管理提供具有实际借鉴价值和意义的废物管理模式。

思考题

1. 固体废物有哪些种类？对环境有哪些危害？

2. 试述处理、处置固体废物的途径有哪些？

3. 分析我国当前固体废物管理中存在的主要问题及出路。

4. 简述我国固体废物处理的目标。

5. 我国正在积极开展"无废城市"建设试点工作有何积极意义？

6. 案例分析。

　　资料：垃圾是指居民及城乡各部门在生活、商业、公务活动中排出的废物，不包括工、农业生产中产生的固体废物。有人群生存的地方就必然有垃圾，全世界皆然。甚至将来的载人航天器上也不例外。据测算，人类每消耗地球资源 100，则产生的垃圾为 42。一个国家和城市，经济越发达，生活越富裕，产生的垃圾也越多。因而，人们在享受着经济发展带来的物质文明的同时，不得不面对大量与日俱增的垃圾的困扰。预测到 2050 年，发展中国家将有 64.1% 的人口为城市人口，这样，垃圾问题就会更加严峻。

　　查阅相关资料，结合本章学习，回答下列问题：

（1）垃圾对环境有什么危害？

（2）垃圾回收的价值有多大？

（3）垃圾产业是怎样把垃圾变成资源的？

第六章

第七章　物理性污染与防治

○○ ──── ○○ ○ ○○ ────

 引　言

　　物理性污染是指由物理因素引起的环境污染，主要包括放射性辐射、电磁辐射、噪声、光污染等。大气、水、土壤的污染威胁着人们生活和生态安全的同时，城市的噪声、电磁辐射、热污染、光污染等也已成为影响和干扰人类生活、工作和学习的重要因素。

　　为防治环境噪声污染，《中华人民共和国环境噪声污染防治法》于 1996 年 10 月 29 日由第八届全国人民代表大会常务委员会第二十二次会议通过，并于 2018 年 12 月 29 进行了修订。针对近年噪声污染问题日益凸显，公众噪声污染举报甚至超过了大气污染的现象，围绕着力解决当前环境噪声污染防治工作中面临的突出问题，生态环境部组织噪声污染防治法的修订工作，拟通过这部法律的修订提升治理能力，强化政府监督管理责任，划清各部门监管责任，落实噪声排放单位污染防治的主体责任，加强社会共治。

　　为了防治放射性污染，《中华人民共和国放射性污染防治法》于 2003 年 6 月 28 日由第十届全国人民代表大会常务委员会第三次会议通过。在国民经济和社会发展五年规划的总体框架下，中国每五年制定实施核安全中长期规划，先后发布了《核安全与放射性污染防治 "十二五" 规划及 2020 年远景目标》《核安全与放射性污染防治 "十三五"规划及 2025 年远景目标》，分析了核安全现状与形势，阐明了核安全指导思想和基本原则，明确了核安全目标指标、重点任务、重点工程、保障措施，统筹核安全各项工作，有效提升核安全水平和监管能力。

　　为加强电磁辐射环境保护工作的管理，1997 年国家环保局发布《电磁辐射环境保护管理办法》。随着城市化进程的不断加快，考虑变电站及其配套设备的电磁污染给邻近区域居民可能带来的身体和心理伤害引起附近居民的恐惧和担忧，有引发现实中的群体性事件的风险，部分专家提出应按照习近平总书记和党中央对人民健康防护的新要求，尽快修改完善《电磁辐射环境保护管理办法》，适时制定 "中华人民共和国电磁污染防治法"。

　　光污染是继废气、废水、废渣和噪声等污染之后的一种新的环境污染源，主要包括白亮污染、人工白昼污染和彩光污染，正在威胁着人们的健康。2004 年，上海市发布了首部限定灯光污染的地方标准——《城市环境装饰照明规范》，并于 2012 年进行了修订，扩充了适用范围，明确了城市区位划分方法，体现了亲民性和提倡节能两大特色。

　　为了提升物理性污染控制和治理水平，我们迫切需要更广泛地了解声、光、热以及电磁和放射性辐射等物理性污染产生的原因及危害，熟悉各种物理性污染评价方法及标准，掌握物理性污染的防控方法及措施，推进物理性污染防治法规制度建设。

What's physical pollution? Physical pollution includes noise, light pollution, thermal pollution, electromagnetic radiation and so on. Noise is harmful or unwanted sounds in the environment, which in specific locals，can be measured and averaged over a period of time. Light pollution destroys our view of the night sky, wastes energy thereby adding to air pollution and emissions of climate changing greenhouse gases, harms people's quality of life. Thermal pollution, the excessive raising or lowering of water temperature above or below normal seasonal ranges in streams, lakes, or estuaries or oceans as the result of discharge of hot or cold effluents into such water. Electromagnetic radiation is a traveling wave motion resulting from changing electric or magnetic fields.

导　读

光、热、声音、电、磁、核衰变等都是物理学研究的范畴，故把噪声污染、光污染、热污染、电磁性污染和放射性污染归为物理性污染。噪声污染、光污染、热污染、电磁性污染和放射性污染的共同特征是都属于能量型污染。本章主要内容包括四部分：第一部分为噪声污染与防治，主要介绍噪声污染的定义及特点，噪声污染的危害及预防，噪声控制标准；第二部分为电磁污染与防治，主要介绍电磁污染的定义及其特点，电磁性污染源，电磁性污染危害及防护；第三部分为放射性污染与防治，主要介绍放射性、放射物、核放射量度，放射性污染特点及污染源，放射性污染危害及防护；第四部分为光污染、热污染与防治，主要介绍光及光的量度，光污染及其分类，光污染危害及防护，热污染分类及危害、热污染防治。

第一节　噪声污染与防治

一、噪声源及其度量

（一）噪声的定义

凡是干扰人们正常休息、学习和工作，对人类生活和生产有妨碍的声音统称为噪声。如机器的轰鸣声，各种交通工具的马达声、鸣笛声，人的嘈杂声，及各种突发的响声等，均属于噪声。噪声不单独取决于声音的物理性质，而且和人类的生活状态、主观感受等有关。《中华人民共和国环境噪声污染防治法》中把超过国家规定的环境噪声排放标准，并干扰他人正常生活、工作和学习的现象称为环境噪声污染（noise pollution）。

产生噪声的振动体即为噪声源。物体的振动或空气相对于物体之间的运动产生噪声。空调系统中的压缩机、风机、电动机、风道面板、风道吊架、风口格栅等都是噪声源。

（二）噪声的分类

1. 根据噪声的产生机理分

（1）空气动力性噪声　由于气体中有涡流或发生了压力突变等产生气体扰动而产生的噪声，如压缩空气、高压蒸汽放空等。

（2）机械性噪声　机械装置或固体零部件在摩擦、振动、撞击、高速旋转以及交变的机械应力作用下产生的噪声，如粉碎机、砂轮等产生的噪声。

（3）电磁噪声　由于磁场交变、脉动引起电器件振动而产生的噪声。

2. 根据噪声的来源分

（1）工业生产噪声　工业生产活动中的机械设备和动力装置产生的噪声，是造成职业性耳聋的主要原因。

（2）交通运输噪声　机动车辆、飞机、火车和轮船等各类交通工具在运行时发出的噪声，这些噪声的噪声源是流动的，干扰范围大。

（3）建筑施工噪声　在建筑施工过程中产生的噪声。

（4）社会生活噪声　人们在商业交易、体育比赛、游行集会、娱乐场所等各种社会活动中产生的喧闹声，以及收录机、电视机、洗衣机等各种家电的嘈杂声。

（三）噪声污染的特点

噪声污染属于感觉性公害，与人们的生活状态、主观意愿有关。

噪声污染是能量流污染，其影响范围有限。声波的传播过程是声能量传播的过程，声能量随距离逐步衰减，所以其影响范围有限。

噪声源广泛而分散，噪声污染不能像污水、固体废物那样集中处理。

噪声源一旦停止发声，噪声即会消失，噪声污染不再持续，但噪声已产生的危害不一定消除，如突发性噪声造成的突发性耳聋。

（四）声的度量

1. 描述声音的基本物理量

（1）声压　物体的振动使周围空气产生局部的密度变化即周围空气的局部压强变化，由于媒质的弹性和惯性就把这个压强变化向更远的部分传递出去，这样就造成了声音的传播。在声音传播过程中，空气压强相对于大气压强的压强变化，称为声压（sound pressure），其单位为帕（Pa）。能相对表征声强度的大小。

（2）声频或音频　媒质质点每秒钟振动的次数为声波的频率简称声频（frequency），单位为赫兹（Hz），符号常用 f 表示。声波的频率等于物体振动的频率。

（3）波长　一个振动周期内声波传播的距离称为波长（wavelength），用 λ 表示。

（4）相位　媒质质点的振动频率虽相同，但各质点振动在时间上却有先后，描述各质点振动先后的物理量即是相位（phase）。

2. 人耳听觉特性

人耳对声音的感受既和声频有关又和声压大小有关。

一般来说，人耳可听到的声频率在 20Hz 到 20000Hz，20Hz 以下和 20000Hz 以上分别属于次声和超声的范围，人耳不能听到。但是在不同声波频段，人耳的感受力并不一致。发声体振动快慢不同，即振动频率不同，人耳感觉到声音的高低就不同，即音调不同。振动越快，频率越大，音调越高；振动越慢，频率越小，音调越低。在一般情况下，1000～4000Hz 为人耳最敏感段频率，音频在 1000Hz 以下，随频率降低，听觉会逐渐迟钝。

人类的听觉相当灵敏，从可听阈 2×10^{-5}Pa 到痛阈的 20Pa，两者相差 100 万倍。

3. 声的度量

最基本的三个声的度量物理量是声压级、计权声级和等效连续声级。

（1）声压级　声压是常用于噪声测量的一个基础物理量，当用"级"来衡量声压大小时称为声压级（sound pressure level，SPL）。声压级定义为将待测声压有效值 P_e 与参考声压 P_o 的比值取常用对数再乘以 20，以符号 SPL 表示，其定义式如下：

$$L_p = 20 \lg \frac{P_e}{P_o} \tag{7-1}$$

式中　L_p——声压级，dB；

　　　P_e——声压的有效值，Pa；

　　　P_o——参考声压，即正常人耳对 1000Hz 声音刚刚能够察觉到的最低声压值，2×10^{-5}Pa。

（2）计权声级　从噪声的定义知，噪声包括客观的物理现象和主观感觉两个方面，鉴于人耳的听觉特性，确定噪声的物理量应同时考虑频率和声压。为了能用仪器直接反映人的主观感觉，在噪声测量仪器中，设计了一种对频率计权的特殊滤波器，称为计权网络（weighting network）。通过计权网络测得的声压级，已不再是客观物理量的声压级，而称为计权声压级，有 A、B、C 和 D 计权声级，符号分别为 L_{pA}、L_{pB}、L_{pC}、L_{pD}，单位分别为 dB（A）、dB（B）、dB（C）、dB（D）。

（3）等效连续声级　A 计权声级能够较好地反映人耳对噪声的强度与频率的主观感觉，因此对一个连续的稳态噪声，它是一种较好的物理评价量，但对一个起伏的或不连续的噪声，A 计权声级就显得不合适了。因此提出了一个用噪声量按时间平均的方法来评价噪声对人影响，即等效连续声级，符号"L_{eq}"或"L_{Aeq}"，单位分别为"dB"或"dB（A）"。它是用一个相同时间内声能与之相等的连续稳定的 A 声级来表示该段时间内非稳态噪声的大小。

除这些评价量之外，还有累计百分声级（又称统计声级，用 L_x 表示）、噪声污染级（L_{NP}）、昼夜等效声级（L_{dn}）、语言干扰级（PSIL）、感觉噪声级（L_{PN}）、交通噪声指数（TNI）和噪声冲击指数（NII）等。

二、噪声的危害与控制

（一）噪声的危害

噪声是一种频率与强度变化毫无规律的随机组合的声音。噪声污染严重影响了人们的正常工作、学习和休息。目前，城市环境噪声的 70% 来自交通噪声，由交通噪声、建筑噪声和娱乐噪声而产生的噪声污染投诉事件日益增多。噪声污染已成为四大公害之一，其危害主要取决于频率及声压级的高低，同样强度下，中高频声对人的危害更大。

1.噪声对人体健康的影响

（1）噪声对听觉系统的影响　剧烈噪声对人体的严重影响自古以来就为人们所知：中世纪欧洲有一种刑法，让罪犯站在一口大钟下方，然后用大锤敲钟直至犯人死亡。中国古书也有记载，将犯人头套木桶，敲击木桶至其"七窍出血"而死。在强噪声作用下，听觉皮质层器官的毛细胞受到暂时性的伤害，而引起听阈的暂时性迁移（听觉疲劳）。长期暴露在高噪声环境中，听觉器官不断受到噪声刺激，而发生器质性病变，失去恢复正常听阈的能力，成为永久性的听阈迁移（听力损失）。当噪声超过 140dB 时听觉器官会发生急性外伤，致使耳鼓破裂出血，螺旋体就从基底膜急性剥离，从而使两耳失听（爆震性耳聋）。

（2）噪声对神经系统的影响　持续性强噪声能引起大脑皮层功能紊乱，使抑制和兴奋过程平衡失调，导致条件反射异常，出现头疼、头昏、失眠、多梦、乏力、心悸、记忆力减退等神经衰弱症状。噪声还会使人的交感神经不正常，导致代谢或微循环失调，引起心室组织缺氧，血中胆固醇增高，并使交感神经紧张，从而使心跳加快，心律不齐，出现缺血型改变、传导阻滞、血管痉挛、血压变化等现象。

（3）噪声对消化系统的影响　暴露在噪声环境中的人，易患胃功能紊乱症，表现为消化不良、食欲不振、恶心、返酸、胃部疼痛等症状，长期如此，将导致胃病及胃溃疡发病率的增高。

（4）噪声对女性生理的影响　20 世纪 80 年代中期开始，我国劳动卫生工作者在全国各地开展了一系列噪声对女性月经影响的职业流行病学研究。多数研究结果表明，噪声暴露可以导致女工月经周期紊乱，尤其是超过 95dB（A）的噪声会导致月经周期紊乱患病率明显升高。

（5）噪声对胎儿的影响　噪声对胎儿的影响主要表现在对胎儿发育、胎儿反应以及致畸作用等方面。

（6）噪声对视觉的影响　噪声对视觉器官会产生不良影响，噪声越大，视力清晰度稳定性越差。

此外，噪声还会对呼吸系统、内分泌系统、人体免疫系统产生影响。

2.噪声对工作的影响

人们在噪声的刺激下，心情烦躁、注意力分散、易疲劳、反应迟钝，从而导致工作效率降低，特别是对要求注意力高度集中的工作（如司机、文字校对等），不仅影响工作进度，而且降低工作质量，容易出差错和引起事故。高强度噪声，还会掩蔽运输音响信号，使行车安全受到威胁。有人对打字、排字、速记、校对等工种进行过调查，发现随着噪声的增加，差错率都有所上升。对电话交换台进行过调查，发现噪声级从 50dB 降到 30dB，差错率减少 42%。

（二）噪声标准

噪声标准分为"噪声测量的方法标准"和"噪声的控制标准"两大类。这里介绍我国目前使用的几种重要的"噪声控制标准"。在选用标准时，一定要注意标准的时效性。

1.《声环境质量标准》

按照区域使用功能特点和环境质量的要求，声环境功能区分为5种类型，对应不同的环境噪声限值要求。其中，0类声环境功能区指康复疗养区等特别需要安静的区域；1类指以居民住宅、医疗卫生、文化教育、科研设计、行政办公为主要功能，需要保持安静的区域；2类指以商业金融、集市贸易为主要功能，或者居住、商业、工业混杂，需要维护住宅安静的区域；3类指以工业生产、仓储物流为主要功能，需要防止工业噪声对周围环境产生严重影响的区域；4类指交通干线两侧一定距离之内，需要防止交通噪声对周围环境产生严重影响的区域，又分为4a类和4b类两种，4a类为高速公路、一级公路、二级公路、城市快速路、城市主干路、城市次干路、城市轨道交通（地面段）、内河航道两侧区域，4b类为铁路干线两侧区域。

《声环境质量标准》（GB 3096—2008）规定了5类声环境功能区的环境噪声限值（表7-1）及测量方法，适用于声环境质量评价与管理。

表7-1 《声环境质量标准》（GB 3096—2008）等效声级限值

声环境功能区类别		声级限值 /dB（A）	
		昼间	夜间
0类		50	40
1类		55	45
2类		60	50
3类		65	55
4类	4a类	70	55
	4b类	70	60

2.《建筑施工场界环境噪声排放标准》

此标准（GB 12523—2011）适用于周围有噪声敏感建筑物的建筑施工噪声排放的管理、评价及控制。市政、通信、交通、水利等其他类型的施工噪声排放可参照此标准执行。建筑施工场界环境噪声排放限值见表7-2。

表7-2 建筑施工场界环境噪声排放限值

时段	昼间	夜间
排放限值 /dB（A）	70	55

注：夜间噪声最大声级超过限值的幅度不得高于15dB（A）；当场界距噪声敏感建筑物较近，其室外不满足测量条件时，可在噪声敏感建筑物室内测量并将上表中相应的限值减10dB（A）作为评价依据。

3. 工业企业噪声标准

工业企业噪声标准有《工业企业厂界环境噪声排放标准》（GB 12348—2008）和《工业企业设计卫生标准》（GBZ 1—2010）。

《工业企业厂界环境噪声排放标准》适用于工业企业噪声排放的管理、评价及控制，规定了工业企业和固定设备厂界环境噪声排放限值及其测量方法，各类厂界噪声标准限值见表 7-3。

表7-3　厂界噪声标准限值

功能区类别	标准限值 /dB（A）		备注
	昼间	夜间	
0 类	50	40	疗养区、高级别墅区、高级宾馆区等特别需要安静的区域
1 类	55	45	以居住、文教机关为主的区域
2 类	60	50	居住、商业、工业混杂以及商业中心区
3 类	65	55	工业区
4 类	70	55	交通干线道路两侧区域

《工业企业设计卫生标准》适用于新建、改建、扩建和技术改造、技术引进项目的卫生设计及职业病危害评价，规定：工业企业噪声控制应按《工业企业噪声控制设计规范》设计，对生产工艺、操作维修、降噪效果进行综合分析，采用行之有效的新技术、新材料、新工艺、新方法。对于生产过程和设备产生的噪声，应首先从声源上进行控制，使噪声作业劳动者接触噪声声级符合《工作场所有害因素职业接触限值第 2 部分：物理因素》的要求。采用工程控制技术措施仍达不到《工作场所有害因素职业接触限值第 2 部分：物理因素》要求的，应根据实际情况合理设计劳动作息时间，并采取适宜的个人防护措施；非噪声工作地点的噪声声级的设计要求应符合表 7-4 的规定设计要求。

表7-4　非噪声工作地点噪声声级设计要求

地点名称	噪声声级 /dB（A）	功效限值 /dB（A）
噪声车间观察（值班）办公室	≤75	≤55
非噪声车间办公室、会议室	≤60	
计算机室、精密加工室	≤70	

4. 交通运输噪声限值标准

交通运输噪声限值标准有《汽车定置噪声限值》（GB 16170—1996）、《汽车加速行驶车外噪声限值及测量方法》（GB 1495—2002）、《摩托车和轻便摩托车　定置噪声限值及测量方法》（GB 4569—2005）、《拖拉机　噪声限值》（GB 6376—2008）、《城市轨道交通车站站台声学要求和测量方法》（GB 14227—2006）、《城市轨道交通列车噪声限值和测量方法》（GB 14892—2006）、《铁道机车辐射噪声限值》（GB 13669—92）、《铁道客车内部噪声限值及测量方法》（GB/T 12816—2006）、《铁道机车和动车组司机室噪声限值及测量方法》（GB/T 3450—2006）、《铁路边界噪声限值及其测量方法》（GB 12525—90）、《机场周围飞机噪声环境标准》（GB 9660—88）、《城市港口及江河两岸区域环境噪声标准》（GB 11339—89）、《海洋船舶噪声级规定》（GB 5979—86）、《内河船舶噪声级规定》（GB 5980—2009）、《船用柴油机辐射的空气噪声限值》（GB 11871—2009）等。

5. 民用建筑内容许噪声限值

民用建筑内容许噪声限值，见《民用建筑隔声设计规范》（GB 50118—2010），详见表 7-5。

表7-5　民用建筑内容许噪声限值

建筑类型	房间名称	允许噪声级 /dB（A）			
		特级	一级	二级	三级
住宅	卧室	—	≤40	≤45	≤50
	书房	—	≤40	≤45	≤50
	起居室	—	≤45	≤50	—
学校	有特殊安静要求的房间	—	≤40	—	—
	一般教室	—	≤50	—	—
	无特殊安静要求的房间	—	≤55	—	—
医院	病房、医护人员休息室	—	≤40	≤45	≤50
	门诊室	—	≤55	≤60	—
	听力测听室	—	≤25	≤30	—
	手术室	—	≤45	≤0	—
旅馆	客房	≤35	≤40	≤45	≤55
	会议室	≤40	≤45	≤50	≤50
	多用途大厅	≤40	≤45	≤50	—
	办公室	≤45	≤50	≤55	≤55
	餐厅、宴会厅	≤50	≤55	≤60	—

6. 社会生活环境噪声排放标准

为贯彻《中华人民共和国环境保护法》和《中华人民共和国环境噪声污染防治法》，防治社会生活噪声污染，改善声环境质量，中华人民共和国环境保护部2008年8月19日颁布《社会生活环境噪声排放标准》（GB 22337—2008）。该标准适用于对营业性文化娱乐场所、商业经营活动中使用的向环境排放噪声的设备、设施的管理、评价与控制，规定了营业性文化娱乐场所和商业经营活动中可能产生环境噪声污染的设备、设施边界噪声排放限值和测量方法。

7. 其他噪声控制标准

如《家用和类似用途电器噪声限值》（GB 19606—2004）、《土方机械　噪声限值》（GB 16710—2010）等。

（三）噪声控制

1. 噪声污染控制技术

（1）吸声　吸声是降低室内反射声的主要技术，它主要利用多孔性吸声材料和共振吸声结构进行降噪。依据入射声能一定，通过增大吸收声能降低反射声能。多孔性吸声材料对高频声有好的吸收效果，而共振吸声结构对低频声有好的降噪效果。在实际工程中二者常结合使用。

常用的多孔性吸声材料有玻璃棉、矿渣棉、泡沫塑料等。声波进入多孔性吸声材料后，一部分声能由于摩擦而转化为热能消耗掉。

常用的共振吸声结构有穿孔薄板等。但它吸声频带较窄,著名声学家马大猷研究的微穿孔板吸声结构克服了这个缺点。

(2)隔声　隔声是用隔声结构如隔声窗、隔声门、隔声屏、隔声室、隔声罩、隔声墙、轻质复合结构等把声能屏蔽、减少声辐射,从而降低噪声危害。在室内、室外均可采用。如轻轨、公路等两侧,车间内部等。

隔声结构多结合吸声材料、吸声结构等组成。依据入射声能一定,通过增大吸收声能降低透射声能。

(3)消声　主要用于空气动力性噪声的降低,如风机、空气压缩机、汽车排气管等的输气管道的噪声降低。主要装置是消声器,它允许气流通过而把气流噪声吸收降低,以降低气流噪声的向外辐射。消声器有阻性消声器、抗性消声器、阻抗复合消声器及特殊消声器四类。阻性消声器主要由吸声材料组成,对中高频噪声消声效果较好;抗性消声器对低中频噪声消声效果较好;阻抗复合消声器适用于宽频带噪声的消声;特殊消声器适用于特定的场合,如微穿孔消声器适用于高温、潮湿、腐蚀、高速气流等场合,节流减压排气消声器用于高压排气噪声等。

(4)隔振与减振　隔振与隔声大不相同。隔声用于空气传声的屏蔽;隔振是用阻尼材料或减振器或用隔振沟等降低固体振动。

2. 噪声控制措施

形成噪声污染的三要素分别是:声源→传播途径→受体。因此,一般噪声控制(包括管理、规划和技术控制)都是分为三部分来考虑。首先是降低声源的噪声,如果做不到,或能做到却不经济,则考虑从传播途径上降低噪声。如上述方案仍然达不到要求或不经济则可考虑对受体进行保护。在实际工作中,这些措施往往几项或多项并用。

(1)控制和消除噪声源　降低声源本身的噪声是控制噪声的根本方法,应根据具体情况采取不同的解决方式。主要措施有:改进工艺,如用液压代替高噪声的锻压,以焊接代替铆接,用无梭代替有梭织布等;改造机械设备和运输工具结构,提高其中部件的加工精度和装配质量,以尽量减少机器部件的撞击、摩擦和振动,如将机械传动部分的普通齿轮改为有弹性轴套的齿轮;采用合理的操作方法;机动车在市区禁鸣喇叭;拖拉机禁止进城;对建筑工地施工和家庭装修实行限时;在内燃机排气管上加装消声器;用低噪声汽车喇叭和新型汽车消声器;用橡胶等软质材料制成垫片或利用弹簧部件垫在设备等下面进行隔振或减振如汽车隔振;机动车年审中的噪声标准检测;改善城市基础设施,把快车道与慢车道分开,建行人过街天桥、地下通道等,以维持良好路况;要求生产厂家生产超低噪声型或静音设备;在市内和郊区城镇控制使用广播喇叭;控制家庭音响音量;市区禁放烟花爆竹;警车、消防车、工程抢险车、救护车等机动车辆安装、使用警报器,必须符合国务院公安部门的规定,在执行非紧急任务时,禁止使用警报器等。

(2)传播途径上的降噪　主要措施包括:进行合理区域规划,优化区域布局,合理安排如居民、医院、学校等噪声敏感目标,合理布置交通干线等;进行区域声环境功能区划,即把工业区与居民区、高噪声的车间与低噪声的车间分开等;控制噪声的传播方向;对主要噪声源采用隔声技术,装设隔声窗,在立交桥、高速路等附近建立隔声屏障,或利用天然屏障(土坡、山丘),或利用其他隔声材料和隔声结构来阻挡噪声的传播;采用吸声技术,应用吸声材料和吸声结构,将传播中的噪声声能吸收转化等;进行立体绿化;在通风道内衬砌吸声材料;车站站台采用吸声设计;除起飞、降落或者依法规定的情形以外,民用航空器不得飞越城市市区上空等。

(3)受体的保护　主要措施包括:佩戴护耳器,如耳塞、耳罩、防声盔或者在耳孔中塞一小团棉花

等；减少在噪声环境中的暴露时间；实行噪声作业与非噪声作业轮换制；设置供专门作业用的隔声间或操作隔声罩等。

第二节　电磁污染及其防治

1831 年，英国科学家法拉第发现电磁感应（electromagnetic induction）现象。19 世纪 80 年代，人们利用电磁感应原理，建立起世界上第一座发电站。从此，人类大步迈进了电磁辐射的应用时代。从 1901 年首次开始的全球通信，到如今移动通信的广泛应用，以及各种家电的普及，电磁辐射的应用已经深入到人类生活的各个方面。在充分享受电磁辐射带来的方便舒适的同时，人们也日渐感受到它的负面效应——电磁污染。电磁污染是指天然和人为的各种电磁波的干扰及有害的电磁辐射。

一、电磁污染与污染源

（一）电磁辐射与电磁辐射源

1. 电磁辐射与电磁污染

电磁辐射（electromagnetic radiation）是指能量以电磁波的形式通过空间传播的现象，当电磁辐射穿过人体时，其能量会被人体吸收。如果这种能量过大，将会对健康构成危害，也就是我们常说的电磁污染。产生电磁辐射的电磁波有长波、中波、短波、超短波和微波。长波指频率为 100～300kHz，相应波长为 3～1km 范围内的电磁波。中波指频率为 300kHz～3MHz，相应波长为 1～100km 范围内的电磁波。短波指频率为 3～30MHz，相应波长为 100～10m 范围内的电磁波。超短波指频率为 30～300MHz，相应波长为 10～1m 范围内的电磁波。微波指频率为 300MHz～300GHz，相应波长为 1m～1mm 范围内的电磁波。混合波段指长波、中波、短波、超短波和微波中有两种或两种以上波段混合在一起的电磁波。

对长波、中波、短波、超短波和混合波段（各频率产生的复合场强为各单个频率场强平方和的平方根）的电磁辐射强度，用电场强度来衡量，单位为伏/米（V/m）。对微波电磁辐射用功率密度，单位为微瓦/平方厘米（$\mu W/cm^2$）或毫瓦/平方厘米（mW/cm^2）。

随着经济的发展和物质文化生活水平的不断提高，各种家用电器——电视机、空调、电冰箱、电风扇、洗衣机、组合音响等已经相当普及；家用电脑、家庭影院等现代高科技产品已进入千家万户，给人们生活带来诸多方便和乐趣。然而，现代科学研究发现，各种家用电器和电子设备在使用过程中会产生多种不同波长和频率的电磁波，这些电磁波充斥空间，对人体具有潜在危害。由于电磁波看不见，摸不着，令人防不胜防，因而对人类生存环境构成了新的威胁，被称为"电磁污染"。电磁污染是能量流污染，看不见，摸不着，却充满整个空间，是"隐形公害"；穿透力极强，可以穿透包括人体在内的多种物质；相对于电场，磁场对生物体的影响更大。电磁波频率越高（波长越短），危害越大；电磁波辐射功率越大，危害越大；距离越近，辐射时间越长，则对人体造成的损伤也越大。

2.电磁辐射源

电磁污染包括天然和人为两种来源。影响人类生活环境的电磁污染可分为天然电磁污染和人为电磁污染两大类。

（1）天然电磁污染　是某些自然现象引起的。人类一直生活在电磁环境里。地球本身就是一个大磁场，其表面的热辐射和雷电都可产生电磁辐射。太阳及其他星球也自外层空间源源不断地产生电磁辐射。最常见的是雷电，雷电除了可能对电气设备、飞机、建筑物等直接造成危害外，还会在广泛的区域产生从几千赫兹到几百兆赫兹的极宽频率范围内的严重电磁干扰。火山喷发、地震和太阳黑子活动引起的磁爆等都会产生电磁干扰。天然的电磁污染对短波通信的干扰极为严重。

（2）人为电磁污染　包括脉冲放电、工频交变电磁场和射频电磁辐射。

一是脉冲放电，如切断大电流电路时产生的火花放电，其瞬变电流很大，会产生很强的电磁。它在本质上与雷电相同，只是影响区域较小。

二是工频交变电磁场，如在大功率电机、变压器以及输电线等附近的电磁场，它并不以电磁波的形式向外辐射，但在近场区会产生严重电磁干扰。

三是射频电磁辐射，如无线电广播、电视、微波通信等各种射频设备的辐射，频率范围宽，影响区域也较大，能危害近场区的工作人员。射频电磁辐射已经成为电磁污染环境的主要因素。

（二）电磁辐射的危害

1.电磁辐射危害人体的机理

电磁辐射危害人体的机理主要是热效应、非热效应和累积效应等。电磁波可以干扰人体生物电，尤其会对脑电和心电产生干扰，从而影响脑的正常功能和心脏活动。

（1）热效应　人体组织或系统受到电磁波辐射后，机体升温，从而产生直接或间接与热作用有关的变化。

（2）非热效应　人体组织或系统受到电磁波辐射后，会产生与直接热作用没有关系的变化。如人体的器官和组织都存在微弱的电磁场，它们是稳定和有序的，一旦受到外界电磁场的干扰，处于平衡状态的微弱电磁场即将遭到破坏，人体也会遭受损伤。

（3）累积效应　热效应和非热效应作用于人体后，对人体的伤害尚未来得及自我修复之前，再次受到电磁波辐射时，其伤害程度就会发生累积，久而久之会成为永久性病变，甚至危及生命。对于长期接触电磁波辐射的群体，即使功率很小，频率很低，也可能会诱发想不到的病变。

2.电磁辐射的影响

（1）危害生物体　医学研究证明，长期处于高电磁辐射的环境中，会使血液、淋巴液和细胞原生质发生改变从而引起白血病；影响人们的生殖系统，主要表现为男子精子质量降低，妇女不孕，孕妇发生自然流产，遗传因子损伤并导致胎儿畸形、胎儿智力残缺等；影响人体的心脑血管系统、神经系统、循环系统、视觉系统、消化系统、呼吸系统，破坏人体的免疫和代谢功能，这些影响具体表现为心悸、失眠、头晕、头痛、全身乏力、记忆力减退、女性经期紊乱、消化功能紊乱、心动过缓、心搏血量减少、

窦性心律不齐、白细胞减少、视力下降、白内障、角膜损伤、大脑机能障碍、人的精力和体力减退、免疫功能下降等，严重的还会诱发癌症。另外，"电磁真空"对人体也有害，因为人们长期受地球电磁场的作用，一旦发生"电磁真空"，将受到"电磁饥饿"的危害，表现为中枢神经系统的功能紊乱等。

（2）产生电磁干扰　电磁辐射会造成导航系统、医疗信息系统、工业过程控制和信息传输系统的失控，如手机的电磁波会扰乱航空电子装置引发飞机事故；日本很多医院划定禁区，严禁使用移动电话，以避免对敏感医疗设备的干扰；高电磁辐射会影响心脏起搏器的正常使用，干扰无线电接收和发射，干扰计算机的正常使用（如导致显示器的显示画面发生抖动，显示器边缘出现色斑）；高强度的工频电磁辐射还可能造成计算机死机；引起电子仪器失灵等。

（3）引起爆炸　电磁辐射可能会造成武器弹药及可燃性油类或气体的引燃引爆。高频电磁辐射的场强能使导弹制导系统控制失灵、电爆管的效应反应异常；使金属器件之间相互碰撞发出电火花，引起火药的燃烧或爆炸，后果极其严重。在具有可燃性油类或气体的特殊场所当中，由于强电磁辐射能引起金属感应电压，当金属器材相互接触或碰撞时易发生金属打火现象，进而就发生了可燃性油类或气体的燃烧甚至爆炸。

WHO 国际癌症研究机构（IARC）及 WHO 专题工作组经评估认为，极低频（>0～100kHz）磁场与儿童白血病及脑癌有关，当工频（50Hz 或 60Hz）磁场暴露强度超过 0.3μT 或 0.4μT 时，儿童白血病的患病风险增加 2 倍，据 WHO 统计显示，1%～4% 的儿童长期暴露于强度大于 0.3μT 的工频磁场环境。虽然人群流行病学资料及实验室研究资料尚不能证明工频磁场与儿童白血病存在因果关系，WHO 在其 2007 年出版的环境健康标准极低频电磁场专论中强调，尽管低强度环境电磁辐射生物学效应机制尚未阐明，但不能就此排除低强度环境电磁辐射能够产生有害的健康影响。

二、电磁污染防治

（一）电磁辐射防护标准

为防止电磁辐射污染、保护环境、保障公众健康、促进伴有电磁辐射的正当实践的发展，我国颁布实施了以《电磁辐射防护规定》（GB 8702—88）为核心的电磁辐射防护标准体系。随着我国电磁环境保护工作实践的发展，该标准体系也进一步完善。

1.《电磁环境控制限值》

我国现行的电磁辐射标准为《电磁环境控制限值》（GB 8702—2014），该标准是对《电磁辐射防护规定》（GB 8702—88）和《环境电磁波卫生标准》（GB 9175—88）的整合修订。新标准增加了 1Hz～0.1MHz 频段的限值，规定了电磁环境中控制公众暴露的电场、磁场、电磁场（1Hz～300GHz）的场量限值、评价方法和相关设施（设备）的豁免范围。为控制电场、磁场、电磁场所致公众暴露，环境中电场、磁场、电磁场场量参数的方均根值应满足表7-6要求。

表7-6 公众暴露控制限值

频率范围	电场强度 E/（V/m）	磁场强度 H/（A/m）	磁感应强度 B/μT	等效平面波功率密度 S_{eq}/（W/m²）
1～8Hz	8000	$32000/f^2$	$40000/f^2$	—
8～25Hz	8000	$4000/f$	$5000/f$	—
0.025～1.2kHz	$200/f$	$4/f$	$5/f$	—
1.2～2.9kHz	$200/f$	3.3	4.1	—
2.9～57kHz	70	$10/f$	$12/f$	—
57～100kHz	$4000/f$	$10/f$	$12/f$	—
0.1～3MHz	40	0.1	0.12	4
3～30MHz	$67/f^{1/2}$	$0.17/f^{1/2}$	$0.21/f^{1/2}$	$12/f$
30～3000MHz	12	0.032	0.04	0.4
3000～15000MHz	$0.22f^{1/2}$	$0.00059f^{1/2}$	$0.00074f^{1/2}$	$f/7500$
15～300GHz	27	0.073	0.092	2

注：f 为频率。

2.《移动电话电磁辐射局部暴露限值》

移动电话在使用时靠近人体头部，其电磁辐射暴露可能对健康造成影响。为保护公众健康，特制定《移动电话电磁辐射局部暴露限值》（GB 21288—2007）。该标准规定了靠近人体头部使用，能发射电磁波的移动电话的电磁辐射公众头部暴露限值：任何 10g 生物组织，任意连续 6min 平均比吸收率（SAR）值不得超过 2.0W/kg。

3. 极低频电磁场的控制

2007 年，WHO（世界卫生组织）向各成员国推荐使用 ICNIRP（国际非电离辐射防护委员会）的《限制时变电场、磁场和电磁场暴露（300GHz）导则》（ICNIRP 1998），其中提出的标准限值是工频电场强度不超过 5kV/m，磁场强度不超过 0.1mT（1mT=1000μT），在此范围内的极低频（电网频率固定为 50Hz）电磁场对人体无害。2010 年，根据"国际电磁场计划"的评估结果和新的科学进展，ICNIRP 修订了针对 100kHz 以下频段的新标准（ICNIRP 2010），将磁场强度的安全限值提高到 0.2mT。我国现行的《环境影响评价技术导则　输变电工程》（HJ 24—2014）比 WHO 推荐的 ICNIRP 1998 更加严格。规范中规定：4kV/m 作为居民区工频电场的评价标准，0.1mT 工频磁感应强度的评价标准。即变电设施周边的工频电场强度不超过 4kV/m，磁场强度不超过 0.1mT 就符合国家标准。同时规范中明确 110kV、220kV 送变电工程的电磁环境影响评价可参照该规范应用。

（二）电磁污染防治

目前对电磁辐射主要采取以下几种措施进行防治。

1. 安设电磁屏蔽装置

在电磁场传递的途径中，安装屏蔽装置，使有害的电磁强度降低到容许范围内。当交变电磁场传向屏蔽装置时，幅度衰减。电磁屏蔽可分为有源场屏蔽和无源场屏蔽两类。常用的电磁波屏蔽材料主要有金属电磁屏蔽涂料、导电高聚物、纤维织物屏蔽材料等。

2. 开发电磁兼容技术

关键是对电磁干扰源的研究，从电磁干扰源处控制其电磁发射。控制干扰源的发射，除了从电磁干扰源产生的机理着手降低其产生电磁噪声的电平外，还需广泛地应用屏蔽（包括隔离）、滤波和接地技术。

3. 严格执行政策法规

严格执行必要的电磁辐射环境管理体制，进行环境影响评价和有效的产品质量监督，禁止超标泄露项目实施和超标设备使用。

4. 合理布局、科学规划

进行合理规划，使电磁波空域发展规划和城市建设规划一致。电视塔有一定高度可避免对附近环境的污染；做出不同发射台的合理规划，避免相互干扰；电磁波随距离衰减，可规划出适宜的安全防护距离；电视塔附近不宜有高层建筑、居民区和学校。

5. 进行有效个体防护

正确使用移动电话，尽量减少每次通话的时间；经常参加体育锻炼，增加机体抵抗电磁辐射污染的能力；在电磁辐射环境工作的人员应配备电磁辐射防护用品，如发防护头盔、防护服、防护眼罩等。

6. 研制性能优良的吸波材料

相对于屏蔽材料而言，吸波材料可以从根本上将电磁波吸收衰减掉，能够减少整个空间环境的电磁波能量密度，从而净化电磁环境，防止电子仪器受到电磁干扰，保护人类的身心健康，保障信息安全。但目前的吸波材料还存在吸波频段较窄、单频吸收的缺点，研制吸收强、频带宽、密度小、厚度薄、双频吸收甚至多频吸收的频带兼容性好的吸波材料将是未来吸波材料的发展趋势。

第三节　放射性污染与防治

一、放射性污染与污染源

（一）放射性及放射性物质

1. 放射性

某些物质的原子核能发生衰变，放出我们肉眼看不见也感觉不到，只能用专门的仪器才能探测到的射线（如 α、β、γ 射线），物质的这种性质称为放射性（radiation）。放射性现象的本质是原子核的衰变过程。原子序数在 83（铋）或以上的元素都具有放射性，但某些原子序数 83 以下的元素（如锝）也具有放射性。

1896 年，法国物理学家贝可勒尔在研究铀盐的实验中，首先发现了铀原子核的天然放射性。在进一步研究中，他发现铀盐所放出的这种射线能使空气电离，也可以穿透黑纸使照相底片感光。他还发现，外界压强和温度等因素的变化不会对实验产生任何影响。贝可勒尔的这一发现意义深远，它使人们对物质的微观结构有了更新的认识，并由此打开了原子核物理学的大门。1898 年，居里夫妇又发现了放射性更强的钋和镭。由于天然放射性这一划时代的发现，居里夫妇和贝可勒尔共同获得了 1903 年诺贝尔物理学奖。此后，居里夫妇继续研究了镭在化学和医学上的应用，并于 1902 年分离出高纯度的金属镭。在贝可勒尔和居里夫妇等人研究的基础上，后来又陆续发现了其他元素的许多放射性核素。在目前已发现的 100 多种元素中，约有 2600 多种核素。其中稳定性核素仅有 280 多种（属于 81 种元素），放射性核素有 2300 多种。

2.放射性物质

凡具有自发地放出射线特征的物质，即称为放射性物质（radioactive material）。这些物质的原子核处于不稳定状态，易发生核衰变，在衰变过程中自发地放射出 α、β 或 γ 射线（相应的衰变称为 α、β 或 γ 衰变），并辐射出能量，同时本身转变成另一种物质或是成为较低能态的原来物质。其中，α 射线是高速运动的 α 粒子流，它是氦的原子核，它质量大、电离能力强，但穿透力较弱；β 射线是带负电荷的电子流，其粒子质量只有 α 粒子的万分之几，穿透力较 α 粒子强，但电离能力较 α 粒子小得多；γ 射线是波长在 10^{-8} cm 以下的电磁波，不带电荷，其运动速度相当于光速，它的穿透能力很强。

从放射性物质存在状态可将放射性物质分为放射性气体、放射性液体和放射性固体三类。无论是在各类岩石和土壤中，还是在一切江河湖海的水中及大气中，都有不同数量的放射性物质存在。从产生来源可将放射性物质分为天然放射性物质（如铀、钍、镭、钋、铯和氡气等）和人工放射性物质；从危险性大小可将放射性物质分为低放射性物质、中放射性物质和高放射性物质等。

3.核辐射量度及其单位

（1）放射性活度　单位时间内发生的核衰变的次数称为放射性活度，以 A 表示，国际单位为"贝可勒尔"，简称"贝可"（Bq）。单位时间内放射性活度衰减到原来一半所需的时间，称为放射性元素的半衰期。

（2）放射性比活度　单位质量或单位体积的放射性物质的放射性活度。通常，固体放射性物质的放射性比活度用"贝可 / 千克"表示，记为"Bq/kg"；气体放射性物质和液体放射性物质的放射性比活度用"贝可 / 升"表示，记为"Bq/L"。

（3）照射量 X　描述 X 射线和 γ 射线在空气中电离能力的量，照射量（exposure dose）只对空气而言，仅适用于 X 射线或 γ 射线。它的定义是：在标准状态下 1cm^3 的空气（1.293mg 空气）中，X 射线或 γ 射线释放出的全部电子在空气中完全被阻止时所产生的离子总电荷的绝对量，即 $X = dQ/dm$，dQ 为总电荷量，dm 为空气质量。国际单位是库仑每千克（C/kg）。

（4）照射量率或照射率　表示单位时间内照射量的增量。照射量率的国际单位为库仑每千克每秒，即 C/（kg·s）。

（5）吸收剂量 D　指单位质量物质平均吸收的辐射能量。吸收剂量（absorbed dose）的国际单位是焦耳 / 千克（J/kg），它相当于 1kg 物质接受 1J 的能量。

（6）吸收剂量率　表示单位时间内吸收剂量的增量，国际单位为 J/(kg·s)。

（7）剂量当量 H　剂量当量（dose equivalent）是吸收剂量与辐射的品质因子的乘积。严格的定义是吸收剂量 D、辐射品质因子 Q 和其他一切修正因子 N 的乘积，用 H 表示。它的国际单位制单位是希沃特（Sv），$1Sv = 1J/kg$。

吸收剂量是电离辐射给予物质单位质量的能量，是研究辐射作用于物质引起各种变化的一个重要物理量，但是由于辐射类型不同，即使同一物质吸收相同的剂量，引起的变化却不等同。辐射品质因子与辐射引起的电离密度有关。α 粒子在机体中 1mm 径迹所产生的离子对数目约为 10^6，β 粒子在机体中 1mm 径迹所产生的离子对数目约为 10^4。由于电离密度不同，使机体损伤的程度和机体自身恢复的程度也不同，各种辐射的品质因子也不一样。

（8）剂量当量率　单位时间内剂量当量的增量，国际单位为 J/(kg·s)。

（9）集体剂量当量 S　表示辐射给予某一群体产生的效应是各个单一组分所受的剂量当量的总和。剂量当量与集体剂量当量的区别在于，前者用于单个生物体，后者则用于群体。集体剂量当量的国际单位为人·希沃特，符号为人·Sv。

（10）有效剂量当量　有效剂量当量是人体各器官或组织所接受的剂量当量与相应的权重因子的乘积的总和。有效剂量当量的国际单位与剂量当量相同，即希沃特（Sv）。有效剂量当量是一个度量体内或体外照射源（无论是均匀照射还是非均匀照射）造成的健康效应发生率的指标，用来评价辐射电离对人体的总的损伤程度。

（二）放射性污染

1. 放射性污染与污染源

由于人类活动造成物料、人体、场所、环境介质表面或者内部等出现超过国家标准的放射性物质或者射线（X 射线或 γ 射线），从而对环境或人体及其他生物体等产生危害，这时就形成了放射性污染。放射性污染与一般污染等有明显的不同，因为每一种放射性同位素都有一定的半衰期，在其放射性自然衰变的过程中，它会不断地发射出具有一定能量的射线，持续地产生危害；用一般的物理、化学或生物方法等还无法消除放射性污染，只能通过自然衰变而减弱；放射性污染造成的危害潜伏期比较长；非人类的感觉器官能感知，不容易被发现；放射性污染物种类繁多；可存在于多种介质（水、气、土壤、食物、动植物等）中，通过多种途径危害人体及其他生物；放射性核素具有蜕变能力，当形态变化时，可使污染范围扩散。

放射性污染源（radioactive source）有天然辐射源和人工辐射源两大类型。天然辐射源是自然界中天然存在的辐射源，人类从诞生起就一直生活在这种天然的辐射之中，天然辐射源所产生的总辐射水平称为天然放射性本底。天然辐射源主要有铀（^{235}U）、钍（^{232}Th）、钾（^{40}K）、碳（^{14}C）、氡（^{111}Rn）、氚（^3H）、宇宙高能粒子构成的宇宙线以及在这些粒子进入大气层后与大气中的氧、氮原子核碰撞产生的次级宇宙线等；人工辐射源主要来自原子能工业排放的放射性废物，核武器试验的沉降物，以及医疗、科研排出的含有放射性物质的废水、废气、废渣等。

（1）原子能工业排放的废物　　原子能工业中核燃料的提炼、精制和核燃料元件的制造，都会有放射性废物产生和废水、废气的排放。这些放射性"三废"都有可能造成污染，由于原子能工业生产过程的操作运行都采取了相应的安全防护措施，"三废"排放也受到严格控制，所以对环境的污染并不十分严重。但是，当原子能工厂发生意外事故，其污染是相当严重的。国外就有因原子能工厂发生故障而被迫全厂封闭的实例。

（2）核武器试验的沉降物　　在进行大气层、地面或地下核试验时，排入大气中的放射性物质与大气中的飘尘相结合，由于重力作用或雨雪的冲刷而沉降于地球表面，这些物质称为放射性沉降物或放射性粉尘。放射性沉降物播散的范围很大，往往可以沉降到整个地球表面，而且沉降很慢，一般需要几个月甚至几年才能落到大气对流层或地面。

（3）医疗放射性　　在医疗检查和诊断过程中，患者身体都要受到一定剂量的放射性照射，例如，进行一次肺部 X 射线透视，接受（4～20）×0.0001Sv 的剂量（1Sv 相当于每克物质吸收 0.001J 的能量），进行一次胃部透视，接受 0.015～0.03Sv 的剂量。

（4）科研放射性　　科研工作中广泛地应用放射性物质，除了原子能利用的研究单位外，金属冶炼、自动控制、生物工程、计量等研究部门几乎都有涉及放射性方面的课题和试验。在这些研究工作中都有可能造成放射性污染。

2.放射性污染的危害

放射性物质产生的射线或粒子具备较强的电离或穿透能力。随着放射性同位素及射线装置在工农业、医疗、科研等各个领域的广泛应用，放射线危害的可能性在一直增大。

放射线引起的生物效应，主要是使机体分子产生电离和激发，破坏生物机体的正常机能。这种作用可以是直接的，即射线直接作用于组成机体的蛋白质、碳水化合物、酶等而引起电离和激发，并使这些物质的原子结构发生变化，引起人体生命过程的改变；也可以是间接的，即射线与机体内的水分子起作用，产生强氧化剂和强还原剂，破坏有机体的正常物质代谢，引起机体系列反应，造成生物效应。由于水占人体质量的 70% 左右，所以射线间接作用对人体健康的影响比直接作用更大。通常，射线对机体作用是综合性的（直接作用加间接作用），在同等条件下，内辐射（如氡的吸入）要比外辐射（如 γ 射线）危害更大。大气和环境中的放射性物质，可经过呼吸道、消化道、皮肤、直接照射、遗传等途径进入人体，一部分放射性核素进入生物循环，并经食物链进入人体。

人体受到一定剂量的照射后，就会出现机体效应。放射线通过人体时，能与细胞发生作用，影响细胞的分裂，使细胞受到严重的损伤，以致出现死亡、细胞减少和功能丧失。能使细胞产生异常的生殖功能，造成致癌和致突作用。能使胎儿发生结构畸形和功能异常。人体在超容许水平的较高剂量的长期慢性照射下，会引发各种癌症、白内障、不育症，甚至早死。在大剂量的照射下，放射性对人体和动物存在着某种损害作用。如在 400rad（1rad=10mGy）的照射下，受照射的人有 5% 死亡；若照射 650rad，则人 100% 死亡。照射剂量在 150rad 以下，死亡率为零，但并非无损害作用，往往需经 20 年以后，一些症状才会表现出来。放射性也能损伤遗传物质，主要在于引起基因突变和染色体畸变，使一代甚至几代受害。

二、放射性污染防治

（一）强化管理

为防止放射性物质向环境释放，保证公众和环境的长期安全，必须从废物的产生到最终处置都依据

有关法律、法规、标准等进行全过程的控制和管理，并强化"源头管理"和"分类管理"的原则。常用的法律、法规、标准如下。

1.《中华人民共和国放射性污染防治法》

该法（2003年颁布）是为了防治放射性污染，保护环境，保障人体健康，促进核能、核技术的开发与和平利用所制定的放射性管理基本法。

2.《建筑材料放射性核素限量》

《建筑材料放射性核素限量》（GB 6566—2010）要求测定建材产品放射性时，应将被检测的对象放在厚度约为100mm的铅室内（γ射线穿透建筑物墙体轻而易举，但铅室例外，铅室用来屏蔽外来射线的干扰）。

《建筑材料放射性核素限量》按天然石材的放射性水平，把天然石材产品分为A、B、C三类：A类产品可在任何场合中使用，包括写字楼和家庭居室；B类产品放射性程度高于A类，不可用于居室内饰面，可用于其他一切建筑物的内、外饰面；C类产品放射性程度高于A、B两类，只可用于建筑物的外饰面。超过C类标准控制值的天然石材，只可用于海堤、桥墩及碑石等其他用途。

3.《室内氡及其子体控制要求》

按照《室内氡及其子体控制要求》（GB/T 16146—2015）的规定，住房内氡浓度限值：新建房，100Bq/m³；已建房，200 Bq/m³。

4.其他

还有《核辐射环境质量评价一般规定》（GB 11215—89）、《核动力厂环境辐射防护规定》（GB 6249—2011）、《环境核辐射监测规定》（GB 12379—90）、《反应堆退役环境管理技术规定》（GB/T 14588—2009）、《放射性废物的分类》（GB 9133—1995）等。

（二）做好放射性废物的处理与处置

根据放射性只能依赖自身衰变而减弱直至消失的固有特点，对高放及中、低放长寿命的放射性废物采用浓缩、贮存和固化的方法进行处理；对于中、低放短寿命废物则采用净化处理或滞留一段时间，待减弱到一定水平再排放。

1.放射性废液的处理

《中华人民共和国放射性污染防治法》禁止利用渗井、渗坑、天然裂隙、溶洞或者国家禁止的其他方式排放放射性废液。处理放射性废液的方法主要有放置衰变、化学沉淀、离子交换和蒸发浓缩。

（1）放置衰变法 水量较少，所含放射性核素属低水平且寿命较短的废液，可贮进备有盖板、无渗漏容器中，经数个半衰期（通常需 10 个）待其比活度降低后，再排出。

（2）化学沉淀法 依据凝聚 - 絮凝分离原理，在废液中投加一定量的化学药剂，可使大部分放射性核素通过共沉淀作用或对不溶性组分的吸着作用自液相中除去。仅适用于低或中放废液。但这种方法的分离常不完全，其净化效果较低。

（3）离子交换法 在装有离子交换材料（树脂或沸石、蒙脱石等）的装置中使放射性废液（最好是低含盐量的回路循环水）通过。这时液相中的阳离子态核素（如 ^{90}Sr、^{137}Cs 等）与离子交换材料上的可交换离子 H^+、Na^+ 等进行交换，而废液中的阴离子态核素（如 ^{131}I 等）可与交换材料上的阴离子（如 Cl^- 等）交换，从而使废液得到净化。经过一段时间的运行处理，交换材料可用酸碱液加以再生以供重复使用。选用此法必须认真考虑对所产生的二次污染废物的调理、存放和处置问题。

（4）蒸发浓缩法 这是一种很有成效的方法，其净化效果和蒸渣的浓缩倍数均较高。通过蒸发，液相中的水分以蒸汽形式分离出去。理论上讲，在蒸残液中留下的是不挥发组分，即盐分和全部放射性核素。但由于雾沫挟带等原因，冷凝液中难免含有一些放射性物质，因此净化效果并非彻底，对其排出水必须进行检验，若发现不合格时，应做进一步处理。

放射性废液经过上述处理后，原水中的放射性成分被浓集到较小的体积内，问题转化为放射性固体废物的处理。

2. 放射性固体废物的处理

放射性固体废物的处理，多采用焚烧、压缩、去污、包装等方式处理。

（1）焚烧法 可燃性放射性固体废物可通过焚烧炉焚化。但由此而产生的废气及气溶胶物质，需严加控制。焚烧的灰烬要注意收集，并掺入固化物中。

（2）压缩切割法 具压缩性固体废物，通过压缩机挤压可减容至原来的 1/10~1/2，然后包装盛入桶内贮存。对于金属废品可先加工切割成小件，再施压或锻击以减小体积。

（3）去污法 通过不同的去污方法，如溶剂洗涤、机械刮削、磨蚀、喷镀或熔化等手段，最后达到降低污染程度至可接受的水平。属于预处理手段。

（4）包装法 为满足运输或贮存的屏蔽要求，所有受放射性沾染不能复用的固体废物，减容后均需置于特殊金属桶内加盖密封，外面再用特殊材料包裹以防射线溢出。

（5）固化法 浓集了中、低放废液中大部分核素的放射性污泥浆或蒸残液，须经固化处理以减轻其扩散影响。常用的固化剂有水泥、沥青、塑料、陶瓷等。

3. 放射性废气的处理

放射性废气主要由以下各物质组成：挥发性放射性物质（如钌和卤素等）；含氚的氢气和水蒸气；惰性放射性气态物质（如氪、氙等）；表面吸附有放射性物质的气溶胶和微粒。在核设施正常运行时，任何泄漏的放射性废气均可纳入废液中，只是在发生重大事故及以后一段时间，才会有放射性气态物释出。通常情况下，采取预防措施将废气中的大部分放射性物质截留住甚为重要，可选取的废气处理方法有以下几种。

（1）过滤法 主要用以处理气溶胶。通常用的过滤介质有石棉、金属丝网、玻璃纤维、滤纸、棉织

物等。当气溶胶穿过配置的多重过滤装置包括粗滤、预滤、高效过滤等的组合系列，可取得较满意的截留效果。

（2）吸附法　吸附法常用的装置是活性炭吸附器。主要用以吸附碘、氪、氙等放射性废气。

（3）放置法　将气态排出物经过近0.8MPa的压缩装置充进密封的衰变罐内，存放45～60d（其比活度已去除99.9%），然后排出做进一步处理。此法工艺成熟，流程简单，操作方便。缺点是需配备数量较多、体积较大的贮气罐。适用于自反应堆内释放出的放射性废气（绝大部分核素的半衰期仅为1日或数日）或高放废气。

4. 放射性废物的处置

《中华人民共和国放射性污染防治法》明确规定：低、中水平放射性固体废物在符合国家规定的区域实行近地表处置；高水平放射性固体废物实行集中的深地质处置；禁止在内河水域和海洋上处置放射性固体废物。放射性废物处置的基本方法是通过天然或人工屏蔽构成的多重屏蔽层以实现有害物质同生物圈的有效隔离。根据废物的种类、性质、外形大小以及放射性核素成分和比活度等可分为以下四种处置类型。

（1）扩散型处置法　适用于比活度低于法定限值的放射性废气或废水，在控制条件下向环境排入。

（2）浅地层埋藏方法　浅地层埋藏处置是指地表或地下的、具有防护覆盖层的、有工程屏障或没有工程屏障的浅埋处理，埋藏深度一般在地面下50m以内，其上面填土覆盖植被，做出标记牌。填埋对象是装有不含铀元素的低放废物的容器，上覆多层土壤，以屏蔽来自废物的射线和防止天然降水渗入。

（3）隔离型处置法（安全填埋法）　适用于数量较少、比活度较高、含长寿命α核素的高放废物。废物必须置于深地质层或其他长期能与人类生物圈隔离的处所，以待其充分衰减。其工程设施要求严格，需特别防止核素的迁出。处置场的主要任务是保证这些放射性物质不会释放到周围环境中而对人类产生影响，直至其衰变到人类可以接受的水平（300～500年）。

（4）资源化处置法　适用于极低放射性水平的固体废物。经过前述的去污处理，在不需要任何安全防护条件下可加以重复或再生利用。

放射性废物的处置与利用是相当复杂的问题，特别是高放废物的最终处置，目前在世界范围内还处于探索与研究中，尚无妥善的解决办法。

（三）做好辐射防护

1. 辐射防护的基本原则

一切伴有辐射照射的实践和设施，都应当符合实践的正当性和辐射防护最优化原则，并确保个人所受的照射低于相应的剂量限值。

（1）实践的正当性　在施行伴有辐射照射的任何实践之前，都必须经过正当性判断，确认这种实践具有正当的理由，获得的利益大于代价（包括健康损害和非健康损害代价）。

（2）辐射防护的最优化　应避免一切不必要的照射，在考虑到经济和社会因素的条件下，所有辐射照射都应保持在可合理达到的尽量低的水平。

（3）剂量限制　剂量限制涉及的是职业性人员个人和公众个人，指由所有可被控制的源所引起的个人照射要服从剂量限值，并对潜在照射所致危险要实施某些控制。

2.辐射防护方法

对于在空间辐射场接受的外照射，如 X 射线等的照射，应采用减少受辐射时间、加大距辐射源间的距离、屏蔽辐射源或受照者等措施。对于 α 射线，由于其容易被吸收，穿透能力弱，用几张纸或铝薄膜就可将它吸收掉。对 β 射线，采用有机玻璃、烯基塑料、普通玻璃或铝板就可将其吸收。X 射线或 γ 射线的穿透能力很强，危害也最大，对于它的防护需要有足够厚度的铅、铝、铁板或足够厚的混凝土才能起作用。但 β 粒子穿过物质时，有明显的散射现象，其特点是 β 粒子的运动方向发生改变，当运动方向发生大的改变（例如偏折）时，β 粒子的一部分动能会以 X 射线的形式辐射出来，这种辐射称为韧致辐射（韧致辐射的强度既与阻止物质的原子序数 Z 的平方成反比，还与 β 射线的能量成正比）。由于对 X 射线的屏蔽要比对 β 射线本身的屏蔽困难得多，所以对 β 射线的屏蔽，通常要选用原子序数比较低的物质，诸如像有机玻璃和铝这样的材料，作为 β 射线的屏蔽物质，从而使得 β 射线在屏蔽材料中转变为韧致辐射的份额较少。但对于放射性活度及 β 粒子的能量均较高的 β 辐射源，最好在轻物质屏蔽材料的后面，再添加一定厚度的重物质屏蔽材料，以屏蔽掉韧致辐射。

在辐射防护中，根据中子能量的高低，可以把中子分为慢中子（能量小于 5keV，其中能量为 0.025eV 的称为热中子）、中能中子（其能量范围为 5～100keV）和快中子（0.1～500MeV）3 种。在实际工作中，大多数情况遇到的是快中子，快中子与轻物质发生弹性散射时，损失的能量要比与重物质作用时多得多，例如，当快中子与氢核碰撞时，交给反冲质子的能量可以达到中子能量的一半。因此含氢多的物质，像水和石蜡等，均是屏蔽中子的最好材料，同时水和石蜡由于价格低廉，容易获得，效果又好，是最常用的中子屏蔽材料。

对于摄入放射性物质而形成的内照射，如氡等的吸入，有如下方法：在专用工作箱中进行放射性操作，同时，箱内外加适当屏蔽，使射线对人体的外照射在允许剂量以下；经常大量通风换气；高烟囱排放等。另外，对于职业性防护，防护人员必须穿防护衣，以免一般的衣物受到污染，在紧急情况或有尘粒时必须戴上防毒面具。在处理放射性材料区域内不得进食。适当进行辐射材料处理与管理的培训，是工作场所中减少内部辐射照射危害最重要的方法。

第四节　光热污染及其防治

一、光污染及其防治

（一）光污染

1.光

光的本质是电磁波。光包括红外线、可见光和紫外线。通常我们用肉眼所能看到的光波为红、橙、

黄、绿、青、蓝、紫七色，称为可视光，其波长为390~760nm，超过此波长范围的光波人类肉眼无法看到，称为不可视光。红外线是红光以外的不可视光波，它是1800年德国科学家哈逊在研究太阳光谱时发现的，它的波长为760~1000nm，热辐射占整个太阳光热能的50%，因而又称"热线"。紫外线是一组高频率的电磁波，波长由100nm到400nm不等，可分为短波紫外线、中波紫外线和长波紫外线三种，波长越短，能量越大，造成的伤害越严重。

2. 光污染

光是人类不可缺少的，但是，过强、过滥、变化无常的光，也会对人体、对环境造成不良影响或引发其他恶性事故，由此就造成了光污染（light pollution）。光污染是属于物理性能量流污染，一旦停止，污染就会消失。

3. 光污染的分类及其危害

从光线类型可将光污染分为可见光污染、红外线污染和紫外线污染。

（1）可见光污染

① 眩光污染。视野内有亮度极亮的物体或强烈的亮度对比或光线过杂、过乱，则可引起不舒适或造成视觉降低的现象，称为"眩光（glare）"，造成人眼视力降低的眩光称为"失能眩光"，使人有不快之感的眩光称为"不舒适眩光"。如房间布置不合理的照明设施产生眩光，电焊时产生的强烈眩光，在无防护情况下会对人的眼睛造成伤害；夜间迎面驶来的汽车头灯的强光，会使人视物极度不清，造成事故，人眼有两类感光细胞——锥状细胞和杆状细胞，分别适应明暗两种不同环境，交替工作。有时，明暗突然交替，它们来不及适应，人就会感觉不舒服，神经调节系统就会出现某种紊乱。尤其在黑暗环境，人的瞳孔开得很大，突遇强光，瞳孔来不及闭合，大量强光线进入眼内，可能造成眼损伤。夜间骑车人面对迎面过来的汽车发出的强光，就会出现这种不适应。尤其夜里的电焊枪、闪光灯等明暗交替出现的光，轮番刺激眼底，会使视网膜神经很快感觉到疲劳，很容易引起视力下降；密集的眩光透过眼睛的晶状体，再集中于视网膜上，其聚光点温度高达70℃，对人的视觉极其有害，甚至导致失明。

车站、机场、控制室过多闪动的信号灯以及在电视中为渲染气氛快速地切换画面也属于眩光污染，使人视觉不舒服，引起人心理和生理上的不适。它们的光线虽然不强，但因明灭不定，光线游移，很容易引起视觉疲劳，进而引起大脑疲劳，头晕头痛。人们常说在这种情况下感到"眼花缭乱""头晕目眩"，指的就是这种效应。长期在光线闪烁的环境中工作或经常出入舞厅等场所，会使人的视力受到影响，甚至导致某种程度的视力的下降。又如玻璃幕墙的光污染引发"热岛效应"，造成热污染。

② 灯光污染。城市夜间灯光不加控制，使夜空亮度增加，影响天文观测；路灯控制不当或建筑工地安装的聚光灯，照进住宅，影响居民休息，扰乱人的生物钟节律，影响正常激素的形成，危害人体健康，甚至引发癌症。

③ 视觉污染。城市中杂乱的视觉环境，如杂乱的垃圾堆物、乱摆的货摊、五颜六色的广告和招贴等，这是一种特殊形式的光污染。

④ 激光污染。激光同样是一种光，也同样具有波动性和粒子性，是人工激活的特定活性物质，在特定的条件下产生的受激发光。激光波长取决于所选用的工作物质，其范围从 $0.1\mu m$ 的深紫外线到 $1000\mu m$ 的远红外线。激光的频率范围较窄，因此激光具有高度的定向性、单色性、亮度和相干性。这是一种可直接造成眼底伤害的污染。近年来，激光得到了广泛的应用，甚至节日装饰和舞台、舞厅布置也采用了激光装置，激光光线到处可见，大有泛滥成灾之势。激光是一种指向性好、颜色纯、能量高、密度大的高能辐射，它的密度通常比太阳光线要高出几百倍乃至几亿倍。它可以在金属上钻孔，在金刚石上打眼，把最难以熔化的金属直接烧焊在一起。即使是最弱的激光光束，在它照射到的地方产生的热量也比太阳的强光高几百倍。激光光束一旦进入人眼，经晶状体会聚，可使光强度提高几百倍甚至几万倍，眼底细胞都会被烧伤。激光光谱还有一部分属于紫外线和红外线频率范围，它们因不能被人眼看到，更容易误入人眼造成伤害。功率很大的激光甚至可以直接进入人体，危害人的深层组织和神经系统。

⑤ 其他可见光污染。现代城市的商店、写字楼、大厦等，外墙用玻璃或反光玻璃装饰，在阳光或强烈灯光的照射下，所发出的反光会扰乱驾驶员或行人的视觉，成为交通事故隐患。

（2）红外线污染　近年来，红外线在军事、科研、工业、卫生等方面应用日益广泛，由此也产生了红外线污染。红外线通过高温灼伤人的皮肤，还可透过眼睛角膜对视网膜造成伤害，波长较长的红外线还能伤害人眼睛的角膜表皮细胞，长期的红外照射可以引起白内障。

（3）紫外线污染　紫外线是造成光化学烟雾的因素之一。波长为 $220\sim320nm$ 的紫外线对人具有伤害作用，轻者引起红斑反应，重者可导致弥漫性或急性角膜结膜炎、皮肤癌、眼部灼烧，并伴有高度畏光、流泪和脸痉挛等症状。

另外，核爆炸、熔炉等发出的强光是更为严重的光污染。

4.光的度量

（1）光通量 φ　光源所发出的光线条数，单位为"流明"，记为"lm"。

（2）照度 E　每单位面积所通过的光线，单位为"勒克斯"，记为"lx"或"lm/m^2"。

（3）光亮度 L　描述光源光亮的程度，单位为"尼特"，记为"nt"。

（4）光强度　通过单位体积的光线条数，国际单位为"坎德拉"，记为"cd"。光强度最初定为"烛光"，后来改为"黑体"，再后来改为"坎德拉"。

（二）光污染防治

1.光污染控制标准

有效控制光污染应该规范设计标准，国际上对商业或混合居住区的建筑墙面照度一般规定为50lx，灯具的光强度为2500cd，居住区的照度为 $10\sim20lx$，灯具的光强度为 $500\sim1000cd$。

天津市 1999 年曾颁布过《城市夜景照明技术规范》，这是我国第一个有关夜景照明的技术规范。北京市也曾有一个《城市夜景照明工程评比标准》。但这些标准中只有一些简单的指标来衡量光污染，如北京把建筑物立面照明的用电量控制在 $2.4\sim2.7W/m^2$ 以下。

为控制玻璃幕墙的光污染，很多地方也出台了许多法律法规。我国对幕墙建筑的问题也给予了高度重视，建设部于 1996 年颁布了幕墙工程技术规范，1997 年又颁布了《加强建筑幕墙工程管理的暂行规定》，使控制幕墙工程质量有了法规依据。

为控制机动车灯光的光污染，我国还出台了机动车配光标准，如 GB 5920—2019、GB 4660—2016、GB 4599—2007、GB 15235—2007、GB 11554—2008、GB 17509—2008、GB 5948—1998、GB 15766.1—2008 等。

2. 光污染控制

防治光污染主要从下列几个方面着手。

（1）加强城市规划管理，规范环境设计，合理布置光源（光源散射方向、亮度等），科学使用建筑材料等。如城市规划管理部门要从宏观上对使用玻璃幕墙进行控制，要从环境、气候、功能和规划要求出发，实施总量控制和管理。限制玻璃幕墙的广泛分布和过于集中，尤其注意避免在并列和相对的建筑物上全部采用玻璃幕墙。绝大多数的大型建筑物可以采用局部玻璃幕墙。上海市建设委员会关于建设工程中使用玻璃幕墙有如下规定：建筑物使用玻璃幕墙面积不得超过外墙建筑面积的 40%（其中包括窗玻璃）。

（2）对有紫外线和红外线污染的场所，必须采取必要的安全防护措施。如对有紫外线和红外线污染的场所采用屏蔽防护措施；如在有些医院的传染病房安装有紫外线杀菌灯，杀菌灯不可在有人时长时间开着，否则就会灼伤人的皮肤，造成危害，因此可缩短时间。

（3）采用个人防护措施，主要是戴防护眼镜和防护面罩。光污染的防护镜有反射型防护镜、吸收型防护镜、反射 - 吸收型防护镜、爆炸型防护镜、光化学反应型防护镜、光电型防护镜、变色微晶玻璃型防护镜等类型。

（4）限定夜景照明时间，改造已有照明装置。采用新型照明技术，采用节能效果好的照明器材。

（5）加强夜景照明生态设计，充分考虑环境设计。明确夜间灯光的主要功能是照明，而后才是美化作用。

（6）加快立法，健全法规，加强管理。着手制定我国防治光污染的标准和规范，同时建议在国家和地区性环境保护法规中增加防治光污染内容。在目前我国没有这方面的标准和规范的情况下，建议参照国际照明委员会和发达国家有关规定和标准来防治光污染。

二、热污染及其防治

（一）热污染

1. 热污染的概念

热污染（thermal pollution）是指人类的生产和生活活动中排放的废热排入环境，改变原环境的物理条件如温度、氧溶解度等变化，从而造成相应危害，这时就构成了热污染。热污染的实质是能量流污染。

2. 热污染源

（1）热污染主要来自能源消费，造成热污染最根本的原因是能源未能被最有效、最合理地利用。工业生产过程的燃料燃烧和化学反应等过程产生的热量，一部分转化为产品形式，一部分以废热形式直接排入环境。而转化为产品形式的热量，最终也要通过不同的途径，释放到环境中。热污染最典型的例子是火力发电，在燃料燃烧的能量中，40% 转化为电能，12% 随烟气排放，48% 随冷却水进入到水体中。在核电站，能耗的 33% 转化为电能，其余的 67% 均变为废热全部转入水中。电力工业是排放温热水最多的行业，据统计，排进水体的热量，有 80% 来自发电厂。

（2）人类的不科学生产和生活行为造成热污染加剧，如大气污染加剧，温室气体的排放，通过大气温室效应，引起大气增温；消耗臭氧层物质的排放，破坏大气臭氧层，导致太阳辐射增强；地表状况的改变，使反射率发生变化，影响地表和大气间的换热等；不按生态学规律进行人居环境的建设，不合理的规划布局造成"热岛效应"；森林资源的破坏，造成温室气体在自然界的动态平衡被打破，加剧温室效应等；空调等机械大量散热于空气中；不合理的供热体制造成能量的大量散逸，造成热污染；宇宙辐射、太阳活动频繁、火山爆发、森林失火等造成热污染加剧；光污染也是热污染原因之一。

3. 热污染分类及热污染危害

热污染主要分为两大类：水体热污染和大气热污染。

（1）水体热污染及危害　由于向水体排放温水，使水体温度升高到有害程度，称为水体热污染。水体热污染主要由于工业冷却水的排放，火力发电厂、核电站和钢铁厂的冷却系统排出的热水，以及石油、化工、造纸等工厂排出的生产性废水中均含有大量废热，其中以电力工业为主。水体热污染的危害主要表现在以下几个方面。

① 影响水质。水温升高，水体中物理化学和生物反应速率会加快，由此带来的后果是多方面的：有毒物质毒性加强，需氧有机物氧化分解速度加快，耗氧量增加，水中溶解氧气锐减，水体缺氧加剧等。

② 对水生生物的影响。由于水温升高，使水中溶解氧减少，水体处于缺氧状态，同时又使水生生物代谢率增高而需要更多的氧，造成一些水生生物在热效力作用下发育受阻或死亡，引发鱼类等水生动植物死亡，从而破坏水体生态平衡，影响渔业生产。

③ 水温升高导致水体生态结构改变。水温越高，蓝藻越占优势，水体富营养化易加剧，从而越不宜饮用和渔业用，否则导致人、畜中毒。厌氧菌却能适应这种环境而大量繁殖，并使有机物腐败，使水质发黑发臭，影响生态平衡。另外，水温升高给一些致病微生物造成一个人工温床，使它们得以滋生、泛滥，引起疾病流行，危害人类健康，严重者甚至会危及人类的生命。

（2）大气热污染及其危害　由于向大气排放含热废气和蒸汽，导致大气温度升高而影响气象条件时就构成了大气热污染。向大气排放含热废气和蒸汽的主要危害表现在以下几个方面。

① 气温升高，全球气候变暖。工业的迅速发展，各种燃料消费剧增，产生的大量 CO_2 等温室气体被释放到大气之中，温室效应显著，加速了地球大气平均温度的增高，造成了全球热量平衡的紊乱。另外，太阳活动频繁加剧，到达地球的太阳辐射量发生改变，大气环流运行状况随之也发生变化，改变了大气正常的热量输送，赤道东太平洋海水异常增温，厄尔尼诺增强，导致地球大面积天气异常，旱涝等灾害性天气增多。持续的高温，导致南极浮动冰山顶部大量积雪融化，致使群居在南极冰雪地带海面浮动冰山顶部的企鹅数目大减，大量企鹅失去了赖以产卵和孵化幼仔的地方。

② 由于全球气候变暖，空气中水汽相对较少，干旱地区明显增多，土地干裂，河流干涸，沙化严重，全世界每年都有超过 600 多万公顷的土地变成沙漠，尤其是在副热带干旱区和温带干旱区。由于地面状况的改变，使这些地区的太阳辐射强度大，而且地表对太阳辐射的吸收作用明显增强，实质上又为地球大面积的增温起到了一定的推动作用。

③ 工业生产（如钢铁厂、化工厂、染布厂、造纸厂等）、居民生活（如电或气等燃料）向大气排放了

大量的废热水、废热气等，它们含有大量的废热，排放后可以使地面、水面等下垫面增温，形成逆温。这样，促使地面上升气流相应减弱，阻碍了云雨的形成，造成局部地区干旱少雨，影响了农作物的生长，易使土壤干旱沙化，另外逆温还使大气污染物不易扩散，易造成污染事故，严重时可使人类的生命财产受到威胁。

④ 形成热岛效应（heat island effect）。人类活动对气候的影响，在城市气候中表现最为突出。城市人口密集，高楼密集，高速公路密集，越来越多的地表被建筑物、混凝土和柏油所覆盖，绿地和水面减少，使蒸发作用减弱，大气得不到冷却。工厂、汽车、空调及家庭炉灶和饭店等排热机器繁多，释放出废热进入大气，使城市年平均气温比郊区可高 1℃，甚至更多，在用等温线表示的气温分布图上，气温高的部分呈岛状，因而被称为"热岛"。城市密集高大的建筑物，是气流通行的障碍物，使城市风速减小，污染物难以稀释排放。由于城市热岛效应，会形成局部的逆温现象，危害人体健康。在部分地区，热岛现象会造成局部地区水灾。城市产生的上升热气流与潮湿的海陆气流相遇，会在局部地区上空形成乱积云，而后降下暴雨，每小时降水量可达 100mm 以上，从而在某些地区引发洪水，造成山体滑坡和道路塌陷等。热岛现象还会导致气候、物候失常。

⑤ 大气热污染为蚊子、苍蝇等病原体提供了滋生繁衍的条件，对人体健康构成危害。另外，高温也会降低人的工作效率，甚至使人昏厥和中暑。

（二）热污染的防治

1. 热污染控制标准

热污染控制标准、法律、法规还有待进一步健全，亟需建立热污染控制法律体系。

（1）水体热污染控制标准 为防治水体热污染，通常采用控制受纳水体温度升高范围的办法，如《地表水环境质量标准》（GB 3838—2002）规定，人为造成的环境水温变化应限制在，周平均最大温升≤1℃，周平均最大温降≤2℃。《海水水质标准》（GB 3097—1997）规定，人为造成的海水温升夏季不超过当时当地水温 1℃，其他季节不超过当时当地水温 2℃，最大不超过当时当地水温 4℃。也有控制排放水水温的，如《污水排入城市下水道水质标准》（CJ 3082—1999）规定，超过 40℃的水不允许直接排入下水道和附近地表水体。现急需制定《冷却水排放标准》。

（2）大气热污染控制标准 目前有关控制大气热污染的法律法规几乎处于空白。

2. 热污染防治

热污染可以通过科学规划管理、改进热能利用技术、提高热能利用率、对废热进行综合利用等途径加以防治。

（1）科学规划管理，制定相关法律、法规和标准，增加绿化覆盖率尤其是林木、灌木、草地等相结合的立体绿化覆盖率。如市内高层楼房不要集中，规范玻璃幕墙的设计施工，道路要宽畅，建筑低层化，推行房顶、墙壁绿化，限制热源排放等。

（2）通过技术改进，提高能源转换利用率或开发利用洁净新能源。目前因燃烧装置效率较低，使得大量能源以废热形式消耗，并产生热污染。据统计，民用燃烧装置的热效率为10%～40%，工业锅炉为20%～70%，火力发电厂能量利用效率约为40%，核电站约为33%。我国热能平均有效利用率仅为30%左右。如果把热能利用率提高10%，就意味着热污染的15%得到控制。我国把热效率提高到40%以上是完全可能的。这样可以大大减少热污染。

（3）充分利用废热。例如，把热的废蒸汽或废热水通过热交换器加热水，用来洗澡，或把废热用于加热需要升温的原料或冬季用于供暖、预防航道结冰等，既回收了废热，节约了能源，又防止了环境的热污染。废热的综合利用是比较环保的措施。但电厂的温排水温度低，把大量的温排水用于农业、水生生物养殖，以及送往远距离供热取暖等都是不经济的，况且还受到季节的限制。

（4）利用冷却装置降温后排放。如用冷却塔或冷却池把含热废气或废热水先冷却降温，而后排放。

（5）在源头上尽可能开发和利用太阳能、风能、潮汐能、地热能等可再生能源。

思考题

1. 通过本章的学习，你是如何理解物理性污染的？它与化学性污染、生物性污染有何不同？
2. 除了本章讲的几种物理性污染外，你还能举出其他物理性污染吗？试说明你的理由。
3. 通过本章的学习，你了解了物理性污染的危害了吗？为避免受到物理性污染，你会怎样防护自己呢？
4. 在你的周围有哪些物理性污染源？如果你的环境权益因它们而受损害，你会利用相关法律、法规和标准维护你的环境权益吗？试举例说明。
5. 你认为我国现阶段在噪声污染控制方面存在哪些问题？
6. 噪声的控制方法有哪些？

第七章

第八章　人口资源与环境

○○ ──── ○○　○　○○ ─────────

 引　言

随着社会经济的发展和人类从自然获取能力的提升，自然资源短缺的现象不断加剧，人口的增加进一步加剧人类需求的无限性与资源的有限性之间的矛盾。生态系统向人类提供服务和供给的能力不断下降，生态赤字不断扩大，以资源短缺和环境退化为核心的生态稀缺已经成为人类可持续发展的瓶颈。联合国《2030 年可持续发展议程》确定的全球可持续发展目标（SDGs）充分展示了人类对经济增长、社会进步和生态平衡的愿景。实现 SDGs 的核心是处理好人与自然的关系，确保人类对自然的索取必须与人类向自然的回馈相平衡；处理好人与人的关系，在经济发展过程中确保人际关系、代际关系、区际关系的互利和谐。

随着人口的增加和人类对生态系统的侵占，自然生态系统的相对规模逐渐减少，生态系统功能与服务也相应减少，生态稀缺性愈来愈突出。联合国经济和社会事务部（United Nations Department of Economic and Social Affairs，UN DESA）发布的 2019 年《世界人口展望》报告提到，根据对全世界 235 个国家或地区的历史数据和人口趋势分析，到 21 世纪末，世界人口将达到 110 亿，而未来 30 年将增加 20 亿人口。人口规模的增加给生态环境带来更大的压力，人口增长将带来人均生态资本的减少、环境污染的加剧，局部地区甚至会形成人口贫困和生态贫困恶性循环的态势。在日渐趋紧的生态环境压力下，随着全球经济总量、增速的不断攀升以及人口规模的扩大，自然资源消耗的种类和数量也随之扩大，给生态环境也带来更大的压力，局部地区有可能出现生态贫困的态势。

我国人口众多，大部分地区自然环境先天脆弱，加上短期经济飞速发展且方式相对粗放，生态退化严重，环境污染尚未扭转，环境健康问题较为突出。随着经济活跃度的增加，人均生态足迹逐年增长，20 世纪 90 年代以来增幅更加明显。从 21 世纪初开始，伴随着大规模、快速的经济增长，人均生态足迹也以每年约 7% 的速度快速增长。科学认识当前人口问题和资源危机，增强对控制人口、节约资源和保护环境的责任感和使命感，处理好人口、资源、经济与环境之间的关系，是实现永续发展的重要基础，更需要我们每一个人拥有资源节约的绿色消费意识并为之付诸行动。

Nature has provided us with many kinds of resources. All most everything we use in our everyday life comes from Nature. The food we eat, the water we drink, the clothes we wear, the concrete and bricks to build our houses, the materials to make bikes we ride, etc, all come originally from Nature. People have been making use of these natural supplies for thousands of years. With the development of technology and the increase of the population, the amount and range of materials taken has increased. It is estimated that this trend will continue in the years to come. However, natural resources are not in exhaustible. Some resources are already nearly used up. For example, the end of the world's fuel is already within sight. Such an essential daily item as water is in short supply in many parts of the world. We can no longer thoughtlessly use the many resources provided by Nature. We must learn to conserve what remains.

📚 导 读

随着工业的发展和人口的增加，人类对自然资源的巨大需求和大规模的开发已导致自然资源的减少、退化、枯竭。人口的过快增长，一方面使经济再生产从环境中获取的资源大大超过环境系统的资源再生能力，造成自然资源的退化和枯竭；另一方面，经济再生产和人口再生产排入环境的废物远远超出了环境的容量，造成生态的严重破坏和环境的严重污染。同时，环境与资源问题日益严峻也影响着人口的总量、分布与素质。处于快速工业化、城市化过程中的中国，基本国情是人口多、底子薄、资源相对不足和人均国民生产总值仍居世界后列，单纯消耗资源和追求经济数量增长的传统经济发展模式正在严重地威胁着自然资源的可持续利用。因此，如何协调人口、资源、环境和经济之间的关系已成为当今人类社会可持续发展进程中面临的重大课题。

本章由三部分组成：首先分析了世界人口的增长现状及趋势和我国人口现状与控制；第二部分主要介绍自然资源、自然资源的价值以及我国的资源开发与利用；最后，讨论了人口、资源与环境三者之间的关系，分析了协调人口资源环境的对策及当前采取的主要行动。

第一节　人口现状

一、世界人口增长现状及趋势

（一）世界人口增长现状

人口在环境因素和社会因素的调节和约束下不断发展，迄今为止，人口总的趋势依然是增长。世界人口的增长过程，呈现出一定的规律。

1. 世界人口增长的四个阶段

人类从受制于环境到改造环境，再到与环境协调发展，世界人口的发展大致经历四个时期。

第一阶段，从人类起源开始至公元前 3000 年左右，称为史前阶段。这个阶段人类进入旧石器时代，先后经历了旧石器时代、中石器时代和新石器时代。火的使用第一次较大地提高了人口增长率，但饥寒和疾病、野兽、自然灾难和部落冲突仍是阻碍该阶段人口增长的主要原因。所以，这个时期全球人口增长仍较为缓慢，到公元前 3000 年，世界人口达到 4000 万左右。此阶段整个人口的增长曲线呈现为大幅度升降的波浪形，其中下降时比较急剧，而恢复时则比较缓慢。史前时代人口发展的另一个显著特点是时间和空间上的极端不平衡，人口增长在很大程度上受自然因素的制约。环境良好时，增长较多；环境恶劣时，则明显减少，有时甚至导致一个部落或一个地区内人口趋近于绝灭。

第二阶段，大约从公元前 3000 年至 18 世纪，基本上可以称为农业文明时期。这个阶段人类经历奴隶社会和封建社会两个重要的时期。人类逐渐掌握了铜器和铁器制造，并且学会驯养禽畜，更重要的是掌握了农业种植技术，生产技术水平获得了较大的提高。因此，人口出生率得到稳定提高，死亡率则进一步降低。至 1800 年，世界人口达到 10 亿左右。这一阶段，影响人口增长的主要因素是瘟疫、频繁的战争以及自然灾害。此阶段世界人口总量大致呈波浪式发展，但总趋势仍是不断增长。

第三阶段，从 18 世纪末期至 20 世纪 70 年代，基本上可以称为工业文明时期。1768 年蒸汽机出现，标志着人类文明进入工业文明阶段。人类社会生产逐渐进入工业化生产模式，社会生产总值显著提高。人口发展相应地进入高速增长时期，特别是第二次世界大战之后，国际社会逐渐稳定下来，世界出现爆炸式的人口增长。由于科学的发展和医疗卫生事业的进步，从全球来看世界人口一直是稳步地直线上升，极少出现大范围的波动，历史上世界人口增长的波动性基本上得到了消除。近代以来人口增长曲线上仅有的两个波折，是分别由两次世界大战造成的，但持续时间短，升降幅度小。另外，由于各国生产力水平差异悬殊，人口增长在地区之间出现显著差距。至 1974 年，世界人口达到 40 亿。这一阶段，由于工业化规模不断扩大，一方面人类对各种自然资源的开发和索取强度的极大提高，对资源环境造成了巨大压力；另一方面工业文明造成了局部以及大范围的环境污染、生态破坏。工业废气的排放导致温室效应、酸雨和臭氧层的破坏等，打破了大气圈原有的物质循环和能量流动的平衡，出现了全球性环境问题。工业文明在造福人类的同时，也使人类的生存环境日趋恶化。

第四阶段，20 世纪 70 年代以后，可以称为人口与环境逐渐协调的阶段。以 1972 年联合国的《人类环境宣言》和 1987 年的《我们共同的未来》（*Our Common Future*）为发端，以 1992 年联合国环境与发展大会的《里约环境与发展宣言》为标志，人类社会正在从"蒙昧"步入以"保护环境，崇尚自然，促进持续发展"为核心的"绿色时代"，资源环境问题已经成为人类持续发展的关键问题之一。这个阶段，全球处于和平时期，科学技术水平获得极大的提升，人类生活质量进一步提高。世界总人口从 1987 年的 50 亿增长到 2021 年的 78.75 亿（联合国人口基金发布的《2021 世界人口状况》），人口增长速度逐步变缓，预计在 21 世纪 80 年代将达到约 104 亿的峰值，并将保持在这一水平小幅波动，直到 2100 年。因此，世界上许多国家（特别是发展中国家）迫于人口的压力，已纷纷采取各种措施，保障人口适度增长。世界人口增长逐渐由自发性增长状态转向与自然资源、生态环境、社会经济协调发展的新模式。因此，在该文明阶段，人口的增长将经历增长减缓、零增长、负增长、零增长等阶段，世界人口最终将趋于一个适宜的总量。

人类从起源时的自发增长到走可持续发展的道路，创造社会与人口、自然、生态环境之间和谐，是基于生态学一般规律之上的人口增长的基本特征和整体趋势。

2. 世界人口总量增长

在世界人口增长的四个阶段，绝大部分时间内，人类的生命繁衍受自然环境的约束，世界人口增长缓慢。据考证，公元前 100 万年，世界人口仅为 1 万~2 万人。大约 1 万年前，也只有 500 万人。至 19 世纪初，世界人口达到 10 亿左右。至 20 世纪初，世界人口基数不到 20 亿。进入 20 世纪，科学技术的迅猛发展加速了人类文明的繁荣，在这 100 年里，世界人口平均年增长率迅速提高，人口大幅度增长，1927 年总人口已接近 20 亿。此后，仅用了 33 年，到 1960 年左右，总人口增长了 10 亿，14 年后即 1974 年，总人口在 1960 年的基础上又增长了 10 亿，平均年增长率达到历史上的最高值 2.08%。20 世纪 60 年代进入高速增长期，至 1999 年世界总人口已超过 60 亿。此后，平均年增长率逐渐降低，2020 年全球人口增长率从 1950 年以来首次低于 1%，但由于人口基数较大，总人口每增长 10 亿所需的时间仍逐渐缩短。根据联合国经济和社会事务部发布的《2022 年世界人口展望》，如果全球生育率保持在预期水平，世界人口将在 2050 年前超过 90 亿，并到本世纪 80 年代突破 100 亿大关，图 8-1 显示了公元前 100 万年至 2100 年的人口曲线趋势图。

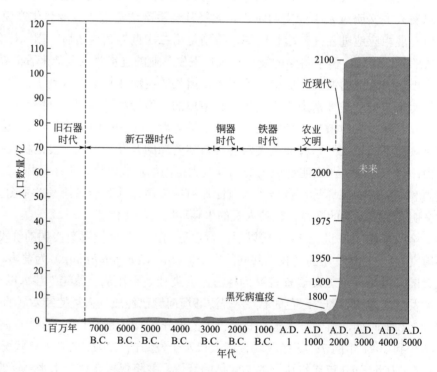

图 8-1 世界人口增长曲线

（资料来源：Population Reference Bureau and United Nations, World Population Projections to 2100，1998）

由此可见，世界人口总量的发展，是漫长的低速增长阶段逐渐沿着增长趋势直至近现代爆炸式人口激增，而后处于人为自控状态，逐渐向一个稳定的人口数量趋近。

3. 世界人口增长速度的变化

人口增长情况取决于人口变化的基本过程，即出生、死亡和迁移三个过程。对于世界人口增长来说，由于迁移过程不会影响人口总量的变化，因此只取决于出生和死亡两个过程。所以，人口增长的两个重要参数就是出生率和死亡率，而宏观上反映人口总量变化的则是出生率与死亡率相比较的情况，也就是自然增长率（rate of natural increase）（等于出生率减去死亡率）。

图 8-2 所示为世界人口增长速度变化趋势。在世界人口增长的各个阶段，其增长速度各有特点。人类发展初期，人口增长具有高出生率和高死亡率的特征，人口自然增长率很小甚至为负值，因而人口呈波浪式增长，增长速度极其缓慢；随着人类改造自然的能力提高，生存条件得到改善，人口出生率保持较高的水平，而人口死亡率则大大降低，其结果是人口数量迅速增加，这种情况以工业文明时期的人口爆炸尤为明显；进入人口与社会经济、资源环境协调发展时期，特别是达到最适人口时，人口的出生率和死亡率都处于较低的水平，自然增长率处于置换生育率水平（replacement-level fertility）（也称更替生育率水平）。

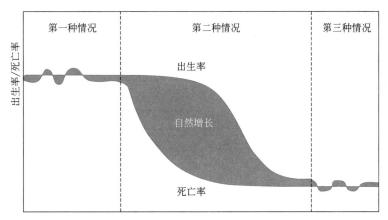

图 8-2　世界人口增长速度变化趋势

现代人口的增长特点对于今后选择人口发展模式具有重要的意义。就全球人口增长而言，根据人口增长速度变化的特点，尽快促使全球进入低出生率、低死亡率的阶段，对于减缓人口增长对环境资源的巨大压力、实现可持续发展具有深远的影响。图 8-3 所示为世界人口出生率与死亡率变化曲线。

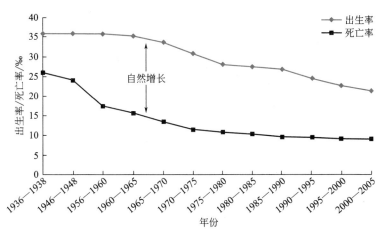

图 8-3　世界人口出生率与死亡率变化曲线

4. 人口增长的地区差异

由于人口的地区性分布，特别是国家的存在，造成人口增长有一定差异。区域的人口增长受到区域环境、气候、资源、生产力水平、经济状况、社会政策等多方面因素的影响。世界人口增长过程中，初期阶段主要受到自然环境和气候的影响较大，人类总是选择气候适宜、资源丰富的地区发展，因而人口增长的区域性差异较小；进入农业社会，随着人类改造自然能力的提高，生产力水平以及社会稳定因素成为影响区域人口增长的主要因素；到近现代的工业文明时期及目前所处的阶段，资源、社会经济状况以及社会政策成为影响区域人口发展的重要因素，人口的地区性差异相当明显。近现代世界人口增长的一个重要特征就是地区人口增长的差异显著，这种差异表现在两个方面：一是人口数量分布的地区差异；二是人口增长速度的地区差异。图 8-4 所示是发达国家与欠发达国家人口增长情况。

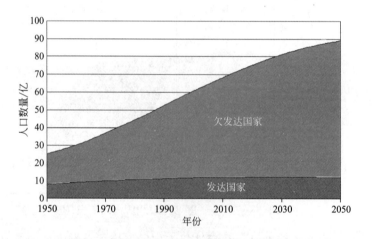

图 8-4　发达国家与欠发达国家人口增长情况

从世界人口增长可以清楚地看出，近年来世界人口增长大致可分为两大类型，即呈低增长或负增长的"发达国家型"和呈高增长的"发展中国家型"。发达国家和欠发达国家在人口增长方面的巨大差异，很大程度上是由于其人口年龄结构的巨大差异造成的。据美国人口署 2000 年报告，发达国家低于 15 岁的人口仅占总人口的 19%；而欠发达国家低于 15 岁的人口比例高达 34%。此外，欠发达地区的妇女生育孩子的数量比发达地区高出一倍多，其比例为 2.13 : 1，这种妇女生育率的差异和人口年龄结构差异共同作用，形成了发达地区和欠发达地区人口增长速度的差异，但发达国家人口老龄化速度不断加快。世界人口的快速增长，对世界政治、经济和社会发展等方面均产生较大影响，发达国家和发展中国家在人口增长上的差别若得不到解决，发展中国家面临水源、交通、就业和教育等方面危机的局面就难以改变，国际社会的不稳定因素将越积越多。

（二）世界人口预测

1. 人口预测

人口预测是以过去和现在的实际人口数据为基础，对未来不同时期的人口变动做系统推测的过程，其预测范围包括人口总量，分性别和年龄的人口数量，以及自然变动、人口的分布和迁移、城镇化等。人口预测受到许多不确定因素的影响，各国的人口增长特点不同以及人口预测的侧重点不同，导致预测的结果不尽相同。人口预测的结果依赖于模型科学与否，即预测模型是否反映了人口发展的基本规律。由于这些因素的存在，许多研究机构、学术组织或者专家已经对世界人口做了多种多样的预测，结果并不相同，但是反映的基本趋势是一致的。我国控制论专家宋健等将控制论方法应用于人口预测，提出了著名的人口预测模型——宋健模型，创立了人口控制论，为我国制定人口控制政策做出了重要贡献。

人口预测中的一个重要参数就是总和生育率（即每个妇女的平均生育数）。宋健和于景元等的研究证明显示：对每一个国家和民族，总和生育率存在一个双向极限的问题，超过这个极限，在理想情况下人口将无穷地增长下去。许多人口预测过程都给出了不同总和生育率情况下的人口增长趋势。图 8-5 显示的是联合国对世界人口增长趋势分别在不同总和生育率情况下的增长预测曲线。

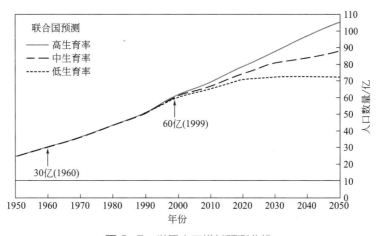

图 8-5 世界人口增长预测曲线

2022 年 8 月，联合国经济和社会事务部发布《2022 年世界人口展望》，报告预测：如果全球生育率保持在预期水平，世界人口将在 2050 年前超过 90 亿，2080 年全球人口预计达到约 104 亿的峰值。从 2011 年到 2022 年，全球人口从 70 亿增长到 80 亿，亚洲贡献了全球一半的人口增长，非洲贡献了近 4 亿增长，东亚和东南亚、中亚和南亚则是目前全球人口最多的地区。到 2037 年，中亚和南亚预计成为世界上人口最多的地区。从 2022 年到 2050 年，撒哈拉以南非洲地区人口将以三倍于全球均速的高速增长。到 2040 年代末，撒哈拉以南非洲人口将超过 20 亿。欧洲和北美预计将达到人口峰值，并在 2030 年代后期开始经历人口下降（图 8-6）。

2. 世界人口增长特点

（1）发展中国家人口增长最多　《2022 年世界人口展望》报告显示，未来 30 年全球新增人口中约半数集中在刚果（金）、埃及、埃塞俄比亚、印度、尼日利亚、巴基斯坦、菲律宾和坦桑尼亚八个国家。同

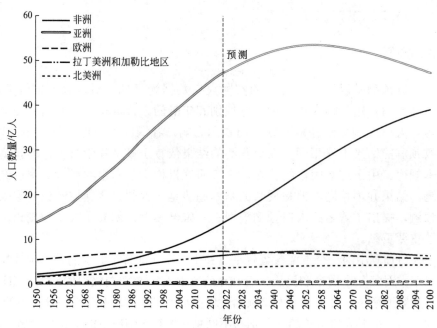

图 8-6 1950—2100 年全球各地区人口数量估计

时，联合国还预测，到 2023 年左右，印度将超越中国，成为世界上人口最多的国家，并在 2060 年达到 16 亿人口的峰值。如图 8-7 所示，发展中国家和地区人口自然增长率明显高于发达国家，最不发达的 47 个国家的人口自然增长率也最高。

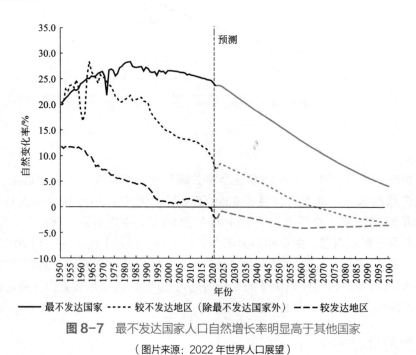

图 8-7 最不发达国家人口自然增长率明显高于其他国家

（图片来源：2022 年世界人口展望）

从图中看出，未来人口增长主要出现在撒哈拉以南非洲的大多数国家，亚洲和拉丁美洲的部分国家和地区，劳动年龄（25～64 岁）人口增长较快，为经济增长带来机遇。

（2）全球人口更加长寿，老龄化问题加剧 全球人均预期寿命已经从 1990 年的 64.2 岁增加到了 2021 年的 72.8 岁。到 2050 年可能增加到 77.2 岁。但是不同地区间的差异仍然很明显，2021 年最不发达国家的平均预期寿命较全球平均水平落后 7 年，预期寿命最高的国家与预期寿命最低的国家之间差距达 33.4 年。

在一些老龄化严重的国家，这一问题尤其突出，据联合国预计，到 2050 年，日本 65 岁以上的老年人数量将达到近 4000 万，而那时日本的总人口可能减少到 1.05 亿左右。25～64 岁的劳动人口可能只有 4500 万，每 1.1 个劳动力就要供养一名老年人，而目前这一比例是 1.8，为全球最低。到 2100 年，日本总人口可能只剩约 7500 万，而 65 岁以上的老年人就占约 2600 万。

欧洲人口预计将于 2022 年左右达到峰值，随后开始缓慢下降，到 2050 年达到 7.1 亿，2100 年下降到约 6.3 亿，而 65 岁以上老年人口数量将持续增加，预计将于 2050 年左右超过 2 亿，2100 年也还有 1.9 亿。

中国也已经开始步入老龄化社会，且生育率较低。到 2100 年，联合国预测的中国人口数将降低至 10.65 亿。图 8-8 为世界上人口最多的 10 个国家排名变化。

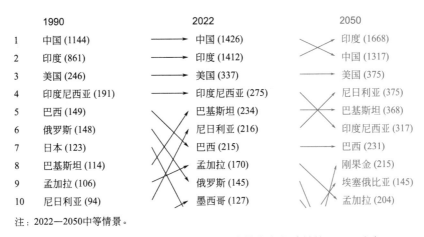

注：2022—2050中等情景。

图 8-8 世界上人口最多的 10 个国家排名变化（单位：百万人）

（图片来源：2022 年世界人口展望）

和日本、欧洲、中国相反，美国人口预计将一直维持缓慢增长的态势，到 2050 年时可能达到 3.6 亿左右，到 2100 年时达到约 4.3 亿。但其老龄化的趋势也会比较严重，到 2050 年左右，美国 65 岁以上的老年人数量将超过 8000 万人，而到 2100 年可能达到 1.2 亿。与上面那些较发达的国家相反，地处西非的尼日利亚人口不仅会较快增长，而且其老龄化趋势在短期内并不明显，预计到 2050 年，该国人口可能达到近 4 亿，65 岁以上老年人口在 1500 万左右，到 2100 年该国总人口将超过 7 亿，65 岁以上老年人口仅超过 7000 万。

二、我国人口现状与控制

我国是世界上人口最多的国家，也是世界上人口密度较高的国家之一，平均人口密度为每平方千米 133 人，但分布很不均衡。党的十八大以来，以习近平同志为核心的党中央高度重视人口问题，作出逐步调整生育政策、促进人口长期均衡发展等重大决策，我国人口工作取得显著成效、人口发展形势出现一些积极变化。2022 年 8 月，国务院建立由 26 个部门和单位组成的国务院优化生育政策工作部际联席会议制度，统筹协调全国优化生育政策工作。

人口问题

第八章

（一）我国人口现状

根据 2021 年 5 月公布的第七次全国人口普查结果可以得知：全国总人口为 1443497378 人，其中：普查登记的大陆 31 个省、自治区、直辖市和现役军人的人口共 1411778724 人；香港特别行政区人口为 7474200 人；澳门特别行政区人口为 683218 人；台湾省人口为 23561236 人。考虑统计口径及可对比性，以我国大陆 31 个省、自治区、直辖市和现役军人的人口作为全国人口进行相关分析，见表 8-1。全国人口与 2010 年第六次全国人口普查的 1339724852 人相比，增加 72053872 人，增长 5.38%，年平均增长率为 0.53%。

表8-1 第七次全国人口普查人口数及其构成

指标		年末数 / 万人	比重 /%
全国人口		141178	100.0
其中：城镇		90199	63.89
乡村		23642	36.11
其中：男性		72334	51.24
女性		68844	48.76
其中：			
	0～14 岁	25338	17.95
	15～59 岁	89438	63.35
	60 周岁及以上	26402	18.70
其中：65 周岁及以上		19064	13.50

1. 户别人口

全国共有家庭户 49416 万户，家庭户人口为 129281 万人；集体户 2853 万户，集体户人口为 11897 万人。平均每个家庭户的人口为 2.62 人，比 2010 年的 3.10 人减少 0.48 人。家庭户规模继续缩小，主要是受我国人口流动日趋频繁和住房条件改善年轻人婚后独立居住等因素的影响。

2. 民族人口

汉族人口为 128631 万人，占 91.11%；各少数民族人口为 12547 万人，占 8.89%。与 2010 年相比，汉族人口增长 4.93%，各少数民族人口增长 10.26%，少数民族人口比重上升 0.40 个百分点。民族人口稳步增长，充分体现了在中国共产党领导下，我国各民族全面发展进步的面貌。

3. 人口地区分布

31 个省份中，人口超过 1 亿人的省份有 2 个，在 5000 万人至 1 亿人之间的省份有 9 个，在 1000 万人至 5000 万人之间的省份有 17 个，少于 1000 万人的省份有 3 个。其中，人口居前五位的省份合计人口占全国人口比重为 35.09%。与 2010 年第六次全国人口普查相比，31 个省份中，有 25 个省份人口增加。人口增长较多的 5 个省份依次为：广东、浙江、江苏、山东、河南，分别增加 21709378 人、10140697 人、6088113 人、5734388 人、5341952 人。

分区域看,东部地区人口为 563717119 人,占 39.93%;中部地区人口为 364694362 人,占 25.83%;西部地区人口为 382852295 人,占 27.12%;东北地区人口为 98514948 人,占 6.98%。与 2010 年第六次全国人口普查相比,东部地区人口所占比重上升 2.15 个百分点,中部地区人口所占比重下降 0.79 个百分点,西部地区人口所占比重上升 0.22 个百分点,东北地区人口所占比重下降 1.20 个百分点,人口向经济发达区域、城市群进一步集聚。

4. 性别构成

男性人口为 72334 万人,占 51.24%;女性人口为 68844 万人,占 48.76%。总人口性别比(以女性为 100,男性对女性的比例)为 105.07,与 2010 年第六次全国人口普查基本持平。

出生人口性别比为 111.3,较 2010 年下降 6.8。我国人口的性别结构持续改善。

5. 年龄构成

0～14 岁人口为 25338 万人,占 17.95%;15～59 岁人口为 89438 万人,占 63.35%;60 岁及以上人口为 26402 万人,占 18.70%(其中,65 岁及以上人口为 19064 万人,占 13.50%)。与 2010 年相比,0～14 岁、15～59 岁、60 岁及以上人口的比重分别上升 1.35 个百分点、下降 6.79 个百分点、上升 5.44 个百分点。我国少儿人口比重回升,生育政策调整取得了积极成效。同时,人口老龄化程度进一步加深,未来一段时期将持续面临人口长期均衡发展的压力。

6. 受教育程度人口

全国人口中,拥有大学(指大专及以上)文化程度的人口为 218360767 人;拥有高中(含中专)文化程度的人口为 213005258 人;拥有初中文化程度的人口为 487163489 人;拥有小学文化程度的人口为 349658828 人(以上各种受教育程度的人包括各类学校的毕业生、肄业生和在校生)。与 2010 年第六次全国人口普查相比,每 10 万人中拥有大学文化程度的由 8930 人上升为 15467 人;拥有高中文化程度的由 14032 人上升为 15088 人;拥有初中文化程度的由 38788 人下降为 34507 人;拥有小学文化程度的由 26779 人下降为 24767 人;15 岁及以上人口的平均受教育年限由 9.08 年提高至 9.91 年。受教育状况的持续改善反映了 10 年来我国大力发展高等教育以及扫除青壮年文盲等措施取得了积极成效,人口素质不断提高。

7. 城乡人口

全国人口中,居住在城镇的人口为 901991162 人,占 63.89%(2020 年我国户籍人口城镇化率为 45.4%);居住在乡村的人口为 509787562 人,占 36.11%。与 2010 年第六次全国人口普查相比,城镇人口增加 236415856 人,乡村人口减少 164361984 人,城镇人口比重上升 14.21 个百分点。随着我国新型工业化、信息化和农业现代化的深入发展和农业转移人口市民化政策落实落地,10 年来我国新型城镇化进程稳步推进,城镇化建设取得了历史性成就。

8. 流动人口

全国人口中,人户分离人口为 492762506 人,其中,市辖区内人户分离人口为 116945747 人,流动人口为 375816759 人。流动人口中,跨省流动人口为 124837153 人,省内流动人口为 250979606 人。与

2010 年第六次全国人口普查相比，人户分离人口增加 231376431 人，增长 88.52%；市辖区内人户分离人口增加 76986324 人，增长 192.66%；流动人口增加 154390107 人，增长 69.73%。我国经济社会持续发展，为人口的迁移流动创造了条件，人口流动趋势更加明显，流动人口规模进一步扩大。

（二）我国人口现状特点

1. 人口增长速度明显放缓、人口总量惯性增长

20 世纪 70 年代，由于我国实行了计划生育政策，人口过快增长的趋势得到有效抑制，由高峰期的 20‰ 以上逐渐下降。从 2010 年到 2020 年间，我国人口年平均增长率为 0.53%，与 2000—2010 年 0.57% 的人口年平均增长率相比，增速下降 0.04 个百分点，并有进一步下降的趋势。根据《中华人民共和国 2021 年国民经济和社会发展统计公报》，2021 年人口自然增长率为 0.34‰。由于人口死亡率降低和新中国成立早期高生育率带来的人口惯性，总人口仍会保持一段时间的增长。

2. 生育率持续下降

低生育率成为影响我国人口均衡发展的最主要风险。近年来，我国出生人口持续下降，2021 年延续了这一趋势。2020 年出生人口 1200 万，总和生育率为 1.3，处于较低水平，出生人口比 2019 年下降 265 万，降幅为 18%，2021 年出生人口 1062 万，创 1949 年以来新低，目前多省出生人口持续下降，2017—2021 年河南、山东、河北等人口大省出生人口降幅超过 40%。2010—2020 年 0～14 岁人口占比略微上升 1.35 个百分点，从长期趋势看，随着生育堆积效应逐渐消失、育龄妇女规模持续下滑、新一代年轻人观念改变等，出生人口仍将可能下降。

中国人口老龄化
现状及趋势

3. 人口老龄化加剧

根据第七次人口普查数据显示，截止到 2020 年年底，全国人口超过 60 岁以上的人口为 2.64 亿，相较于 2010 年占比上升 5.44%；超过 65 周岁的人口高达 1.91 亿人，占比 13.5%，相较于 2010 年大幅度上升 4.6%。根据《中华人民共和国 2021 年国民经济和社会发展统计公报》，2021 年中国老龄化达 14.2%，进入深度老龄化社会。老龄化加速到来，速度和规模前所未有。2016 年全面开放二胎政策在一定程度上增加了低年龄人口比重，但不会逆转我国的人口老龄化趋势。

4. 性别比例有待进一步改善

国际上一般以 100 个女性对应男性的比值来检验一个国家或民族的性别

比。与 2000 年普查总人口性别比 106.74、2010 年普查总人口性别比 105.20 相比，2020 年中国总人口性别比为 105.07，与 2010 年相比下降了 0.13 个百分点，20 年来总人口性别比在趋势上正在不断下降。尽管如此，中国总人口性别比在世界上仍属于比较高的，其中中国出生婴儿性别比偏高是目前总人口性别比比较高的主要原因，2020 年我国出生人口性别比为 111.3，较 2010 年降低了 6.8，这说明出生性别比长期偏高的问题得到有效控制。

5. 家庭小型化

根据历年人口普查数据，我国家庭户人口规模持续下降，从 1990 年的 3.96 人、2000 年的 3.44 人下降至 2010 年的 3.10 人。第七次全国人口普查数据显示这一趋势继续延续，2020 年我国家庭户规模首次跌破 3，降至 2.62，较 2010 年减少了 0.48 人，家庭户规模下降的主要原因有生育率下降使得家庭子女数量减少、住房条件改善年轻人婚后独居增加和人口流动活跃带来的家庭结构变动等，造成养老和抚幼功能的弱化。

6. 人口流动加快、城市化速度加快

改革开放以来，我国流动人口规模持续增长。根据历年人口普查数据，2000 年第五次全国人口普查流动人口为 1.2 亿，占 9.6%；到 2010 年流动人口达到 2.2 亿，占总人口 16.5%，与 2000 年比人数增长了 83%；2020 年第七次全国人口普查数据显示，2020 年流动人口规模近 3.8 亿人，占总人口的 26.6%，十年增长了近 70%。

与此同时，农村人口向城市流动的速度在不断加快，1953 年第一次全国人口普查时，中国城镇人口比例只占 13.3%，从 1985 年开始国家陆续出台了一系列允许农民进城的政策，到 2000 年中国城镇人口占总人口的比例上升到 36.1%，10 年内提高了近 10 个百分点。到 2010 年全国城镇人口占总人口的比重已经上升到 49.7%，2020 年第七次全国人口普查数据显示我国常住人口城镇化率达到 63.89%，比 2010 年提高了 14.21 个百分点，常住人口城镇化率在近十年间提升速度有所加快。

7. 劳动年龄人口下降

人口数量红利是过去中国经济保持高速增长的一个重要因素。但中国劳动年龄人口比例在 2010 年普查时出现了拐点，即劳动年龄人口比例从以往持续的升高转为下降，第七次全国人口普查数据显示，我国劳动年龄人口和占比双重下降，2020 年我国的劳动年龄人口为 8.94 亿人，与 2010 年第六次全国人口普查的 9.40 亿人相比，下降了 4.89 个百分点；劳动年龄人口占比也从 2010 年的 70.14% 下降至 2020 年的 63.35%，降幅达到 6.79%。据国家统计局数据，2021 年 16～59 岁的劳动年龄人口 88222 万人，占全国人口的比重为 62.5%，作为人口大国，我国劳动年龄人口总量庞大，劳动力资源仍较为充沛。但随着劳动年龄人口总量和比例将继续以较快速度降低，人口数量红利进入尾声。

8. 人口素质不断改善

人口受教育程度明显提升，人口素质不断提升。第七次全国人口普查数据显示，2020 年我国 15 岁及以上人口的平均受教育年限从 2010 年的 9.08 年提高至 9.91 年，15 岁以上人口文盲率为 2.67%，与 2010 年相比，下降了 1.41 个百分点，16～59 岁劳动年龄人口平均受教育年限从 2010 年的 9.67 年提高至 10.75 年。同时目前全国人口中拥有大学（大专及以上）文化程度的人口为 21836 万人，拥有高中（含中

专）文化程度的人口为 21300 万人；拥有初中文化程度的人口为 48716 万人，拥有小学文化程度的人口为 34965 万人。与 2010 年第六次全国人口普查相比，每 10 万人中拥有大学文化程度的由 8930 人上升为 15467 人。这表明过去十年我国人口受教育程度持续改善，人力资本不断提升。

9. 人口分布不平衡

中国人口分布不均衡主要表现在两个方面：

① 地理分布不均。中国人口高度集中在东南部地区，而西北部人口很稀少。区域分布差距逐年加剧，东部人口密度不断增加，然而资源环境的承载力趋近临界点，从而产生了资源环境问题。

② 农村人口比重较大。我国是一个农业大国，根据第七次全国人口普查数据，我国的城市化率为 63.89%，也就意味着农村人口占比为 36% 左右。据统计，美国、日本等发达国家的农业人口比例为美国 18%、英国 17%、日本 8%，我国农村人口占全国总数的比例远大于发达国家。

同时应正确认识和坦然面对我国人口规模的变化。人口增长减速是我国长期保持低生育水平的必然结果，由于人口规模本身是一个长期渐变的过程，人口规模变化对经济社会发展的影响具有渐进性的特征，这就为应对人口规模变化的影响留下了一定的弹性空间，可以从容进行制度设计和政策调整。同时，我国超过 14 亿人口的巨大规模为我国应对人口规模变化的影响提供了独特优势。

（三）解决我国人口问题的主要对策

所谓人口问题，是指人口增长速度、人口数量及人口素质与物质资料的生产不相适应，阻碍了国民经济发展和人民生活水平的提高。解决人口问题的途径是采取行之有效的政策，使人类自身的生产与物质资料的生产相适应，以求互成比例、协调发展。

1. 树立科学的人口观

在新发展阶段，我国人口发展进入了深度转型期，面临着深刻而复杂的形势变化，人口问题的复杂性与日俱增。面对复杂的人口形势，我们要树立以政府为主导、社会广泛参与的人口政策观，顺应人口结构变化趋势，改变为防止人口过度增长而制定的限制性人口政策，以更加进步开放的视角去看待，以前瞻性的政策设计抓住因人口结构变化带来的政策调整的"窗口期"，提升适度生育水平、提高人口素质、改善人口结构、优化人口分布，促进人口长期均衡发展。

2. 健全社会保障体系

社会保障作为人类社会不可或缺的一种基本稳定机制，是国家社会政策和经济政策的一项重要内容，对人口发展产生决定性的影响作用。当前，我国社会保障既面临国家人口老龄化的大背景，还面临社会保障整体质效尚需进一步改善的客观现实。因此，要正确处理人口与社会保障之间的关系，未来还应继续加大社会保障力度。第一，提高认识，把人口与社会保障作为分析社会发展问题，制定社会政策，特别是研究社会发展过程与现状的两个主要方面；第二，充分发挥社会保障制度的民生兜底和社会调节作用，应对当前人口结构变化带来的"生育"和"养老"两大人口问题，完善生育及养老相关保障政策；第三，全面、系统地分析人口与社会保障发展的基本过程与现状，科学地制定人口与社会保障发展战略；第四，加大社会保障力度，拓宽社会保障种类，进一步完善农村社会保障制度。

3. 促进人口长期均衡发展

新时代我国人口发展面临着深刻而复杂的形势变化，"少子老龄化"可能将成为常态。面对当前总人口增速明显放缓、生育水平持续走低、老龄化程度加深、家庭小型化、区域不平衡等一系列现状，需要付出长期艰苦的努力。第一，正确处理人口规模和结构的关系，推动实现适度的生育水平；第二，实施积极应对人口老龄化国家战略，构建老年友好型社会；第三，实施三孩生育政策及配套支持措施，重点要将生育支持融入所有经济社会政策，构建支持"生"和"育"的经济社会环境，推动出台有利于婚育的税收、住房、社会保障等支持政策。

4. 提高人口素质

全面提升人口素质是促进与完善人口长期均衡发展的直接路径，民族与国家的兴旺和发展在人口方面起决定性作用并存在巨大潜力的是人口素质。人口素质是人口本身所具有的认识世界、改造世界的条件和能力，包括身体素质、受教育程度和技能技术积累，提高人口素质是推动经济持续增长的重要生产要素。第一，要坚持教育优先发展的原则，大力发展科学文化教育事业，加大教育投入，注重改革和培训体制；第二，在"健康中国"国家战略指导下，进一步提高全体公民的身体素质，全面推进全民健康工程；第三，要全面加强思想道德建设，提升全社会思想道德水平，加强精神文明建设。

5. 促进我国区域协调和高质量发展

第七次全国人口普查显示，过去十年，我国人口迁移和流动更加活跃，空间集聚趋势更加明显，区域发展不平衡、中西部区域内部发展失衡问题仍然突出，面对流动人口在城乡、区域、城市和县城变动的新特点，应当进一步推动区域协调协同和高质量发展。第一，持续深化户籍制度改革，稳步推进农业转移人口进城落户；第二，立足各区域人口资源环境承载能力，充分发挥地区比较优势，加快构建区域协调与高质量发展的动力系统；第三，顺应人口流动布局趋势特征，在公共服务供给、关键要素配置等方面推动结构性改革，着力提升城镇化发展质量；第四，充分运用政策红利引导人口向西部地区迁移，促进区域均衡发展和人口均衡分布。

在新发展理念指引下，我国人口发展战略正发生关键性转变。未来应在新发展理念指引下，从经济社会发展全局高度和国家中长期发展层面谋划人口发展，以系统思维和整体布局最大限度地发挥人口要素对社会经济发展的支撑作用，兼顾多重目标，正确处理当前与长远、总量与结构、人口与资源环境的关系，努力实现人口规模适度、素质较高、结构优化、分布合理的均衡发展状态，加快构建人口长期均衡发展及其与经济社会、资源环境协调发展的新人口发展格局。

第二节　资源现状

一、自然资源概述

（一）自然资源的内涵及特征

自然资源（natural resources）是指自然界中能被人类用于生产与生活的物质和能量的总称，它是自然环境的重要组成部分。自然资源一般是指天然存在的自然物，不包括人类加工制造的原材料。自然界的任何部分，包括土壤、水、森林、野生动物、矿物等，凡是人们可以用来改善自己生产或生活状况的物质都可称为自然资源。1972年联合国环境规划署对自然资源一词解释为："在一定时间条件下，能够产生经济价值、提高人类当前和未来福利的自然环境因素的总称。"自然资源主要包括土地资源、水资源、气候资源、生物资源和矿产资源等。

自然资源同时也是生态系统的构成要素，也是人类赖以生存的环境条件和社会经济发展的物质基础。自古以来，人类就以各种自然资源为生产、生活的环境条件而生存和发展。自然资源具有历史性的范畴，自然资源开发利用的深度和广度与人类社会的进步和发展紧密相连。随着人类对自然界的认识不断深化，生产力的迅速发展和科学技术的不断进步，一方面有许多新的资源被逐步发现；另一方面，人类也将不断地扩大自然资源的使用范围和利用程度。这样，自然资源的内涵将不断地扩大，人们对它的认识也将不断发展和完善。

不同类型的自然资源在功能、储量、分布及结构等特性上各不相同，但是它们一般都具有以下的特征。

1.多用性

一种资源可以提供多种用途。自然资源除了可为社会经济活动提供必要的物质基础，还是自然生态环境的重要组成部分。同一种资源可以作为不同生产过程的投入因素，满足不同行业的发展需求。例如，土地资源可用于工业、农业、林业、牧业，也可用于交通和建筑等；水资源不仅可用于工业、农业和生活，还具有航运、发电、娱乐、调节气候等功能。

自然资源的多用性为开发、利用资源提供了选择的可能性。人类不应该仅局限于资源的某一功能，而应该充分发挥其各种利用潜力，以做到物尽其用，发挥资源的最大效用。

2.有限性

有限性是自然资源最本质的特征。资源的有限性具有两个方面的含义。第一，任何资源在数量上是有限的。资源的有限性在不可更新性资源中尤其明显，由于任何一种矿物的形成不仅需要有特定的地质条件，还必须经过千百万年甚至是上亿年漫长的物理、化学、生物作用过程，因此，相对于人类而言是不可再生的，其储量随着人类的消耗将逐渐减少。对于可再生资源，如动物、植物，由于其再生能力受自身遗传因素和外界客观条件的限制，不仅其再生能力是有限的，而且利用过度会使其稳定的结构破坏，从而丧失其再生能力，成为非再生性资源。与其他有限资源相比，太阳能、潮汐能、风能等这些恒定性资源似乎是取之不尽、用之不竭的，但从某个时段或地区来考虑，所能提供的能量也是有限的。第二，可替代资源的品种也是有限的。虽然煤、石油、天然气和水力、风力等资源都可用于发电，但总的来看，可替代的资源类型是有限的。

3. 区域性

资源具有空间分布的不均匀性和严格的区域性。自然资源不是均匀分布，在数量和质量上存在显著的地域差异，并有着特殊的分布规律。自然资源的地域分布受太阳辐射、地质构造和地表形态结构等因素影响。因此，自然资源的种类、数量、质量都具有明显的区域差异。又由于影响自然资源地域分布的因素基本上不变，因此自然资源的区域分布也有一定的规律性。例如我国水资源南多北少；能源资源南少北多；金属矿产资源基本上分布在由西部高原到东部山地丘陵的过渡地带。

从宏观上看，全球自然资源是一个整体，但任何一种资源在地球上的分布都不是均匀的，不同国家和地区都有不同的资源特点。这种资源分布的地域性，导致了全球区域性的资源短缺与区域间的资源交换和优势互补。我们在开发利用资源时应该本着因地制宜的原则，充分考虑区域、自然环境和社会经济特点，合理地开发利用自然资源。

4. 整体性

自然资源是相互联系、相互影响和相互依赖的复杂整体。一种资源的利用可能会影响其他资源的利用性能，同时也受其他资源利用状态的影响。资源的整体性在可再生资源上表现得尤为明显。例如，森林资源遭到破坏，不仅导致土地资源受到破坏，而且水气资源也会受到影响。资源的整体性要求我们在对自然资源进行开发利用时，必须进行综合研究和综合开发。

资源的以上特点要求我们在开发利用自然资源过程中，要合理、可持续地加以利用。防止过度开发利用，否则会影响资源的整体平衡，使其整体结构和功能以及在自然环境中的生态功能遭到破坏甚至丧失，从而导致自然环境的整体破坏。

（二）自然资源分类

经济学对自然资源的最基本划分，是可再生资源和非再生资源。可再生资源是可以用自然力保持或增加蕴藏量的自然资源，它在合理使用的前提下，可以自己生产。例如鱼、树等，只要不过量捕捞，大鱼可以生出小鱼，一代一代繁殖下去；只要合理砍伐，森林可以砍了再生，生了再砍，循环往复。非再生资源又称可耗竭资源，不具备自我繁殖能力，是不能运用自然力增加蕴藏量的自然资源，初始禀赋是固定的，用一点少一点。它可分为可回收的非再生资源和不可回收的非再生资源，前者主要指金属等资源，后者主要指石油、煤、天然气等能源资源。在现实世界，许多资源是可再生和不可再生资源的混合，其特性介于两者之间。

自然资源的价值

1. 可再生资源（可更新资源）

可再生资源（renewable resource）是指通过自然力作用以某一增长率保持不变或不断增加其蕴藏量的自然资源。例如太阳能、土壤、水及各种动植物等。这里所指的可再生资源也并不是无条件的、绝对的，

任何资源的可再生都是有条件的、相对的。不同的可再生资源恢复速度不同，如土壤腐殖质的恢复需要 600 年，森林的恢复需要数十年到百余年。当可再生资源的消耗速度超过它们的恢复速度时，就会影响可再生资源的自然保有量，进而造成环境问题。如森林资源的大面积砍伐，将造成森林群落的退化，从而使得森林面积锐减，生物多样性丧失，生物物种资源减少，林地退化成草地，甚至沙漠，此时的森林资源就丧失了其再生的功能。

可再生资源从经济学的财产占有权角度来分，可分为可再生的商品性资源和可再生的公共物品资源。可再生的商品性资源指财产权可以确定，被私人占有和享用，并且能在市场上进行交易的可再生资源。例如私人鱼塘里的鱼、私有林产出的木材等。这些可再生资源主要具有以下一些特点。

（1）产权的专有性　资源的拥有者明确了对该资源的权利及限制。资源所带来的所有效益和费用都归资源的拥有者。

（2）可转让性　在双方自愿的条件下，资源拥有者可相互转让资源的产权。

可再生的公共物品资源是指该资源不被任何人拥有，但任何人都能享用的可再生资源。例如，空气、太阳能，公海的鱼类资源、物种等。该资源具有的主要特点是消费的不排他性，即某人对某资源的消费完全不会减少或干扰他人对该资源的消费。例如，一个人可以自由呼吸空气，但不会影响到他人自由呼吸空气的权利。

2. 不可再生资源（可耗竭资源）

不可再生资源（exhaustible resources）是相对于可再生资源提出来的，指在任何对人类有意义的时间范围内，蕴藏量保持不变，且最终会消耗殆尽的资源。这类资源主要是指矿产资源，包括金属矿、非金属矿、核燃料、化石燃料等，它们通常需要漫长的地质作用才能形成。这些资源将随人们的消费而逐渐减少，是人类重点保护、研究的资源。

不可再生资源按其能否重复使用，分为可回收的不可再生资源和不可回收的不可再生资源。可耗竭资源的效用丧失后，大部分物质还能够回收利用的可耗竭资源称为可回收的可耗竭资源。可回收的可耗竭资源主要是指金属等矿产资源。例如，飞机、汽车等报废后，它们的废弃零部件还可加以回收利用。由于是可耗竭资源，最终仍会耗竭，耗竭速度取决于需求、资源产品的耐用性和回收率。通常情况下，资源价格上升会使需求量减少；使用寿命越长，对资源的需求量就越少。对可回收的可耗竭资源，可通过对资源重复利用或重新利用废弃产品以减少对资源的消耗。

在使用过程中不可逆，并且在使用后不能恢复原来状态的可耗竭资源称为不可回收的可耗竭资源。主要是指煤、石油、天然气等能源资源，这类资源被使用后就被消耗掉了。例如煤，一旦燃烧变成了热能，热量便消散到大气中，变得不可恢复了。

提高资源利用率是减缓不可回收的可耗竭资源耗竭速度的主要方法。由于不可回收的可耗竭资源使用过程中的不可逆性，如果资源在使用中不能充分利用，就会造成极大的浪费，而且其排放物大多转化为对环境有害的废物，因此提高可耗竭资源的利用率不仅可以减少对资源的消耗，还能减少废物的产生。

二、中国的资源开发与利用

从总量上看，中国资源还是很有优势的，但一旦考虑人均占有量，则形势非常严峻、不具备优势条件。据中国科学院国情分析研究小组的研究成果，我国自然资源总量综合排序在世界 144 个国家中居第八位。以综合资源负担系数（即各国自然资源所负担人口数量与世界平均值的比重）分析，我国的资源负担系数为 3，即我国资源负担状况为世界平均负担状况的 3 倍。因此，我国面临着巨大的资源压力。

（一）中国资源的优势

1. 自然资源总量丰富

中国地域辽阔，陆地面积 960 万平方千米，仅次于加拿大、俄罗斯，居世界第三位；海域总面积 473 万平方千米，约为陆地面积的一半；大陆海岸线长 18 万千米，占世界总海岸线的 5%，居世界第六位；地表水资源 28310.5 亿立方米，居世界第四位；耕地面积约 19.18 亿亩，居世界第四位，但可耕地面积少于美国和印度；森林面积 34.60 亿亩，居世界第五位，森林蓄积量 194.93 亿立方米、居世界第六位，人工林保存面积 13.14 亿亩、居世界第一位；草地面积 39.68 亿亩、居世界第二位；湿地面积 8.50 亿亩左右、居世界第四位；矿产资源按 45 种重要矿产的潜在价值计算，居世界第三位；其他如水利能、太阳能、煤炭保有储量分别居世界第一、第二、第三位。

2. 资源种类丰富、类型齐全

我国目前已发现的矿产有 171 种，已探明储量的矿产有 158 种，是世界上少数几个矿种较为齐全的国家之一，可为国家建立独立和完整的工业体系提供物质基础。此外，由于我国特殊的地理气候特征，使得我国的生物特别丰富，生物多样性位居世界前列。

（二）中国资源的劣势

1. 资源相对量少

截至 2019 年，我国人口已超过 14 亿，人均资源占有量位居世界平均水平的后列。其中，矿产资源只有世界平均水平的二分之一；人均土地面积、草地资源和耕地资源也只有世界平均水平的三分之一；水资源仅为世界平均水平的四分之一；森林资源更是只有世界平均水平的六分之一。我国主要资源人均拥有量较低，而且人口总数的持续增长和经济的快速发展，导致了资源总量的持续下降，人均占有量更是不断降低，资源供需矛盾日益突出。

2. 我国资源的空间分布不均，利用配置不合理

由于地理、地质、生物和气候的差异，使得我国资源的空间分布存在着巨大的差异。如我国的水资源东多西少，南多北少，水资源的 90% 以上集中分布在由大兴安岭向西南至青藏高原东缘一线以东，西南地区可开发的水能占全国的 76.9%，华北地区仅占 1.2%。我国地势西高东低，高差悬殊较大，山地丘陵约占国土面积的三分之二，草原不足三分之一。矿产资源的基本分布是由西部的高原到东部的山地丘陵地带逐渐减少。就水土资源的分布，我国西北干旱区土地面积占 30%，耕地不到 10%，水资源不足 8%；南方耕地面积仅占 36.1%，河川径流却占 82%。北方耕地面积占 63.9%，而河川径流仅占 17.2%。

3. 我国资源开发难度大，优质资源少

我国虽然拥有 960 万平方千米的陆地面积，但其中山地、高原和丘陵约占全国土地总面积的三分之二，而很多资源正位于这些地区，这加大了资源的开发利用难度。矿产资源除了煤外，其他矿种贫矿多富矿少，难开采利用的矿多。以铁矿石为例，在保有储量中富矿只占总储量的 7.1%，90% 以上为贫矿。我国已探明储量的 158 种矿种中，具有优势的多是储量较少的矿种，而储量大的支柱性矿产如石油、铁、铜、钾等则严重不足。在我国能源储量中，石油、天然气只占 28%，以煤为主的能源格局在相当长的时期内难以有较大的改变。由于开发难度大，管理水平低，生产技术、设备落后，致使资源浪费严重，矿产资源总回收率仅为 30%~50%。

4. 我国资源的开发利用水平低

由于我国市场经济体系有待进一步健全，致使粗放经营、掠夺式经营等问题仍然存在，造成了这样一个怪圈：一方面我国资源相对不足，是人均拥有资源的小国；而另一方面资源利用率、回收率低，资源浪费严重，是资源浪费的大国。当前，我国节水灌溉面积占灌溉总面积不足 50%、农田灌溉水有效利用系数仅为 0.568，城镇供水管网漏损问题仍较为突出，再生水利用率仅占污水处理量的 10% 左右，与发达国家的 70% 相比还有较大差距，水资源节约集约安全利用仍面临较严峻的挑战。木材的综合利用率为 60%，而发达国家可达 80%。

（三）中国资源的总体态势

总的来说，我国资源的劣势多于优势，在国际上的竞争力相对较弱。资源相对短缺、人口持续增长和经济快速发展所造成的资源供需矛盾，是我国面临的一个最基本的矛盾。据预测，在 2030 年我国人口达到 16 亿顶峰之前，人口将以每年约 1400 万的规模持续增长。据估算，新增人口对粮食的需求量占新增粮食产量的 40%，因此每年新增加的粮食产量中有 40% 被新增加的人口消耗了。要想提高人民生活水平而增加人均粮食占有量是相当困难的。水资源、矿产资源、海洋资源等也面临着同样的问题，由于人口的压力，以及我国正处于基础设施、基础工业占相当比重的经济发展阶段，资源的供需形势将日趋严峻。

由于一个国家资源的供需形势是长远起作用的因素，忽视我国资源长远的供需形势，将给我们带来不利的后果。实际情况是，面对着人口膨胀与经济高速增长对资源的需求日益增加的压力，我国正处于历史上最严峻的资源紧缺时期，处于有限的资源承载着历史上最大数量人口的危急时刻，如果不及早采取相应的对策和有效的措施，有可能会出现资源危机。但我们也应该乐观地看到，我国资源的总量和开发潜力比较大，资源总量大是我国综合国力的重要方面，也是我国经济发展的重要基础。纵观世界各国，除日本外，其他的经济大国都是资源大国。很好地利用我国资源的这一优势，将能够使我国跻身于世界经济强国之列。

第三节　人口与资源环境的关系

一、人口与环境的关系

（一）人口与环境

人口与环境的关系极为密切，因为我们所称的环境是指自然环境，是人类赖以生产、生活和生存必不可缺的条件。人类发展的历史就是人口与环境相互作用的历史。一方面，人类的生存和发展离不开一定的环境，环境质量对人口的数量、质量和分布等产生重要影响。另一方面，人口的数量、质量和结构的变动对环境的影响和作用也很大，特别是人口数量长期持续的增长和科学技术的发展，已经引起了中国部分地区不同程度的环境恶化，开始危及人类自身的生存和发展。产生环境问题的原因是多方面的，但主要原因是人类的影响，是人们不适当的活动，包括生产活动和生活方式，特别是人口激增给环境带来的影响。

（二）人口发展与资源环境问题

人类进入工业文明时代以来，在创造巨大物质财富的同时，也加速了对自然资源的攫取，打破了地球生态系统平衡，人与自然深层次矛盾日益显现。随着科学技术的进步和工业革命的纵深发展，人类改造自然的能力和水平不断提高，人类和我们赖以生存的自然环境之间的关系发生着翻天覆地的变化，生态系统向人类提供有限服务的能力和人类社会经济发展对自然无限需求之间的矛盾日益加重。在日渐趋紧的生态环境压力下，以资源短缺和环境退化为核心的生态稀缺已经成为影响生态系统健康、制约人类社会可持续发展的瓶颈。

1. 人口发展对水资源的影响

淡水是陆地上一切生命的源泉。充足、可靠的淡水供应对健康、粮食生产和社会经济发展至关重要。地球上的淡水资源并不丰富。虽然地球超过 2/3 的地表被水覆盖，但是人类能够利用的淡水只有 1%，可直接取用的仅有 0.01%。淡水资源主要来自大气降水，大陆每年总降水量为 $1.1×10^{14}m^3$，而被人类利用的只有 $7000km^3$。即使加上通过修坝拦洪每年所控制的 $2000km^3$ 左右，人类有可能利用的淡水也不过 $9000km^3$。

我国既是一个水资源大国，也是一个水资源贫国，我国水资源总量为 29638.2 亿立方米（其中，地表水资源量为 28310.5 亿立方米，地下水资源量为 8195.7 亿立方米，地下水与地表水资源不重复量为 1327.7 亿立方米），仅次于巴西、俄罗斯、美国、印度尼西亚、加拿大五国，居世界第六位，而人均水资源拥有量仅为 $2125m^3$，远低于世界人均水资源 $8800m^3$，居世界 121 位，已被联合国列为水资源紧缺国家之一。庞大的人口基数以及由此带来的庞大的人口增长量，使人口对水资源的压力日益严重。我国人口增长对水资源的影响主要表现在以下三个方面。

（1）人口增加加剧了水土流失和水旱灾害　随着人口的增长和工农业的发展，对粮食等农产品的需求量不断增加，面临着人口对粮食生产的持久压力，这种压力也导致大范围的毁林开荒，从而加剧了水土流失。由于大规模砍伐森林，黄河流域自 1972 年以来，除了原有的泥沙、洪涝灾害外，又增加了断流、干旱频繁等问题。长江中下游的洪涝灾害，同样是人口规模较大造成人地关系脆弱化的结果，洪涝灾害是破坏水资源平衡的毁灭性危害，损失极大。为了解决人口增长和滥伐森林、破坏生态环境的恶性循环等问题，

除了采取各种政府措施保护森林和林地以维护土壤肥力和淡水供应外，最重要的就是科学控制人口规模。

（2）节水意识和节水技术水平低，加重了淡水资源短缺的形势　我国人口多且部分人群素质偏低，节水意识淡薄，加上我国生产力发展水平相对较低、部分节水技术及设施相对落后，"以水定需、量水而行"未得到全面有效落实，水资源刚性约束有待进一步加强、标准体系尚需进一步完善、节水监督管理还需更加严格，节水激励政策尚需进一步健全、市场机制有待更加完善、节水内生动力尚需提高，水资源集约节约利用水平与生态文明建设和高质量发展的需要还存在一定差距。2021 年全国总用水量 5920.2 亿立方米，农业用水占 61.5%，农业用水利用率为 40%～50%，比先进国家 70%～80% 的利用率低 25～35 个百分点。据预计，如果中国农业用水的利用率提高 10 个百分点，那么每年可节水 400 亿立方米左右，这个数字已经相当于整个南水北调工程的输水量。

另外，由于我国部分人口资源节约环境保护意识较为薄弱，个别造纸、冶金、化工、采矿等行业从业人员为了追求高额利润，以牺牲社会利益、破坏生态、污染环境为代价，将环境成本转嫁于社会。水资源的过度消耗及污染，增加了淡水资源紧缺、疾病蔓延的风险，水体污染会造成设备腐蚀报废及产品质量下降等问题。

（3）水资源的不合理利用，造成水质恶化　人口增长，水资源日益紧张，使地下水超采日益严重，有些地区甚至出现地下水漏斗，尤其严重的是，有的城市在漏斗中心边缘已经出现含水层疏干现象，这是地下水资源枯竭的明显征兆。如果不改善这些水资源不合理的开采和分配方式，会进一步加剧资源性缺水的问题。

当前，我国华北地区地下水严重超采。黄河流域水资源利用率高达 80%，远超一般流域 40% 生态警戒线。一些缺水地区"挖湖造景"。城镇供水管网漏损问题仍较为突出，个别地区部分城镇供水管网漏损率达 20% 以上。个别缺水地区盲目发展高耗水服务业，挤占生产生活生态合理用水。部分地区产业空间布局与水资源承载能力不匹配，如 400mm 降水线西侧个别区域高耗水产业集聚，这既影响了水环境质量的持续改善，也阻碍了水生态系统功能的提升。

2. 人口发展对土地资源的影响

土地资源是人类赖以生存的基础，但日益增长的人口对粮食等农产品的需求不断增加，粮食产量的增加速度赶不上人口增长的速度，世界粮食供应日趋紧张，因此人口增长对土地资源的压力也越来越大。由于人口的增长，人均土地面积逐年下降，造成这种情况的主要原因有以下几个方面。

（1）由于人口不断增长，城乡不断发展，工矿企业建设和交通路线开辟等原因，占用大量的耕地资源。

（2）为了解决对粮食的需求压力，人们高强度地使用耕地，导致土壤表层被侵蚀，土壤肥力下降。同时，为了增加耕地面积，过度开发利用森林、草原、湖泊等，破坏生态平衡，最终可能导致土地沙化。

（3）为了提高单位面积粮食产量，需要施用大量的化肥和农药。化肥和农药的过量使用会造成土壤板结、水体富营养化、环境污染、抗药性害虫种类与数量增加等不良后果，反而可能使农林牧副渔业的总产量下降。

上述原因促使人口增长和土地资源减少之间的矛盾越来越尖锐，人口增长对土地资源的压力也越来越大。

3. 人口发展对能源的影响

能源是人类文明进步的基础和动力，攸关国计民生和国家安全，关系人类生存和发展，对于促进经济社会发展、增进人民福祉至关重要。在过去50年里，全球能源需求的增长速度是人口增长速度的两倍，在2050年发展中国家因人口的增加和生活的改善，能源消耗将会更多。当前使用的能源多属于不可再生资源，储量是有限的，而世界能源消耗必然是增长的趋势，因此能源危机是世界性的，是不可避免的。

人口增长使能源供应紧张，并且缩短化石燃料的消耗时间。由于生产和生活中燃烧煤炭、石油、天然气等，加之热带雨林被大面积砍伐，使大气中 CO_2 浓度从200年前的 $280\mu L/L$ 上升到 $400\mu L/L$，引起温室效应，使全球变暖，而且导致生物异常，毁坏大面积森林和湿地，引起海平面上升，甚至导致极地冰帽融化。异常气候会加速森林的破坏，而发展中国家的燃料90%来自森林。

当人均能耗居高不下时，即使人口低速增长也可能对总的能源需求有重大的影响。例如，预计到2050年美国新增人口7500万，其能源需求约增加到目前非洲和拉丁美洲能耗量的总和。世界石油人均产量1979年达到最高水平，此后下降了23%。在未来50年中，能源需求量增幅最大的地区将是经济最活跃的地区。

虽然中国能源丰富，总量大，但人均占有量很少。随着我国国民生产总值的增加和人民生活水平的提高，能源需求量会大幅度上升。

据统计，在快速的经济增长和人口总体规模增加的推动下，中国的能源使用量从1990年到2020年翻了两番多。2020年中国人均能耗仅为3.53吨标准煤，尚不及发达国家平均水平的60%，远远低于发达国家。随着人均收入水平的增加，人均能耗也将适当增加，会进一步加重能源供需的矛盾。

4. 人口发展对森林、草原的影响

森林是陆地生态系统的主体，又是国民经济的基础产业之一。森林在向社会提供木材和大量林副产品的同时，还在调节气候、涵养水源、保持水土、净化大气、防风固沙、生物多样性保护、创造就业机会、促进农牧业及社会经济发展等方面发挥着不可替代的作用。随着人口数量增长和经济快速发展，森林所承受的负担不断增加。

1850年以来，世界人口从13亿增长到60亿，增长幅度超过4倍，超过以往任何时期，而同期森林采伐的速度更快，近几十年内，毁林速度更高，人口增长幅度更大。自1960年，作为衡量森林资源压力的关键指标，人均可用森林面积下降了50%，仅为 $0.6hm^2$。到2025年，这一数字预计将下降到 $0.4hm^2$。人均可用森林资源的进一步减少将削弱穷国提供经济发展所需的廉价纸张的努力。德国哥廷根大学森林经营研究所在2000年出版的《可持续的森林经营》一书中指出，全世界现有约5亿人口依靠森林谋生，森林工业、木材工业工人占很大比例。

对森林的大量砍伐和破坏，造成了严重的水土流失，给农牧业生产带来巨大损失。据联合国粮食组织预言，如不采取措施，到2100年，土壤的退化和流失将使亚洲、欧洲和拉丁美洲的水浇地面积减少65%。此外，在人口激增、粮食短缺的压力下，草原已成为开垦对象，而且世界范围内均存在对牧场管理

不善的现象。不合理开垦、过度放牧等，使草原生态系统遭到严重破坏，致使生产力下降，产草减少和质量衰退，严重的则造成土地沙漠化。当前，全球超过 25% 的土地、100 多个国家和地区存在荒漠化与土地退化问题。根据联合国最新统计，直接或间接影响近 30 亿人口。

据估算，20 世纪 90 年代初，由于人口压力，全国草原土地平均超载程度曾高达到 84%。目前，我国草原面积将近 4 亿公顷，占国土面积的 40.9%，经过"十三五"期间的不懈努力，草原生态持续恶化的势头得到了初步遏制，草原生态状况和生产能力持续提升，2020 年全国草原综合植被盖度达到了 56.1%。然而，草原生态脆弱的形势依然严峻，仍然有 70% 的草原处于不同程度的退化状态，草原保护修复任务还十分艰巨。我国也是世界上荒漠化面积最大、受影响人口最多、风沙危害最重的国家之一。目前，全国荒漠化土地总面积 261.2 万平方千米，占国土面积的 27.2%，已成功遏制荒漠化扩展态势，实现了从"沙进人退"到"绿进沙退"的历史性转变，但荒漠化治理形势仍然十分严峻。

5. 人口发展对气候变化的影响

人口增长以及人民生活水平的提高，使得因生活和工业生产而排入大气的二氧化碳、氮氧化物、硫氧化物等增加，引起酸雨和光化学烟雾等区域大气环境问题的严重化以及温室效应、臭氧层破坏等全球性问题的出现。据英美科学家对 100 年来气候进行回顾性调查的研究结果表明，19 世纪 90 年代，世界平均气温为 14.5℃，20 世纪 80 年代，平均气温升高到 15.2℃，估计到 2030—2050 年，全球平均气温将比近十几年高 1.5～4.5℃，将比过去一个世纪高 5～10℃。

（1）人口发展使大气化学组成的变化日益突出　在满足人类快速增长的需求过程中，人类向大气层排放大量的温室气体和污染物质，改变了大气原有组成和性质。据观测资料表明，近十年来大气中的二氧化碳、甲烷、一氧化二氮等的含量增加，而平流层臭氧等含量减少。这同时也改变大气成分的性质，如二氧化硫和氮氧化物在大气中被氧化成为酸性，使大气中的水显酸性。

（2）人口增长严重破坏下垫面的自然性质　世界上一些发展中国家因人口的急剧增加，迫切需要更多的耕地，这些新耕地的重要来源就是开垦森林和草地。据估计，目前热带雨林正以每分钟 $50hm^2$ 的速度消失，如果不阻止这种趋势，50 年后热带雨林将不存在，大量森林被破坏，气候日趋恶化，森林将降低从大气中吸收二氧化碳的能力，增强大气的温室效应。同时人口增长使部分地面植被遭到破坏。例如我国沙尘暴的频繁发生表明我国沙漠化正在加剧，沙尘暴的形成首先要有大量的沙尘物质和起尘的大风天气，人为破坏植被加速了沙尘暴的发生和发展。

（3）人口增长使局部气候变化日益明显　随着世界人口的快速增长和经济发展，城市也以较快的速度发展，目前全球约一半的人口居住在城市，从而给城市的基础设施和资源带来更大的压力。随着城市化的发展，物质和能源的大量消耗，城市建筑物、道路的大量增加，污染物的大量排放，改变了原来的生态系统和生态平衡，使得城市热岛效应越来越严重。城市热岛效应主要由于市区人口稠密、建筑密集、植被稀少、工业集中，排放的人工热量影响局部气候，造成市区气温高于周围郊区，在温度的空间分布图上，城市就好像处于被四周包围的热岛。

城市热岛效应使城市的相对湿度减小，降低城市的积雪频率和积雪时间，城市由于热岛效应和烟雾的作用，霜冻日数远比郊区少，无霜期比郊区长。城市热岛效应还会造成局部地区气候异常，冬季干燥、夏季燥热、春季风沙，北方一些地区夏季高温天气持续时间加长，高温日出现频繁。

6. 人口发展对环境的污染

人口的增长以及人民生活水平的提高，将使生活和工业生产的污染物质（CO_2、NO_x、SO_x）及废热产生量增加，如果污染控制及减排措施实施不到位，将会进一步导致酸雨、光化学烟雾等区域大气环境问题的严重化以及温室效应、臭氧层破坏等全球性问题的出现。随着人口增长，必然产生更多的生活和工业废物，排入江、河、湖、海的污染物将进一步增加，邻近城市和人口稠密地区的水体将进一步恶化。同时，固体废物也要占据更多的土地，生活垃圾处理压力也会增大，对人类生活产生不利的影响。

世界人口的持续增长是不可避免的。要控制人口增长，就要做出更大的努力，控制出生率，特别要改变目前发展中国家高出生率的状况，打破人口增长—贫穷—环境退化的恶性循环。人口增长对资源可得性和资源质量的影响导致了贫困。适度的人口总量、优良的人口素质、合理的人口结构，是实现人口与社会协调发展的社会基础的核心。

二、资源与环境的关系

（一）资源与环境

自然环境是人类赖以生存、发展生产所必需的自然条件和自然资源的总称。自然环境既为人类提供了生存环境，也为人类提供了必要的资源。自然资源与自然环境是密不可分的，自然资源是自然环境的重要组成部分。人类在利用自然资源的过程中，不能脱离由自然资源与自然环境组成的综合体，整体的失调和瓦解，将危及人类自身的生存、生活和生产。对自然资源的过度利用，势必影响自然综合体的整体平衡，自然资源所具有的组成整体结构和功能的作用，以及其在自然环境中的生态效能，可能会很快消失，自然整体即遭破坏，甚至导致灾害。可见，人类利用自然资源，也就是利用自然环境。在自然资源与自然环境是统一体的前提下，开发任一项自然资源，必须注意保护人类赖以生存、生活、生产的自然环境。对待自然环境的任何组成成分犹如利用自然资源一样，也必须按照利用资源时所应注意的特性来对待自然环境。

自然资源和自然环境的基本属性为：①自然物质条件既是自然环境，又是自然资源，可以相互转化，具有两重性；②自然资源和自然环境的质和量都是有限定的；③人类与自然资源和自然环境之间具有相依性。

（二）资源开发与环境问题

1. 矿产资源开发对环境的不利影响

矿产资源的开发使环境地质发生变化，特别是地下开采会造成地面沉降甚至诱发地震。露天剥离、废石尾矿堆放，不但破坏地表植被，还会改变野生动物的栖息环境，造成水土流失，使自然灾害增多。同时，矿藏开发产生的废矿、尾矿会造成水体污染、土壤污染等。采矿产生的"三废"进入自然界后，

可通过食物链逐级传递，最后影响到人体健康。

2. 森林、草原资源开发对环境的不利影响

森林、草原资源的不合理开发，破坏生态系统原有的平衡，使动植物的栖息环境发生变化，部分物种分布面积、数量急剧减少甚至消亡，生物承载力发生变化，严重时可能使整个生态系统类型发生改变，如生物多样性消失和物种灭绝，森林生态系统转化为草甸生态系统等。草原地区的不合理垦殖或过度放牧，可导致荒漠化和区域气候的变化等。

3. 土地资源开发对环境的不利影响

土地资源的开发是以农田、城镇等人工生态系统取代原生态系统为特征，其结果是多种自然植被和野生动物减少或消失，生物多样性降低，代之以结构单一、不完整的农田生态系统、家畜动物体系和城市生态系统。

4. 旅游资源开发对环境的不利影响

旅游资源的开发一般都在自然条件良好的区域进行。这类地区一旦开发，将修建一些人工设施，形成新的布局和结构，不仅改变原来的自然生态景观，而且也改变生物的栖息环境。一些自然景观将被毁坏，自然环境受到多种人为活动影响，对动植物的生长不利。

三、人口资源环境与发展的关系

在人口与资源环境的关系中，人口是关键因素，随着人口的增长和经济的发展，人类对自然资源的需求量日益增长，排放的废弃物也逐渐超过了自然环境的自净能力。人口与资源、环境、社会、经济协调发展，是可持续发展的重要表现和基本要求。人类的生存和发展与资源环境密不可分，环境不仅为人类提供了物质基础，而且通过自身的承载力对人类的各种活动起着约束性作用，二者相互作用。合理开发和利用自然资源可以造福人类，但过度、不合理的开发利用也会引发环境污染、环境破坏等一系列问题。

1984年8月世界人口会议在墨西哥城召开，与会专家一致认为：人口的增长速度已超过了自然资源的再生速度，人类将面临自然资源耗竭和环境破坏的威胁。人口的数量、质量、结构、分布等与环境、资源有着密切的关系，对其有很大的影响。人口可以促进经济发展，使资源利用合理和环境优化；也可以阻碍经济发展，造成资源过度开采和环境恶化。

人口的增长对经济的发展有利还是有害，是要视具体情况和环境而定的，一些观点认为人口的增长可以使劳动力的数量增加，使得劳动分工更加精细，劳动生产率也在不断提高，一定程度上促进经济的发展；另外一些观点则认为人口的快速增长会使粮食产量下降，出现粮食短缺的现象，再生资源减少，人们的居住环境逐渐变得恶劣，给经济的发展造成了严重的阻碍。在大多数的发

展中国家，人口的过快增长是给经济的发展加重了负担，我国属于人口大国，人口的数量一直在持续增长，不仅给环境造成巨大的压力，也增加了对经济的需求。比如粮食的供给压力增大，赡养老人的负担加重，耗费了大量可用于发展的资源，环境有逐渐恶化风险等。对于当前的经济发展而言，高素质的劳动力是必不可少的，虽然我国的文化教育事业有所提高，但是人口的过快增长也给教育事业增加了负担，对劳动力提高文化技术也有影响，而且劳动力的投资资本较低，这样低素质的劳动力也抑制了劳动生产积极性，影响了经济发展的速度。人口增长对经济的发展具有促进和阻碍两个方面的影响，适度的人口增长可以扩大市场、扩大经济规模，增加经济效益，刺激经济的发展；而人口的迅速增长会降低人均国民生产总值，减少了国民储蓄额，这对经济的发展会造成不良影响。

　　丰富的资源在经济发展过程中处于优势地位，从整体来看，资源对经济的发展十分重要，经济发展的物质基础就是自然资源，合理开发和利用资源是保持经济发展的重要前提。人们开发利用自然资源是为了满足物质和文化需要的经济活动，是以自然资源为物质基础和对象，像土地、水源、森林等资源都是人类赖以生存和发展的基础。我国是资源大国，但是从人均占有量来看又是资源小国，资源能满足人类的需求体现了经济的发展，资源的承载力决定了经济发展的基本水平。由于经济的增长，人口也在持续增加，人们的生活水平也在不断提高，人类对资源的需求消耗一直处于增长的趋势，长期沿用追求增长速度、高消耗资源为特点的发展模式，而大部分的资源都是不可再生的、有限的，虽然社会经济逐渐繁荣，但是如果一直以高消耗的发展模式来发展经济，自然资源的消耗会大幅度增加，资源的存储量、可采量将会持续减少，资源的供给能力也会下降，再生资源减少，严重危害到人类的生存发展，影响经济的可持续发展。所以保证资源和经济的协调发展，必须要保证在资源的承载力范围之内，缓解经济增长与资源的矛盾冲突，实现经济的最大发展，帮助改善资源环境，减少对资源的消耗，积极保护不可再生的资源，平衡资源与环境的双重影响，促进两者协调发展。

　　环境影响人类的生存，为经济发展提供所需物质，环境与经济发展之间有着十分密切的联系，社会经济的发展受环境所约束，经济发展又对环境的改善有重要的帮助，良好的环境对经济的发展有促进作用。相反，污染的环境给人类的健康造成了巨大的危害，也会耗费大量的治理成本，不利于经济的发展。过去很长一段时间，人们对环境的认识是"取之不尽、用之不竭"，人们在环境中获得所需，通过劳动转化成人们需要的产品，但是目前人类的技术还不能将原始资源完全变成有用的东西，进而人类就将这些没用的废物排放到环境中，这种发展模式会使得资源耗尽，减弱了环境生产的能力，造成环境的严重污染，同时过度开采带来了水土流失、泥石流等自然灾害，生态系统的平衡遭到了破坏，从而影响了经济的发展。环境作为资源的载体，是人类生活和经济生产能力的重要保障。当经济发展得过快时，环境接受废物的数量增多，超过其自身的承载净化能力，会导致环境质量降低，资源的储量和质量都受到破坏，环境污染，使生态系统发生恶性循环，严重时使得生产效率低下，危害人类的身体健康和发展进步，这也阻碍了社会经济的健康持续发展。反之，保护环境，改善环境质量，提高人们的环保意识和自觉性，能够提高劳动生产率和人们的生活水平，这也就促进了经济的发展。环境与经济也有相互促进的一面，协调好两者之间的关系，改善并保护环境，才能保障经济的稳定发展。

　　可见，发展是人类永恒的话题，社会发展是以经济发展为目标。人口、资源、环境与经济发展之间关系密切，资源与环境是经济发展的基础，是人类生存发展的前提，也是经济发展的直接投入要素。但是随着人类生产、生活的丰富，资源不断减少，环境日益恶化等这些问题突出，严重制约了社会经济的发展。所以制定合适的经济发展规划，坚持可持续发展道路，大力提高人口素质，合理开发利用资源，保护并改善生态环境对于社会经济的发展进步有重大作用，从而实现人口、资源、环境与社会经济的协调发展。

第四节　协调人口资源环境的对策及行动

一、协调人口资源环境的对策

人口、资源与环境是伴随世界可持续发展的永恒主题，更是制约经济发展和社会民生福祉的关键障碍。在"经济发展与人口资源环境"之间的矛盾运行中，人口、资源与环境问题是矛盾的主要方面，正确处理"经济发展与人口、资源与环境"这一主要矛盾，实现经济和社会的可持续发展，关键是要解决人口、资源与环境问题，选择"控制人口、节约资源、保护环境、合理消费"的现代化发展模式。要保护环境、节约资源，关键要转变经济增长方式，走出一条科技含量高、经济效益好、资源消耗低、环境污染少和人力资源优势得到充分发挥的新型工业化道路。大自然是人类赖以生存发展的基本条件，促进"人与自然和谐共生"是各国人民的共同愿景，也是所有人义不容辞的责任，必须站在人与自然和谐共生的高度谋划人类发展方式和路径。解决人口、资源与环境矛盾的出路有以下几个方面。

第一，重新定位与认知人在社会中的主体地位。人在社会上的主体地位是受到群体、制度制约的主体，而且需要人与人、人与自然之间进行配合与合作，而不是不受限制的、不顾资源和环境的孤独主体。自从近代工业革命以来，西方社会中出现的日渐强化的个人主义和物质中心主义价值观，不仅偏离了社会和谐传统文化价值观，更是严重地束缚了社会运转的效率，导致了人类集体主义、团体主义及其公正观的缺失。因此，在认知人口、资源与环境的矛盾关系中，必须改变人在社会中的主体地位，纠正对其认知的偏差，确立个体与集体互动的社会机制，矫正个体主义、物质中心主义为依托的经济社会制度体系及其价值观，将人作为社会的一部分和自然的一部分，协调人与资源的关系，这无疑是解决当前危机的出路。

第二，促进人类需求与能力之间的协调。需求大于能力可以说是人类社会发展永恒的矛盾，当然也是促进社会进步的推动力。但是，这对矛盾的存在随着社会的发展引起了大量的人类非理性行为的出现，人类为了满足自己的欲望，打破了人口与环境、资源之间的平衡状态。故此，需要对人类需求与人类能力这对矛盾进行协调，以期更好地为人类社会可持续发展服务。为此，一方面需要对人类的欲望和需求进行合理调节与正确引导。同时，需要建立以培养、发展、激励约束为导向的人类发展机制，通过发展科技与教育，促进社会公正机制的建设，以此来解决人类社会发展面临的资源、环境问题。

第三，站在人与自然和谐的高度谋划人类发展。人与自然的关系是人类社会最基本的关系。生态环境与人类社会具有互动性，人靠自然界生活，人类在同自然的互动中生产、生活、发展，如果人类无度破坏自然环境，就会导致文明衰亡。人与自然和谐共生就要求人类必须尊重自然、顺应自然、保护自然，在现代化的道路选择上遵循自然规律和社会经济发展规律的路径与模式，处理好发展与保护的关系，加快发展方式绿色转型，实现高质量发展和高水平保护的有机统一。

第四，实行资源节约发展战略。资源综合利用是进一步实现可持续发展道路中合理利用资源和减轻环境污染两个目标的有效途径，既有利于缓解资源匮乏和短缺问题，又有利于减少废物排放。这就要求通过大力发展循环经济，提高资源利用率。通过在工业企业、工业园区建立循环经济示范企业和示范基地，实施全面节约战略，发展绿色低碳产业，来达到节约资源、保护环境目标。

第五，做好生态环境建设。要始终坚持生态环境建设先行，把生态环境建设作为推动区域发展、提高城乡发展水平的重要引擎和基础。通过优先规划建设生态环境基础设施，优先安排生态环境建设资金，来做好生态环境建设。此外，通过生态道德教育宣传，加强生态文化建设，来促进居民消费方式的生态化和绿色化。通过实施"绿色行动计划"，实施垃圾分类，把垃圾减量化、资源化工作落到实处。

二、协调人口资源环境的行动

人类进入工业文明时代以来，在创造巨大物质财富的同时，也加速了对自然资源的攫取，打破了地球生态系统平衡，人与自然深层次矛盾日益显现。在反思人与自然关系的基础上，可持续发展理念应运而生，成为破解环境与发展问题的"金钥匙"。

1992 年联合国环境与发展大会通过了《21 世纪议程》，中国政府做出了履行《21 世纪议程》等文件的庄严承诺。从我国面临的生存和发展三方面的压力来看，走可持续发展道路是我国的必然选择。因此，1994 年 3 月，国务院发布了《中国 21 世纪议程——中国 21 世纪人口、环境与发展白皮书》，提出了中国实施可持续发展的总体战略、对策以及行动方案。《中国 21 世纪议程》是中国走向 21 世纪的政策指向，是制定国民经济和社会发展中长期计划的指导性文件。它将经济、社会、资源、环境视为密不可分的复合系统，构筑了一个综合性的、长期的、渐进的可持续发展战略框架。

我国巨大的人口压力、令人担忧的资源短缺以及深刻的环境危机使得我国走可持续发展道路成为必然。准确把握人口与经济社会、资源环境协调发展的新形势、新任务，大力推进经济结构、能源结构、产业结构转型升级，努力实现环境保护与经济发展协同共进，我国积极探索可持续发展的路径与模式，引领全球绿色可持续发展，本书最后一章将详细介绍可持续发展的相关内容。

✐ 思考题

1. 结合本章学习谈谈现阶段我国人口与发展面临的问题及解决对策。
2. 如何理解可再生资源和可耗竭资源？
3. 谈谈你对自然资源价值的认识。
4. 简述当前我国土地资源、水资源、矿产资源、森林资源的开发利用状况。
5. 在我国现阶段矿产资源开发利用中，应该采取什么样的战略对策？
6. 阅读下面材料，回答问题。

　　材料一：十八届五中全会决定，为减缓人口老龄化趋势，全面实施一对夫妇可生育两个孩子的政策。

　　材料二：中共十八大报告在谈到人口问题时提出，坚持计划生育的基本国策，提高出生人口素质，逐步完善政策，促进人口长期均衡发展。

　　结合两则材料，分析我国今后的人口政策趋势，并说明你的理由。

第九章　生态系统与生态保护

 引　言

　　人类的生存和良好生活质量离不开自然。自然通过其生态和进化过程，维持人类赖以生存的空气、淡水和土壤质量，分配淡水，调节气候，提供传粉功能和控制虫害，并减轻自然灾害的影响。自然的重要贡献体现在生物多样性和生态系统功能与服务，但它们正在全世界范围内恶化。人类是对地球上的生命造成影响的主导因素，并导致天然的陆地、淡水和海洋生态系统衰退。在对待自然问题上，恩格斯深刻指出："我们不要过分陶醉于我们人类对自然界的胜利。对于每一次这样的胜利，自然界都对我们进行报复。每一次胜利，起初确实取得了我们预期的结果，但是往后和再往后却发生完全不同的、出乎预料的影响，常常把最初的结果又消除了。"

　　党的十八大以来，我国按照自然生态系统原真性、整体性、系统性及其内在规律，依据管理目标与效能并借鉴国际经验，努力建成中国特色的以国家公园为主体的自然保护地体系，推动各类自然保护地科学设置，建立自然生态系统保护的新体制新机制新模式，建设健康稳定高效的自然生态系统，为维护国家生态安全和实现经济社会可持续发展筑牢基石，为建设富强民主文明和谐美丽的社会主义现代化强国奠定生态根基。习近平总书记从生态文明建设的整体视野提出"山水林田湖草是生命共同体"的论断，强调"统筹山水林田湖草系统治理""生态环境没有替代品，用之不觉，失之难存。""我们要像保护自己的眼睛一样保护生态环境。"2019年7月，中共中央办公厅、国务院办公厅印发《关于建立以国家公园为主体的自然保护地体系的指导意见》，提出了重要自然生态系统、自然遗迹、自然景观和生物多样性系统性保护，生态产品供给能力提升，国家生态安全维护的总体思路、工作内容和目标。2020年6月，国家发展改革委、自然资源部联合印发了《全国重要生态系统保护和修复重大工程总体规划（2021—2035年）》，提出了"坚持保护优先，自然恢复为主，全面保护濒危野生动植物及其栖息地"重大生态工程的行动方案。过去几年，多措并举推动生态系统保育及恢复治理，协同推进《生物多样性公约》和《2030年可持续发展议程》，我国森林资源增长面积超过7000万公顷，居全球首位；长时间、大规模治理沙化、荒漠化，有效保护修复湿地，生物遗传资源收集保藏量位居世界前列；划定生态保护红线，建立国家公园体系，90%的陆地生态系统类型和85%的重点野生动物种群得到有效保护。

　　根据《生物多样性和生态系统服务全球评估报告》，在目前的经济发展趋势下，大多数国家社会和环境目标，例如《生物多样性公约》目标和《2030年可持续发展议程》的目标将无法实现。由于日益严峻的全球生物多样性保护形势，生物多样性和生态系统服务政府间科学政策平台（IPBES）在全球评估报告中呼吁自然保护的变革性转变，并指出"若想要实现 2030 年或者更长期的自然保护目标，只能通过在经济、社会、政治和技术方面实现变革性转变"。认识生态系统的结构及组成，以生态保护的理论及一般规律为指导，能提高对生态问题的认识和处理能力，从而恢复和重建生态平衡，求得人类的生存与发展。"山水林田湖草是生命共同体"的系统思想，要求我们树立生态治理的大局观、全局观。习近平总书记深刻指出："人的命脉在田，田的命脉在水，水的命脉在山，山的命脉在土，土的命脉在树"。由山川、林草、湖沼等组成的自然生态系统，存在着无数相互依存、紧密联系的有机链条，牵一发而动全身。因此，面对自然资源和生态系统，不能从一时一地来看问题，一定要树立大局观，算大账、算长远账、算整体账、算综合账，如此才能形成系统性的治理，实现生产、生活、生态的和谐统一。

Within all species, individuals interact with each other - feeding together, mating together, and living together. Some species have a pecking order as well, and each individual has a role to play within it. However, it is not only individuals within a species that interact. Different species of animals interact with each other all the time. For instance, animals eat other animals through their interactions in a food web. But plants are included in this web as well as they, too, are eaten by animals.

What would happen if the weather were really cold all the time? Well, not all species of animals, plants and bacteria would be able to survive. What differences are there between species who live in the Rocky Mountains and those who inhabit the Sahara desert? Landscape also determines where plants and animals might live. But what, exactly, is an ecosystem? An ecosystem is a geographical area of a variable size where plants, animals, the landscape and the climate all interact together.

 导　读

为了有效地保护生态环境，需要学习和遵循保护生态环境的基本原理：第一是生态系统结构与功能相对应原理，要从保护结构的完整性和运行的连续性达到保持生态系统环境功能的目的，保持生态系统的再生产能力；第二是将经济社会与环境看作是一个相互联系、互相影响的复合系统，不断改善生态环境以建立新的人与环境的协调关系；第三是保护生物多样性，将保护生态系统的完整性、可持续地开发利用生态资源、恢复被破坏的生态系统和保护生物生存环境放在首要位置上；第四是将普遍性与特殊性相结合，关注特殊性问题，将解决重大生态环境问题与恢复提高生态环境功能结合起来。通过本章学习，了解生态系统的概念、基本结构及其功能，利用生态平衡及生态学一般规律来解决生态学问题，保护物种多样性，从而达到生态保护的目的；了解人工生态系统和自然生态系统的异同，掌握城市生态系统和农业生态系统的结构和功能特点，从可持续发展的角度认识生态城市和生态农业是解决城市问题和农业问题的有效途径。

第一节　生态系统概述

一、生态系统的基本概念

生态环境（ecological environment）是指影响人类生存与发展的水资源、土地资源、生物资源以及气候资源数量与质量的总称，也包括在利用和改造自然的过程中，对自然环境破坏和污染所产生的危害人类生存的各种负反馈效应。说到生态环境，首先要提到系统，20 世纪 20 年代就有很多生物学家和哲学家主张将生命看作一个系统，用系统的观点进行研究。"系统"一词在古希腊时代就已存在，是组合、整体和有序的意思，指由各自独立又相互联系、相互作用的组分构成的统一体。系统一般具有以下属性。

第一，系统由多部分组成，并且不是组成成分的简单集合，具有整体的功能性。地球生物圈是由很多成分组合而成的一个生命和非生命系统。

第二，系统具有内在的相关性，成分依附于系统而存在，系统各成分之间或子系统之间可以通过能量流动、物质循环、信息流动有机地联系起来。生物圈内，各种成分依附于整个大的系统而存在，生命物质和非生命物质通过能流、物质流、信息流有机地联系起来。

第三，系统结构存在有序性和层次感，系统是有层次的有序结构。

第四，系统存在的空间总是有限的。开放系统必然有存在于系统的外环境，系统和环境相互影响、相互作用。开放系统和外界环境之间存在着物质和能量交换。封闭系统是指系统和外界不交换任何能量（做功或者热传递）和物质。开放系统保持系统功能的稳定性。封闭系统的发展趋势是从有序到无序，直至灭亡。

第五，系统具有时间性特点。一切系统都是处于不断变化的过程之中，对于一个系统而言存在产生、成长、发展、衰老和死亡的过程。因此，绝对静止的系统是不存在的。

用自然科学系统的方法研究生态学，就提出了生态系统的概念，一般系统论认为生态学的任何层次都可以看作是一个系统。生态系统（ecosystem）就是在一定空间中共同栖居着的所有生物（即生物群落）与其环境之间由于不断地进行物质循环和能量流动过程而形成的统一整体。地球上的森林、草原、荒漠、湿地、海洋、湖泊、河流等，不仅它们的外貌有区别，生物组成也各有其特点，并且其中的生物和非生物构成了一个相互作用、物质不断循环、能量不断流动的生态系统。种群（population）是指一个生物物种在一定范围内所有个体的总和。而在一定的自然区域中许多不同种的生物总和则称为群落（community）。在生物群落的基础上加上非生物成分（如阳光、土壤、各种有机或无机的物质等），就构成了生态系统。

人类生存所处的生物圈内有无数大大小小的生态系统，大至整个生物圈、整个海洋、整个大陆，小到一个池塘、一片草地，都可以看作一个开放的生态系统。一个大型的复杂的生态系统中往往包含很多小的生态系统，池塘、湖泊、草原和森林等都形象地说明了这个问题，各种各样的生态系统组成了一个整体，即我们现在生活的自然环境。生物圈就是一个最大的生态系统。生态系统概念的提出，为研究生物与其生活环境之间的关系提供了新观点，并作为研究生物和环境的关系的基础。

第九章

二、生态系统的组成和结构

（一）生态系统的基本组成

生态系统由生物成分（biotic components）和非生物成分（abiotic components）两部分组成。生物部分由各种各样的生命有机体组成；非生物部分由水、大气、热、能量、营养物质和其他的生命必需的物质组成，非生物成分构成生物生存所必需的

生态系统分类

场所和空间，并为生物提供能量和物质，如图 9-1 所示。所以，离开了非生物
环境，生物是难以生存下去的。

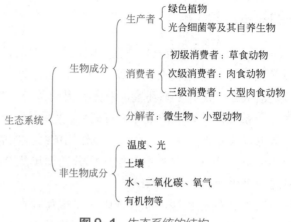

图 9-1 生态系统的结构

（资料来源: 陈国新，生态学基础，1992）

1. 非生物环境

由非生物成分组成生物生存所必需的场所和空间称为非生物环境，又称无
机环境，包括整个生态系统需要的能源和热量等气候因子、生物生长的基质和
介质、生物生长代谢的原料三个部分。太阳能为整个生态系统提供了绝大部分
的能源，它提供了生物生长发育所必需的热量；气候因子还包括风、温度和湿
度等；生物生长的基质和介质主要是土壤、空气、水、岩石和沙砾，这些物质
构成了生物生长活动的场所和空间；水、二氧化碳、氧气和无机盐类以及生物
生长需要的其他营养物质构成了生物生长代谢的原料。

2. 生物成分

生物成分是生态系统中的重要组成部分，依据在生态系统中作用的地位可以
分为生产者（producers）、消费者（consumers）和分解者（decomposers）三部分。

生产者也称初级生产者，主要指绿色植物。绿色植物能在阳光作用下吸收
空气中的二氧化碳和水分，通过光合作用转变为碳水化合物，并释放出副产
品——氧气，即绿色植物能把一些能量以化学键能的形式储存下来。其中也包
括一些蓝藻和光合细菌，它们利用某些物质在化学变化过程中产生的能量合成
有机物。由于海洋深处没有阳光，所以深海中的生命体是通过化学合成的方式
积累有机质为自己制造食物。生产者是整个生物成分的基础部分，在能量转换
和物质循环中起着最重要的作用。

消费者指的是那些以其他的生命体或者它们的产物为食物而获得能量的生
命体。消费者是不能用无机物质制造有机物质的一类生物，它们只能直接或间
接地从植物所制造的有机物质中获得营养物质和能量。根据它们食性的不同可
以分为：一级消费者又称初级消费者（herbivores），比如草食动物（昆虫、啮
齿类动物、牛、羊、马等），都是直接以植物为营养的动物；二级消费者又称
次级消费者（carnivores），比如肉食动物（狼、狐狸等），是以草食动物为食

的捕食性动物；三级消费者（third consumer）是以一级肉食动物为食的生物（虎、狮子等）。但是消费者都是依靠生产者来获取能量的。它们也是生态系统中十分重要的一环。

分解者（还原者），指那些以腐烂的有机物质为食物的生物体，是异养生物。最主要的分解者是真菌和细菌，还包括某些原生动物和小型土壤动物（例如白蚁、某些软体动物等）。分解者把动物、植物的有机分子分解还原为较简单的化合物和单质，并把这些简单的化合物和单质释放到环境中去，供生产者再利用。所有动植物的尸体和枯枝落叶，都必须经过分解者进行还原分解，然后归还于环境。如果没有分解者的分解作用，生态系统中的物质循环也就停止了，所以分解者是生态系统中不可缺少的重要部分。

（二）生态系统的结构

生态系统的结构（ecosystem structure）是指生态系统中生物的和非生物的诸要素在时间、空间和功能上分化与配置而形成的各种有序系统。生态系统的结构是生态系统功能的基础，生态系统的生物生产与物质分解、物种流动、物质循环和信息传递等形形色色的功能密切相关。现代生态学在不同层次上对生态系统的组成、结构和功能进行定性和定量研究，以阐明组成、结构和功能的相互关系，提高生态系统的生产力，维持系统的稳定性，改善系统的整体功能。生态系统的结构通常可从物种结构、营养结构、时空结构和层级结构等方面来认识。

1.生态系统的物种结构

生态系统的物种结构（species structure）是指根据各生物物种在生态系统中所起的作用和地位分化不同而划分的生物成员型结构。除了优势种、建群种、半生种及偶见种等群落成员型外，还可根据各种不同的物种在生态系统所起的作用与地位的不同，区分出关键种和冗余种等。

（1）关键种　关键种（keystone-species）最初由 Robert T. Paine 在 1966 年提出，并于 1969 年用于岩石潮间带捕食者的研究中。它是指生态系统或生物群落中的那些相对其多度而言对其他物种具有非常不成比例的影响，并在维护生态系统的生物多样性及其结构、功能及稳定性方面起关键性作用，一旦消失或削弱，整个生态系统或生物群落就可能发生根本性变化的物种。生态系统或生物群落中的关键种，根据其作用方式可划分为关键捕食者、关键被捕食者、关键植食动物、关键竞争者、关键互惠共生种、关键病原体 / 寄生物、关键改造者等类型。

关键种的丢失和消除可以导致一些物种的丧失，或者一些物种被另一些物种所替代。群落的改变既可能是由于关键种对其他物种的直接作用（如捕食），也可能是间接的影响。关键种数目可能是稀少的，也可能很多；就功能而言，可能只有专一功能，也可能具有多种功能。许多实验表明，一些数量很少的关键种强烈地影响着生物群落和生态系统。

（2）冗余种　冗余种（redundancy species 或 ecological redundancy）是指生态系统或生物群落中的某些在生态功能上与同一生态功能群中其他物种有相当程度的重叠，在生态需求性上相对过剩而生态作用不显著的物种。生态功能群是指生态系统中一些具有相同功能的物种所形成的集合。近年来，冗余种的概念被广泛地应用在生态系统、群落和保护生物学中。生态学家将生态系统中各个物种分成不同的功能群，有两个主要优点：一是简化了复杂的生态系统；二是弱化了各物种的个别作用，更加强调物种集体的作用，将物种水平提高到生态系统的水平之上。

从理论上说，生态系统中除了一些主要的物种以外，其他的都是冗余种。在维持和调节生态系统过程中，许多物种常成群地结合在一起，扮演着相同的角色，形成各种生态功能群和许多生态等价物种。在这些生态等价物种中必然有几个是冗余种（除非某一个生态功能群中只有一个物种）。

2.生态系统的营养结构

生态系统的营养结构（nutrition structure）是指生态系统中各种生物成分之间或生态系统中各生态功能群——生产者、消费者和分解者之间通过吃与被吃的食物关系以营养为纽带依次连接而成的食物链网结构以及营养物质在食物链网中不同环节的组配结构。它反映了生态系统中各种生物成分取食习性的不同和营养级位的分化，同时反映生态系统中各营养级位生物的生态位分化与组配情况，是生态系统中物质循环、能量流动和转化、信息传递的主要途径。生态系统中生物之间的这种食物关系和营养级位的分化是生物在生态系统演化过程中长期适应和进化的结果。

（1）食物链和食物网　生态系统中各种生物基于生产者和消费者之间的营养关系，构成了生态系统中的食物关系即食物链，生态系统中生产者、消费者和分解者最根本的联系是通过营养关系即食物关系实现的。在生态系统中，根据食性关系建立起来的各种生物之间的营养关系，也就是不同生物之间通过取食关系而形成的链状单向联系，就是食物链（food chain），如食草动物以植物为食，食肉动物以食草动物为食，"大鱼吃小鱼，小鱼吃虾米"就形象地说明了食物链这个概念。

依据各种生物之间的食性关系，可以将食物链分成四种类型。

① 捕食食物链。此种食物链是以生产者绿色植物为基础，继之以草食性动物和肉食性动物。后者与前者构成捕食性关系。

植物→草食性动物→肉食性动物

又可分为陆域型捕食食物链和水域型捕食食物链，如：

草原上的青草→野兔、松鼠→狐狸→狼、豹

藻类→甲壳类→小鱼→大鱼

② 碎食食物链。这种食物链是以碎食食物为基础。碎食是由高等植物的枯枝落叶等形式被其他生物利用，分解成碎屑，然后再被多种动物吃掉。据调查，在森林里，有大约90%的净生产是以食物碎食方式完成的。这种食物链的构成方式可以这样表达：

碎屑食物→碎屑食物消费者→小型肉食性动物→大型肉食性动物

③ 寄生食物链。这种食物链由宿生生物和寄生生物构成，它以大型动物为基础，继之则是小型动物、微型动物，然后是细菌和病毒，后者寄生在前者身上，后者与前者构成寄生关系。构成方式如下：

哺乳动物或鸟类→跳蚤→原生动物→细菌→病毒

④ 腐食食物链。这种食物链以动物和植物的遗体为基础，腐烂的动物和植物遗体被土壤或水体中的微生物分解利用，后者与前者是腐生性的关系。

动物和植物遗体→细菌和真菌微生物

在生态系统中各类食物链具有以下特点：在同一个食物链中，常包含有食性和其他生活习性极不相同的多种生物；在同一个生态系统中，可能有多条食物链，它们的长短不同，营养级数目不等，由于在一系列取食与被取食的过程中，每一次转化都将有大量化学能变为热能消散，因此自然生态系统中营养级的数目是有限的；在不同的生态系统中，各类食物链的比重不同；在任一生态系统中，各类食物链总是协同起作用。

在自然界中，很少存在一种生物完全依赖另一种生物而生存，常常是一种生物以多种生物为食物，同一种生物可以占有几个营养层次，如杂食动物。而且，动物的食性又因为环境、年龄、季节的变化而有所不同。如青蛙的幼体在水中生活，以植物为食；而成体以陆生生活为主，并以昆虫为食，这就引出了食物网和营养级的概念。

生态系统中，取食关系往往非常复杂，各种食物链相互交叉，形成网状结构，就是食物网（food web）。食物网作为一系列食物链的链锁关系，本质上反映了生态系统中各有机体之间的相互捕食关系和广泛的适应性。图9-2是一个简单的陆地生态系统食物网。

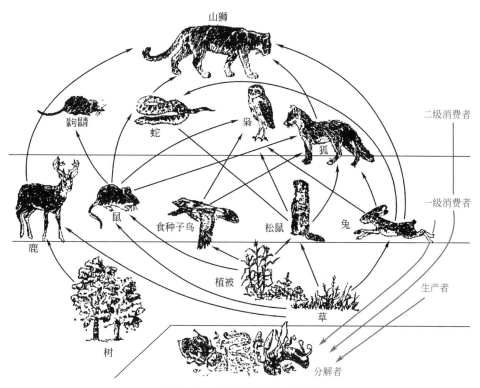

图9-2　陆地生态系统食物网

（资料来源：孙儒泳、李博等，普通生态学，1993）

研究食物链的组成及其能量的调节是非常重要的，因为能量的流动、物质的迁移和转化，是通过食物链和食物网进行的。当今环境污染已遍及全球，环境遭到污染，污染物种类繁多，绝大多数的污染物都是通过食物侵入生物体的。举世闻名的八大公害之一的日本水俣事件，有力地证明了这一点。食物链是污染物入侵生物体和在生物体内富集的途径，某些自然界不能降解或难以降解的重金属（如铬、镉、砷、铜、汞等）在自然环境中的初始浓度并不高，但是经过食物链逐级富集，进入人体后可以提高到数百倍甚至数百万倍，对机体构成极大的危害。同时食物链还是能量流动的渠道，通过研究食物链，可以弄清楚污染物的污染程度，研究食物链的组成还具有经济价值。例如物种的保护，要保护某种野生动物，就需要明确改换境内动植物之间的关系，还必须留心食物链中能量的调节，才能使该物种得到发展演化的空间，一旦食物链断节，就会影响和破坏生态系统的平衡和协调，使该地区的生物群落发生改变，对社会经济产生严重影响。

（2）营养级和生态金字塔　食物链和食物网表达的是物种之间的食性关系，这种关系相互交错。为了进行定量的能流和物质循环研究，生态学家提出了营养级的概念。

① 营养级。生态学中把具有相同营养方式和食性的生物统归为同一营养层次，并把食物链中每一个营养

层次称为营养级（trophic level），或者说营养级是食物链上的一个环节。也就是说，一个营养级指的是处于食物链某一环节上的所有生物种的总和。例如，作为生产者的绿色植物和所有自养生物都位于食物链的起点，共同构成第一营养级。所以以生产者（主要是绿色植物）为食的动物都属于第二营养级，即植食动物营养级。第三营养级包括所有以植食动物为食的肉食动物。以此类推，还可以有第四营养级（即二级肉食动物营养级）和第五营养级。

生态系统中，下一营养级上的生物是不可能百分之百地利用前一营养级上的生物量，总有一部分会自然死亡和被分解者利用；各营养级的同化率也不是完全的，总会有一部分变成排泄物而留于环境中，被分解者分解、吸收、利用；再者各级营养级生物总要维持自身的生命活动，会消耗一部分能量，这部分能量变成热能而耗散掉。生态系统中的各种生物之间为了维持有序的状态，就需要依赖于上述能量的消耗。换句话说，生态系统要维持正常的功能，就需要有永恒不断的太阳能的输入，用以平衡各营养级生物维持生命活动的消耗。

② 生态金字塔。由于能量流动会在通过各营养级时急剧减少，所以食物链不会太长，生态系统中营养级一般不会超过三个或者四个营养级，极少有五个或者五个以上的营养级。各个营养级上总的生物数量是随着营养级的升高而逐渐减少的。能量是通过营养级逐渐减少的，如果把通过各营养级的能量由低到高画成一幅图，就形成一个金字塔形状，称为能量锥体或者能量金字塔（energy pyramid）。因为食物链中上一营养级总是依赖于下一营养级的能量，能量在营养级间流动时有很大的损耗，使营养级的能量呈阶梯状递减，可以用"生态金字塔"（ecological pyramid）形象表示。图9-3明了地说明生物数量营养级递减的情况。

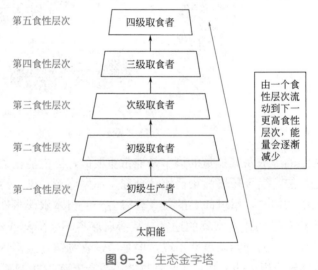

图9-3　生态金字塔

一般来说，能量锥体最能保持金字塔形状，有时候生物数量锥体就会出现倒置的情况。例如，水生生态系统中，生产者（浮游植物）个体很小，生活寿命很短，根据某一时刻调查的生物量，常常低于浮游动物的生物量，这样一来，金字塔的形状就要倒过来。但是这并不是说流过的能量在生产者的环节低于消费者的环节，而是因为浮游植物个体小、代谢快、生命短，某一时刻的现存量反而要比浮游动物少，但是一年中的总的能量流量还是比浮游动物多得多。生物数量锥体可能呈现倒置的金字塔形状，但是能量锥体不可能出现倒置的情形。

3. 生态系统的时空结构

生态系统的时空结构（space-time structure），也称形态结构，它是指生态系统中组成要素或其亚系统在时间和空间上的分化与配置所形成的结构。无论是自然生态系统还是人工生态系统，都具有在水平空间上或简单或复杂的镶嵌性、在垂直空间上的成层性和在时间上的动态发展与演替等特征，它们是生态系统各种结构的基础。

（1）垂直结构　生态系统的垂直结构（vertical structure）是指生态系统中各组成要素或各种不同等级的亚系统在空间上的垂直分布和成层现象。如森林生态系统从上到下依次为乔木层、灌木层、草本层和地被层等层次。

（2）水平结构　生态系统的水平结构（horizontal structure）是指生态系统内的各种组成要素或其亚系统在水平空间上的分化或镶嵌现象。在不同的环境条件下，受地形、水温、土壤、气候等环境因子的综合影响，生态系统内各种生物和非生物组成要素的分布并非是均匀的。生态系统内各组成要素在水平空间分布上的这种分异性，使得生态系统内的生物物种组成、生物群落的外貌、结构、功能和特征在水平空间上发生相应的变化和分异，并直接体现在景观类型的变化上，形成了所谓的带状分布、同心圆式分布和镶嵌分布等多种空间分布格局。

（3）时间结构　生态系统的时间结构（time structure）是生态系统中的物种组成、外貌、结构和功能等随着时间的推移和环境因子（如光照强度、日长、温度、水分、湿度等）的变化而呈现的各种时间格局（time pattern）。它是生态系统中的生物物种对环境长期适应与进化的结果，反映出生态系统在时间上的动态。生态系统在短时间尺度上的格局变化，反映了生态系统中的动植物等对环境因子周期性变化的适应，同时也往往反映了生态系统中环境质量的高低。

4. 生态系统的层级结构

生态系统的层级结构（hierarchy structure）是基于 20 世纪 60 年代以来逐渐发展形成的层级（等级）理论（hierarchy theory）而确立的有序结构体系。层级理论是关于复杂系统结构、功能和动态的理论。该理论认为任何系统都属于一定的层级，并具有一定的时间和空间尺度（scale）。一个复杂的系统由相互关联的若干亚系统组成，各亚系统又是由各自的许多亚系统组成，以此类推，直到最低的层次。其最低层次依赖于系统的性质和研究的目的。

地球表面的生态系统是具有多重层级的复杂系统。按照各系统的组成特点、时空结构、尺度大小、功能特性、内在联系以及能量变化范围等多方面特点，可将地球表层的生态系统分解为如下若干个不同的层级，即：全球（global）/生物圈（biosphere）、大陆（continent）/大洋（ocean）、国家（national）/区域（region）、景观（landscape）/流域（valley）、群落（community）/系统（ecosystem）、个体（organism）/种群（population）、组织（tissue）/器官（organ）、亚细胞（subcell）/细胞（cell）、大分子（molecular）/基因（gene）等多个不同的层级（图 9-4）。其中个体以下的为微观层级，个体至景观和流域水平的为中观层级，区域以上的为宏观层级。以上各层级的生态系统，从研究对象的系统属性和研究的内容上看，微观层级主要以实验生态系统为研究对象，研究生命有机体的生物学生态学特性及其与环境的关系和适应机理，中观层级主要以自然生态系统或人工生态系统为研究对象，研究生物个体或群体的生态学特性，宏观层级主要以自然—经济—社会复合生态系统和全球生态系统为主；从研究的内容范畴上看，研究的内容范畴也由微观生物学的分子生态、遗传生态、生理生态到中观的自然生态和人工（干扰）生态再到

宏观的经济生态、环境生态和社会生态。以上各种不同层级的生态系统之间，既相互联系、相互依赖，又彼此相对独立，各具特色，它们共同组成了地球表面复杂的生态系统网络。其中生物圈是地球上最大的和最复杂的多层级生态系统，或称全球生态系统。

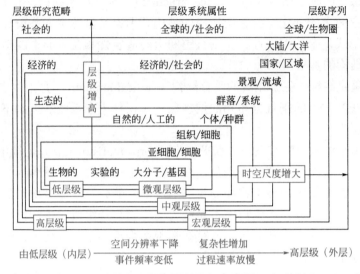

图 9-4 地球表层生态系统的层级结构与行为过程（孙叶根，2003）

三、生态系统的功能

一个完整和持续发展的自然生态系统都具有生物生产、能量流动、物质循环和信息传递等能力，这四个方面构成了生态系统整体的基本功能。

（一）生物生产

生物生产是生态系统的基本功能之一，就是绿色植物把太阳能转换为化学能，再经过动物生命活动利用转变为动物能的过程。生物生产包括初级生产和次级生产两个过程。初级生产是生产者（主要是绿色植物）通过光合作用源源不断地把太阳能转变为化学能的过程，故又称之为植物性生产。次级生产是消费者（主要是动物）的生命活动将初级生产品转化为动物能，故又称之为动物性生产。在一个生态系统中，这两个生产过程彼此联系，进行着能量和物质交换，但又是分别独立进行的。

1.初级生产过程

生态系统初级生产的能源来自太阳辐射能，绿色植物在太阳光的照射下吸收二氧化碳发生光合作用，把无机碳以有机碳的形式固定下来，并释放出氧气。生产过程的结果是太阳能转变成化学能，简单的无机物转变为复杂的有机物。可见，生态系统的初级生产实质上是一个能量的转化和物质的积累过程，是绿色植物的光合作用过程。可以表示为：

$$6CO_2+6H_2O \xrightarrow{\text{叶绿体、光照}} C_6H_{12}O_6+6O_2$$

植物光合作用积累的能量是进入生态系统的基本能量，初级生产过程也就是这种能量的积累过程。被植物积累的有机物质称为生产量（production），有机物质积累的速率称为生产力（productivity）。绿色植物的光合作用产量是能量储存的最基本的形式，所以绿色植物的生产量称为初级生产量（primary production）。

地表单位面积、单位时间内光合作用生产有机物质的数量称为总初级生产量（gross primary production），单位 g/（m²·a）或者 kJ/（m²·a）。绿色植物为了维持自己的生存也需要呼吸，光合作用和呼吸作用正好相反，呼吸作用要消耗一部分光合作用过程中产生的有机物质，除去消耗的部分，剩下的有机物质才是积累形成的"生物量"，称为净初级生产量。用下面公式表示：

$$NP = GP - R$$

式中，NP 为净初级生产量；GP 为总初级生产量；R 为呼吸量。

净初级生产量随时间积累形成植物生存量，净初级生产量被植食性动物所消耗，一部分枯枝落叶供分解者分解。

初级生产在空间上和时间上都是分配不均匀的，陆地生态系统中初级生产在热带最旺盛，产生的初级生产量也最高，从热带向两极逐渐减少；在任何纬度，当降雨减少时，初级生产量也要减少。在海洋，因为缺少养分，生产力很低。相同气候带的草原比森林生产力要低些。

生态系统中的初级生产在水平上存在差异，在垂直变化上也有不同，一般是森林中乔木层初级生产最高，灌木层次之，草本层更低。地下部分也有着相似的变化。水体中阳光直接照射的水面，并不是生产力最高的地方，而通常是在数米深的水层。初级生产取决于水的清晰度和浮游植物的密度，过强的阳光对浮游植物生长不利，早晨和晚上的光照强度却比较适合。

此外，许多环境因素如光照、温度、降雨及植物群落的垂直结构等都影响着初级生产过程。大气污染（如 SO_2、O_3）对生态系统生物生产的危害作用也非常明显。

2.次级生产过程

净初级生产量是生产者以外的各营养级所需能量的唯一来源，所以次级生产是消费者和分解者利用初级生产物质进行同化作用建造自身和繁衍后代的过程。次级生产量指的是初级生产者之外的其他有机体的生产，即消费者、还原者（分解者）利用初级生产量进行的同化作用，表现为动物和真菌、细菌等微生物的生长、繁殖和营养物的储藏。比如说动物，直接或间接依赖初级生产者绿色植物而生存，称为次级生产者。简单地说，次级生产就是异养生物对初级生产物质的利用和再生产过程。从理论上讲，净初级生产量可以全部被异养生物所利用，转化为次级生产量，实际上，任何一个生态系统中的净初级生产量都有可能流失到这个生态系统以外的地方去，还有很多植物生长在动物根本达不到的地方，因此也无法被利用。总的来说，初级生产量总是有相当一部分不能被利用。即使是被动物吃进体内的植物，也有相当一部分会通过动物的消化道被原封不动地排出体外。在被吸收的能量中，有一部分用于动物的呼吸代谢来维持自身生命的需要，这一部分能量最终以热的形式散失到环境中，剩下的那部分才能用于动物各器官组织的生长和繁殖新的个体。

总之，一个种群出生率最高和个体生长速度最快的地方，也就是这个地区的自然环境中净初级生产量最高的区域，因为次级生产量是依靠消耗初级生产量而得到。在一个正常的生态系统中，初级生产过程和次级生产过程彼此相互联系，进行着物质和能量的交换，构成了生态系统中的物质生产过程。

（二）能量流动

能量，在经典物理学上的定义为"物体做功能力的量度"。在一个生态系统中，能量主要以辐射能、

化学能、机械能、电能和生物能的形式存在。生态系统中各种形式的有机体，除少数几种化学合成细菌外，其生存所需的能量都是由太阳辐射的能量供应的。在单位时间和面积内到达地球外层大气圈的太阳能量称为太阳能通量，其值为 8.4 J/（cm²·min）。当太阳能通过地球的大气层时，有一部分（19%）被大气和云层以及大气中的尘埃所吸收、反射。

在太阳辐射穿过大气时，光谱的分布也发生了很大的改变。例如，波长小于 0.3μm 的紫外线被臭氧层吸收，可见光也显著减少。从地球返回太空的热能中，主要是红外线。

绿色植物吸收通过大气层的那部分太阳能，借助光合作用，把太阳能转化成化学能转入植物体内的优质物质中。照射到地球上的阳光中被植物吸收的那部分能量，是和生物圈里所有的生物包括人类在内有着最密切的关系（人类的食物来自自然界食物链中各个营养层次）。

生态系统中能量的传递和转化都严格遵守热力学定律。热力学第一定律表述为"能量既不能创造，也不会消灭，只能从一种形式转化成另外一种形式"，即能量的转化与守恒定律。

在生态系统中，生产者通过光合作用把光能转变成化学能储存起来，初级消费者摄食植物，使生产者积累的能量转移给动物用于做功（生长、运动、繁殖等），在这些过程中，能量虽发生了转化或转移，但总能量是守恒的。生态系统中所增加的能量等于环境中太阳所减少的能量，总的能量保持不变。太阳能通过绿色植物输入生态系统，表现为生态系统中的绿色植物对太阳能的固定。

热力学第二定律可以表述为：在一个封闭的系统中，在能量的传递过程中，除了一部分可以继续传递和做功的能量（自由能）外，总有一部分不能继续做功和传递，而以热的形式散失到周围的环境中，与此同时，系统的无序性（即熵）增加。对生态系统也是如此，生态系统是一个开放系统，同外界环境之间有物质和能量的交换，可以不断地从太阳获得能量，光合作用可以不断形成负熵，使生态系统保持有序，甚至使有序性增加，只要有物质和能量输入及不断排出熵，便可维持一种稳定的平衡状态。当能量以食物的形式流动于生物之间时，食物中有一部分能量被合成新的组织作为潜能储存下来，而相当多的能量被降解为热而消散（使熵增加）。所以动物在利用食物中的能量时，大部分转化为热量，只是小部分转化为新的潜能。因此能量在生物之间每传递一次，大部分能量就被降解为热损失掉，这也就是食物链的环节和营养级的级数不会超过五到六个及能量表示为金字塔形的合理解释。

生态系统完全可以看作是物理学中的能量系统，能量在系统中具有转化、做功、消耗等动态规律，植物通过光合作用吸收太阳能转变成化学能，而将其固定在植物体内，动物吃掉植物后，能量也随之流入动物体内。通过生态系统的各级食物链组成了生态系统的能量流动。生态系统的能量流动是通过以下两个途径实现的。

一是光合作用和有机成分的输入，就是绿色植物利用光合作用把太阳能转换为有机能储存在机体内。这个途径在生态系统物质生产过程中得以体现。

二是呼吸作用的热消耗和有机物质的输出，生物有机体的呼吸作用消耗能量，以热的形式散发到周围环境。

　　生态系统中的能量流动与食物链各营养级的生物数量紧密相关，无论是初级生产过程还是次级生产过程，能量在传递或转变中总有相当一部分因呼吸作用被耗散。从太阳能转化开始的生态系统的能量流动随着传递层次的增大，耗散到环境中的能量增多，最终全部以废热形式散失到环境中，这就是各类生态系统的能流基本模式，如图 9-5 所示。

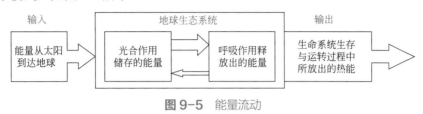

图 9-5　能量流动

（资料来源：D. B. Sutton 等，1973）

　　生态系统中能量流动有以下几个特点。

　　一是生产者即绿色植物对太阳能的利用率很低，只有 1.2% 左右。

　　二是能量只朝一个方向流动。能流的单一方向性（one way flow of energy）主要表现在以下三个方面：太阳的辐射能以光能的形式输入生态系统后，通过光合作用被植物所固定，不可能再以光能的形式返回；自养生物被异养生物摄食后，能量就从自养生物转到异养生物体内，也不可能再返还给自养生物；从总的能量流动途径来看，能量只是一次性流经生态系统，是不可逆的。

　　三是能量流动过程中能量逐渐减少，每经过一个营养级都有能量以热的形式散失掉。各营养层次自身呼吸所消耗用的能量都在其总产量的一半以上，净生产量不及总产量的一半。

　　四是各级消费者之间能量利用率也不高，平均约 10%。因此，营养层次变大或食物链的层次增加时，净产量就急剧下降。这也就说明为什么一般食物链的层次不超过四级，这也说明为什么人类以植物为食比以动物为食经济得多。

　　五是只有当生态系统生产的能量与消耗的能量相平衡时，生态系统的结构和功能才能保持动态平衡。

　　研究生态系统的能量流动，可以帮助人们合理地调配生态系统中的能量流动关系，使能量持续高效地流向对人类最有益的部分。在一个草场上，如果放养的牲畜过少，就不能充分利用牧草所能提供的能量；如果放养的牲畜过多，就会造成草场的退化，使畜产品的产量下降。根据草场的能量流动特点，合理确定草场的载畜量，保持畜产品的持续高产。在农业生态系统中，如果把作物秸秆当燃料烧掉，人类就不能充分利用秸秆中的能量；如果将秸秆作饲料喂牲畜，让牲畜粪便进入沼气池，将发酵产生的沼气作燃料，将沼气池中的沼渣作肥料，就能实现对能量的多级利用，从而大大提高能量的利用效率。

（三）物质循环

　　生态系统从大气、水体和土壤等环境中获得营养物质，通过绿色植物吸收，进入生态系统，被其他生物重复利用，最后再归入环境中，称为物质循环（cycle of material），又称生物地球化学循环（biogeo-chemical cycle）。在生态系统中能量不断流动，而物质不断循环。能量流动和物质循环是生态系统中的两个基本过程，正是这两个过程使生态系统各个营养级之间和各种成分（非生物和生物）之间组成一个完整的功能单位。

　　物质循环也是生态系统最主要的功能之一，物质循环分为生态系统内部的物质流动和生态系统外部（生态系统之间）的物质流动，两者密切相关。生态系统内物质流动，是指物质沿着食物链流动，只不过这种流动最初起源于外部的物质流动，最终又归还于外部。比如，某些化学元素，进入生态系统，最初供给初级生产者绿色植物，然后为消费者和分解者提供食物和能源。事实上几乎所有有机体的代谢活动

的产物终将进入系统之间的生物地球化学循环，其营养动力交换主要在大气、土壤和生物之间进行。生态系统外部的物质流动主要靠地质的、气象的和生物学的能力引起。例如：火山爆发喷射出的物质进入大气，营养物质从一个地方转移到另一个地方；气象的作用，使养分成为粉末或者蒸发到大气里，进行生态系统之间的物质交换。

生态系统中的物质循环可以分为三大类型，即水循环（water cycle）、气体型循环（gaseous cycle）和沉积型循环（sedimentary cycle）。生态系统中所有的物质循环都是在水循环的推动下完成的，没有水的循环，根本无从谈起生态系统的其他物质的循环流动，生命也将难以维持。在气体型循环中，物质的主要储存库是大气和海洋，其循环与大气、海洋密切相连，具有明显的全球性，循环性能也最为完善，属于气体型循环的物质，其分子或某些化合物常以气体的形式参与循环过程。属于气体循环的有氧、二氧化碳、氮、氯、溴、氟等。气体循环速度比较快，物质来源充足，并且不会枯竭。沉积型循环物质的主要储存库是土壤、沉积物和岩石，循环性能很不完善，属于这类循环的物质有磷、钙、钾、钠、镁、铁、锰、碘、铜、硅等，其中磷较为典型，来自岩石，最后又沉积在海底，转变成岩石。沉积型循环速度比较慢，参与沉积型循环的物质，其分子或化合物主要是通过岩石的风化和沉积物的溶解转变为可被生物利用的营养物质，海底沉积物转化为岩石圈成分则是一个相当缓慢的、单向的物质转移过程。沉积型物质循环的全球性不如气体型循环，在循环性能上也很不完善。

各种生物维持生命所必需的化学元素虽然很多，但是在生物体内全部原生质中约有97%以上的物质是由碳、氧、氢、氮和磷五种元素组成。

1. 水循环

水是地球上一切生命有机体的最主要的组成成分，是生态系统中能量流动和物质循环的主要介质，对调节气候、净化环境都起着很重要的作用，因此研究水循环具有十分重要的意义。从循环角度来说，照射到地球表面的太阳能除了很少一部分供植物光合作用的需要外，约有四分之一用于蒸发水分，海洋、湖泊、河流和地表水分，不断蒸发，进入大气，然后在高空中遇冷气流，形成雨、雪、雹等降水重新返回到地面、水面，从而使生物圈中的水得到循环。水的主要循环路线是从地球表面通过蒸发进入大气圈，同时又不断从大气圈通过降水而回到地球表面。陆地的降水量大于蒸发量，而海洋的蒸发量大于降水量，因此，陆地每年都把多余的水通过江河源源不断输送给大海，以弥补海洋每年因蒸发量大于降水量而产生的亏损，见图9-6。

水循环（water cycle）受太阳辐射、大气环流和洋流、热量收支情况以及陆地、海洋之间水的平衡的影响。蒸发、降水、支流和传送使地球上的水维持着一种稳定的平衡。

2. 碳循环

碳也是构成生物体的主要元素之一，它以二氧化碳的形式储存于大气中。碳循环主要是在空气、水（溶解的二氧化碳和碳酸盐两种形式）与生物体之间进行的。绿色植物借助于光合作用吸收空气中水和二氧化碳转换成有机物质，动物通过取食植物得到碳。同时，植物和动物又通过呼吸作用放出二氧化碳重返空气中。它们死亡的遗体经微生物分解破坏，最后被氧化变成二氧化碳、水和其他无机盐类。呼出的二氧化碳被植物直接利用，这就是碳循环（carbon cycle）最简单的形式。陆地上的碳酸盐（主要成分是碳酸钙）被缓慢地淋溶，随着水流进入海洋，形成海底沉积物，珊瑚虫和红藻从水中吸收二氧化碳，并形成不溶解的化合物，如珊瑚的骨骼，所有的这些交换会使各种循环的营养库趋于稳定。

矿物燃料如煤、石油、天然气等也是地质史上生物遗体所形成的。当它们被人们燃烧时，又释放出二氧化碳。图 9-7 说明了生物圈中碳循环过程。

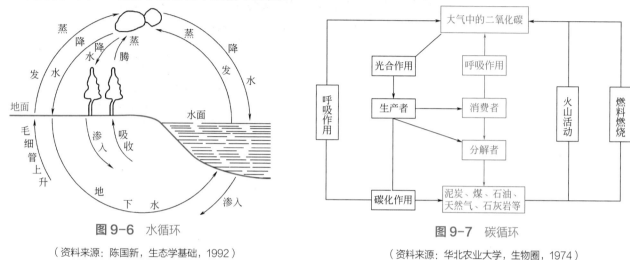

图 9-6　水循环

（资料来源：陈国新，生态学基础，1992）

图 9-7　碳循环

（资料来源：华北农业大学，生物圈，1974）

3. 氮循环

氮也是构成生物体的重要元素之一。氮是各种氨基酸、蛋白质和核酸的主要组成部分，大气中含有大量的氮（约占空气总量的 79%），氮是不能被绿色植物或动物直接利用的。大气中的氮进入生物有机体内主要有三种途径。

（1）生物固氮　通过微生物的作用固氮，大气中 90% 以上的分子态氮，只能由微生物的活性而固定成氮化物。在固氮生物中，贡献最大的是豆科植物根部的根瘤菌属，其次是与非豆科植物共生的放线菌弗兰克氏菌属，再次是各种蓝细菌，最后是一些自生固氮菌。

（2）非生物固氮　通过雷电、火山爆发和电离辐射等固氮，此外还包括人类发明的以铁作催化剂，在高温（500℃）、高压（30.3975MPa）下的化学固氮，非生物固氮形成的氮化物很少。

（3）化学固氮　通过工业手段，将大气中的氮气合成氨或者铵根离子供植物利用。化学固氮曾为农业生产做出了巨大的贡献，但是，它的生产需要高温条件和高压设备，材料和能源消耗过大，因此产品价格高且不断上涨。

对自然界氮循环（nitrogen cycle）中的固氮作用具有决定意义的是生物固氮作用。土壤中的氨气和铵根离子经硝化细菌的硝化作用，形成亚硝酸盐或硝酸盐，被植物利用在植物体内再与复杂的含碳分子结合成各种氨基酸，构成蛋白质。所以，氮是生物体内蛋白质、核酸等的主要成分。动物直接或间接以植物为食，从植物体中摄取蛋白质，作为自己蛋白质组成的来源。动物在新陈代谢过程中将一部分蛋白质分解，形成氨、尿素、尿酸等排入土壤。动植物遗体在土壤微生物作用下分解成氨气、二氧化碳、水，其中氨气又进入土壤。土壤中的氨气形成硝酸盐，一部分重新被植物所利用，另一部分在反硝化细菌作用下分解成游离态氮进入大气，从而完成了氮的循环。图 9-8 说明了氮循环。

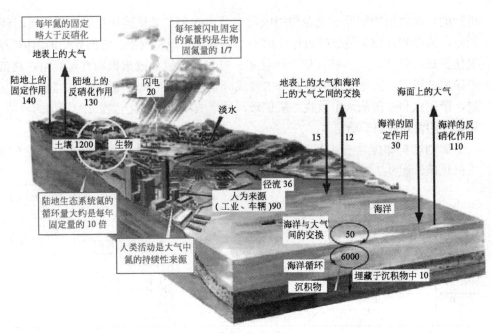

图 9-8 氮循环

（仿 C. Mannuel，单位为 10^{12}g/a，数据来源：Schlesinger，1991）

4.磷循环

磷是维持生命所必需的另一重要元素，生物体中的能量物质腺苷三磷酸（ATP）和遗传物质核酸（DNA 或者 RNA）中都有磷的存在，生物在新陈代谢过程中都需要磷。生态系统中磷的循环属于典型的沉积循环。

磷的主要来源是磷酸盐岩石以及鸟粪层和动物化石的天然磷酸盐矿床。磷需要变为可溶性的磷酸盐才能进入循环，磷通过天然侵蚀或人工开采进入水体，形成可溶性的磷酸盐，被植物吸收，再进入食物链经过一系列消费者利用，将其含磷的废料、有机化合物归还进入土壤，最后通过一系列的分解作用，转变为可溶性磷酸盐，再供有机体使用，经短期循环后最终大部分流失在深海沉积层中，一直到经过地质上的活动才提升上来。人工开采磷矿作为化学肥料来使用，最后大半也是冲刷到海洋中去，只有小部分通过浅海的鱼类和鸟类又返回到陆地上，这样，磷在生物圈中也只是进行较小部分的循环。图 9-9 为磷循环（phosphorus cycle）。

在陆地生态系统中，有机磷被细菌还原为无机磷，其中一部分被植物吸收开始新的循环，一部分变成植物不能利用的化合物，一部分随水流入湖泊和海洋。在水体中的无机磷，很快为浮游植物所利用，同样在食物链中传递，还有一部分沉积在水底，其中一部分离开了循环，所以磷的循环大部分是单方向流动过程，以致成为一种不可更新的资源。

5.硫循环

硫是蛋白质和氨基酸的基本成分，是植物生长不可缺少的元素。在地壳中硫的含量只有 0.052%，但是其分布很广。在自然界，硫主要以单质硫、亚硫酸

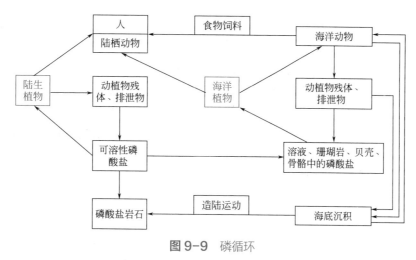

图9-9　磷循环

（资料来源：孙承咏，环境学导论，1994）

盐和硫酸盐三种形式存在。硫循环兼有气体型循环和沉积型循环的双重特征：SO_2 和 H_2S 是硫循环（sulphur cycle）中的重要组成部分，属于气体型循环；被束缚在有机或无机沉积物中的硫酸盐，释放十分缓慢，属于沉积型循环。

岩石圈中的有机、无机沉积物中的硫，通过风化和分解作用而释放，以盐溶液的形式进入陆地和水体。溶解态的硫被植物吸收利用，转化为氨基酸的成分，并通过食物链被动物利用，最后随着动物排泄物和动植物残体的腐烂、分解，硫又被释放出来，回到土壤或水体中被植物重新利用。另外一部分硫以气态形式参与循环，硫进入大气主要以 SO_2 或 H_2S 的形式。硫进入大气的途径有化石燃料的燃烧、火山爆发、海面散发和在分解过程中释放气体等。煤和石油中都含有较多的硫，燃烧时硫被氧化成 SO_2 进入大气。每燃烧 1t 煤就产生 60kg SO_2。硫进入大气的初态是 H_2S，但很快就氧化成挥发性 SO_2。SO_2 可溶于水，随降水到达地面成为硫酸盐。氧化态的硫在化学和微生物作用下，转变成还原态的硫，反之，也可以实现相反转化。部分硫可沉积于海底，再次进入岩石圈。

硫在大气中停留的时间比较短。如果在对流层，停留时间一般不会超过几天；如果在平流层，可停留 $1\sim2$ 年。由于硫在大气中滞留的时间短，硫的全年大气收支可以认为是平衡的。然而，硫循环的非气体部分，在目前还处在不完全平衡状态，因为，经有机沉积物的埋藏进入岩石圈的硫少于从岩石圈输出的硫。

6. 有毒物质循环

进入生态系统后在一定时间内直接或间接地对人或生物造成危害的物质称为有毒物质（toxic substance）或污染物（pollutant）。有毒物质包括有机的和无机的两类。无机有毒物质主要指重金属、氟化物和氰化物等；有机有毒物质主要有酚类、有机氯农药等。

由于工农业的迅速发展，人类向环境中投放的化学物质与日俱增，从而使生物圈中的有毒物质的数量与种类相应增加，这些物质一经排放到环境中便立即参与生态系统的循环，它们像其他物质循环一样，在食物链营养级上进行循环流动。所不同的是大多数有毒物质，尤其是人工合成的大分子有机化合物和不可分解的重金属元素，在生物体内具有浓缩现象，在代谢过程中不能被排除，而被生物体同化，长期停留在生物体内，造成有机体中毒、死亡。这正是环境污染造成公害的原因。

因此，有毒物质的生态系统循环与人类的关系最为密切，但又最为复杂。有毒物质循环的途径，在环境中滞留时间，在有机体内浓缩的数量和速度，以及作用机制和对有机体影响的程度等，都是十分重要的课题。

在一般情况下，毒性物质进入环境，常常被空气和水稀释到无害的程度，以致无法用仪器检测。即

第九章

使是这样，对食物链上有机体的毒害依然存在。因为小剂量毒物在生物体内经过长期的积累和浓集，也可以达到中毒致死的水平。同时，有毒物质在循环中经过空气流动及水的搬运以及在食物链上的流动，常常使有毒物质的毒性增加，进而造成中毒的过程复杂化。在自然界也存在着对毒性物质分解，减轻毒性的作用，例如，放射性物质的半衰期，以及某些生物对有毒物质的分解和同化作用；相反，也有某些有毒物质经过生态系统的循环后毒性增加，例如汞的生物甲基化等。

与大量元素相比较，尽管有毒有害物质的数量少，但随着人类对环境的影响越来越大，向环境中排放的物质的数量和种类仍在增加，它对生态系统各营养级的生物的影响也与日俱增，甚至已引起生态灾难，所以对有毒物质在生态系统中循环规律的研究已成为保护人类自身所必需。

（四）信息传递

生态系统中的信息传递目前还是一个比较新的研究领域。生态系统中种群间、种群内各个个体之间都存在着信息传递，我们把这种生态系统中各生命成分之间存在的信息传递，习惯上称为"信息流"。信息传递与联系的方式是多种多样的，信息传递把生态系统各组成成分联系成一个整体，并具有调节系统稳定性的作用。可以分为以下几种：物理信息、化学信息、营养信息和行为信息。

1. 物理信息

生态系统中以物理过程为传递形式的信息称为物理信息，如光、声音、颜色等。动物的求偶行为、恐吓、报警行为等都与物理信息有关。例如，高空的鹰通过视觉发现地面上奔跑的兔子，就是一个光信息传递过程；鸟美妙动人的鸣叫，狮子的咆哮，就是人们很熟悉的声音信号。鸟类在繁殖季节时，常伴有鲜艳色彩的羽毛或其他的奇特装饰，蜜蜂、蝴蝶的飞舞，萤火虫的闪光，花朵艳丽的色彩和诱人的芳香等。

2. 化学信息

生态系统中各个营养级上的生物代谢产生的一些物质，尤其是各种腺体分泌的激素，如酶、维生素、生长素、抗生素、性引诱剂等化学物质，参与传递信息、协调各种功能，这种传递化学信息的化学物质通常称为信息素。植物的气味是由化合物构成的，不同动物对气味有不同的反应，如蜜蜂取食和传粉。动物通过外分泌腺体向体外分泌某些信息素，动物可利用信息素作为种间、个体间的识别信号。化学信息影响着生物物种间和物种内的关系，它们之间有的相互制约，有的相互促进，也有的相互排斥。哺乳动物中，外激素主要来源于一些特别的皮肤腺，分泌味道各异，但是它的功能仍然是化学信息作用。

3. 营养信息

在生态系统中，食物链和食物网代表着一种信息传递系统，食物链、食物网是生物的营养信息系统，各种生物通过营养信息关系联系成一个相互依存和相互制约的整体。食物网中的各营养级上生物要求一定的比例关系，也就是数量金字塔关系，前一营养级上的生物数量反映出后一营养级上的生物数量。例如，在英国牛的青饲料主要是三叶草，三叶草传粉受精靠的是土蜂，而土蜂的天敌是田鼠，田鼠不仅喜欢吃土蜂的蜂蜜和幼虫，还经常捣毁土蜂的窝，土蜂的多少直接影响到三叶草的传粉和结籽，而田鼠的天敌是猫。某位德国学者指出，三叶草之所以在英国普遍生长是因为有猫。不难发现，在乡镇附近，土蜂的巢比较多，因为在乡镇养了比较多的猫，猫多，田鼠就少，三叶草普遍生长茂盛，为养牛业提供了更多的饲料。很容易看出，以上推理过程实际上也是一个营养信息传递的过程。由生态系统的营养关系可以得出，在放牧区，草原上的载畜量必须根据牧草的生长量而定，使牲畜数量与牧草产量相适应。假如不顾牧草提供的营养信息，过度放牧，就肯定会因牧草饲料不足而使牲畜生长不良和引起草原退化。

4. 行为信息

动物的异常行动以及植物的异常表现都是在传递着某种信息，这些信息表示为识别、威胁、挑战等，还有的为了表示从属、配对等。同种类的动物，不同个体相遇时，常常会表现出有趣的行为方式，就是所说的行为信息。例如，蜜蜂发现蜜源时，会表现出一种舞蹈的动作来"告诉"它的同类去采蜜，蜜蜂用各种形态的蜂舞来表示蜜源的方向和远近。

总之，生态系统中存在着精妙的信息传递和联络，生物体通过各式各样的途径，传递着各自的信息。

第二节 生态保护的基本原理

生态平衡的破坏往往由于人类的贪婪与无知，过分地向自然索取，或对生态系统的复杂机理知之甚少而贸然采取行动。近年来有些生态学家提出了许多正确的见解，并把它提高到规律和定律的高度。

一、生态学一般规律

我国著名生态学家马世骏先生提出了生态学的五大规律，即相互制约和相互依存的互生规律、相互补偿和相互协调的共生规律、物质循环转化的再生规律、相互适应和选择的协同进化规律、物质输入与输出的平衡规律，对于生态环境保护具有重要意义。

（一）相互依存与相互制约规律

生态系统中的任何物种都与其他物种存在着相互依赖和相互制约的关系。相互依存与相互制约，反映了生物间的协调关系，这是构成生物群落的基础。每一种生物在食物链或食物网中，都占有一定的位置，并具有特定的作用。各生物之间相互依赖、彼此制约、协同进化。被食者为捕食者提供生存条件，同时又为捕食者控制；反过来，捕食者又受制于被食者，使整个生态系统成为协调的整体。食物链和食物网是本规律的最形象的表现形式。

1. 食物链

在食物链中，居于相邻环节的两物种的数量比例有保持相对稳定的趋势。捕食者的生存依赖于被捕

食者，其数量也受到被捕食者的制约；而被捕食者的生存和数量也同样受捕食者的制约。

2. 竞争

物种间常因利用同一资源而发生竞争：如植物之间争光、争空间、争水、争土壤养分；动物之间争食物、争栖息地等。在长期进化中，竞争促进了物种的生态特性的分化，结果使竞争关系得到缓和，并使生物群落产生出一定的结构。例如，森林中既有高大喜阳的乔木，又有低矮耐阴的灌木，各得其所；林中动物有昼出和夜出之分，或有食性差异，互不相扰。

3. 互利共生

如地衣中菌类藻类相依为生，大型草食动物依赖胃肠道中寄生的微生物帮助消化，以及蚂蚁和蚜虫的共生关系等，都表现了物种间的相互依赖的关系。

以上几种关系使生物群落表现出复杂而稳定的结构，即生态平衡，平衡的破坏常可能导致某种生物资源的永久性丧失。如果任何一种生物的数量过多，就会打破自然界的平衡。每种生物在食物链或食物网中，都有各自的营养级，并具有特定的作用。各生物种之间相互依赖、彼此制约、协同进化。

生物入侵是一个很典型的例子。水葫芦从境外来到中国，没有了制约它生长的生物，水葫芦就一发不可收拾地蔓延，给许多本地物种的生存造成了严重的威胁，使得更多其他生物消亡。因此，基于这条规律，人们有必要控制外来物种的入境。在生产建设中，特别是在采伐森林、开垦荒地、猎捕动物、修建大型水利工程及其他重要建设项目时，务必注意调查研究，即查清自然界诸事物之间的相互关系，统筹兼顾，考虑此种生产活动可能会产生的影响（短期的和长期的、明显的和潜在的），从而做出全面安排。

（二）物质循环与再生规律

生态系统的代谢功能就是保持生命所需的物质不断地循环再生。阳光提供的能量驱动着物质在生态系统中不停地循环流动，既包括环境中的物质循环、生物间的营养传递和生物与环境间的物质交换，也包括生命物质的合成与分解等物质形式的转换。生态系统中，植物、动物、微生物和非生物成分，借助能量的不停流动，一方面不断地从自然界摄取物质并合成新的物质，另一方面又随时分解为原来的简单物质，重新被植物所吸收，进行着不停顿的物质循环。物质循环的正常运行，要求稳定的生态系统结构。人们在改造自然的过程中必须注意物质循环的规律，要严格防止有毒物质进入生态系统，以免有毒物质经过多次循环后富集到危害人类的程度。否则，富集作用将造成严重后果。日本水俣病的例子就是最好的证明。至于流经自然生态系统中的能量，通常只能通过系统一次，沿着食物链迁移时，每经过一个营养级，就会伴随着大部分能量转化为热散失掉，无法加以回收利用，所以要在生态系统的功能上充分利用能量流动的特点，减少废物的产生。生态农场是一个比较成功的例子。

（三）物质输入输出的动态平衡规律

为了生存，生物不断从环境吸取物质，为了补偿环境因此而受到的物质损失，生物免不了向环境排放一定的物质。输入输出规律涉及生物、环境和生态系统三个方面，一个稳定的生态环境，物质的输入输出是平衡的。生物体一方面从周围环境摄取物质；另一方面又向环境排放物质，以补偿环境的损失。也就是说，对于一个稳定的生态系统，无论对生物、对环境，还是对整个生态系统，物质的输入与输出总是相平衡的。当一个自然系统不受人类活动干扰时，生物与环境之间的输入与输出，是一种相互对立的关系，生物体进行输入时，环境必然进行输出，反之亦然。这和能量、质量守恒有着异曲同工之妙。另外，对环境系统而言，如果营养物质输入过多，环境自身吸收不了，打破了原来的输入输出平衡，就会出现富营养化现象，如果这种情况继续下去，势必毁掉原来的生态系统。例如，人们向湖泊排放大量的氮、磷等物质，使得湖水中的生物不能完全吸收，随着氮、磷含量的逐步增加，原来的生态系统被打破。所以，越来越多的环境主义者开始推荐使用无磷洗衣粉，以尽可能减少人类活动对大自然产生的负面效应。再如人工合成的难降解的农药和塑料或重金属元素，生物体吸收的量虽然很少，也会产生中毒的现象。即使数量极微，暂时看不出影响，但它也会积累并逐渐造成危害。比如说六六六农药，现在已经在南极监测到它的存在，这也给人类敲响了一个警钟。

（四）相互适应与补偿的协同进化规律

生物影响改造着环境，同时环境也会影响生物。生物进化就是生物与环境交互作用的产物。植物从环境吸收水和营养元素，与环境的特点如土壤的性质、可溶性营养元素的量以及环境可以提供的水量等紧密相关。同时，生物体则以其排泄物和被还原者分解尸体的方式把水分和营养元素归还给环境，最后获得协同进化。生物在生活过程中不断地由环境输入并向其输出物质，而被生物改变的物质环境反过来又影响或选择生物，二者总是朝着相互适应的协同方向发展，即通常所说的正常的自然演替。生物从无到有，从只有植物或动物到动、植物并存，从低级向高级发展，而环境则从光秃秃的岩石土向着具有相当厚度的、适合高等植物和各种动物生存的环境演变。随着人类活动领域的扩展，对环境的影响也越加明显。在改造自然的活动中，人类自觉或不自觉地做了不少违背自然规律的事，损害了自身利益。如对某些自然资源的长期滥伐、滥捕、滥采造成资源短缺和枯竭，从而不能满足人类自身需要；大量的工业污染直接危害人类自身健康等，这些都是人与环境交互作用的结果，是大自然受破坏后所产生的一种反作用。某种生物过度繁殖，或者特意被引进，引发物种入侵，环境就会因物质供应不足而造成其他生物的饥饿死亡，从而进行报复。

（五）环境资源的有效极限规律

任何生态系统中的各种环境资源，在质量、数量、空间和时间等方面，都有其一定的限度，不会无限制地供给，因而其生物生产力通常都有一个大致的上限。也因此，每一个生态系统对任何的外来干扰都有一定的忍耐极限；当外来干扰超过此极限时，生态系统就会被损伤破坏以致瓦解。所以放牧强度不应超过草场的允许承载量，采伐森林、捕鱼狩猎和采集药材时不应超过能使各种资源永续利用的产量；保护某一物种时，必须要有足够它生存、繁殖的空间；排污时，必须考虑排污量不超过环境的自净能力。

以上讨论的五条生态学规律，也是生态平衡的基础。生态平衡以及生态系统的结构与功能，又与人类当前面临的人口、食物、能源、自然资源、环境保护五大社会问题紧密相关。

（六）生态学规律在环境保护中的应用

生态学在环境保护中的应用，主要是污染生态学的应用。污染生态学，又称环境生态学，是生态学与环境科学的交叉学科，是生态学的一个新分支。污染生态学是在很多生态学家逐渐地把研究的重心转向生物与污染环境之间的相互关系的基础上诞生的，是研究人为干扰下，生态系统内在的变化机制、规律和对人类的反效应，寻求受损生态系统恢复、重建和保护对策的科学。污染生态学从生态学的角度对环境问题提供了重要的理论基础，并在环境保护中的环境监测、评价与治理等方面，提供了一些具有实用价值的手段，其中主要有以下几个方面。

1. 全面考察人类活动对环境的影响

一定条件下的生态系统，都有其独特的能量流动和物质循环规律。只有顺从并利用这些自然规律来改造自然，人们才能持续地取得丰富而又合乎要求的资源来发展生产，而又保持洁净、优美和宁静的生活环境。因此，必须利用生态系统的整体观念，充分考察各项活动对环境可能产生的影响，并决定对该活动应采取的对策，以防患于未然。生态学的一个中心思想是整体和全局的概念：不仅考虑现在，还要考虑将来，不仅考虑本地区，还要考虑有关的其他地区，也就是说，要在时间和空间上全面考虑，统筹兼顾。按照生态学的原则，我们对自然生态系统采取一项措施时，该措施的性质和强度不应超过生态系统的忍耐限度，否则就会打破生态平衡，结果不仅自然资源和自然环境遭到破坏，而且生产也不能搞上去。

2. 充分利用生态系统的调节能力

生态系统受到自然因素或人类活动的影响时，系统具有保持其自身相对稳定的能力。在环境污染的防治中，我们把生态系统的这种调节能力称为自净能力。被污染的生态系统依靠其本身的自净能力，可以恢复原状。我们应该尽可能有目的地、广泛地利用这种自净能力来防治环境的污染。如土地处理系统。

一般土壤及其中微生物和植物根系对污染物的综合净化能力，可以利用来处理城市污水和一些工业废水；同时，普通污水或废水中的水分和肥分也可以利用来促进农作物、牧草或林木的生长，并使其增加产量。凡能达到上述目的的工程设施，称为土地处理系统。

3. 解决近代城市中突出的环境问题

城市人口集中，工业发达，是文化和交通的中心，但目前每个城市的居民都普遍感到住房、交通、能源、资源、污染、人口等方面的尖锐矛盾。近年来，有些发达国家在寻找保护环境和减少污染的根本途径。其中一些生态学家或环境学家提出了编制生态规划和进行城市生态系统研究的设想。

4.综合利用资源和能源

运用生态系统的物质循环原理，建立闭路循环工艺，实现资源和能源的综合利用，以杜绝浪费与无谓的损耗。所谓闭路循环工艺，就是要求把两个以上的流程组合成一个闭路体系，使一个过程中产生的废料或副产品成为加工过程的原料，从而使废物减少到生态系统的自净能力限度以内。这种闭路循环工艺在工业和农业中的具体应用，就是生态工艺和生态农场。生态工艺属于无污染工艺，不仅要求在生产过程中输入的物质和能量获得最大限度的利用，即资源和能源的浪费最少，排出的废物最少，而且这些废物完全能被自然界的动植物所分解、吸收和利用。更重要的是，要求从整体出发来考虑问题，注意系统的最优化。

5.阐明污染物质在环境中的迁移转化规律

污染物质进入环境后，不是静止不变的，随着生态系统的物质循环和食物链的复杂生态过程，污染物质不断迁移、转化、积累和富集。例如，DDT是一种脂溶性农药，它在水中和脂肪中的溶解度分别为0.002mg/L和100g/L，两者相差了5000万倍。DDT极易通过植物茎叶或果实表面的蜡质层进入植物体内，特别容易被脂肪含量高的豆科和花生类植物所吸收，也极容易在动物和人体内积累和富集。前几年，在北极的爱斯基摩人体内也检出了DDT，说明DDT已经迁移到了北极。通过污染物质在生态系统中迁移转化规律的研究，我们可以弄清污染物质对环境危害的范围、途径和程度（或后果）。

6.发展环境质量的生物监测

生物监测是一类通过生物（动物、植物、微生物）在环境中的分布、生长发育状况及生理生化指标和生态系统的变化来研究环境质量状况的环境监测技术方法。它们不仅可以反映出环境中各种物质的综合影响，而且也能反映出环境污染的历史状况。这种反映比化学监测和仪器监测更能接近实际。还有就是为环境标准的制定提供依据和应用于人工生态系统进行污染防治研究。

二、生态平衡与生态破坏

（一）生态系统动态

像自然界的任何事物一样，生态系统并不是固定不变的，而是在不断变化、不断发展的。换句话说，它是一个动态系统。生态系统的动态包括两方面内容：生态系统进化和生态系统演替。

1.生态系统进化

生态系统进化是长期的地质、气候等外部变化与生态系统生物组分活动结果所引起的内部过程相互作用的结果。一般来说，长期的进化发展的总"策略"是：增加对物理环境的控制，或与物理环境保持一种稳定，以便对外界扰乱达到最大的防护。

地球已有约45.5亿年的历史。地球发展的早期和现在大不一样，既没有蔚蓝的天空，也没有波涛汹涌的海洋。当时并没有像现在一样的水圈和大气圈，更没有土壤圈和生物圈。当原始大气圈中的水汽凝结后，降落到地面，凝聚在低洼之地就形成了海洋和湖泊，地球的水圈才初步形成。原始大气中没有O_2，更没有臭氧层，太阳紫外辐射可以毫无阻挡地到达地面。在宇宙射线、太阳高能紫外线辐射、雷电及高

温等作用下，一些简单的有机分子就汇聚在海洋之中，演化成原始生命。由于水可以阻挡紫外辐射，防止对有机体的致命杀伤，因此，原始生命可能在海水5～10m深的地方产生。

最早在地球上出现的生物是原始的菌藻类，从化石上判断是出现在距今35亿年以前。能进行光合作用的绿色植物的出现是地球发展历史上划时代的事件。绿色植物光合作用释放出的O_2进入大气层中，使原始大气层的成分发生了本质的改变。

当地球进入距今5.7亿年的寒武纪时，多细胞异养的后生动物大量暴发，使地球上的生物界发生了飞跃的变化。据估计，当时大气圈O_2含量不低于现在的1%。动物通过有氧呼吸作用从碳水化合物中获取的能量，是无氧呼吸作用的19倍。这时原始的食物链便在地球上产生了。结构简单的生态系统也就随之而诞生。早期的生态系统应该是水生生态系统。

大约在距今4.2亿年的志留纪晚期，大气中的含氧量上升到今天的10%以上，此时，大气中的臭氧层发育良好。臭氧层吸收了大量的短波紫外线，生物才有可能由海洋登上陆地。光蕨植物是首批征服陆地的先锋，它属于裸蕨类植物。到了泥盆纪，裸蕨类植物达到鼎盛，地球陆地第一次披上了绿装。虽然其第一生产力很低，但是由于陆地上第一次有了初级生产者，以及接踵而来的初级消费者（昆虫和节肢动物），就为后来脊椎动物的登陆准备了丰盛的食物和物质条件，给陆地生态系统的产生奠定了基础。这是生态系统发展史中的关键性突破。

陆地植物的出现，枯枝落叶及植物残体经过分解，与原始岩石风化物相互作用，地球上出现了最早的土壤。土壤成为地球上各种易于淋溶矿物养分的储存库，使陆地生态系统的结构趋于完善。地球进入距今3.5亿年的石炭纪时，陆地上主要分布的是鳞木和芦木等高大的裸蕨类植物，当地球进入距今1.85亿年的侏罗纪时，苏铁和松杉类植物等裸子植物大量发展，构成了高大的密林。从裸子植物起，植物开始用种子繁殖，花粉管的形成，使植物的受精作用可以不再以水为媒介，从而摆脱了对水的依赖，因而可以在干旱的环境中繁殖后代，这是植物对陆地生态系统的进一步适应。从这一时期到中生代是裸子植物的时代，也是爬行类动物恐龙的时代。陆地生态系统以裸子植物为主要的生产者，爬行类肉食恐龙是这个时代食物链中最高级的消费者。

在现代生物圈中居优势地位的被子植物，是在距今0.7亿～0.1亿年的第三纪迅速发展起来的。哺乳动物最早出现在中生代的初期，只是到了被子植物大发展的第三纪，有了丰富的食物和适宜的环境之后，才得以繁荣发展，使各类生态系统进入更高阶段，生态系统的结构和功能更加完善。

2.生态系统演替

生态系统并不总是稳定的，而是随着时间而发生变化，它也像有机体一样，有从幼年期到成熟期的发育过程。在某一地区中，生态系统具有向着稳定的顶级状态发展的有顺序的演变过程，称为生态系统的发展，也称生态系统演替。

生态系统演替有以下三个特征：①它是群落发展有顺序的过程，是有规律地向一定方向发展，因而是能预见的；②它是群落引起物理环境改变的结果，演替受群落本身所控制；③它以稳定的生态系统为发展的顶点（顶级、成熟）。

按照演替出现在裸地或是原来已有群落的地方，可将生态系统演替分为原生演替和次生演替。如果演替开始于过去没有群落占据的地方（例如新露出的岩石、沙面或熔岩流），这个过程称为原生演替。如果群落演替是在群落被去除（例如弃耕田或皆伐林）以后的地方进行的，那么这个过程可称为次生演替。次生演替通常进行较快，这是因为已经有了某些有机物或其扩散体，并且群落以前占用过的土地比不毛之地更易于为群落发展所接受。

裸露的岩石表面被生物逐步侵入，最后变成了森林生态系统，就是一个典型的例子。裸露的岩石是寸草不生的荒凉环境，只有地衣和苔藓能够耐受严重的干旱。随着地衣和苔藓的生长，各种微粒被截住并保留下来，并且逐渐积累成一层土壤，为更大的植物的生长提供了适宜的着落之地。继而，这种较大的植物又起到聚积形成新土壤的作用，最后达到有足够的土壤供灌木和树木生长。在这个过程中，较大的植物的枯枝败叶掩埋并消灭了开创这个过程的苔藓和大多数较小的植物。由此可见，从苔藓经过小型植物，最后到乔木，其间有一个逐渐的演替过程。

扁蓄特别耐旱，最适合于侵占裸地。在废弃的农田里，扁蓄生长迅速。但是，它很容易被更高一些的植物完全遮住。所以，更高的一年生或多年生杂草终将取代扁蓄。继而，小松树逐渐发展起来，并遮住了这些较小的、喜光的杂草，最后形成了一片松林。但是，松树遮住了它们自己的幼苗，当松树死掉时，栎树、山核桃、山毛榉、槭树等就取而代之。这些树木的幼苗，在它们的亲本的掩蔽下，继续茁壮生长。至此演替方才完成。

在没有人为干扰的情况下，生态系统的发展的结果是结构更加多样复杂，各种组分间的关系协调稳定，各种功能渠道更加畅通。

如同前面描述的生态系统的短期性发展一样，进化演替则描述生态系统的长期发展。适应性变异、物种灭绝和物种形成的过程共同组成了进化演替。地球上任何一个时期生存的任一物种都在逐渐地被其他物种取代或接替。化石记载中充满了新的物种形成、蔓延和趋异分化成越来越多物种的例子，其中有许多已逐渐灭绝。一个生态系统中的物种，全都是同时经受着自然选择、相互适应，以及对非生物环境的适应的。例如，通过自然选择，山猫种群可以变得更适于捕捉野兔，与此同时，自然选择也可以使野兔种群变得更适于逃脱山猫的追捕。在一个复杂的食物网中，在所有摄食相互作用方面，许多这类同步适应都在发生。此外，还有竞争关系、共生关系和其他的相互关系。一切物种都适应全部这些相互关系的结果就是形成了一个平衡了的生态系统。也就是说，未经建立和保持平衡关系的适应性变化的任何一个物种，最后将被迫灭绝。

生态系统长期性的进化取决于：异源性力量（外来的），例如地质和气候的变化；外源性过程（内部的），这是生态系统中生物成员活动的结果。一般认为，这些生物群落进化通过自然选择形成的变化，主要是在物种水平或物种以下水平上进行的，但是，物种水平以上的自然选择也是很重要的。这些自然选择包括共同进化及群体和群落选择等。

共同进化，即独立的生物和异养生物之间的相互进化，它是群落进化的一种类型，包括两大类生态系统关系密切的生物，相互之间的选择作用，例如植物与草食动物，大型生物与它们的微生物共生者，寄生生物和它们的宿主。

群体和群落选择，它导致保存有利于群体的特征，有时甚至对群内的遗传携带者是不利的特征。

引起生态系统演替的原因总是系统内部的发展过程与外界加给的物理力量相互作用的结果。生态系统的演替是有次序的改变过程，这种改变是定向的，因而是可以预测的，演替最后导致建立一个更加稳

定的生态系统而达到顶级状态。演替过程所涉及的物种、所需要的时间及所达到的稳定性的程度取决于环境条件等其他物理因素。但演替本身是生物学过程，而不是物理学过程。强大的物理或生物力量的扰动，以及人类的过度开发和输入污染，会改变、抑制或终止这种演替的过程。

（二）生态系统的稳定性

生态系统中的生物和非生物都在不断地发展变化着。当生态系统发展到一定阶段时，它的结构和功能就能在一定的水平上保持相对稳定而不发生大的变化。生态系统具有保持或恢复自身结构和功能相对稳定的能力，称为生态系统的稳定性。生态系统的稳定性来自抵抗力稳定性和恢复力稳定性两个方面。

1. 抵抗力

表示生态系统抵抗扰动和维持系统结构与功能保持原状的能力。河流受到轻微的污染时，能通过物理沉降、化学分解和微生物的分解，很快消除污染，河流中生物的种类和数量不会受到明显的影响。生态系统之所以具有抵抗力稳定性，是因为生态系统内部具有一定的自动调节能力。例如，河流受到轻微的污染时，能通过物理沉降、化学分解和微生物的分解，很快消除污染，河流中生物的种类和数量不会受到明显的影响。再比如在森林中，当害虫数量增加时，食虫鸟类由于食物丰富，数量也会增多，这样害虫种群的增长就会受到抑制。

系统的发育越成熟、结构越复杂，抵抗干扰的能力越强。例如，森林生态系统比杂草生态系统抵抗扰动（如温度的剧烈波动、干旱、虫害）的能力高。

生态系统的自动调节能力有大有小，因此，抵抗力稳定性有高有低。一般来说，生态系统的成分越单纯，营养结构越简单，自动调节能力就越小，抵抗力稳定性就越低。例如，在北极苔原生态系统中，动植物种类稀少，营养结构简单，其中生产者主要是地衣，其他生物大都直接或间接地依靠地衣来维持生活。假如地衣受到大面积损伤，整个生态系统就会崩溃。相反，生态系统中各个营养级的生物种类越多，营养结构越复杂，自动调节能力就越大，抵抗力稳定性就越高。例如，在热带雨林生态系统中，动植物种类繁多，营养结构非常复杂，假如其中的某种植食性动物大量减少，它在食物网中的位置还可以由这个营养级的多种生物来代替，整个生态系统的结构和功能仍然能够维持在相对稳定的状态。但是，一个生态系统的自动调节能力无论多么强，也总有一定的限度，如果外来干扰超过了这个限度，生态系统的相对稳定状态就会遭到破坏。

2. 恢复力

恢复力表示生态系统在遭受到扰动以后，系统恢复到原状的能力。恢复得越快，系统也就越稳定。恢复力是由生物顽强的生命力和种群世代延续的基本特征所决定。因此，恢复力强的生态系统，生物的生活世代短，结构比较简单。如杂草生态系统遭受破坏后恢复速度要比森林生态系统快得多。河流被严重污染后，导致水生生物大量死亡，使河流生态系统的结构和功能遭到破坏。如果停止污染物的排放，河流生态系统通过自身的净化作用，还会恢复到接近原来的状态。这说明河流生态系统具有恢复自身相对稳定状态的能力。

对一个生态系统来说，抵抗力稳定性与恢复力稳定性之间往往存在着相反的关系。抵抗力稳定性较高的生态系统，恢复力稳定性就较低，反之亦然。例如，森林生态系统的抵抗力稳定性比草原生态系统的高，但是，它的恢复力稳定性要比草原生态系统低得多。热带雨林一旦遭到严重破坏（如乱砍滥伐），要想再恢复原状就非常困难了。

（三）生态平衡

1. 生态平衡的概念

在一个功能正常的生态系统中能量流动和物质循环总是不断地进行着。在一定时期和一定范围内，生产者、消费者和分解者之间保持着一种动态的平衡状态，输入和输出在较长时间趋于相等，也就是系统的能量流动和物质循环较长时间保持稳定状态，生态系统的结构和功能长期处于稳定状态，这种稳定状态就称为生态平衡（ecological balance）。在自然生态系统中，生态平衡还表现在其结构和功能上，生物物种和种类组成及数量比例持久地没有明显变动，物质的输入、输出等都处于相对稳定的状态。生态平衡是动态的平衡，是一种相对的平衡，是一个运动着的平衡状态。

任何生态系统都处在不断运动和变化之中，系统内部存在着普遍的进化、适应、制约、反馈进程。当生态系统中能量和物质的输入量大于输出量时，生态系统的总生物量增加，反之则减少。在自然条件下，生态系统之所以能保持着一种动态的平衡，主要是因为系统内部具有自动调节的能力，即使有外来干扰的情况，生态系统也能通过自我调节能力恢复到原来的稳定状态。例如对环境中的污染物质来说，生态系统利用自身的调节能力也就是自净能力来去除环境中的污染物。在自然条件下，生态系统的演替总是自动地向着生物种类多样化、结构复杂化、功能完善化的方向发展，最终形成顶级生态系统，使生态系统中群落的数量、种群间的相互关系、生物产量达到相对平衡，从而增强系统的自我调节、自我维持和自我发展的能力，提高系统的稳定性以及抵御外界干扰的能力。因此，只要有足够的时间和相对稳定的环境条件，生态系统的演替迟早会进入成熟的稳定阶段。那时，它的生物种类最多，种群比例适宜，总生物量最大，生态系统的内稳定性最强。

2. 生态平衡的调节机制

生态平衡的调节主要是通过生态系统的反馈机制来实现的。

反馈机制是指输出结果对于输入变量的回收及作用，从而影响到系统行为的一种组织效率或自调节效应。生态系统的反馈机制可以分为正反馈和负反馈。负反馈是指系统出现的偏离状态，在一定范围内，经过位置点时，自动调节（反偏离），使系统重新返回平衡状态。正反馈是指系统中出现连续上升的偏离，如果偏离不能停止，则导致系统失控，最终彻底崩溃。生物的生长、种群数量的增加属于正反馈，种群数量调节中，密度制约作用是负反馈的体现。正反馈可以使系统加速发展或恢复，负反馈则可使系统维持稳态，平衡发展。因此正反馈对有机体生长、存活，对种群和群落及生态系统维持动态平衡都是必需的。负反馈调节作用的意义就在于通过自身的功能减缓系统内的压力以维持系统的稳定。生命系统中有许多典型的反馈机制，如种群的 Logistic 增长，捕食者与被捕食者种群的数量调节、恒温动物的体温调节、血压调节、血糖调节等，属于负反馈机制；种群的指数增长、人体发高烧、排尿等，属于正反馈机

制。由此可见，负反馈可使系统保持稳态，而正反馈也是有机体生长、存活和生态系统的发展、恢复所不可缺少的。

3. 生态平衡的标志

（1）生态系统中物质和能量的输入、输出的相对平衡　任何生态系统都是程度不同的开放系统，既有物质和能量的输入，也有物质和能量的输出，能量和物质在生态系统之间不断地进行着开放性流动。只有生物圈这个最大的生态系统，对于物质运动来说是相对封闭的，如全球的水分循环是平衡的，营养元素的循环也是全球平衡的。生态系统中输出多，输入相应也多，如果入不敷出，系统就会衰退。若输入多，输出少，则生态系统有积累，处于非平衡状态。人类从不同的生态系统中获取能量和物质，增加系统的输出，应给予相应的补偿，只有这样才能使环境资源保持永续再生产。

（2）在生态系统整体上，生产者、消费者、分解者应构成完整的营养结构　对于一个处于平衡状态的生态系统来说，生产者、消费者、分解者都是不可缺少的，否则食物链会断裂，会导致生态系统的衰退和破坏。生产者减少或消失，消费者和分解者就没有赖以生存的食物来源，系统就会崩溃。例如，大面积毁林毁草，迫使各级消费者转移或消逝，分解者也会因土壤遭到侵蚀，使种类和数量大大减少。消费者与生产者在长期共同发展过程中，已形成了相互依存的关系，如生产者靠消费者传播种子、果实、花粉，以及树叶和整枝等。没有消费者的生态系统也是一个不稳定的生态系统。分解者完成归还或还原或再循环的任务，是任何生态系统所不可缺少的。

（3）生物种类和数量的相对稳定　生物之间是通过食物链维持着自然的协调关系，控制物种间的数量和比例。如果人类破坏了这种协调关系和比例，使某种物种明显减少，而另一些物种却大量滋生，破坏系统的稳定和平衡，就会带来灾害。例如，大量施用农药使害虫天敌的种类和数量大大减少，从而带来害虫的再度猖獗；大肆捕杀以鼠类为食的肉食动物，会导致鼠害的日趋严重。

（4）生态系统之间的协调　在一定区域内，一般包括多种类型的生态系统，如森林、草地、农田、江河水域等。如果在一个区域内能根据自然条件合理配置森林、草地、农田等生态系统的比例，它们之间就可以相互促进；相反，就会对彼此造成不利的影响。例如，在一个流域内，陡坡毁林开荒，就会造成水土流失，土壤肥力减退，并且淤塞水库、河道，农田和道路被冲毁，以及抗御水旱灾害能力的下降等后果。

（四）生态破坏

生态系统调节能力的大小，与生态系统组成成分的多样性有关。成分越多样，结构越复杂，调节能力越强。但是，生态系统的调节能力再强，也有一定限度，超出了这个限度，即生态学上所称的阈值，调节就不再起作用，生态平衡就会遭到破坏即生态破坏（ecological damage）。如果现代人类的活动使自然环境剧烈变化，或进入自然生态系统中的有害物质数量过多，超过自然生态系统调节功能或生物与人类能够忍受的程度，那么就会破坏自然生态平衡，使人类和生物都受到损害。

1. 生态平衡失调的标志

当外界干扰（自然的或人为的）所施加的压力超过了生态系统自身调节能力和补偿能力后，将造成生态系统结构破坏，功能受阻，正常的生态功能被打乱，以及反馈自控能力下降等，这种状态称为生态平衡失调。

在结构上，生态平衡失调表现为生态系统缺损一个或几个组分，由于结构的不完整，导致整个系统失去平衡。如澳大利亚草原生态系统因缺乏"分解者"这一成分，养牛业发展使草原上牛粪堆积如山，后从我国引进蜣螂，促进了生态系统的完整与平衡。

在功能上，一方面表现为能量流动在生态系统内某一个营养层上受阻，初级生产者生产力下降和能量转化效率降低。如水域生态系统中悬浮物的增加，水的透明度下降，可影响水体藻类的光合作用，减少其产量；热污染使水体增温，蓝、绿藻种类明显增加，初级生产力有所增加（极端高温等除外），但因鱼类对高温的不适应或饵料质量的下降，鱼产量并不增高，在局部时空出现大量的无效能。这是食物链关系被打乱的结果。另一方面，表现为物质循环正常途径的中断。这种中断有的由于分解者的生境被污染而使其大部分丧失了其分解功能，更多的则是由于破坏了正常的循环过程等。如农业生产中作物秸秆被用作燃料、森林草原上的枯枝落叶被用作烧柴、森林植被的破坏使土壤侵蚀后泥沙和养分大量地输出等。

2. 生态系统破坏的原因

生态平衡的破坏从产生因素上分，主要有以下两个方面：自然因素和人为因素。

（1）自然因素　主要是指自然界发生的异常变化，或自然界本来就存在的对人类和生物的有害因素。如火山爆发、山崩海啸、水旱灾害、地震、台风、流行病等自然灾害，都会使生态平衡遭到破坏。这些自然因素对生态系统的破坏是严重的，甚至可使其彻底毁灭，并具有突发性的特点。但这类因素常常是局部的，出现的频率并不高。例如，秘鲁海面每隔6～7年就发生一次海洋变异现象，结果使一种来自寒流系的鱼大量死亡。鱼类的死亡又使以鱼为食的海鸟失去食物而无法生存。

（2）人为因素　人为因素主要是指人类对自然资源不合理的开发利用以及工农业生产所带来的环境污染等。人为因素对生态平衡的影响往往是渐进的、长效性的，破坏程度与作用时间、作用强度紧密相关。在人类生活和生产过程中，导致生态系统失去平衡的主要原因有以下几个。

① 物种改变。人类有意或无意地造成某一生态系统中某一生物消失或往其中引入某一物种，都可能对整个生态系统造成影响，甚至破坏一个生态系统。例如，秘鲁是一个盛产磷肥的国家，但一度因大量捕捞一种名叫鲳鱼的鱼类资源，不但使秘鲁农业中磷肥的施用量大为减少，磷肥的外贸也遭受重大损失。其原因是海鸟和鸬鹚都以该种鱼类为生，而海鸟和鸬鹚的粪便则是磷肥的基本来源，由于大量捕捞鲳鱼，打乱了这条食物链，致使海鸟、鸬鹚数量锐减，它们的粪便少了，磷肥当然也大大减少了。

② 环境因素的改变。工农业生产的迅速发展，使大量污染物质进入环境，从而改变环境因素，影响整个生态系统，甚至破坏生态平衡。埃及的阿斯旺水坝，由于修筑时事先没有充分考虑尼罗河的入海口、地下水、生物群体等多方面的生态影响，尽管收到了发电、灌溉的效果，但同时也带来了农田盐渍化、红海海岸被侵蚀、捕鱼量锐减、寄生血吸虫的蜗牛和传播疟疾的蚊子增加等不良后果，这是生态平衡失调的突出例子。

第九章

③ 信息系统的破坏。许多生物在生存过程中，都能释放出某种信息素（一种特殊的化学物质）以驱赶天敌、排斥异种，取得直接或间接的联系以繁衍后代。例如，某些动物在生殖时期，雌性个体会排出一种性信息素，靠这种性信息素引诱雄性个体来繁衍后代。但是，如果人们排放到环境中的某些污染物质与某一种动物排放的性信息素发生反应，使其丧失引诱雄性个体作用时，就会破坏这种动物的繁殖过程，改变生物种群的组成结构，使生态平衡受到影响。

保持生态平衡，促进人类与自然界协调，已成为当代亟待解决的重要课题。人类与自然及生态系统的关系是一种平衡和协调发展的关系。人类是受自然约束的生物种，它的生存和繁衍也必须受自然资源和生物量的限制，受环境的约束。要使人类与自然协调发展，保持生态平衡，人类的一切活动，首先是生产活动，都必须遵守自然规律，按生态规律办事。否则，人类就会遭受自然的无情惩罚。事实证明，人类只有在保持生态平衡的条件下，才能求得生存和发展。

当今生态学和生态平衡规律已成为指导人类生产实践的普遍原则。要解决世界五大问题（即人口、粮食、能源、自然资源和环境保护），必须以生态学理论为指导，并按生态规律办事。对环境问题的认识和处理，必须运用生态学的理论和观点来分析。环境质量的保持与改善以及生态平衡的恢复和重建，都要依靠人们对于生态系统的结构和功能的了解，及生态学原理在环境保护中的应用。

第三节　生态系统保护

一、生物多样性保护

我国地域幅员辽阔，地势起伏显著，河流湖泊众多，海岸曲折绵长，岛屿星罗棋布，地貌类型复杂，横跨多个气候带，造就了丰富的生物多样性，使我国成为世界上生物多样性最为丰富的 12 个国家之一。我国拥有复杂多样的生态系统类型，高等植物 35000 多种，居世界第三位，脊椎动物 6400 多种，占世界总种数的 13.7%。我国生物遗传资源丰富，是水稻、大豆等重要农作物的起源地，也是野生和栽培果树的主要起源和分布中心。

党中央、国务院高度重视生物多样性保护，采取了一系列政策措施，保护工作取得积极进展。部分区域生态功能得到一定恢复，80% 以上国家重点保护野生动物野外种群稳中有升，生物多样性急剧下降的趋势得到减缓。

（一）发布实施一系列生物多样性保护法规、政策、规划

颁布实施了野生动物保护、野生植物保护、自然保护区管理等生物多样性保护相关法律法规。编制实施了《全国生态功能区划》《全国主体功能区规划》《全国生物物种资源保护与利用规划纲要》《中国水生生物资源养护行动纲要》

《全国畜禽遗传资源保护与利用规划》。国务院办公厅印发了《关于做好自然保护区有关工作的通知》，经国务院批准发布了《中国生物多样性保护战略与行动计划（2011—2030年）》，这是我国生物多样性保护的纲领性文件，确定了10个优先领域、30个优先行动和39个优先项目。这些法规、政策、规划的实施有力地推动了我国生物多样性保护。

（二）就地保护与迁地保护成绩显著

在就地保护方面，建立了以自然保护区为主体，风景名胜区、森林公园、湿地公园、海洋特别保护区等为补充的就地保护体系。改革开放40年来，中国自然保护区建设与管理发展迅速，已经取得了一定的成就：建立了较为完善的管理体制和运行机制；自然保护区类型多样化，就地保护了中国85%的陆地生态系统类型和85%的国家重点保护野生动植物种群；自然保护理念在公众中落地生根。

科学开展迁地保护，建立各类植物园230多个，收集保存了占中国植物区系2/3的2万个物种；建立了240多个动物园、250处野生动物拯救繁育基地，畜禽遗传资源保护体系和农作物遗传资源的收集和保存设施建设也得到加强。

（三）开展了生物多样性基础调查和编目

组织开展了全国生物多样性基础调查、评价和编目，初步了解了全国生物多样性重点区域和重点物种的基本状况，建立了中国生物多样性数据库，编制了《中国植物志》《中国动物志》《中国孢子植物志》《中国生物多样性红色名录》等一批志书，建设了一批标本馆。

（四）生物多样性保护机制进一步加强

成立了由25个部门组成的"中国生物多样性保护国家委员会"，统一研究部署生物多样性重大决策，统筹协调保护工作，指导"联合国生物多样性十年中国行动"。生物物种资源保护部际联席会议、中国履行《生物多样性公约》工作协调组运行良好。很多省级人民政府成立了生物多样性保护跨部门协调机制，有关部门也逐步完善了生物多样性保护机制。

（五）国际交流与公众宣传持续开展

认真履行《生物多样性公约》，参与国际谈判和相关规则制定。开展中国—欧盟生物多样性项目等一系列合作项目，加强与相关国际组织和非政府组织的合作与交流。组织开展"联合国生物多样性十年中国行动"，公众生物多样性保护和生态安全意识明显提高。2020年联合国生物多样性大会（COP15）于2020年10月在中国昆明举办。大会的成功举办，推动世界各国采取必要措施，加强生物多样性保护，共同建立人与自然和谐共生的美好未来。

二、自然保护区建设

人类保护大自然和生态文明，建立自然保护地被誉为生态系统保护的最佳方式，目前中国自然保护地的建设与管理还是以自然保护区为主。

中国自然保护区是伴随新中国的建立而逐步发展的。其建设与管理大概分为三个阶段。第一个阶段是初建阶段（1956—1977年）。从1956年建立第一个自然保护区——广东鼎湖山自然保护区开始，中国的自然保护区建设一直处于探索阶段，各项规章制度较为欠缺。

第二阶段是快速发展阶段（1978—2011 年）。改革开放以来，中国经济发生了翻天覆地的变化，改革带来的红利惠及社会经济发展的各个领域。自然保护区的面积随着自然保护区数量的增加快速增长。短短 33 年间，各种类型自然保护区的数量从 34 处增加到 2588 处，年均增加 77 处；自然保护区总面积也从 126.5 万公顷增加到 14944.1 万公顷，位居世界第二，仅次于美国。1992 年，中国政府加入了一项保护地球生物资源的国际性公约——《生物多样性公约》，并制定了《中国生物多样性保护行动计划》，使大量保护生态环境的活动有章可循。1994 年 12 月 1 日，《中华人民共和国自然保护区条例》正式实施，标志着中国自然保护区管理走向法制化。

第三阶段是有序稳定发展阶段（2012 年至今）。党的十八大以来，根据中国生物多样性保护与区域经济发展的现状，中国自然保护区建设与管理进入高质量发展时期，不再追求自然保护区数量和面积的快速增加，而是在统筹各类自然保护区的基础上关注其管理质量的提升和规模的发展，特别是注重以人为本以及人与自然的和谐发展。

截至 2017 年底，我国已经建立各类自然保护区数量达 2750 个，总面积 147 万平方千米，约占陆地国土面积的 14.9%，自然保护区面积居世界第二位。我国自然保护区具有巨大的生态价值和环境效应，它至少保护了 85% 的陆地生态系统类型和国家重点保护野生动植物种群，使得一些珍稀濒危的动植物种群得到了恢复。例如，在中国大熊猫生存环境逐渐恶化的情况下，中国政府在四川、甘肃、陕西三省抢救式地建立了 67 处专门针对大熊猫及其栖息地的自然保护区，有效地保护了大熊猫野生种群。截止到 2013 年底（全国先后开展了四次大熊猫调查，最新一次调查完成时间为 2014 年），中国野生大熊猫数量达到 1864 只，圈养大熊猫种群数量达到 375 只。世界自然保护联盟（IUCN）在《受威胁物种红色名录》中把中国野生大熊猫种群的受威胁程度，从"濒危"调整到"易危"，这也足以说明中国政府在保护濒危物种方面所取得的显著成效。1978—2017 年中国自然保护区数量与面积变化如图 9-10 所示。

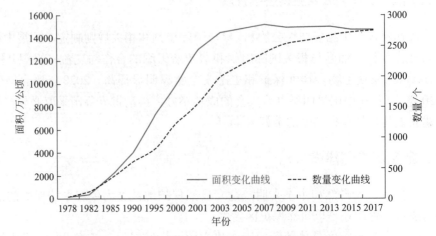

图 9-10　1978—2017 年中国自然保护区数量与面积变化

（数据来源：1978—1999 年数据来自国家环境保护总局，全国自然保护区建设现状与发展趋势，环境保护，2000，第 8 期；2000—2017 年数据来自国家统计局，中国统计年鉴，2000—2017，历年）

三、生态保护红线体系建立

2000年，浙江省安吉县在编制《安吉生态县建设规划》时提出了"生态红线控制区"概念，将重要生态空间划为生态红线，实施严格保护。至2008年编制《安吉生态文明建设规划》时，生态红线控制区保护良好且格局更加优化，切实发挥了"绿水青山就是金山银山"的实效。此后，生态保护红线先后在广东省、深圳市、无锡市、宁波市等地区得到广泛推广应用。

为了更好地保护我国生态环境，处理好开发与保护的关系，经过多年的探索与实践，我国于2011年首次将"划定生态红线"作为国家的一项重要战略任务（《国务院关于加强环境保护重点工作的意见》国发〔2011〕35号），提出在重要/重点生态功能区、陆地和海洋生态环境敏感区及脆弱区划定生态保护红线并实行永久保护，体现了在国家层面以强制性手段强化生态保护的政策导向与决心。2017年2月7日，中共中央办公厅、国务院办公厅印发《关于划定并严守生态保护红线的若干意见》，明确了生态保护红线工作总体要求和具体安排。

生态保护红线体系以生态服务供给、灾害减缓控制、生物多样性维护为三大主线，整合了现有各类保护地，补充纳入了生态空间内生态服务功能极为重要的区域和生态环境极为敏感脆弱的区域，构成更加全面，分布格局更加科学，区域功能更加凸显，管控约束更加刚性，可以说是国际现有保护地体系的一个重大改进创新。通过生态保护红线划定，将最具保护价值的"绿水青山"和"优质生态产品"，以及事关国家生态安全的"命门"保护起来。利用不到30%的国土面积，生态保护红线可保护98%以上的国家重点保护物种、90%以上的优良生态系统和自然景观、三级以上河流源头区，以及各类重要生态敏感区和脆弱区，对维系中华民族永续发展的绿水青山，为维护国家生态安全、促进经济社会可持续发展具有重要作用。生态保护红线不仅可有效保护生物多样性和重要自然景观，而且对净化大气、扩展水环境容量具有重要作用，同时，也是我国国土空间开发的管控线。

 思考题

1. 生态系统具有哪些结构与功能特性？研究生态系统的结构和功能对环保有何意义？
2. 生态系统的能量流动服从什么规律？研究生态系统的能量流动与物质循环有何意义？
3. 生态学具有哪些一般规律？这些规律对于指导生产活动和环境保护有何意义？
4. 物种资源面临的主要威胁有哪些？你对生态平衡是怎样理解的？破坏生态平衡的因素有哪些？
5. 我国建设自然保护区的意义是什么？目前面临什么问题？

第十章　生态文明建设

 引 言

　　生态文明是人类为保护和建设美好生态环境而取得的物质成果、精神成果和制度成果的总和，是贯穿于经济建设、政治建设、文化建设、社会建设全过程和各方面的系统工程，反映了一个社会的文明进步状态。2007年党的十七大报告首次提出建设生态文明，这是中国共产党继"物质文明、精神文明、政治文明"后的又一创举。党的十八大以来，中国把生态文明建设放在突出地位，将生态文明建设纳入中国特色社会主义事业"五位一体"总体布局，努力建设美丽中国，实现中华民族永续发展。2015年4月，《关于加快推进生态文明建设的意见》对生态文明建设进行全面部署；2015年9月，中共中央、国务院印发《生态文明体制改革总体方案》，提出到2020年构建系统完整的生态文明制度体系。2018年，"生态文明"写入《中华人民共和国宪法》，为生态文明建设提供了国家根本大法遵循。随后召开的全国生态环境保护大会，正式确立习近平生态文明思想，系统回答了"为什么建设生态文明、建设什么样的生态文明、怎样建设生态文明"等重大理论和实践问题。

　　生态文明建设是顺应世界文明转型发展的大趋势大战略。党的十八大以来，以习近平同志为核心的党中央把生态文明建设作为关系中华民族永续发展的根本大计，摆在治国理政的重要位置，谋划开展了一系列具有根本性、长远性、开创性的工作，作出了一系列事关全局的重大战略部署。在习近平生态文明思想的科学指引下，按照生态系统的整体性、系统性及其内在规律扎实推进生态文明建设，我国生态文明建设从认识到实践都发生了历史性、转折性、全局性变化，协同推动经济高质量发展和生态环境高水平保护，国土空间开发保护格局更加优化，资源能源利用效率持续提升，绿色发展方式和生活方式进一步普及，区域绿色发展格局加速形成，为"十四五"时期生态文明建设实现新进步，2035年生态环境根本好转、美丽中国建设目标基本实现奠定了坚实基础。中国在建设生态文明方面的大胆实践和尝试，不仅有利于解决自身资源环境问题，也为世界生态治理提供可借鉴的示范和经验。

　　当前，我国生态文明建设正处于压力叠加、负重前行的关键期，已进入提供更多优质生态产品以满足人民日益增长的优美生态环境需要的攻坚期，也到了有条件有能力解决生态环境突出问题的窗口期。科学理解、扎实推进生态文明建设，是建设美丽中国、实现中华民族伟大复兴的中国梦的重要内容。"生态兴则文明兴、生态衰则文明衰"，这是站在人类共同利益的视角思考自然生态、经济和人类关系的观点，回答了生态文明建设的历史定位问题。"尊重自然、顺应自然、保护自然"，这为建设生态文明指明了必须遵循的总体原则，是我们党执政理念的升华，体现出我们党对发展规律认识的深化，回答了生态文明建设基本理念问题。绿水青山就是金山银山，这是对发展思路、发展方向、发展着力点的认识飞跃和重大变革，成为发展观创新的最新成果和显著标志，回答了发展与保护的本质关系问题。"共谋全球生态文明建设之路"，这体现了宽广的全球视野和统筹国际国内两个大局的战略抉择，回答了生态文明建设的命运共同体和国际话语权问题。为引导全社会牢固树立生态文明价值理念，着力推动构建生态环境治理全民行动体系，2021年3月，生态环境部、中央宣传部、中央文明办、教育部、共青团中央、全国妇联等六部门共同制定并发布《"美丽中国，我是行动者"提升公民生态文明意识行动计划（2021—2025年）》，推动生态文明教育纳入国民教育体系。

In the past three hundred years, the industrial civilization to the mankind conquer nature as the main characteristics, the development of world industrial culminating in the conquest of nature culture, and a series of global ecological crisis shows that the earth is no longer able to support the continued development of the industrial civilization, need to create a new form to extend the survival of mankind civilization, this is the "ecological civilization". Ecological civilization is an important element of national rejuvenation, and it is of huge importance to the world given the role of China as the most populous nation and second-largest economy.

The Communist Party of China（CPC）and the Chinese government have always valued ecological civilization, and made it one of the integral components of the development strategy for Chinese socialism together with economic, political, cultural, and social progress. China is striving to raise the awareness that "clear waters and green mountains are invaluable assets" and to put it into practice. This chapter will introduce the basic theory of ecological civilization, elaborate the main actions and strategic design of China's ecological civilization, and discuss the planning objectives and key areas of ecological civilization. Based on the practice and exploration of ecological civilization in China, this paper mainly introduces the progress and typical experience of the current National ecological civilization pilot demonstration zone and ecological civilization demonstration construction.

导　读

文明，是人类文化发展的成果，是人类改造世界的物质和精神成果的总和，也是人类社会进步的象征。生态兴则文明兴，生态衰则文明衰。三百年的工业文明以人类征服自然为主要特征，世界工业化的发展使征服自然的文化达到极致，一系列全球性的生态危机说明地球再也没有能力支持工业文明的继续发展，需要开创一个新的文明形态来延续人类的生存，这就是"生态文明"。本章首先分析了生态文明的基本理论，阐述了我国生态文明的主要行动和战略设计，讨论了生态文明规划目标和重点领域。当前，我国生态文明建设正处于压力叠加、负重前行的关键期，已进入提供更多优质生态产品以满足人民日益增长的优美生态环境需要的攻坚期，也到了有条件、有能力解决生态环境突出问题的窗口期。本章结合我国生态文明的实践探索，重点介绍了当前国家生态文明先行示范区、生态文明示范建设进展及典型经验。

第一节 生态文明理论

一、生态文明的概念

2007 年党的十七大报告首次提出建设生态文明，这是中国共产党继"物质文明、精神文明、政治文明"后的又一创举。2012年党的十八大报告中将"生态文明"确立为"五位一体"总体布局的重要组成部分。党的十九大进一步将"坚持人与自然和谐共生"纳入新时代坚持和发展中国特色社会主义的基本方略，指出"建设生态文明是中华民族永续发展的千年大计"。2015 年 9 月 21 日，中共中央、国务院印发《生态文明体制改革总体方案》，阐明了我国生态文明体制改革的指导思想、理念、原则、目标、实施保障等重要内容，提出要加快建立系统完整的生态文明制度体系，为我国生态文明领域改革做出了顶层设计。

生态文明，被认为是继原始文明、农业文明和工业文明之后的人类第四文明，是人类文明发展的一种崭新形态。它以人与自然、人与人、人与社会和谐共生、良性循环、全面发展、持续繁荣为基本宗旨，以建立可持续的经济发展模式、健康合理的消费模式及和睦和谐的人际关系为主要内涵，倡导在自觉遵循人、自然、社会和谐发展的客观规律的基础之上追求物质财富创造与精神境界提升相协调的发展目标。生态文明的崛起说明人类应该用更为文明而非野蛮的方式来对待大自然，这不仅是伦理价值观的根本转变，而且也是生产方式、生活方式、社会结构的转变，是人类社会继农业文明、工业文明后进行的一次新选择。

生态文明是人类为保护和建设美好生态环境而取得的物质成果、精神成果和制度成果的总和，是贯穿于经济建设、政治建设、文化建设、社会建设全过程和各方面的系统工程，反映了一个社会的文明进步状态。对于"生态文明"概念，有的学者从不同的角度给出了见解。归纳起来，大致有如下四种角度。

（一）广义的角度

生态文明是人类的一个发展阶段，是人类社会继原始文明、农业文明、工业文明后的新型文明形态。它以人与自然协调发展作为行为准则，建立健康有序的生态机制，实现经济、社会、自然环境的可持续发展，这种文明形态体现了人类取得的物质、精神、制度成果的总和。广义的生态文明包括多层含义。第一，在文化价值上，树立符合自然规律的价值需求、规范和目标，使生态意识、生态道德、生态文化成为具有广泛基础的文化意识。第二，在生活方式上，以满足自身需要又不损害他人需求为目标，践行可持续消费。第三，在社会结构上，生态化渗入到社会组织和社会结构的各个方面，追求人与自然的良性循环。

（二）狭义的角度

生态文明是社会文明的一个方面，是与物质文明、政治文明和精神文明相并列的现实文明形式之一，着重强调人类在处理与自然关系时所达到的文明程度。物质文明、精神文明、政治文明与生态文明这"四个文明"一起，共同支撑和谐社会大厦。其中，物质文明为和谐社会奠定雄厚的物质保障，政治文明为和谐社会提供良好的社会环境，精神文明为和谐社会提供智力支持，生态文明是现代社会文明体系的基础。狭义的生态文明要求改善人与自然关系，用文明和理智的态度对待自然，反对粗放利用资源，建设和保护生态环境。

（三）生态文明是一种发展理念

这种观点认为，生态文明与"野蛮"相对，指的是在工业文明已经取得成果的基础上，用更文明的态度对待自然，拒绝对大自然进行野蛮与粗暴的掠夺，积极建设和认真保护良好的生态环境，改善与优化人与自然的关系，从而实现经济社会可持续发展的长远目标。

（四）制度属性的角度

生态文明是社会主义的本质属性。"论社会主义生态文明"一文中指出：资本主义制度是造成全球性生态危机的根本原因。生态问题实质是社会公平问题，受环境灾害影响的群体是更大的社会问题。资本主义的本质使它不可能停止剥削而实现公平，只有社会主义才能真正解决社会公平问题，从而在根本上解决环境公平问题。因此，生态文明只能是社会主义的，生态文明是社会主义文明体系的基础，是社会主义基本原则的体现，只有社会主义才会自觉承担起改善与保护全球生态环境的责任。

生态文明的核心要素是公正、高效、和谐和人文发展。公正，就是要尊重自然权益实现生态公正，保障人的权益实现社会公正；高效，就是要寻求自然生态系统具有平衡和生产力的生态效率、经济生产系统具有低投入、无污染、高产出的经济效率和人类社会体系制度规范完善运行平稳的社会效率；和谐，就是要谋求人与自然、人与人、人与社会的公平和谐，以及生产与消费、经济与社会、城乡和地区之间的协调发展；人文发展，就是要追求具有品质、品味、健康、尊严的崇高人格。公正是生态文明的基础，效率是生态文明的手段，和谐是生态文明的保障，人文发展是生态文明的终极目的。

二、生态文明的内涵

生态文明包括生态意识文明、生态行为文明和生态制度文明。

（一）生态意识文明

视频：生态文明的内涵

在生态文明建设的过程中，如果缺乏生态意识的支撑，人们的生态文明观念淡薄，生态环境恶化的趋势就不能从根本上得到遏止。可以说，公民生态意识的缺乏是现代生态悲剧的一个深层次的根源。因此，建设生态文明要求我们必须大力培育生态文明意识，使人们对生态环境的保护转化为自觉的行动，为生态文明的发展奠定坚实的基础。

生态意识作为人类认识能力提升的表现，其主要内容包括生态忧患意识、生态科学意识、生态价值意识、生态审美意识、生态责任意识等。

生态忧患意识，觉察生态危机；生态科学意识，以生态科学的眼光审视自然，指导实践；生态价值意识（即生态价值观念），对地球生态环境的价值评价、价值取向；生态审美意识，欣赏自然事物中内蕴之美；生态责任意识，政府、企业、个人对生态保护和生态建设的责任。

生态意识文明的培育和建立，立足于以下两点。

1. 对生态环境问题的感知程度

这些环境问题包括环境污染现状、环境污染原因、环境污染后果、环境保护措施、周围人群环境保护的行为、环境保护的效果、民间环保组织、环保人物和具体环境事件等。

2. 对生态环境问题的关注程度

关注程度是指对特定领域某些现象或者某个特定事物的兴趣和关心度。当前公众对生态环境问题的关注主要集中在眼前的环境问题和与自己关系密切的环境问题。

公民的环境意识更多是以经验和朴素的感情支持的，看到一条河变脏、变臭、鱼虾死光，感到城市空气污浊刺鼻，呼吸困难，而激发起感受者的感慨，但仅凭这些并不能保持一种理性的稳定的公民环境保护意识。

（二）生态行为文明

生态文明不仅是一种思想和观念，同时也是一种体现在社会行为中的过程。在进行生态文明建设的过程中，应用行为科学的理论指导自身的行为，协调人与自然以及人类自身的矛盾，加快生态文明建设的进程。生态文明的行为主体一般分为政府、企业和公众三大类。

在这三大行为主体中，政府是整个社会人类生态文明行为的领导者和组织者，同时它还是各政府间矛盾的协调者、处理者和发言人。企业由于经济利益目标的驱使，普遍存在注重经济效益而忽视社会和环境效益等问题；社会公众则往往会因个体认识的短期性和局限性而持观望或被动参与态度。因此，政府应该妥善处理政府、企业和公众的利益关系，综合运用法律、行政和经济手段，加强引导协调和监督管理，通过自己的行为把企业和公众行为有效地组织起来，以生态文明思想、目标为前提形成和谐的社会行动，在全社会营造出建设生态文明的环境氛围。

企业是各种产品的主要生产者和供应者，是社会物质财富积累的主要贡献者，是各种自然资源的主要消耗者，同时又是绝大多数污染物的直接生产者，因此企业行为的转变对于整个经济发展模式的转变具有重要的意义。企业的行为是否符合生态文明的要求，对一个区域、一个国家乃至全人类的生态文明有着重大的影响。

公众包括个人与各种社会群体。他们是生态文明行为的基层实施者和直接受益者。他们将在人类社会生活的各个领域和各个方面发挥最终的决定作用。建设良好的生态环境是千千万万人的事业，需要每一位社会成员的参与，必须动员全社会的力量，充分发挥人民群众的主动性、积极性和创造性。公众能否努力提高自身素质，能否有效地推动和监督政府和企业的行为，是发挥公众作用的关键环节。

（三）生态制度文明

保护自然环境，建设生态文明，不仅需要人类的道德自觉，同时更需要社会制度的保障。生态制度文明建设的根本宗旨是，让人们了解并且遵守各种保护自然、保护环境的制度、法规与条例，从而更加自觉地遵循自然生态法则。

生态制度文明必须满足三个条件：一是制定了促进生态文明的制度，而且这些制度规范是较为完善的，从本质上看，所制定的生态文明制度反映了生产力发展水平，反映了生态环境的现状和环境保护与建设的实际水平，从立法技术看，制度规范含义言简意赅、通俗易懂、准确而无歧义；二是这些生态文明制度得到了较为普遍的遵守，人们熟悉生态文明制度，主动执行这些制度规范，自觉与生态环境保护违法行为作斗争；三是生态环境保护和建设取得了明显成效，生态文明制度得到了比较全面的贯彻执行。

三、生态文明应遵循的原则

建设生态文明，实质上就是要建设以资源环境承载力为基础、以自然规律为准则、以可持续发展为目标的资源节约型、环境友好型社会。在价值观念上，强调以平等态度和充分的人文关怀关注和尊重生态环境，使经济社会发展与资源环境相协调；在实现路径上，走出一条资源节约和生态环境保护的新道路，倡导和推行自觉自律的生产生活方式，基本形成节约能源资源和保护生态环境的产业结构、增长方

式、消费模式，全面推进经济社会的绿色繁荣；在目标追求上，注重增进公众的经济福利和环境权益，促进社会和谐；在时间跨度上，是长期艰巨的建设过程，既要补上工业文明的课，又要走好生态文明的路。新时代推进生态文明建设，必须坚持好六项基本原则。

一是坚持人与自然和谐共生。人与自然是生命共同体。生态环境没有替代品，用之不觉，失之难存。"天地与我并生，而万物与我为一。""天不言而四时行，地不语而百物生。"当人类合理利用、友好保护自然时，自然的回报常常是慷慨的；当人类无序开发、粗暴掠夺自然时，自然的惩罚必然是无情的。人类对大自然的伤害最终会伤及人类自身，这是无法抗拒的规律。"万物各得其和以生，各得其养以成。"这方面有很多鲜活生动的事例。始建于战国时期的都江堰，距今已有2000多年历史，就是根据岷江的洪涝规律和成都平原悬江的地势特点，因势利导建设的大型生态水利工程，不仅造福当时，而且泽被后世。在整个发展过程中，我们都要坚持节约优先、保护优先、自然恢复为主的方针，不能只讲索取不讲投入，不能只讲发展不讲保护，不能只讲利用不讲修复，要像保护眼睛一样保护生态环境，像对待生命一样对待生态环境，多谋打基础、利长远的善事，多干保护自然、修复生态的实事，多做治山理水、显山露水的好事，让群众望得见山、看得见水、记得住乡愁，让自然生态美景永驻人间，还自然以宁静、和谐、美丽。

二是绿水青山就是金山银山。这是重要的发展理念，也是推进现代化建设的重大原则。绿水青山就是金山银山，阐述了经济发展和生态环境保护的关系，揭示了保护生态环境就是保护生产力、改善生态环境就是发展生产力的道理，指明了实现发展和保护协同共生的新路径。绿水青山既是自然财富、生态财富，又是社会财富、经济财富。保护生态环境就是保护自然价值和增值自然资本，就是保护经济社会发展潜力和后劲，使绿水青山持续发挥生态效益和经济社会效益。生态环境问题归根结底是发展方式和生活方式问题，要从根本上解决生态环境问题，必须贯彻创新、协调、绿色、开放、共享的发展理念，加快形成节约资源和保护环境的空间格局、产业结构、生产方式、生活方式，把经济活动、人的行为限制在自然资源和生态环境能够承受的限度内，给自然生态留下休养生息的时间和空间。要加快划定并严守生态保护红线、环境质量底线、资源利用上线三条红线。对突破三条红线、仍然沿用粗放增长模式、吃祖宗饭砸子孙碗的事，绝对不能再干，绝对不允许再干。在生态保护红线方面，要建立严格的管控体系，实现一条红线管控重要生态空间，确保生态功能不降低、面积不减少、性质不改变。在环境质量底线方面，将生态环境质量只能更好、不能变坏作为底线，并在此基础上不断改善，对生态破坏严重、环境质量恶化的区域必须严肃问责。在资源利用上线方面，不仅要考虑人类和当代的需要，也要考虑大自然和后人的需要，把握好自然资源开发利用的度，不要突破自然资源承载能力。

三是良好生态环境是最普惠的民生福祉。民之所好好之，民之所恶恶之。环境就是民生，青山就是美丽，蓝天也是幸福。发展经济是为了民生，保护生态环境同样也是为了民生。既要创造更多的物质财富和精神财富以满足人民日益增长的美好生活需要，也要提供更多优质生态产品以满足人民日益增长的优美生态环境需要。要坚持生态惠民、生态利民、生态为民，重点解决损害群众健康的突出环境问题，加快改善生态环境质量，提供更多优质生态产品，努力实现社会公平正义，不断满足人民日益增长的优美生态环境需要。生态文明是人民群众共同参与共同建设共同享有的事业，要把建设美丽中国转化为全体人民自觉行动。每个人都是生态环境的保护者、建设者、受益者，没有哪个人是旁观者、局外人、批评家，谁也不能只说不做、置身事外。要增强全民节约意识、环保意识、生态意识，培育生态道德和行为准则，开展全民绿色行动，动员全社会都以实际行动减少能源资源消耗和污染排放，为生态环境保护做出贡献。

四是山水林田湖草是生命共同体。生态是统一的自然系统，是相互依存、紧密联系的有机链条。人的命脉在田，田的命脉在水，水的命脉在山，山的命脉在土，土的命脉在林和草，这个生命共同体是人类生存发展的物质基础。一定要算大账、算长远账、算整体账、算综合账，如果因小失大、顾此失彼，最终必然对生态环境造成系统性、长期性破坏。要从系统工程和全局角度寻求新的治理之道，不能再是头痛医头、脚痛医脚，各管一摊、相互掣肘，而必须统筹兼顾、整体施策、多措并举，全方位、全地域、全过程开展生态文明建设。比如，治理好水污染、保护好水环境，就需要全面统筹左右岸、上下游、陆上水上、地表地下、河流海洋、水生态水资源、污染防治与生态保护，达到系统治理的最佳效果。要深入实施山水林田湖草一体化生态保护和修复，开展大规模国土绿化行动，加快水土流失和荒漠化石漠化综合治理。推动长江经济带发展，要共抓大保护，不搞大开发，坚持生态优先、绿色发展，涉及长江的一切经济活动都要以不破坏生态环境为前提。

五是用最严格制度最严密法治保护生态环境。保护生态环境必须依靠制度、依靠法治。我国生态环境保护中存在的突出问题大多同体制不健全、制度不严格、法治不严密、执行不到位、惩处不得力有关。要加快制度创新，增加制度供给，完善制度配套，强化制度执行，让制度成为刚性的约束和不可触碰的高压线。要严格用制度管权治吏、护蓝增绿，有权必有责、有责必担当、失责必追究，保证党中央关于生态文明建设决策部署落地生根见效。奉法者强则国强，奉法者弱则国弱。令在必信，法在必行。制度的生命力在于执行，关键在真抓，靠的是严管。我们已出台一系列改革举措和相关制度，要像抓中央环境保护督察一样抓好落实。制度的刚性和权威必须牢固树立起来，不得作选择、搞变通、打折扣。要落实领导干部生态文明建设责任制，严格考核问责。对那些不顾生态环境盲目决策、造成严重后果的人，必须追究其责任，而且应该终身追责。对破坏生态环境的行为不能手软，不能下不为例。要下大气力抓住破坏生态环境的反面典型，释放出严加惩处的强烈信号。对任何地方、任何时候、任何人，凡是需要追责的，必须一追到底，绝不能让制度规定成为"没有牙齿的老虎"。

六是共谋全球生态文明建设。生态文明建设关乎人类未来，建设绿色家园是人类的共同梦想，保护生态环境、应对气候变化需要世界各国同舟共济、共同努力，任何一国都无法置身事外、独善其身。我国已成为全球生态文明建设的重要参与者、贡献者、引领者，主张加快构筑尊崇自然、绿色发展的生态体系，共建清洁美丽的世界。要深度参与全球环境治理，增强我国在全球环境治理体系中的话语权和影响力，积极引导国际秩序变革方向，形成世界环境保护和可持续发展的解决方案。要坚持环境友好，引导应对气候变化国际合作。要推进"一带一路"建设，让生态文明的理念和实践造福沿线各国人民。

四、生态文明建设目标

生态文明不仅是重要的理念创新，也是重要的国家治理战略，形成了实质性的框架和内容。拥有天蓝、地绿、水净的美好家园，是每个中国人的梦想，是中国梦的重要组成部分，"美丽中国"正是承载着这一美好愿景。把生态文明建设放在突出地位，融入经济建设、政治建设、文化建设、社会建设的各方面和全过程，是实现建设美丽中国美好愿景的重要途径。生态文明建设的框架体系如图 10-1 所示。

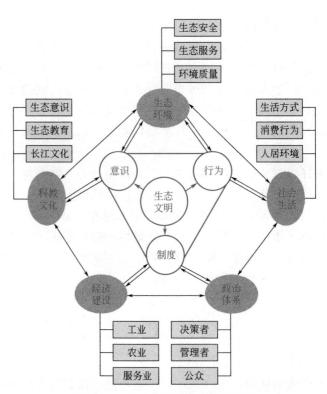

图 10-1　生态文明建设的框架体系

关于生态文明建设的根本目的，十八大报告强调"努力建设美丽中国，实现中华民族永续发展"。"从源头上扭转生态环境恶化趋势，为人民创造良好生产生活环境，为全球生态安全做出贡献"。"更加自觉地珍爱自然，更加积极地保护生态，努力走向社会主义生态文明新时代"。党的十九大报告为生态文明建设勾画出了一张宏伟蓝图：2020 年前，要坚决打好污染防治攻坚战；到 2035 年，生态环境根本好转，美丽中国目标基本实现；到 2050 年，要在基本实现现代化的基础上，把我国建成富强民主文明和谐美丽的社会主义现代化强国。

到 2020 年，中国生态文明建设的总体目标是：资源节约型和环境友好型社会建设取得重大进展、主体功能区布局基本形成、经济发展质量和效益显著提高、生态文明主流价值观在全社会得到推行。具体目标包括国土空间开发、资源利用、生态环境质量和生态文明制度四个方面（表 10-1）。

表10-1　2020年中国生态文明建设的目标

目标	具体内容
国土空间开发格局进一步优化	• 主体功能区划得到有效落实 • 生态保护红线得到划定和实施 • 实施耕地保护红线
资源利用更加高效	• 单位国内生产总值二氧化碳排放强度比 2005 年下降 40%～45% • 能源消耗强度持续下降 • 资源产出率大幅度提高 • 用水总量力争控制在 6700 亿立方米以内 • 万元工业增加值用水量降低到 65m³ 以下 • 农田灌溉水有效利用系数提高到 0.55 以上 • 非化石能源占一次能源消费比重达到 15% 左右

续表

目标	具体内容
生态环境质量总体改善	・二氧化硫、氮氧化物、化学需氧量和氨氮化物等主要污染物排放总量继续减少 ・大气环境、重点流域和近岸海域水环境质量得到改善 ・重要江河湖泊水功能区水质达标率提高到 80% 以上 ・饮用水安全保障水平持续提升 ・土壤环境质量总体保持稳定 ・环境风险得到有效控制 ・森林覆盖率达到 23% 以上 ・草原综合植被覆盖度达到 56% ・湿地面积不低于 8 亿亩 ・50% 以上可治理沙化土地得到治理 ・自然岸线保有率不低于 35% ・生物多样性丧失速度得到基本控制，全国生态系统稳定性明显增强
生态文明重大制度基本确立	・基本形成源头预防、过程控制、损害赔偿、责任追究的生态文明制度体系 ・自然资源资产产权和用途管制、生态保护红线、生态保护补偿、生态环境保护管理体制等关键制度建设取得决定性成果

五、生态文明建设重点领域

生态文明建设遵循的价值取向主要包括：坚持节约优先、保护优先和自然恢复为主的基本方针，坚持绿色发展、循环发展和低碳发展的基本途径，以深化改革和创新驱动为基本动力，以培育生态文化为基本支撑，坚持重点突破和整体推进的工作方式。在遵循上述价值取向的基础上，中国生态文明建设在国土空间开发、技术创新、资源高效利用、环境保护等八个优先领域开展工作（表 10-2）。

表10-2　中国生态文明建设的优先领域

优先领域	具体内容
国土空间开发	・积极实施主体功能区战略，推动经济社会发展、城乡、土地利用、生态环境保护等规划"多规合一" ・大力推进绿色城镇化 ・加快美丽乡村建设 ・加强海洋资源科学开发和生态环境保护
技术创新和结构调整	・推动能源节约、资源循环利用、新能源开发、污染治理、生态修复等领域的科技创新 ・调整优化产业结构，淘汰落后和过剩产能 ・发展节能环保等绿色产业
资源利用	・推动重点产业、建筑、交通等领域节能减排 ・发展循环经济，构建覆盖全社会的资源循环利用体系 ・加强资源节约，实施水、土地和矿产等资源利用的全过程管理
生态环境保护	・保护和修复自然生态系统 ・全面推进大气、水和土壤污染防治 ・积极应对气候变化
生态文明制度体系	・健全生态文明建设的法律法规 ・完善资源能源消耗、污染物排放和环境质量标准 ・健全自然资源资产产权制度和用途管制制度 ・完善排污许可证、企事业单位污染物排放总量控制、环境影响评价、清洁生产审核和环境信息公开等生态环境监管制度 ・划定并严守生态保护红线 ・完善价格、财税和金融等促进生态文明建设的经济政策 ・推行合同能源管理，节能量、碳排放权、水权和排污权交易，推进环境污染第三方治理等市场化机制 ・健全对重点生态功能区的转移支付和地区间横向生态保护补偿机制 ・建立体现生态文明要求的目标体系、考核办法、奖惩机制，探索编制自然资源资产负债表，对领导干部实行自然资源资产和环境责任离任审计 ・完善责任追究制

第十章

续表

优先领域	具体内容
监测和监督	• 建立生态文明建设目标评价考核体系，提升对所有资源环境要素的统计监测核算能力 • 对自然资源和生态环境保护状况开展全天候监测 • 加强法律监督、行政监察，加大查处力度，严厉惩处违法违规行为
社会参与	• 提高全民生态文明意识 • 培育绿色生活方式 • 鼓励公众积极参与
组织实施	• 强化各级政府和不同部门的统筹协调 • 探索不同地区建设生态文明的有效模式 • 以全球视野加快推进生态文明建设，加强与世界各国在生态文明领域的对话交流和务实合作 • 推动各级政府制定生态文明建设实施方案，确保各项政策措施落到实处

六、生态文明推进措施

建设生态文明，不同于传统意义上的污染控制和生态恢复，而是克服工业文明弊端，探索资源节约型、环境友好型发展道路的过程。由于我国巨大的人口基数和经济规模，即使采用各种末端治理措施，也难以避免严重的环境影响。要真正实现人与自然和谐相处，需要大规模开发和使用清洁的可再生能源，实现对自然资源的高效、循环利用。这对于尚处于工业化时期的我国来说，挑战是巨大的。但作为后发国家，我们又具有积极借鉴和吸收其他国家经验的优势。我们必须抓住历史机遇，采取有力措施，大力推进生态文明建设。当前，我国生态文明建设面临的机遇与挑战是：生态文明建设正处于压力叠加、负重前行的关键期，已进入提供更多优质生态产品以满足人民日益增长的优美生态环境需要的攻坚期，也到了有条件有能力解决生态环境突出问题的窗口期。我国经济已由高速增长阶段转向高质量发展阶段，需要跨越一些常规性和非常规性关口。建设生态文明的时代责任已经落在了我们这代人的肩上。

（一）在思想上

应正确认识环境保护与经济发展的关系。主要是：从重经济发展轻环境保护转变为保护环境与发展经济并重，从环境保护滞后于经济发展转变为环境保护与经济发展同步，从主要用行政办法保护环境转变为综合运用法律、经济、技术和必要的行政办法解决环境问题。要牢固树立保护环境、优化经济结构的意识，将环境保护作为新阶段推进发展的重要任务。

（二）在政策上

应从国家发展战略层面解决资源环境问题。只有将环境保护上升到国家意志的战略高度，融入经济社会发展全局和主战场，才能从源头上减少环境问题。在发展政策上，抓紧拟定有利于环境保护的价格、财政、税收、金融、土地等方面的经济政策体系，采取总体制度一次性设计、分步实施到位的办法，使鼓励发展的政策与鼓励环保的政策有机融合；在发展布局上，遵循自然规律，开展全国生态功能区划工作，根据不同地区的环境功能与资源环境承载能力，按照优化开发、重点开发、限制开发和禁止开发的要求确定不同地区的发展模式，引导各地合理选择发展方向，形成各具特色的发展格局；在发展规划上，落实国土空间管控，进一步优化重化工业的布局，调整产业结构，转变发展方式。

（三）在措施上

应实行最严格的环境保护制度。围绕生态环境建设的新形势完善相关法律制度，制定严格的国家、行业和地方环境标准体系，培养专业的执法队伍，采取行之有效的执法手段等。建立健全与现阶段经济社会发展特点和环境保护管理决策一致的环境法规、政策、标准和技术体系，凡是污染严重的落后工艺、技术、装备、生产能力和产品一律淘汰，凡是不符合环保要求的建设项目一律不允许新建，凡是超标或超总量控制指标排污的工业企业一律停产治理，凡是未完成主要污染物排放总量控制任务的地区一律实行"区域限批"，凡是破坏环境的违法犯罪行为一律严惩。核心要求是杜绝一切环境违法行为，任何对环境造成危害的个人和单位都要补偿环境损失。

（四）在行动上

应动员全社会力量共同参与生态环境建设。紧紧依靠人民群众，充分调动一切积极因素，齐心协力保护生态环境。一是广泛开展环境宣传教育。多形式、多方位、多层面宣传环境保护知识、政策和法律法规，弘扬环境文化，倡导生态文明，营造全社会关心、支持、参与环境保护的文化氛围。加强对领导干部、重点企业负责人的环保培训，提高其依法行政和守法经营意识。将环境保护列入素质教育的重要内容，强化青少年环境基础教育，开展全民环保科普宣传，提高全民保护环境的自觉性。二是加强部门协作。环境保护部门是推动环境保护事业发展的"总体设计部"，其他有关部门是环境保护事业的共同建设者。要加强环境保护部门的机构、队伍和能力建设，进一步完善环境保护统一监督管理体制。三是强化社会监督。公开环境质量、环境管理、企业环境行为等信息，维护公众的环境知情权、参与权和监督权。对涉及公众环境权益的发展规划和建设项目，要通过听证会、论证会或社会公示等形式，听取公众意见，接受舆论监督。四是形成科技创新与科学决策机制。针对现阶段的环境污染形势和广大人民群众改善环境的迫切愿望，不断加大对全球性、区域性、流域性以及前瞻性重大环境问题的成因与演化趋势的研究，组织开展科技攻关，形成国家、地方政府对水环境、大气环境等的监控、预警技术体系，带动环境保护体制机制创新。进一步加强国际合作与交流，理性借鉴国际环境保护的成功经验，积极参与全球性、区域性环境保护活动。五是健全公众参与机制。发挥社会团体的作用，为各种社会力量参与环境保护搭建平台，鼓励公众检举揭发各种环境违法行为，推动环境公益诉讼。六是加强基层社会单元的环保工作。把环境保护作为社区、村镇建设的一项重要内容，引导和动员广大群众参与环保工作，使每个公民在享受环境权益的同时，自觉履行保护环境的法定义务。

视频：畅通绿水青山与
金山银山路径的
承德生态文明建设探索

第二节　生态文明行动

党的十八大以来，我国通过全面深化改革，加快推进生态文明顶层设计和制度体系建设，相继出台《关于加快推进生态文明建设的意见》《生态文明体制改革总体方案》，制定了 40 多项涉及生态文明建设的改革方案，从总体目标、基本理念、主要原则、重点任务、制度保障等方面对生态文明建设进行全面系统部署安排。

一、促进绿色发展

2015 年 4 月，中国政府提出通过协同推进新型工业化、信息化、城镇化、农业现代化和绿色化来推动生态文明建设。其中，绿色化是新增加的要素，即将资源能源集约利用和环境保护的理念融入新型工业化、信息化、城镇化和农业现代化的进程之中。

中国在不同领域采取了一系列行动以促进资源集约和能源节约利用，例如，实施最严格的水资源管理制度、最严格的耕地保护制度、最严格的环境保护制度以及推动能源节约利用和结构调整等。

（一）实施最严格的水资源管理制度

主要包括严格实行用水总量控制，对水资源进行统一调度；推进节水型社会建设，实施节水技术改造；严格控制入河湖排污总量，对水生态系统进行系统保护和修复；将水源开发利用、节约和保护的指标纳入地方经济社会发展综合评价体系等。

（二）实施最严格的耕地保护制度

主要包括严格控制将耕地转为非耕地，实行占用耕地补偿制度，对基本农田进行严格保护，推进土地的开发、复垦和整理等。

（三）实行最严格的环境保护制度

按照源头严防、过程严管、后果严惩的思路，形成政府、企业、公众共治的环境治理体系。不断加强环境法治建设，完善环境预防体系，建立覆盖所有固定污染源的企业排放许可制，完善环境监管执法制度，健全环境保护市场体系和环境信息公开制度等。

（四）实施能源节约利用和结构调整

对重点企业严格实施节能管理，对高耗能行业、建筑和产能过剩行业新上项目实施节能评估审查，仅在 2014 年便完成节能评估审查项目 320 个，从源头核减能源消费量约 150 万吨标准煤。

二、推进环境治理体系和治理能力现代化

中国通过构建系统规范的激励约束机制，加快推进生态环境治理体系现代化，为推进绿色发展、建设美丽中国提供持久的动力和保障。尤其体现在加强环境法治、完善环境保护制度和推动环境保护多元共治等方面。

（一）加强环境法治

20 世纪 80 年代以来，中国先后修改和制定了《宪法》《民法通则》《物权

法》《侵权责任法》《刑法》等基本法律，在这些基本法律中构建了一系列有关生态环境保护的法律规范。在环境保护领域，中国先后制定了《环境保护法》《海洋环境保护法》《水污染防治法》《大气污染防治法》等 12 部法律，建立了比较完整的环境保护法律体系。以 2015 年 1 月 1 日开始实施的新《环境保护法》为标志，中国的环境立法进一步得到加强。新修订的《大气污染防治法》《水污染防治法》《土壤污染防治法》等陆续实施。

（二）完善环境保护制度

建设生态文明，必须建立系统完整的制度体系，实行最严格的源头保护制度、损害赔偿制度、责任追究制度，完善环境治理和生态修复制度，用制度保护生态环境。在完善环境保护制度方面，中国的区域联防联控机制日臻完善，京津冀、长三角、珠三角等重点区域建立了区域大气污染协作机制及水污染防治联动协作机制。

（三）推动环境保护多元共治

生态文明建设需要调动社会和公众参与的积极性，这其中最根本的是加强生态文明教育，转变社会价值观念，促进公众生活方式向可持续和绿色的方向转变。2015 年 11 月，中国环境保护部发布了《关于加快推动生活方式绿色化的实施意见》，提出了培育绿色生活方式的行动措施：一是宣传生活方式绿色化理念。向公众宣传生态文明建设的理念和政策，提高公众的社会责任意识，让公众充分认识生活方式绿色化的重要性。二是制定实施生活方式绿色化的政策措施。一方面，引导企业采用先进的设计理念、使用环保原材料、提高清洁生产水平，促进生产、流通、回收等环节绿色化；另一方面，引导公众选择绿色产品和绿色出行。三是开展多样化的生活方式绿色化活动。建立生活方式绿色化的全民行动体系，广泛开展全民生态文明宣传教育活动，建立绿色生活的服务信息平台和行动网络平台。

三、强化污染防治

（一）坚持预防为主

预防是环境保护的首要原则。中国采取的环境预防措施主要包括开展环境影响评价、完善环境标准体系、推进产业结构调整和加强环境风险防控等。

战略、规划和项目环评是对区域发展战略、各类开发建设规划实施后以及建设项目可能造成的环境影响进行预测评估，提出应当采取的预防和治理措施，是优化产业结构和布局的、减少决策和建设中环境失误的重要手段。生态环境部已相继完成五大区域（环渤海沿海地区、北部湾经济区沿海、成渝经济区、海峡西岸经济区、黄河中上游能源化工区）、西部大开发和中部地区发展战略环评，涉及全国 25 个省近 180 个地市，涉及全国一半以上国土面积（505 万平方千米），涉及总人口 7.13 亿人、经济总量 17.37 万亿元，分别占全国的 52.8% 和 40.9%。各级环境保护部门完成 4000 多项规划环评审查，国家层面完成 300 多项。国家层面审批项目环评文件 1164 个，对 153 个不符合条件的项目不予审批，涉及总投资 7600 多亿元，涵盖交通运输、电力、钢铁有色、煤炭、化工石化等行业。

污染物排放标准是为实现环境质量目标而对污染物排放做出的限制，是环评审批和日常环境监管的直接依据。"十二五"以来，中国发布国家环境标准 493 项，其中包括火电、钢铁、水泥等重点行业国家污染物排放（控制）标准 46 项，对重点地区重点行业执行更加严格的污染物特别排放限值。环境标准成为促进技术创新和企业转型升级的重要手段。

第十章

在推进产业结构调整方面，中国不断加大化解过剩产能、淘汰落后产能工作力度，2011—2014年，全国淘汰钢铁1.55亿吨、水泥6亿多吨、造纸3266万吨，分别是"十二五"目标任务的1.6倍、1.6倍、2.2倍。节能环保产业以15%～20%的速度增长，占GDP的比重达到6.5%以上。

在重点领域风险防控方面，"十二五"期间，中央政府投入专项资金172亿元，支持重点区域实施重金属污染治理。全国堆存长达数十年甚至半个世纪的670万吨历史遗留铬渣处置完毕。各级环保部门妥善处置各类环境事件近2600起。

（二）坚决向污染宣战

中国政府提出要"像对贫困宣战一样，坚决向污染宣战"，相继发布实施了《大气污染防治行动计划》（简称"大气十条"）、《水污染防治行动计划》（简称"水十条"）和《土壤污染防治行动计划》（简称"土十条"），以坚定的决心和宏大的行动推进环境治理。2018年7月，国务院印发《打赢蓝天保卫战三年行动计划》，明确了大气污染防治工作的总体思路、基本目标、主要任务和保障措施，要求坚决打赢蓝天保卫战，实现环境效益、经济效益和社会效益多赢。

（三）提升污染治理能力

中国不断加大环境污染治理的投资力度，投资总额由2001年的1106.6亿元提高到2014年的9575.5亿元。目前，中国已经建成了发展中国家最大的空气质量监测网，全国338个地级及以上城市全部具备细颗粒物（$PM_{2.5}$）等六项指标监测能力。城镇污水日处理能力由2005年的5200万吨增加到1.75亿吨，已成为全球污水处理能力最大的国家之一。安装了脱硫、脱硝设施的煤电机组占火电总装机容量的比例由2010年的82.6%、12.7%提高到2015年的96%、87%。完成煤电行业超低排放改造8400万千瓦，约占全国煤电总装机容量的10%，正在进行改造的超过8100万千瓦。

四、加大生态和农村环境保护力度

"十二五"以来，中国不断加强生物多样性保护和生物安全管理履约能力建设，同时，持续加大生态修复、农村环境整治的力度，以生态文明建设示范区创建为载体实现生态和农村环境保护的系统、整体推进。

（一）划定生态保护红线

生态保护红线是指依法在重点生态功能区、生态环境敏感区和脆弱区等区域划定的严格管控边界。生态保护红线所包围的区域为生态保护红线区，对于维护生态安全格局、保障生态系统功能、支撑经济社会可持续发展具有重要作用。生态保护红线区内将实施最为严格的环境准入制度与管理措施。"十二五"

期间，中国政府积极推进生态保护红线划定工作，编制了生态保护红线划定技术指南，在内蒙古、江西、广西、湖北开展试点。2015 年以来，国家生态环境保护主管部门先后发布并及时更新《生态保护红线划定指南》，推动各省市将生态保护红线划定工作列入省级政府任务。2018 年，国务院批准了京津冀等 15 省（市）的生态保护红线划定方案。2017 年 12 月，原国家环境保护部进一步印发《"生态保护红线、环境质量底线、资源利用上线和环境准入负面清单"（简称"三线一单"）编制技术指南（试行）》（环办环评〔2017〕99 号），随后"三线一单"编制工作全面铺开，各省市自治区陆续成立了相关协调小组，组建了技术单位与团队，部分地市在省级框架下，对"三线一单"的相关要求进行了细化。截至 2020 年底，全国 31 个省市自治区（不含港澳台地区）已经全部完成"三线一单"的划定工作，综合叠加生态、水、大气和土壤等要素管控分区和行政区域、工业园区、城镇规划边界等，统筹划定了优先、重点和一般三类环境管控单元。针对管控单元，各省市总体采用结构化的清单模式，从省域、区域、市域不同层级，对环境管控单元提出了具体生态环境准入要求，基本达到了宏观管控的制度设计要求。

（二）加强生物多样性保护

中国是世界上生物多样性最为丰富的国家之一，高等植物种数居世界第三位，脊椎动物种数占世界总种数的 13.7%，大熊猫、朱鹮、金丝猴、华南虎、扬子鳄等数百种动物为中国所特有。为此，中国成立了生物多样性保护国家委员会，发布《生物多样性保护战略与行动计划（2011—2030 年）》和《联合国生物多样性十年中国行动方案》。积极参加《生物多样性公约》《生物安全议定书》履约谈判，完成并向秘书处提交《〈卡塔赫纳生物安全议定书〉第三次国家报告》，积极推动加入《名古屋议定书》。2015 年 1 月，中国国务院批准启动生物多样性保护重大工程，组织开展生物多样性保护优先区域边界核定并加大保护力度，开展生物多样性调查和评估，强化自然保护区建设和管理，完善就地和迁地保护体系。

（三）实施生态修复工程

中国自 21 世纪初便开始实施天然林资源保护、退耕还林、退牧还草等生态修复工程。其中，天然林资源保护工程投资达 3626 亿元，约 105 万平方千米的天然林得到有效保护，中国政府已决定将天然林资源保护范围扩大到全国。

中央政府已累计在 25 个省（区、市）投入 4056.6 亿元用于第一轮退耕还林工程建设，共完成退耕地造林 1.39 亿亩、配套荒山荒地造林和封山育林 3.09 亿亩，涉及 3200 万户农户、1.24 亿农民。2014 年，中国启动了新一轮退耕还林还草建设工程。2014—2016 年，中央财政累计安排 165 亿元（不含基本建设支出），支持实施新一轮退耕还林还草 3010 万亩，其中，2016 年安排 90 亿元，新增任务 1510 万亩。到 2019 年，国家共安排新一轮退耕还林还草任务 5989.49 万亩，其中还林 5486.88 万亩，还草 502.61 万亩，涉及河北、山西、内蒙古等 22 个省（区、市）和新疆生产建设兵团。

（四）开展农村环境综合整治

"十二五"期间，中国政府深化农村环保"以奖促治"政策措施，组织三批共 23 个省（区、市）开展农村环境连片整治示范。中央财政共投入农村环保专项资金 315 亿元，为 7.8 万多个村庄开展环境综合整治提供支持，1.4 亿多农村人口直接受益。

2015 年 4 月，中国政府提出推进美丽乡村建设，把建设美丽乡村作为推进农业现代化的重要手段，具体行动包括：开展村庄规划，强化规划的科学性和约束力；建设农村基础设施，综合治理山水林田路，改造农村危旧房，开展农村环境集中连片整治和垃圾专项治理，开展农村污水处理；转变农业发展方式，

调整农业结构，发展农业循环经济，治理农业污染，提升农产品质量；在保护生态环境的前提下，发展乡村旅游休闲业等。

五、积极应对气候变化

中国作为一个负责任的发展中国家，对气候变化问题给予了高度重视，成立了国家气候变化对策协调机构，并根据国家可持续发展战略的要求，采取了一系列与应对气候变化相关的政策和措施，尤其是通过制定五年计划和中长期计划来设立应对气候变化目标，并推进目标实现，为减缓和适应气候变化做出了积极的贡献。2007年6月，中国政府发布《中国应对气候变化国家方案》，是最早制定实施应对气候变化国家方案的发展中国家。从"十一五"开始，国家开始设定量化目标，主要是效率目标（能源强度）、污染控制目标（二氧化硫减排）、替代能源目标和森林面积目标等。"十二五"时期，我国单位GDP二氧化碳排放量累计下降20%左右，超额完成先前确定的17%的目标。截至2020年底，"十三五"期间单位GDP二氧化碳排放累计下降了18.2%，比2005年累计下降了48.1%，温室气体排放得到有效控制，超额完成对外承诺的到2020年碳强度下降40%～45%的上限目标。

中国一直是全球应对气候变化事业的积极参与者，习近平主席曾在多个场合阐述中方承诺，这些承诺具体且有分量。2015年6月，中国向联合国提交了着眼于促进全球气候治理的国家自主贡献文件。在当年举行的气候变化巴黎大会上，习主席指出，中国在"国家自主贡献"中提出将于2030年左右使二氧化碳排放达到峰值并争取尽早实现，2030年单位国内生产总值二氧化碳排放比2005年下降60%～65%，非化石能源占一次能源消费比重达到20%左右，森林蓄积量比2005年增加45亿立方米左右。2020年9月30日，习主席在联合国生物多样性峰会上宣布，中国将提高国家自主贡献力度，采取更加有力的政策和措施，二氧化碳排放力争于2030年前达到峰值，努力争取2060年前实现碳中和。

在具体行动上，中国通过调整产业结构、节能与提高能效、优化能源结构、控制非能源活动温室气体排放、增加森林碳汇等举措，努力控制温室气体排放。通过农业、水资源、林业及生态系统、海岸带和相关海域、人体健康等领域的积极行动，减少气候变化不利影响，提升适应气候变化能力。

六、加强环境保护国际合作

中国积极履行环境保护国际义务和责任。目前，中国政府已经加入了30多个与环境保护有关的多边公约或者议定书，包括《保护臭氧层维也纳公约》《蒙特利尔议定书》等。以臭氧层保护为例，中国颁布实施了《淘汰消耗臭氧层物质国家方案》，制定了25个行业的淘汰行动计划，关闭相关淘汰物质生产线100多条，在上千家企业开展消耗臭氧层物质替代转换，累计淘汰消耗臭氧层物质25万吨，占发展中国家淘汰总量的一半以上，圆满完成《蒙特利尔议定书》各阶段规定的履约任务。

中国致力于推动全球环境治理进程和环境保护南南合作。积极促成"里约+20"会议关于绿色经济的决议，参与首届联合国环境大会（UNEA-1）和2030年可持续发展议程，支持并参与绿色经济合作伙伴关系（PAGE）计划，在中国江苏省实施了绿色经济地方促进项目。

第三节　国家生态文明先行示范区建设

为落实生态文明建设的战略部署，国家发展改革委联合财政部、国土资源部、水利部、农业部和国家林业局于2013年12月发布《国家生态文明先行示范区建设方案（试行）》，组织开展国家生态文明先行示范区建设行动，以推动绿色、循环、低碳发展为基本途径，以体制机制创新激发内生动力，以培育弘扬生态文化提供有力支撑，结合自身定位推进新型工业化、新型城镇化和农业现代化，调整优化空间布局，全面促进资源节约，加大自然生态系统和环境保护力度，加快建立系统完整的生态文明制度体系，形成节约资源和保护环境的空间格局、产业结构、生产方式、生活方式，提高发展的质量和效益，促进生态文明建设水平明显提升，期望通过5年左右的努力建设100个符合我国国情的生态文明建设模式的国家生态文明先行示范区。

一、建设任务

国家生态文明先行示范区重点探索形成符合主体功能定位的开发格局，资源循环利用体系初步建立，节能减排和碳强度指标下降幅度超过上级政府下达的约束性指标，资源产出率、单位建设用地生产总值、万元工业增加值用水量、农业灌溉水有效利用系数、城镇（乡）生活污水处理率、生活垃圾无害化处理率等处于全国或本省（市）前列，城镇供水水源地全面达标，森林、草原、湖泊、湿地等面积逐步增加、质量逐步提高，水土流失和沙化、荒漠化、石漠化土地面积明显减少，耕地质量稳步提高，物种得到有效保护，覆盖全社会的生态文化体系基本建立，绿色生活方式普遍推行，最严格的耕地保护制度、水资源管理制度、环境保护制度得到有效落实，生态文明制度建设取得重大突破，形成可复制、可推广的生态文明建设典型模式。

（一）科学谋划空间开发格局

加快实施主体功能区战略，严格按照主体功能定位发展，合理控制开发强度，调整优化空间结构，进一步明确市县功能区布局，构建科学合理的城镇化格局、农业发展格局、生态安全格局。科学划定生态红线，推进国土综合整治，加强国土空间开发管控和土地用途管制。将生态文明理念融入城镇化的各方面和全过程，分类引导不同主体功能区的城镇化进程，走以人为本、集约高效、绿色低碳的新型城镇化道路。

（二）调整优化产业结构

进一步明确产业发展方向和重点，加快发展现代服务业、高技术产业和节能环保等战略性新兴产业，改造提升优势产业，做好化解产能过剩工作，大力淘汰落后产能。调整优化能源结构，控制煤炭消费总量，因地制宜加快发展水电、核电、风电、太阳能、生物质能等非化石能源，提高可再生能源比重。严格落实项目节能评估审查、环境影响评价、用地预审、水资源论证和水土保持方案审查等制度。

第十章

（三）着力推动绿色循环低碳发展

以节能减排、循环经济、清洁生产、生态环保、应对气候变化等为抓手，设置科学合理的控制指标，大幅度降低能耗、碳排放、地耗和水耗强度，控制能源消费总量、碳排放总量和主要污染物排放总量，严守耕地、水资源，以及林草、湿地、河湖等生态红线，大力发展绿色低碳技术，优化改造存量，科学谋划增量，切实推动绿色发展、循环发展、低碳发展，加快转变发展方式，提高发展的质量和效益。

（四）节约集约利用资源

加强生产、流通、消费全过程资源节约，推动资源利用方式根本转变。在工业、建筑、交通运输、公共机构等领域全面加强节能管理，大幅度提高能源利用效率。推进土地节约集约利用，推动废弃土地复垦利用。实行最严格水资源管理制度，落实水资源开发利用控制、用水效率控制、水功能区限制纳污三条红线，加快节水改造，大力推动农业高效节水，建设节水型社会。加快建设布局合理、集约高效、生态优良的绿色矿山。大力发展循环经济，推动园区循环化改造，开发利用"城市矿产"，发展再制造，做好大宗固体废物、餐厨废物、农村生产生活废物、秸秆和粪污等资源化利用，构建覆盖全社会的资源循环利用体系。

（五）加大生态系统和环境保护力度

实施重大生态修复工程，推进荒漠化、沙化、石漠化、水土流失等综合治理。加强自然生态系统保护，扩大森林、草原、湖泊、湿地面积，保护生物多样性，增强生态产品生产能力。以解决大气、水、土壤等污染为重点，加强污染综合防治，实现污染物减排由总量控制向环境质量改善转变。控制农业面源污染，开展农村环境综合整治，加强耕地质量建设。加强防灾减灾体系建设，提高适应气候变化能力。

（六）建立生态文化体系

倡导尊重自然、顺应自然、保护自然的生态文明理念，并培育为社会主流价值观。加强生态文明科普宣传、公共教育和专业培训，做好生态文化与地区传统文化的有机结合。倡导绿色消费，推动生活方式和消费模式加快向简约适度、绿色低碳、文明健康的方式转变。

（七）创新体制机制

把资源消耗、环境损害、生态效益等体现生态文明建设的指标纳入地区经济社会发展综合评价体系，大幅度增加考核权重，建立领导干部任期生态文明建设问责制和终身追究制。率先探索编制自然资源资产负债表，实行领导干部自然资源资产和资源环境离任审计。树立底线思维，实行最严格的资源开发节约利用和生态环境保护制度。在自然资源资产产权和用途管制，能源、水、土地节约集约利用，资源环境承载能力监测预警，生态环境损害赔偿、生态补偿、生态服务价值评价、分类差异化考核等制度建设，以及节能量、碳排放权、水权、排污权交易、环境污染第三方治理等市场化机制建设方面积极探索，力争取得重要突破。

（八）加强基础能力建设

强化生态文明建设统筹协调，形成工作合力，加强统计、监测、标准、执法等基础能力建设。各地区可结合自身资源环境特点和生态文明建设基础，调整和增加体现地方特色的发展任务，作为建设先行示范区的努力方向。

二、建设进展

2014 年，经国家发改委等 6 部委审定，联合下发了《关于开展生态文明先行示范区建设（第一批）的通知》（发改环资〔2014〕1667 号），确定北京市密云区等 57 个地区纳入第一批生态文明先行示范区建设，同时明确了 57 个地区的制度创新重点。通知要求先行示范地区以制度创新为核心任务，以可复制、可推广为基本要求，紧紧围绕破解本地区生态文明建设的瓶颈制约，大力推进制度创新，先行先试、大胆探索，力争取得重大突破，为全国生态文明建设积累有益经验，树立先进典型，发挥示范引领作用。2015 年，启动了第二批生态文明先行示范工作，将北京市怀柔区等 45 个地区作为第二批生态文明先行示范建设地区。生态文明示范区建设开展以来，各地在生态文明制度创新方面，先行先试、大胆探索，取得了良好进展。

（一）政绩考核和责任追究制度得到完善

针对个别地方政府单纯追求经济增长，忽视资源环境承载能力的问题，一些示范地区从完善体现生态文明要求的政绩考核制度、建立领导干部自然资源资产离任审计以及生态环境损害责任终身追究制等方面开展了制度创新。

在政绩考核方面，贵州省出台了省管领导班子和领导干部年度考核办法，把生态文明建设指标占党政绩效考核指标的比重提高到 20%，对重点生态功能区取消 GDP 考核。浙江省湖州市、广东省梅州市把生态文明建设工作占党政绩效考核的比重分别提高到 33% 和 47%，对不同主体功能的区县实施差别化考核。

在责任追究方面，贵州省起草了生态环境损害领导干部责任追究办法，实行生态环境损害责任终身追究，在赤水市和荔波县开展领导干部自然资源资产责任审计试点，审计出 14 起违法违规事项。云南省探索推行自然资源资产离任审计，完成对丽江市、保山市、楚雄州政府主要负责同志的离任审计工作。

（二）自然资源资产权与用途管理更加清晰

针对自然资源资产权责不明、底数不清的问题，一些示范地区在自然资源资产产权和用途管制制度、自然资源资产负债表编制等方面进行了探索，为实现自然资源源头管理、用途管制、梯级利用奠定基础。

在自然资源资产产权制度建设方面，青海省启动了全省集体建设用地和宅基地使用权确权登记，完成玛多、治多国家公园试点县草原承包确权工作，制定了草原承包经营权流转办法，开展集体林权流转试点。贵州省制定了自然资源资产产权制度和用途管制制度改革方案，选择 15 个县市开展了产权制度试点。

在自然资源资产负债表编制方面，河北省承德市成立了自然资源资产管理委员会，开展 3 轮基础数据实地调研，基本完成自然资源资产负债表框架体系编制。浙江省湖州市完成了自然资源资产负债表数

据收集、分析及建立分类账户等基础工作。贵州省启动了林业资源和水资源资产负债表编制，开展县级试点工作，初步编制了试点县森林、土地和水资源资产负债表。

（三）红线管控和生态补偿机制双双建立

针对生态成本收益外部化、生态补偿机制不到位等问题，部分示范地区在加强资源环境生态红线管控、完善生态补偿机制、制定地区间横向生态补偿机制等方面进行了政策设计。

在生态红线管控方面，贵州省制定了赤水河流域森林及物种保护红线划定工作方案、林业生态红线划定实施方案等，预计划定红线面积 9206 万亩，占省域总面积的 34.8%。青海省制定了生态保护红线划定工作方案，建立自然保护区、生态系统状况和服务功能、环境要素等省域生态红线评价数据库。广东省韶关市制定了林业生态红线划定工作方案，严格执行采伐限额制度，森林覆盖率达 74.1%。

在完善生态补偿方面，福建省出台了重点流域生态补偿办法，对闽江、九龙江、鳌江流域上下游生态补偿资金筹措、资金分配、责任分担等问题，综合考虑地方财力、水质状况、森林覆盖率、用水总量等因素，制定了科学合理的生态补偿机制。青海省起草了三江源生态保护条例，开展草原、公益林、天然林生态补偿与保护责任、保护效果挂钩等试点工作，推动青海湖自然保护区湿地补偿试点。

（四）资源有偿使用和环境治理市场化机制进一步创新

为发挥市场配置资源的决定性作用，部分示范地区在排污权、碳排放权交易等资源有偿使用制度和环境污染责任保险、环境污染第三方治理等环境治理机制方面开展了市场化机制创新。

2015 年，在排污权交易方面，浙江省杭州市推行排污权初始配额和交易制度，初步完成全市 1400 余家企业分配核准工作，累计实施排污权交易 11 笔，交易二氧化硫指标 2300t、氮氧化物指标 1100t，交易额 1.2 亿元。贵州省印发实施排污权交易办法，累计完成排污权交易 10 笔，交易二氧化硫指标 1.7 万吨、氮氧化物指标 5800t。

在碳排放权、林权交易方面，河北省承德市完成了全国第一笔跨区域碳汇交易项目，丰宁县千松坝林场已累计交易碳汇 6 万多吨，交易额 200 多万元。浙江省丽水市开展林权抵押贷款工作，贷款余额达 43 亿元。黑龙江省伊春市印发了林权制度改革及林权流转办法，成立中国林业产权交易所伊春交易中心。

在环境污染责任保险、第三方治理、PPP 模式方面，青海省完成第一批 12 家环境污染强制责任保险试点工作。贵州省 60 余家企业开展环境污染第三方治理试点，已有 27 套环保设施实施了第三方运营，日处理生产生活污水 4.6 万吨。河北省张家口市、承德市联合北京市提出组建京津冀绿色联合投资公司方案，一期拟投资 10 亿元，吸引社会资本投入。

第四节　生态文明示范创建行动

在原环境保护模范城市、生态城市探索基础上，结合生态文明战略的新要求，生态环境部组织开展了国家生态文明建设示范市县和"绿水青山就是金山银山"实践创新基地建设行动。

一、国家生态文明建设示范市县

早在 1995 年，原国家环境保护局便启动了生态示范区工作。2000 年，启动生态省、市、县建设。2009 年，中国政府将生态省、市、县创建工作统称为生态建设示范区。2013 年 6 月，中国政府批准将"生态建设示范区"更名为"生态文明建设示范区"。截至 2019 年底，生态环境部命名了三批共 175 个国家生态文明建设示范市县，形成了点面结合、多层次推进、东中西部有序布局的建设体系，涌现了一批经济社会与资源环境协调发展的先进典型，示范建设工作取得显著成效。浙江省安吉县是全国第一个生态县。20 世纪 80～90 年代，安吉学习"工业强县"模式，引进印染、化工、造纸、小建材等污染重能耗高的项目，造成严重污染，被国务院列为太湖水污染治理重点区域。在这种情况下，安吉痛定思痛，全面推进生态立县，注重竹产业循环经济建设，竹屑等废料利用率达到 100%。竹子产业形成从竹根到竹梢的产品链、从一产到三产的产业链、从物理到化学的生产链，以占全国 1% 的立竹资源创造了 20% 的竹业产值。"一根翠竹，催生了一个产业，撑起了一方经济，富裕了一方百姓。"从 2005 年到 2016 年年底，安吉县 GDP 年均增长达 12.5%，财政收入年均增长 20.4%，实现地区生产总值 324.87 亿元。2016 年，安吉农民人均收入达到 25477 元，远远高于浙江全省平均水平。2012 年，安吉被授予中国第一个县域联合国人居奖。

为贯彻落实党中央、国务院关于加快推进生态文明建设的决策部署，鼓励和指导各地以国家生态文明建设示范区为载体，以市、县为重点，积极推进绿色发展，不断提升区域生态文明建设水平，原环境保护部于 2016 年 1 月印发了《国家生态文明建设示范区管理规程（试行）》和《国家生态文明建设示范县、市指标（试行）》，并于 2019 年 9 月进行了修订。四年来，生态环境部先后开展了三批国家生态文明建设示范市县建设，其中 2017 年 9 月第一批认定了北京市延庆区等 46 个市县，2018 年 12 月第二批认定了山西省芮城县等 45 个市县，2019 年 11 月第三批认定了北京市密云区等 84 个市县。国家生态文明示范市县名单见表 10-3。

表10-3　国家生态文明示范市县名单

省、自治区、直辖市	市县名单
北京市	延庆区（第一批）；密云区（第三批）
天津市	西青区（第三批）
河北省	兴隆县（第三批）
山西省	右玉县（第一批）；芮城县（第二批）；沁源县、沁水县（第三批）
内蒙古自治区	阿尔山市（第二批）；鄂尔多斯市康巴什区、根河市、乌兰浩特市（第三批）
辽宁省	盘锦市大洼区（第一批）；盘锦市双台子区、盘山县（第三批）
吉林省	通化县（第一批）；集安市（第二批）；通化市、梅河口市（第三批）
黑龙江省	虎林市（第一批）；黑河市爱辉区（第三批）
江苏省	苏州市、无锡市、南京市江宁区、泰州市姜堰区、金湖县（第一批）；南京市高淳区、建湖县、溧阳市、泗阳县（第二批）；南京市溧水区、盐城市盐都区、无锡市锡山区、连云港市赣榆区、扬州市邗江区、泰州市海陵区、沛县（第三批）
浙江省	湖州市、杭州市临安区、象山县、新昌县、浦江县（第一批）；安吉县、嘉善县、开化县、仙居县、遂昌县、嵊泗县（第二批）；杭州市西湖区、宁波市北仑区、舟山市普陀区、泰顺县、德清县、义乌市、磐安县、天台县（第三批）
安徽省	宣城市、金寨县、绩溪县（第一批）；芜湖县、岳西县（第二批）；宣城市宣州区、当涂县、潜山市（第三批）
福建省	永泰县、厦门市海沧区、泰宁县、德化县、长汀县（第一批）；厦门市思明区、永春县、将乐县、武夷山市、柘荣县（第二批）；泉州市鲤城区、明溪县、光泽县、松溪县、上杭县、寿宁县（第三批）

续表

省、自治区、直辖市	市县名单
江西省	靖安县、资溪县、婺源县（第一批）；井冈山市、崇义县、浮梁县（第二批）；景德镇市、南昌市湾里区、奉新县、宜丰县、莲花县（第三批）
山东省	曲阜市、荣成市（第一批）；威海市、商河县、诸城市（第三批）
河南省	栾川县（第一批）；新县（第二批）；新密市、兰考县、泌阳县（第三批）
湖北省	京山县（第一批）；保康县、鹤峰县（第二批）；十堰市、恩施土家族苗族自治州、五峰土家族自治县、赤壁市、恩施市、咸丰县（第三批）
湖南省	江华瑶族自治县（第一批）；张家界市武陵源区（第二批）；长沙市望城区、永州市零陵区、桃源县、石门县（第三批）
广东省	珠海市、惠州市、深圳市盐田区（第一批）；深圳市罗湖区、深圳市坪山区、深圳市大鹏新区、佛山市顺德区、龙门县（第二批）；深圳市福田区、佛山市高明区、江门市新会区（第三批）
广西壮族自治区	上林县（第一批）；蒙山县、凌云县（第二批）；三江侗族自治县、桂平市、昭平县（第三批）
重庆市	璧山区（第一批）；北碚区、渝北区（第三批）
四川省	蒲江县（第一批）；成都市温江区、金堂县、南江县、洪雅县（第二批）；成都市金牛区、大邑县、北川羌族自治县、宝兴县（第三批）
贵州省	贵阳市观山湖区、遵义市汇川区（第一批）；仁怀市（第二批）；贵阳市花溪区、正安县（第三批）
云南省	西双版纳傣族自治州、石林彝族自治县（第一批）；保山市、华宁县（第二批）；盐津县、洱源县、屏边苗族自治县（第三批）
西藏自治区	林芝市巴宜区（第一批）；林芝市、亚东县（第二批）；昌都市、当雄县（第三批）
陕西省	凤县（第一批）；西乡县（第二批）；陇县、宜君县、黄龙县（第三批）
甘肃省	平凉市（第一批）；两当县（第二批）；张掖市（第三批）
青海省	湟源县（第一批）；贵德县（第三批）
新疆维吾尔自治区	昭苏县（第一批）；巩留县、布尔津县（第三批）

二、"绿水青山就是金山银山"实践创新基地

"绿水青山就是金山银山"理念是习近平生态文明思想的重要组成部分，开展"绿水青山就是金山银山"实践创新基地（以下简称"两山"基地）建设是践行习近平总书记"两山"理念的实践平台和载体，主要任务是创新探索"两山"转化的制度实践和行动实践，强调"绿水青山"保护和"金山银山"转化，并总结推广"两山"转化的有效路径和典型经验模式；重点是探索生态产品价值实现的路径方式和"两山"转化长效制度，而且"两山"实践创新基地的"创新"着重体现在制度创新；目的是引导地方正确处理保护和发展的关系，将生态资源优势转变为经济发展优势，探索可持续发展路径，实现绿色高质量发展；最终目标是实现生态惠民富民与绿色共享，提高人民的获得感、幸福感。2016 年，环境保护部将浙江省安吉县列为"绿水青山就是金山银山"理论实践试点县。在试点经验的基础上，2017 年 9 月环境保护部命名浙江省安吉县等 13 个地区为第一批"两山"基地，2018 年 12 月命名北京市延庆区等 16 个地区为第二批"两山"基地，2019 年 11 月命名北京市门头沟区等 23 个地区为第三批"两山"基地，先后三批共命名了 52 个"两山"基地。

为了更好发挥"绿水青山就是金山银山"实践创新基地的平台载体和典型

引领作用，2019 年 9 月生态环境部组织制定了《"绿水青山就是金山银山"实践创新基地建设管理规程（试行）》。以习近平生态文明思想和总书记"绿水青山就是金山银山"理念为指引，基于"两山"基地现有的工作基础和实践探索，形成了一些典型的"两山"转化模式（表 10-4）。

表10-4　"两山"转化路径模式

名称	主要模式	典型地区
绿色银行型	主要以提升生态资产为核心，大力推进生态建设，通过厚植生态本底，将生态资产不断累积变现	河北塞罕坝机械林场、山西省右玉县、内蒙古自治区杭锦旗库布其沙漠亿利生态示范区等
腾笼换鸟型	主要以产业转型为核心，通过对传统产业进行绿色化改造，实现从牺牲生态到保护生态，从"吃山靠开矿"到"发展靠生态"的转变	浙江省安吉县实现了过去"卖石头"到现在"卖风景"的转变
山歌水经型	主要以发展特色产业为核心，围绕特色生态资源，发展生态循环农业、道地中医药产业、特色生态旅游等，生动践行了"靠山吃山唱山歌，靠海吃海念海经"	云南元阳哈尼梯田遗产保护区依托梯田文化，发展"稻鱼鸭综合种养＋旅游"模式，又如陕西省留坝县依托道地中药材，发展生物多样性保护与减贫模式
生态延伸型	主要以扩容提质为核心，围绕生态产业基础，进一步延伸上下游产业链条，推动大生态与大数据产业、大健康产业、大旅游产业等协同发展，实现绿色高质量发展	贵州省贵阳市乌当区以生态大数据为基础，推动都市农业、休闲旅游、康养运动、健康养生等融合发展
生态市场型	主要以发展生态产品交易为核心，围绕生态产品转化的市场化机制，包括用能权和碳排放权交易制度、排污权交易制度、水权交易制度、绿色金融体系等，不断开发生态 产品、生态金融产品，探索形成多样化的价值实现途径	浙江省丽水市建立了以县域碳汇计量为依据的碳汇交易机制；安徽省 旌德县开展林权收储担保融资试点，创新实施"林农增收五法"，实现了"不砍树能致富"
生态补偿型	主要以建立健全生态补偿机制为核心，通过加强生态环境保护，更好地提 供具有公共产品属性的生态产品，建立起利益联结机制，推动实现保护者受益，包括重点生态功能区转移支付、流域上下游横向生态补偿、省市内部生态补偿机制等	浙江省湖州市建立了水源地保护生态补偿等制度，近 5年来全市财政累计安排生态引导资金近 6 亿元，带动社会资本 120 多亿元
生态惠益型	主要以推动生态惠民为核心，围绕生态利民、生态为民，通过安置护林员、保洁员等生态公益岗位以及生态购买、赎买等，拓宽生态就业渠道，增强生态惠民途径和方式，推动绿色惠农富农强农	山东省蒙阴县通过生态保护工程，安置 50 多户具有劳动能力的贫困人口为护林员，探索"生态护林员＋"模式，实现生态保护与脱贫攻坚双赢

第五节　国家生态文明试验区

在国家生态文明先行示范区、生态文明示范创建实践探索的基础上，2016 年 8 月 22 日，中共中央办公厅、国务院办公厅印发了《关于设立统一规范的国家生态文明试验区的意见》，设立统一规范的国家生态文明试验区，重在开展生态文明体制改革综合试验，规范各类试点示范，对试验区内已开展的生态文明试点示范进行整合，统一规范管理，为完善生态文明制度体系探索路径、积累经验。通过开展国家生态文明试验区建设，以省级行政区为试验对象，凝聚改革合力、增添绿色发展动能、探索生态文明建设有效模式。

一、建设任务

国家生态文明试验区的设立旨在推动形成生态文明体制改革的国家级综合试验平台。通过试验探索，到 2017 年，推动生态文明体制改革总体方案中的重点改革任务取得重要进展，形成若干可操作、有效管用的生态文明制度成果；到 2020 年，试验区率先建成较为完善的生态文明制度体系，形成一批可在全国复制推广的重大制度成果，资源利用水平大幅度提高，生态环境质量持续改善，发展质量和效益明显提升，实现经济社会发展和生态环境保护双赢，形成人与自然和谐发展的现代化建设新格局，为加快生态

文明建设、实现绿色发展、建设美丽中国提供有力制度保障。试验重点主要体现在以下五个方面。

一是有利于落实生态文明体制改革要求，缺乏具体案例和经验借鉴，难度较大、需要试点试验的制度。建立归属清晰、权责明确、监管有效的自然资源资产产权制度，健全自然资源资产管理体制，编制自然资源资产负债表；构建协调优化的国土空间开发格局，进一步完善主体功能区制度，以主体功能区规划为基础统筹各类空间性规划，推进"多规合一"，实现自然生态空间的统一规划、有序开发、合理利用等。

二是有利于解决关系人民群众切身利益的大气、水、土壤污染等突出资源环境问题的制度。建立统一高效、联防联控、终身追责的生态环境监管机制；建立健全体现生态环境价值、让保护者受益的资源有偿使用和生态保护补偿机制等。

三是有利于推动供给侧结构性改革，为企业、群众提供更多更好的生态产品、绿色产品的制度。探索建立生态保护与修复投入和科技支撑保障机制，构建绿色金融体系，发展绿色产业，推行绿色消费，建立先进科学技术研究应用和推广机制等。

四是有利于实现生态文明领域国家治理体系和治理能力现代化的制度。建立资源总量管理和节约制度，实施能源和水资源消耗、建设用地等总量和强度双控行动；厘清政府和市场边界，探索建立不同发展阶段环境外部成本内部化的绿色发展机制，促进发展方式转变；建立生态文明目标评价考核体系和奖惩机制，实行领导干部环境保护责任和自然资源资产离任审计；健全环境资源司法保护机制等。

五是有利于体现地方首创精神的制度。试验区根据实际情况自主提出、对其他区域具有借鉴意义、试验完善后可推广到全国的相关制度，以及对生态文明建设先进理念的探索实践等。

二、建设进展

综合考虑各地现有生态文明改革实践基础、区域差异性和发展阶段等因素，首批选择生态基础较好、资源环境承载能力较强的福建省、江西省和贵州省作为试验区。中共中央办公厅、国务院办公厅先后于2016年8月印发《国家生态文明试验区（福建）实施方案》，2017年10月印发《国家生态文明试验区（江西）实施方案》和《国家生态文明试验区（贵州）实施方案》，2019年5月又印发了《国家生态文明试验区（海南）实施方案》。试验区建设将注重发挥地方的主动性、积极性和创造性，把中央决策部署与各地实际相结合，鼓励地方多出实招。将各地、各部门根据中央部署开展的以及结合本地实际自行开展的生态文明建设领域的试点示范规范整合，通过国家生态文明试验区的建设，集中改革资源、凝聚形成改革合力，更好地把中央关于生态文明体制改革的决策部署落地，探索可复制、可推广的制度成果和有效模式，引领带动全国生态文明建设和体制改革。国家生态文明试验区实施方案见表10-5。

表10-5　国家生态文明试验区实施方案

地点	战略定位	重点任务
福建	1. 国土空间科学开发的先导区； 2. 生态产品价值实现的先行区； 3. 环境治理体系改革的示范区； 4. 绿色发展评价导向的实践区	1. 建立健全国土空间规划和用途管制制度； 2. 健全环境治理和生态保护市场体系； 3. 建立多元化的生态保护补偿机制； 4. 健全环境治理体系； 5. 建立健全自然资源资产产权制度； 6. 开展绿色发展绩效评价考核
江西	1. 山水林田湖草综合治理样板区； 2. 中部地区绿色崛起先行区； 3. 生态环境保护管理制度创新区； 4. 生态扶贫共享发展示范区	1. 构建山水林田湖草系统保护与综合治理制度体系； 2. 构建严格的生态环境保护与监管体系； 3. 构建促进绿色产业发展的制度体系； 4. 构建环境治理和生态保护市场体系； 5. 构建绿色共治共享制度体系； 6. 构建全过程的生态文明绩效考核和责任追究制度体系
贵州	1. 长江珠江上游绿色屏障建设示范区； 2. 西部地区绿色发展示范区； 3. 生态脱贫攻坚示范区； 4. 生态文明法治建设示范区； 5. 生态文明国际交流合作示范区	1. 开展绿色屏障建设制度创新试验； 2. 开展促进绿色发展制度创新试验； 3. 开展生态脱贫制度创新试验； 4. 开展生态文明大数据建设制度创新试验； 5. 开展生态旅游发展制度创新试验； 6. 开展生态文明法治建设创新试验； 7. 开展生态文明对外交流合作示范试验； 8. 开展绿色绩效评价考核创新试验
海南	1. 生态文明体制改革样板区； 2. 陆海统筹保护发展实践区； 3. 生态价值实现机制试验区； 4. 清洁能源优先发展示范区	1. 构建国土空间开发保护制度； 2. 推动形成陆海统筹保护发展新格局； 3. 建立完善生态环境质量巩固提升机制； 4. 建立健全生态环境和资源保护现代监管体系； 5. 创新探索生态产品价值实现机制； 6. 推动形成绿色生产生活方式

✎ 思考题

1. 讨论分析生态文明的内涵、目标和内容。

2. 当前国家和地方在探索不同形式的生态文明建设试验、示范区，讨论国家生态文明先行示范区、国家生态文明示范区、国家生态文明试验区的异同。

3. 结合近年来我国生态文明的实践探索，讨论当前生态文明建设面临的机遇、挑战及对策措施。

4. 中共中央总书记、国家主席习近平同志先后在深入推动长江经济带发展座谈会和黄河流域生态保护和高质量发展座谈会上发表重要讲话，开出了治本良方，提出要"共抓大保护、不搞大开发"，走"生态优先、绿色发展"之路。结合当前绿色、高质量发展形势，讨论"共抓大保护、不搞大开发"的内涵及其重大意义。

第十章

第十一章　可持续发展的理论与实践

○○ —— ○○ ○ ○○ ——————

图解：可持续发展议程创新示范区建设

 引　言

　　历史的长河从来不是一帆风顺、勇往直前的，人类社会的进步也一直经历着风风雨雨、起起落落的不同发展阶段。每一个发展阶段都有着自身的历史背景和现实的迫切要求，只有顺应历史潮流和社会发展规律，准确把握当下的客观现实，方能引领人类社会走出困境、向前迈进。世界 200 多年的工业化历程，仅使人口总和不到 10 亿的几个发达国家实现了现代化，资源和生态环境却为此付出了沉重的代价。经验表明：发展中国家实现现代化，再也不能延续传统的经济增长方式和发展模式。可持续发展的理念及内涵在 20 世纪末期取得了全球性共识，并成为世界各国努力的方向，更是新时代中国经济转型升级、实现高质量发展的必然选择。2015年 9 月，习近平主席在纽约联合国总部出席联合国发展峰会并发表题为《谋共同永续发展　做合作共赢伙伴》的重要讲话，同各国领导人一道通过了《2030 年可持续发展议程》，承诺"以落实 2015 年后发展议程为己任，团结协作，推动全球发展事业不断向前"。

　　中国是世界可持续发展议程的全程参与者和重要推动者。自十八大特别是十九大以来，党中央高度重视可持续发展理念及其战略的实施，将可持续发展作为指导中国未来长远发展的七大战略之一。2016 年 9 月，中国在全球率先发布《中国落实 2030 年可持续发展议程国别方案》，明确了中国推进议程落实工作的指导思想、总体原则和实施路径。2016 年 12 月，《中国落实 2030 年可持续发展议程创新示范区建设方案》（国发〔2016〕69 号）进一步提出创建国家可持续发展议程创新示范区的思路，形成若干可持续发展创新示范的现实样板和典型模式。基于对世界大势的敏锐洞察和深刻分析，以习近平同志为核心的党中央作出一个重大判断：世界处于百年未有之大变局。在 2019 年 6 月圣彼得堡国际经济论坛全会上，习主席发表题为《坚持可持续发展　共创繁荣美好世界》的致辞，深刻阐释可持续发展的重要意义，指出可持续发展是破解当前全球性问题的"金钥匙"，可持续发展是各方利益的最大契合点和合作的最佳切入点。

　　人类正处在大发展大变革大调整时期，中国发展离不开世界，世界发展也需要中国。历史从未像今天这样，将全人类的命运紧密连接在一起。坚持"为人民谋幸福、为民族谋复兴、为世界谋大同"的历史使命，中国共产党将人民期盼、民族向往、国家追求、世界责任融为一体，为关乎人类未来发展的全球性问题给出了中国方案，这些方案凝聚了中国价值和中国精神，为重构经济全球化时代的国际交往理性和世界精神奠定良好的基础。从提出"一带一路"倡议到倡导"人类命运共同体"到落实《2030 年可持续发展议程》，习主席关于发展的思考与论断不断延续、拓展、聚焦，习近平新时代中国特色社会主义思想不断丰富。这些重要的可持续发展理念既是我国实现全面转型、建设美丽中国的指导思想，也是中国为国际社会解决复杂问题提出的战略构想。

Sustainable development is a pattern of resource use that aims to meet human needs while preserving the environment so that these needs can be met not only in the present, but also for future generations. Sustainable development ties together concern for the carrying capacity of natural systems with the social challenges facing humanity. As early as the 1970s "sustainability" was employed to describe an economy "in equilibrium with basic ecological support systems". Ecologists have pointed to The Limits to Growth, and presented the alternative of a "steady state economy" in order to address environmental concerns. This chapter consists of four parts, in the first part we analyzed the origin of the sustainable development are, the concept and connotation of sustainable development and sustainable development of the basic principles and main contents. In the second part we discussed the basic theory and the core theories of the sustainable development. In the third part, we expounded on the basic mode of the sustainable development, China's sustainable development strategy and construction status of National Sustainable Communities and National sustainable development agenda innovation demonstration zone. Finally, the supporting systems of sustainable development, including management system, legal system, education system, public participation system and Evaluation system, were discussed. At present, China stands on a knife-edge between sustainable and unsustainable developments. Its future and the future of this whole planet depend on whether China can leapfrog over the mistakes made in western economies.

导 读

可持续发展是 20 世纪 80 年代提出的一个新概念。1987 年世界环境与发展委员会在《我们共同的未来》报告中第一次阐述了可持续发展的概念，得到了国际社会的广泛共识。可持续发展是人类对工业文明进程进行反思的结果，是人类为了克服一系列环境、经济和社会问题，特别是全球性的环境污染和广泛的生态破坏，以及它们之间关系失衡所做出的理性选择，经济发展、社会发展和环境保护是可持续发展的相互依赖、互为加强的组成部分。本章由四部分组成：第一部分分析了可持续发展的由来，可持续发展的概念及内涵，可持续发展的基本原则和主要内容；第二部分主要分析了可持续发展的基础理论和核心理论；第三部分主要分析了可持续发展的基本模式，可持续发展的实践途径，中国可持续发展战略，及中国可持续发展实验区和创新示范区建设情况；第四部分从可持续发展的管理体系、法制体系、教育体系、公众参与体系、评估考核五个方面讨论了可持续发展的支撑体系。

第一节　可持续发展的内涵

视频：可持续发展战略

可持续发展的由来

一、可持续发展的概念及内涵

世界 200 多年的工业化历程，仅使不到 10 亿人口的发达国家实现了现代化，但却付出了沉重的资源和生态代价。整个 20 世纪的 100 年，全球的"发展观"经历了重大变革。从"增长理论"到"发展理论"再到"可持续发展理论"，人类的认识在逐渐深化。历史经验表明，发展中国家要实现现代化，再也不能延续传统的经济增长方式和发展模式。可持续发展成为近代人类经历工业化、经济高速增长、人口膨胀、资源危机、生态环境恶化等严重影响社会发展的问题之后，人们经过反复思考和探索逐渐形成的一种新思想、新的自然经济观。"可持续发展（sustainable development）"的概念最先是在 1972 年斯德哥尔摩举行的联合国人类环境研讨会上正式讨论的。自此以后，各国致力界定"可持续发展"的含义，现时已拟出的定义已有几百个之多，涵盖范围包括国际、区域、地方及特定类别的层面，是科学发展观的基本要求之一。1980 年，国际自然保护同盟的《世界自然资源保护大纲》提出："必须研究自然的、社会的、生态的、经济的以及利用自然资源过程中的基本关系，以确保全球的可持续发展。"1981 年，美国布朗（Lester R. Brown）所著《建设一个可持续发展的社会》，提出以控制人口增长、保护资源基础和开发再生能源来实现可持续发展。1987 年，世界环境与发展委员会出版《我们共同的未来》报告，将可持续发展定义为："既能满足当代人的需要，又不对后代人满足其需要的能力构成危害的发展。"它系统阐述了可持续发展的思想。

可持续发展的主要历史进程见表 11-1。

表11-1　可持续发展的主要历史进程

时间	主要进展
1962 年	美国海洋生物学家蕾切尔·卡逊（Rachel Karson）发表了环境保护科学著作《寂静的春天》
1972 年	罗马俱乐部（The Club of Rome）出版《增长的极限》，在瑞典斯德哥尔摩，联合国召开世界人类环境大会，提出"只有一个地球"
1983 年	联合国第 38 届大会通过第 38/161 号决议，批准成立世界环境与发展委员会（WCED），即布伦特莱委员会
1987 年	联合国在日本东京正式公布全球可持续发展的奠基性文本《我们共同的未来》（布伦特莱报告）
1989 年	联合国大会通过第 44/228 号决议，决定召开世界环境与发展全球首脑会议
1992 年	联合国环境与发展大会（又称"地球高峰会议"）在巴西里约热内卢召开，通过了《关于环境与发展的里约热内卢宣言》《21 世纪议程》和《关于森林问题的原则声明》3 项成果文件
1994 年	联合国在开罗召开世界人口与发展大会，形成了可持续发展理论基本理论框架：可持续发展的核心是人，要充分认识到和妥善处理人口、资源、环境与发展之间的相互关系，并使它们协调一致，求得互动平衡等
2000 年	联合国首脑会议上由 189 个国家签署通过《联合国千年宣言》，确定了由 8 大目标、21 个子目标组成的联合国千年发展目标体系（简称 MDGs）
2002 年	联合国在约翰内斯堡召开世界可持续发展首脑会议，通过了《约翰内斯堡可持续发展宣言》和《可持续发展世界首脑会议执行计划》
2012 年	里约 +20 峰会通过成果文件《我们憧憬的未来》
2013 年	联合国授权成立可持续发展目标开放工作组（OWG），拟定新的全球可持续发展目标
2015 年	在联合国总部召开全球首脑特别峰会，批准《变革我们的世界：2030 年可持续发展议程》，确定了由 17 项目标、169 项子目标组成的可持续发展目标体系（简称 SDGs）
2019 年	联合国可持续发展目标峰会在纽约联合国总部举行并通过政治宣言，联合国会员国在该宣言中承诺在未来十年里筹集资金，在 2030 年前实现可持续发展目标，不让任何人掉队

第十一章

可持续发展是既要达到发展经济的目的，又要保护好人类赖以生存的大气、淡水、海洋、土地和森林等自然资源和环境，使子孙后代能够永续发展和安居乐业。可持续发展与环境保护既有联系，又不等同。环境保护是可持续发展的重要方面。可持续发展的核心是发展，但要求在严格控制人口、提高人口素质和保护环境、资源永续利用的前提下进行经济和社会的发展。发展是可持续发展的前提；人是可持续发展的中心体；可持续长久的发展才是真正的发展，使子孙后代能够永续发展和安居乐业。

可持续发展是以保护自然资源环境为基础，以激励经济发展为条件，以改善和提高人类生活质量为目标的发展理论和战略。它是一种新的发展观、道德观和文明观。其内涵如下。

（一）共同发展

地球是一个复杂的巨系统，每个国家或地区都是这个巨系统不可分割的子系统。系统的最根本特征是其整体性，每个子系统都和其他子系统相互联系并发生作用，只要一个系统发生问题，都会直接或间接影响到其他系统，造成系统的紊乱，甚至会诱发系统的整体突变，这在地球生态系统中表现最为突出。因此，可持续发展追求的是整体发展和协调发展，即共同发展。

（二）协调发展

协调发展包括经济、社会、环境三大系统的整体协调，也包括世界、国家和地区三个空间层面的协调，还包括一个国家或地区经济与人口、资源、环境、社会以及内部各个阶层的协调，持续发展源于协调发展。

（三）公平发展

世界经济的发展呈现出因水平差异而表现出来的层次性，这是发展过程中始终存在的问题。但是这种发展水平的层次性若因不公平、不平等而引发或加剧，就会由局部上升到整体，并最终影响到整个世界的可持续发展。可持续发展思想的公平发展包含两个维度：一是时间维度上的公平，当代人的发展不能以损害后代人的发展能力为代价；二是空间维度上的公平，一个国家或地区的发展不能以损害其他国家或地区的发展能力为代价。

（四）高效发展

公平和效率是可持续发展的两个轮子。可持续发展的效率不同于经济学的效率，可持续发展的效率既包括经济意义上的效率，也包含着自然资源和环境的损益的成分。因此，可持续发展思想的高效发展是指经济、社会、资源、环境、人口等协调下的高效率发展。

（五）多维发展

人类社会的发展表现出全球化的趋势，但是不同国家与地区的发展水平是不同的，而且不同国家与地区又有着异质性的文化、体制、地理环境、国际环境等发展背景。此外，因为可持续发展又是一个综合性、全球性的概念，要考虑到不同地域实体的可接受性，因此，可持续发展本身包含了多样性、多模式的多维度选择的内涵。因此，在可持续发展这个全球性目标的约束和指导下，各国与各地区在实施可持续发展战略时，应该从国情或区情出发，走符合本国或本区实际、多样性、多模式的可持续发展道路。

可持续发展理论的产生为人类世界的发展指出了一条环境与发展相结合的道路，为环境保护与人类社会的协调发展提供了一个创新的思维模式。其实质就是把经济发展与节约资源、保护环境紧密联系起来，实现良性循环。可持续发展观要求在发展中积极地解决环境问题，既要推进人类发展，又要促进自然和谐。主要表现在：从以单纯经济增长为目标的发展转向经济、社会、生态的综合发展，从以物为本位的发展转向以人为本位（发展的目的是满足人的基本需求、提高人的生活质量）的发展，从注重眼前利益、局部利益的发展转向注重长期利益、整体利益的发展，从物质资源推动型的发展转向非物质资源或信息资源（科技与知识）推动型的发展。

二、可持续发展的基本原则

可持续发展是一种新的人类生存方式。这种生存方式不但要求体现在以资源利用和环境保护为主的环境生活领域，更要求体现到作为发展源头的经济生活和社会生活中去。贯彻可持续发展战略必须遵从一些基本原则。

（一）公平性原则（fairness）

可持续发展强调发展应该追求两方面的公平。一是本代人的公平即代内平等。可持续发展要满足全体人民的基本需求和给全体人民机会以满足他们要求较好生活的愿望。当今世界的现实是一部分人富足，而占世界 1/5 的人口处于贫困状态；占全球人口 26% 的发达国家耗用了占全球 80% 的能源、钢铁和纸张等。这种贫富悬殊、两极分化的世界不可能实现可持续发展。因此，要给世界以公平的分配和公平的发展权，要把消除贫困作为可持续发展进程特别优先的问题来考虑。二是代际间的公平即世代平等。要认识到人类赖以生存的自然资源是有限的。本代人不能因为自己的发展与需求而损害人类世世代代满足需求的条件——自然资源与环境。要给世世代代以公平利用自然资源的权利。

（二）持续性原则（sustainability）

持续性原则的核心思想是指人类的经济建设和社会发展不能超越自然资源与生态环境的承载能力。这意味着，可持续发展不仅要求人与人之间的公平，还要顾及人与自然之间的公平。资源和环境是人类生存与发展的基础，离开了资源和环境，就无从谈及人类的生存与发展。可持续发展主张建立在保护地球自然系统基础上的发展，因此发展必须有一定的限制因素。人类发展对自然资源的耗竭速率应充分顾及资源的临界性，应以不损害支持地球生命的大气、水、土壤、生物等自然系统为前提。换句话说，人类需要根据持续性原则调整自己的生活方式、确定自己的消耗标准，而不是过度生产和过度消费。发展一旦破坏了人类生存的物质基础，发展本身也就衰退了。

（三）共同性原则（commonality）

鉴于世界各国历史、文化和发展水平的差异，可持续发展的具体目标、政策和实施步骤不可能是唯

一的。但是，可持续发展作为全球发展的总目标，所体现的公平性原则和持续性原则，则是应该共同遵从的。要实现可持续发展的总目标，就必须采取全球共同的联合行动，认识到我们的家园——地球的整体性和相互依赖性。从根本上说，贯彻可持续发展就是要促进人类之间及人类与自然之间的和谐。如果每个人都能真诚地按"共同性原则"办事，那么人类内部及人与自然之间就能保持互惠共生的关系，从而实现可持续发展。

三、可持续发展的主要内容

可持续发展涉及经济可持续、生态可持续和社会可持续三方面的协调统一，要求人类在发展中讲究经济效率、关注生态和谐和追求社会公平，最终达到人的全面发展。这表明，可持续发展虽然缘起于环境保护问题，但作为一个指导人类走向 21 世纪的发展理论，它已经超越了单纯的环境保护。它将环境问题与发展问题有机地结合起来，已经成为一个有关社会经济发展的全面性战略。

（一）经济可持续发展

可持续发展鼓励经济增长而不是以环境保护为名取消经济增长，因为经济发展是国家实力和社会财富的基础。但可持续发展不仅重视经济增长的数量，更追求经济发展的质量。可持续发展要求改变传统的以"高投入、高消耗、高污染"为特征的生产模式和消费模式，实施清洁生产和文明消费，以提高经济活动中的效益、节约资源和减少废物。从某种角度上，可以说集约型的经济增长方式就是可持续发展在经济方面的体现。

（二）生态可持续发展

可持续发展要求经济建设和社会发展要与自然承载能力相协调。发展的同时必须保护和改善地球生态环境，保证以可持续的方式使用自然资源和环境成本，使人类的发展控制在地球承载能力之内。因此，可持续发展强调了发展是有限制的，没有限制就没有发展的持续。生态可持续发展同样强调环境保护，但不同于以往将环境保护与社会发展对立的做法，可持续发展要求通过转变发展模式，从人类发展的源头、从根本上解决环境问题。

（三）社会可持续发展

可持续发展强调社会公平是环境保护得以实现的机制和目标。可持续发展指出世界各国的发展阶段可以不同，发展的具体目标也各不相同，但发展的本质应包括改善人类生活质量，提高人类健康水平，创造一个保障人们平等、自由、教育、人权和免受暴力的社会环境。这就是说，在人类可持续发展系统中，经济可持续是基础，生态可持续是条件，社会可持续才是目的。21 世纪人类应该共同追求的是以人为本位的自然 - 经济 - 社会复合系统的持续、稳定、健康发展。

从整体上看，可持续发展包括经济可持续、社会可持续和生态可持续，追求社会、经济与环境的协调发展，致力于实现社会效益、经济效益和生态效益在时间和空间上的共赢。其中，可持续发展以经济增长为前提，为国家富强和满足民众基本需求提供永续的经济支撑；以保护自然为基础，与资源和环境的承载能力相协调；以改善和提高生活质量为目的，与社会进步相适应。因此，在可持续发展体系中，生态可持续是基础，经济可持续是前提，社会可持续是目的，这三大特征体现在可持续发展的三大目标中，即生态安全、经济繁荣和社会公平。

第二节　可持续发展的理论

一、经济学理论

（一）增长的极限理论

增长的极限理论是 D. H. Meadows 在其《增长的极限》一书中提出的有关可持续发展的理论，该理论的基本要点是：运用系统动力学的方法，将支配世界系统的物质关系、经济关系和社会关系进行综合，提出了人口不断增长、消费日益提高，而资源则不断减少、污染日益严重，制约了生产的增长；虽然科技不断进步能起到促进生产的作用，但这种作用是有一定限度的，因此生产的增长是有限的。

（二）知识经济理论

知识经济理论认为经济发展的主要驱动力是知识和信息技术，知识经济将是未来人类的可持续发展的基础。

二、可持续发展的生态学理论

所谓可持续发展的生态学理论是指根据生态系统的可持续性要求，人类的经济社会发展要遵循生态学三个定律：一是高效原理，即能源的高效利用和废物的循环再生产；二是和谐原理，即系统中各个组成部分之间的和睦共生，协同进化；三是自我调节原理，即协同的演化着眼于其内部各组织的自我调节功能的完善和持续性，而非外部的控制或结构的单纯增长。

三、人口承载力理论

所谓人口承载力理论是指地球系统的资源与环境，由于自身自组织与自我恢复能力存在一个阈值，在特定技术水平和发展阶段下的对于人口的承载能力是有限的。人口数量以及特定数量人口的社会经济活动对于地球系统的影响必须控制在这个限度之内，否则，就会影响或危及人类的持续生存与发展。这一理论被喻为 20 世纪人类最重要的三大发现之一。

四、人地系统理论

所谓人地系统理论，是指人类社会是地球系统的一个组成部分，是生物圈的重要组成，是地球系统的主要子系统。它是由地球系统所产生的，同时又与地球系统的各个子系统之间存在相互联系、相互制

约、相互影响的密切关系。人类社会的一切活动，包括经济活动，都受到地球系统的气候（大气圈）、水文与海洋（水圈）、土地与矿产资源（岩石圈）及生物资源（生物圈）的影响，地球系统是人类赖以生存和社会经济可持续发展的物质基础和必要条件；而人类的社会活动和经济活动，又直接或间接影响了大气圈（大气污染、温室效应、臭氧层空洞）、岩石圈（矿产资源枯竭、沙漠化、土壤退化）及生物圈（森林减少、物种灭绝）的状态。人地系统理论是地球系统科学理论的核心，是陆地系统科学理论的重要组成部分，是可持续发展的理论基础。

五、资源永续利用理论

资源永续利用理论流派的认识论基础在于：认为人类社会能否可持续发展决定于人类社会赖以生存发展的自然资源是否可以被永远地使用下去。基于这一认识，该流派致力于探讨使自然资源得到永续利用的理论和方法。

六、外部性理论

外部性理论流派的认识论基础在于：认为环境日益恶化和人类社会出现不可持续发展现象和趋势的根源，是人类迄今为止一直把自然（资源和环境）视为可以免费享用的"公共物品"，不承认自然资源具有经济学意义上的价值，并在经济生活中把自然的投入排除在经济核算体系之外。基于这一认识，该流派致力于从经济学的角度探讨把自然资源纳入经济核算体系的理论与方法。

七、财富代际公平分配理论

财富代际公平分配理论流派的认识论基础在于：认为人类社会出现不可持续发展现象和趋势的根源是当代人过多地占有和使用了本应属于后代人的财富，特别是自然财富。基于这一认识，该流派致力于探讨财富（包括自然财富）在代际之间能够得到公平分配的理论和方法。

八、三种生产理论

三种生产理论流派的认识论基础在于：人类社会可持续发展的物质基础在于人类社会和自然环境组成的世界系统中物质的流动是否通畅并构成良性循环。他们把人与自然组成的世界系统的物质运动分为三大"生产"活动，即人的生产、物资生产和环境生产，致力于探讨三大生产活动之间和谐运行的理论与方法。

九、三大支柱理论

三大支柱理论强调社会、环境、经济三个方面的协调统一，三大支柱相互作用，同步发展，目标是实现生产、生活、生态在时间与空间上的共赢，也称"三生共赢"。此外，这一概念包含了许多小的分支，如环境保护、资源的可持续利用、社会平等、社会福利、消除贫困和可持续经济增长等。

社会、环境、经济三个方面的相互影响表现在很多方面。比如，在环境 - 经济关系中，由于要从自然资源中获取原料，经济增长一般都会造成自然环境的消耗；城市化所消耗的大量能源也会排放出大量温室气体从而引起气候变化。Perez Carmona 将环境问题描述为"家庭消费需求与自然环境二者不兼容的复杂现象"。在自然环境与人类社会之间，环境主要满足人类的基本需求，如提供氧气、水、食物，良好的自然环境会进一步改善人类的生存环境。此外，在环境 - 社会关系中，同样强调了资源应公平分配，并共同承担保护环境的责任。而就业、收入、教育等问题则受社会经济影响。

第三节 可持续发展实践

视频：盐碱荒滩上建设生态城市的中新天津生态城探索

一、可持续发展的基本模式

要实现可持续发展，就必须改变传统的经济与环境二元化的经济模式，建立一种把社会、经济与环境内在统一起来的生态经济模式。

（一）生产过程的生态化

在生产过程中，建立一种无废料、少废料的封闭循环的技术系统。传统的生产流程是"原料—产品—废料"模式。这里追求的只是产品，但加入生产过程与产品无关的都作为废料排放到环境中。而生态模式的生产中，废料则成为另一生产过程的原料而得到循环利用。封闭循环技术系统既节约资源，又减少了污染，在对生物资源的开发中，应当是"养鸡生蛋"而不应该是"杀鸡取蛋"。

（二）经济运行模式的生态化

我们应当运用经济的机制刺激和鼓励节约资源和环境保护，把节约资源和环境保护因素作为经济过程的一个内在因素包含在经济机制之中。为此，第一，我们应当重视社会能量转换的相对效率，并使它成为评价经济行为的重要指标之一。新经济学应当依据净能量消耗来测定生产过程的效率，把利润同能量消耗联系起来。第二，应该把"自然价值"纳入经济价值之中，形成一种"经济 - 生态"价值的统一体。在这里，资源的"天然价值"应当作为重要参考数入产品的成本。资源价值应遵循着"物以稀为贵"的原则。随着某些资源的减少，资源的天然价值就会越高，使用这些资源制造的产品的价格也就应当越高。这种经济机制能够抑制对有限资源的浪费。第三，应当建立一种抑制污染环境的经济机制。我们应当看到清洁、美丽的适合人类生存的环境本身就具有一种"环境价值"。为此，应当把破坏环境的活动看成产生"负价值"的活动而予以经济上的惩罚。例如，汽车的成本中不仅应当包括自然资源的价值、原料的价值、劳动力价值，而且还应当包括汽车生产过程中对环境的破坏的"负价值"和汽车在消费中对环境污染（如它排放的尾气造成的大气污染）、汽车在消费中可能出现的交通事故造成的危害等负价值打入汽车的成本当中，由生产者和消费者共同承担。这样，就会对损害环境的经济行为形成一种抑制效应。

（三）消费方式的生态化

传统的消费方式也是一种非生态的消费方式。传统经济模式中生产并不是为了满足人的健康生存的

需要，而是为了获得更大的利润。因此，生产不断创造出新的消费品，通过广告宣传造成不断变化的消费时尚，诱使消费者接受。大量生产要求大量消费，因此，挥霍浪费型的非生态化生产造成了一种挥霍浪费型消费方式。这种消费方式所追求的不是朴素而是华美，不是实质而是形式，不是厚重而是轻薄，不是内在而是外表。这种消费方式的反生态性质主要表现在以下方面：第一，它追求一种所谓"用毕即弃"的消费方式。大量一次性用品的出现，不仅浪费了自然资源，而且污染了环境。仅以一次性筷子为例：我国每年出口到日本的一次性筷子达 200 亿万双，折合木材达 40 亿立方米，内地消费也不低于这个数目。因此林业专家警告说："长此下去，将祸及我们的子孙后代。"我们的许多消费品都是在还能够使用时就被抛弃，因为它已落后于消费时尚。在服装消费上表现得最为突出。第二，在消费中追求所谓"深加工"产品，也是违反生态原理，特别是违反热力学第二定律（熵定律）的。所谓"深加工"产品只是追求形式上的翻新。对原料每加工一次，就有部分能量流失。在食品多次加工中，不仅浪费了能量，而且由于各种化学添加剂的加入，还对人的健康造成了威胁。有些深加工商品属于不同能量层次的转化，浪费的能量就更多。例如，用谷物喂牲畜，把植物蛋白转化成动物蛋白，浪费的能量更多。"这种因食用靠粮食喂养的牲畜所造成的能量损失如下，家禽百分之七十，牛百分之九十。"同时，过量地食用高脂肪食物还会危害人的健康。"据现在的估计，自然的长寿年龄在九十岁左右，但是大多数美国人至少少活了二十年，造成这些早亡的主要原因是滥用食物，其中高脂肪是男性癌症患者中的 40% 和女性癌症患者中的 60% 的主要致病因素。"

二、我国可持续发展行动

作为世界上最大的发展中国家，中国积极推动可持续发展，在联合国环境与发展大会召开后不久，中国政府即着手制定国家级 21 世纪议程，在 1994 年，中国国务院第 16 次常务会议通过了《中国 21 世纪议程》，成为全球第一个发布国家层面 21 世纪议程的国家，其内容覆盖了人口、经济、社会、资源、环境的可持续发展战略、政策和行动框架。2003 年，由国家发展和改革委员会会同科技部、外交部、教育部、民政部等有关部门又制定了《中国 21 世纪初可持续发展行动纲要》，这是进一步推进我国可持续发展的重要政策文件，从经济发展、社会发展、资源保护、生态保护、环境保护、能力建设六个方面提出我国推进可持续发展的总体方案。党的十八大以来，我国按照"五位一体"总体布局和新发展理念的指引，进一步深化可持续发展战略实施，加强生态文明建设，就推动形成人与自然和谐发展现代化建设新格局进行了系统部署；实施了精准脱贫、污染防治攻坚战等一系列专项行动，在资源能源、生态环境、公共安全、绿色技术、低碳经济等相关领域启动实施了一大批重点研发项目并取得重要技术突破，可持续发展能力明显提升。面对新时期复杂的国际环境，两山理论、生态文明、命运共同体等一系列重要论述坚持为人民谋幸福、为民族谋复兴、为世界谋大同的新发展观，将人民期盼、民族向往、国家追求、世界责任融为一体，为关乎人类未来发展的全球性问题给出了中国方案，不断丰富和发展可持续发展的内涵，明确可持续发展是破解全球问题的金钥匙。

2015 年 9 月，193 个国家在联合国发展峰会通过了《2030 年可持续发展议程》，提出了 17 个可持续发展目标（SDGs）和 169 个子目标，并倡议"所有国家和利益攸关方携手合作，让人类摆脱贫困和匮乏，让地球治愈创伤并得到保护"。我国以高度负责的精神积极推动《2030 年可持续发展议程》的落实。2016 年 9 月，我国以 G20 杭州峰会为契机，推动制定《二十国集团落实 2030 年可持续发展议程行动计划》。随后，我国在纽约联合国总部发布《中国落实 2030 年可持续发展议程国别方案》，明确了中国推进落实工作的指导思想、总体原则和实施路径，并详细阐述了中国未来一段时间的 17 项可持续发展目标和 169 个指标的具体方案。2016 年 12 月，《国务院关于印发中国落实 2030 年可持续发展议程创新示范区建设方案的通知》（国发〔2016〕69 号，以下简称《方案》）提出，中国将以现有国家可持续发展实验区工作为基础，在"十三五"期间，创建 10 个左右国家可持续发展议程创新示范区，形成若干可持续发展创新示范的现实样板和典型模式，对国内其他地区可持续发展发挥示范带动效应，对外为其他国家落实 2030 年可持续发展议程提供中国经验和智慧。目前，中国推进可持续发展的总体战略行动主要包括六个方面。

（一）把经济结构调整作为推进可持续发展战略的重大举措

着力优化需求结构，促进经济增长向依靠消费、投资、出口协调拉动转变；巩固和加强农业基础地位，着力提升制造业核心竞争力，积极发展战略性新兴产业，加快发展服务业，促进经济增长向依靠三次产业协同带动转变；深入实施区域发展总体战略和主体功能区战略，积极稳妥推进城镇化，加快推进新农村建设，促进区域和城乡协调发展。

（二）把保障和改善民生作为推进可持续发展战略的主要目的

控制人口总量，提高国民素质，促进人口的长期均衡发展；努力促进就业，加快发展各项社会事业，完善保障和改善民生的各项制度，推进基本公共服务均等化，使发展成果惠及全体人民。

（三）把加快消除贫困进程作为推进可持续发展战略的急迫任务

以提高贫困人口收入水平和生活质量为主要目标，通过专项扶贫、行业扶贫、社会扶贫，加大扶贫开发投入和工作力度，采取财税支持、投资倾斜、金融服务、产业扶持、土地使用等领域的特殊政策，实施生态建设、人才保障等重大举措，培育生态友好的特色主导产业和增强发展能力，提高贫困人口的基本素质和能力，全面推进扶贫开发进程。

视频：接续脱贫攻坚和乡村振兴的江西省高安市八景镇礼港行政村乡村可持续发展探索

（四）把建设资源节约型和环境友好型社会作为推进可持续发展战略的重要着力点

实行最严格的土地和水资源管理制度，大力发展循环经济，推行清洁生产，全面推进节能、节水、节地和节约各类资源，进一步提高资源能源利用效率，加快推进能源资源生产方式和消费模式转变；以解决饮用水不安全和空气、土壤污染等损害群众健康的突出环境问题为重点，加强环境保护；积极建设以森林植被为主体、林草结合的国土生态安全体系，加强重点生态功能区保护和管理，增强涵养水源、保持水土、防风固沙能力，保护生物多样性；全面开展低碳试点示范，完善体制机制和政策体系，综合运用优化产业结构和能源结构、节约能源和提高能效、增加碳汇等多种手段，降低温室气体排放强度，积极应对气候变化。

（五）把全面提升可持续发展能力作为推进可持续发展战略的基础保障

建立长效的科技投入机制，注重科技创新人才的培养与引进，建立健全创新创业的政策支撑体系，推进有利于可持续发展的科技成果转化与推广，提升国家绿色科技创新水平；以环境保护、资源管理、人口管理等领域为重点，完善可持续发展法规体系；建立健全可持续发展公共信息平台，发挥民间组织和非政府组织的作用，推进可持续发展试点示范，促进公众和社会各界参与可持续发展的行动；加强防灾减灾能力建设，提高抵御自然灾害的能力；积极参与双边、多边的全球环境、资源、人口等领域的国际合作与交流，努力促进国际社会采取新的可持续发展行动。

（六）把优化布局、集约发展作为推进可持续发展战略的基本方向

根据土地、水资源、大气环流特征和生态环境承载能力，优化城镇化空间布局和城镇规模结构，在《全国主体功能区规划》确定的城镇化地区，按照统筹规划、合理布局、分工协作、以大带小的原则，发展集聚效率高、辐射作用大、城镇体系优、功能互补强的城市群，使之成为支撑全国经济增长、促进区域协调发展、参与国际竞争合作的重要平台。构建以陆桥通道、沿长江通道为两条横轴，以沿海、京哈京广、包昆通道为三条纵轴，以轴线上城市群和节点城市为依托、其他城镇化地区为重要组成部分，大中小城市和小城镇协调发展的"两横三纵"城镇化战略格局。至 2020 年，"两横三纵"为主体的城镇化战略格局基本形成，城市群集聚经济、人口能力明显增强，东部地区城市群一体化水平和国际竞争力明显提高，中西部地区城市群成为推动区域协调发展的新的重要增长极。城市规模结构更加完善，中心城市辐射带动作用更加突出，中小城市数量增加，小城镇服务功能增强。

三、国家可持续发展实验区建设

国家可持续发展实验区（以下简称实验区）是从 1986 年开始，由原国家科委会同原国家体改委和原国家计委等政府部门共同推动的一项地方性可持续发展综合示范试点工作，旨在依靠科技进步、机制创新和制度建设，全面提高实验区的可持续发展能力，探索不同类型地区的经济、社会和资源环境协调发展的机制和模式。经过三十多年的发展，国家可持续发展实验区在凝练区域可持续发展模式、机制与经验等方面进行了不断的探索与实践，对我国不同类型区域的可持续发展产生了积极的影响、示范和带动作用，对于构建和谐社会，促进经济转型升级，加快社会主义现代化建设步伐，具有重大推动作用。

（一）我国可持续发展实验区发展阶段

回顾三十余年的实验区历程，基本可划分为两个阶段。

第一个是社会发展综合试点实验阶段（1986—1997 年）。20 世纪 80 年代

中期，我国很多地区在经济快速发展的同时，出现了社会事业滞后、环境污染严重等问题。针对这种状况，1986 年，原国家科委和国务院有关部委在江苏省常州市和锡山市华庄镇开始了城镇社会发展综合示范试点工作。1992 年 5 月，原国家科委和原国家体改委共同发出了《关于建立社会发展综合实验区的若干意见》，并由 23 个国务院有关部门和团体共同组成了实验区协调领导小组（随后又增加了 5 个部门），成立了社会发展综合实验区管理办公室。1994 年 3 月后，实验区工作中心转向可持续发展，并要求各实验区率先建成实施《中国 21 世纪议程》和可持续发展战略的基地。

第二个是可持续发展实验阶段（1997 年至目前）。1992 年联合国环发大会后，我国积极响应里约精神，于 1994 年发布《中国 21 世纪议程》，并在 1996 年明确提出了科教兴国战略和可持续发展战略。面对新的形势，1997 年底国务院领导专题听取了社会发展综合实验区建设情况汇报。为促进可持续发展战略和科教兴国战略的实施，会议决定将"社会发展综合实验区"更名为"可持续发展实验区"，并支持在实验区进行经济体制与社会事业管理体制的综合配套改革。随后，科技部等部门根据国务院领导的指示精神，对实验区推进机制进行了调整，成立了由二十余个国务院职能部门组成的国家可持续发展实验区部际联席会。截至 2019 年，共批准建设了 189 个实验区，遍布除港澳台外的 31 个省（区、市），东、中、西部实验区数量基本呈现 5∶3∶2 格局，县域型、城区型、地级市型和乡镇型占比分别为 48%、34%、15% 和 3%，实验主题覆盖经济转型、社会治理、环境保护等可持续发展各领域。

（二）未来国家可持续实验区建设发展形势

近年来，国际可持续发展行动日新月异，一系列重要议程／协定的达成极大地改变了当今的全球可持续发展治理模式与机制，影响到未来的全球发展规则乃至国家间的发展空间，尤其是《2030 年可持续发展议程》确定了可持续发展新目标（SDGs），推动全国各地区为实现 SDGs 开展了积极有效的行动，发展中国家也已逐步开始将 SDGs 纳入其国家发展行动计划。全球可持续发展治理进入了以落实 SDGs 为总目标，以科技创新和广泛调动资金投入为路径，以高级别政治论坛为协调机制的新时期。

从国内看，党的十八大以来提出了"五位一体"总体布局、五大发展理念，围绕生态文明建设出台了一系列重大决策部署，发布了《国家创新驱动发展战略纲要》等一系列政策行动，推动新时期我国的可持续发展呈现三个基本特点：一是在可持续发展目标上，由过去的 GDP 优先转向经济、社会与环境三大支柱协调发展，形成了绿色高质量发展的目标体系；二是在可持续发展动力上，由过去主要依靠要素、资本投入向主要依靠创新转变，我国正在努力构建以科技创新为核心的新发展动力系统；三是在参与全球可持续发展治理上，由过去被动参与向主动构建全球性可持续发展合作平台和治理体系的方向转变，"一带一路"倡议以及亚洲基础设施投资银行、南南合作援助基金、中国国际发展知识中心等的设立是体现这一转变的代表性行动。

国内国际可持续发展形势变化，为实验区建设提出了新要求，也赋予了实验区新的历史使命：既要为我国落实《2030 年可持续发展议程》做出示范，又要为我国全面落实创新驱动发展战略提供助力，也可为我国向世界讲述中国故事提供丰富案例。改革开放尤其是进入 21 世纪以来，我国在可持续发展的许多方面取得了举世瞩目的成就。如自 1990 年以来有 7.3 亿人摆脱了极端贫困，五岁以下儿童死亡率从 2005 年的 22.5‰ 下降到 2017 年的 9.3‰，居民平均预期寿命从 68.55 岁提高到 76.34 岁，在总体上进入了高人类发展指数国家行列等。我国的发展成就得到了世界的广泛认可，尤其是在减贫方面取得的成就最受关注，被称为"全球减贫事业楷模"，越来越多的发展中国家希望能学习、借鉴中国的发展模式和经验。在 30 年的实验区建设中，探索形成的地域可持续发展模式和典型经验深受国际社会关注，为向世界讲述中国故事、提供中国方案贡献了丰富的素材和鲜活的案例。

（三）国家可持续发展实验区建设的重点任务

面向未来，实验区工作将以三十年来的实践探索为基础，统筹落实《2030年可持续发展议程》和"五位一体"总体布局，以制约地区可持续发展的关键问题为着力点，以创新为动力，通过构建多层次布局体系，完善管理机制，优化资源配置，调动社会各界参与，使实验区重新焕发活力，为新时期国家可持续发展战略和创新驱动发展战略的实施发挥好旗帜作用。

1. 构建多层次的可持续发展实验示范布局体系

一是应按照国发〔2016〕69号文件的要求，选择实验区建设成效突出、可持续发展瓶颈问题具有代表性的地区，建设若干可持续发展创新示范区。示范区的建设应采用自上而下和自下而上相结合的方式。部际联席会议要做好示范区建设的顶层设计，特别是在区域布局、示范主题确定等方面应充分体现国家意志，与中国落实2030年可持续发展议程的总体方案相一致，必须是自上而下；在示范区的具体建设过程中，则应充分发挥地方政府的主体作用，示范区所在的省（区、市）政府要建立专门的推进机制、制定专门的支持政策，把示范区建设作为本省（区、市）落实新发展理念、实现可持续发展的重要抓手，通过示范区建设带动全省（区、市）的发展转型。二是根据新时期实验区面临的新使命，对所有在建的实验区进行逐一复审评估，撤销一批实验区建设成效不明显、地域交叉重叠的实验区，促进仍具备建设条件的地区按照新的发展形势和区域发展实际，调整实验主题和建设方案，使实验区工作重新焕发活力。三是加强对省级实验区建设的指导，促进省级实验区在探索地方可持续发展模式中的排头兵作用，并为国家级实验区发展提供后备资源。通过示范区的引领作用、国家级实验区的辐射带动作用、省级实验区的模式探索作用，形成国家与地方互动、实验与示范相互促进的布局体系。

2. 强化以问题为导向的创新实验示范

可持续发展涉及经济、社会、环境等发展的方方面面，实验区工作应继续坚持其综合性实验这一基本定位。在此基础上，针对地方可持续发展中的重大和瓶颈性问题，如重大疾病防治、健康养老、废物综合利用、产业转型升级、食品安全、社会治理等，按照全链条设计、一体化实施的原则，在实验区布局科技创新及成果转化应用行动，支持各类主体围绕关键问题探索以科技创新为核心的系统解决方案，从而使每个实验区有鲜明的特色。其中，实验区重在系统解决方案的初步探索，鼓励其大胆创新；示范区重在解决方案的示范推广，需要在系统解决方案的形成上取得显著成效。

3. 构建多元参与的推进机制

考虑采取定向指南、国家与地方共同出资等方式促进国家重点研发计划与实验区工作相衔接。在国家科技成果转化引导基金下设立可持续发展创新子基金，支持实验区开展先进适用技术转移转化，使实验区真正成为可持续发展领域科技成果落地的重要平台。考虑将实验区建设纳入中央引导地方科技发展专项资金的支持范围，重点支持其科技基础条件、专业性技术创新平台、科技创新服务机构和科技创新项目示范等建设工作。推进绿色技术银行建设与实验区工作的对接，使这两项以落实《2030 年可持续发展议程》为宗旨的行动互为支撑。应研究制定鼓励高校、科研院所、国有企业科研和管理人员到实验区开展创新创业的支持政策，探索建立由实验区专家委员会成员、国家科技计划承担者等组成的科技特派团制度，形成为实验区建设提供决策支撑、技术服务的长效机制。部际联席会议成员单位应结合自身职能，梳理与可持续发展相关的政策改革、体制机制创新等措施，优先在实验区进行试点和示范，使实验区成为理念、制度、科技、文化等各方面改革与创新集中实验、实践的平台。加强与有关金融机构、产业联盟、企业等的合作，引导和鼓励各类天使投资、创业投资等与实验区建设相结合，为实验区新经济、新业态的培育和壮大提供助力。与有关公益机构、非政府组织、国际组织开展合作，促进社会各界通过科学普及、公益慈善等方式参与实验区建设。

4. 完善监测评估与管理制度

建立健全实验区年度报告、创新监测、创新能力评价和复审认定制度，以此为基础建立实验区激励与淘汰机制。加强实验区部际联席会议办公室作用，推进办公室实体化和人员专职化、专业化。大力推进实验区管理信息化，建立省级实验区与国家级实验区的信息共享和工作互动机制。探索按实验主题类型为基础的分类管理机制。应充分发挥省（区、市）政府对辖区内实验区建设的积极作用，探索建立以省级主管部门为主体、部际联席会议办公室为支撑的实验区建设服务机制，推进实验区工作由管理向服务转变。

5. 促进可持续发展成功经验和模式的开放共享

对三十余年的实验区建设进行系统全面的总结，凝练可复制、可推广的可持续发展典型经验和模式。通过组织开展考察、学习、培训等活动，加强实验区之间的经验交流和共享，积极向同类地区推广实践经验。充分发挥与联合国开发计划署签署战略合作协议的作用，促进实验区与国外可持续发展社区、城市之间的交流与合作，为参与"一带一路"相关国际交流活动提供更多便利。探索建立与联合国落实2030 年议程的全球行动相衔接机制，如积极参与联合国可持续发展高级别政治论坛、科技创新促进可持续发展多利益攸关方论坛等，向国际社会积极宣传推广实验区建设的经验。促进实验区建设与国际发展知识中心、南南合作与发展学院等其他落实 2030 年议程的相关工作建立合作机制，协力向世界分享中国可持续发展经验、提供中国方案。充分利用主场外交活动，促进实验区发展理念与实践经验的国际分享，向世界讲好中国故事。

四、国家可持续发展议程创新示范区

建设国家可持续发展议程创新示范区（以下简称示范区）是落实《2030 年可持续发展议程》《中国落实 2030 年可持续发展议程创新示范区建设方案》的具体行动，是贯彻国家"五位一体"总体布局、"四个全面"战略布局和五大发展理念的重要举措，致力于经济发展新常态下探索聚集科技、资金、政策的新机制，形成地方可持续发展的系统解决方案和模式，是顺应全球可持续发展趋势的必然选择，更是回应国际社会期待的客观要求。目前，国务院先后两批批准广东深圳、山西太原、广西桂林以及河北承德、湖南郴州、云南临沧 6 个城市创建国家可持续发展议程创新示范区，分别围绕创新引领超大型城市可持续发展、资源型城市转型升级、景观资源可持续利用以及城市群水源涵养功能区可持续发展、水资源利

用与重金属污染防治、边疆多民族欠发达地区创新驱动发展等创建主题开展示范区建设，取得良好进展并产生了积极的国际影响。

（一）第一批示范区创建情况

2018 年 2 月，国务院批复同意山西太原、广西桂林、广东深圳建设国家可持续发展议程创新示范区，这既是为全球可持续发展提供"中国药方"、展现负责任大国形象的具体举措，也是贯彻落实《国家创新驱动发展战略纲要》、发挥科技创新对可持续发展支撑引领作用的切实行动。深圳是经济发达型城市，太原是资源型城市，桂林是旅游城市，这三座城市既是我国东中西不同地域布局的代表，也体现了可持续发展不同阶段和面临不同类型问题的代表性。

深圳市以创新引领超大型城市可持续发展为主题，重点针对资源环境承载力和社会治理支撑力相对不足等问题，集成应用污水处理、废物综合利用、生态修复、人工智能等技术，实施资源高效利用、生态环境治理、健康深圳建设和社会治理现代化等工程，为超大型城市可持续发展发挥示范效应。深圳市力争到 2020 年建成国家可持续发展议程创新示范区，到 2025 年成为可持续发展国际先进城市，到 2030 年成为可持续发展的全球创新城市。

太原市以资源型城市转型升级为主题，统筹推进"五位一体"总体布局，协调推进"四个全面"战略布局，紧紧围绕联合国 2030 年可持续发展议程和《中国落实 2030 年可持续发展议程国别方案》，按照《中国落实 2030 年可持续发展议程创新示范区建设方案》要求，重点针对水污染与大气污染等问题，集成应用污水处理与水体修复、清洁能源与建筑节能等技术，实施水资源节约和水环境重构、用能方式绿色改造等行动，统筹各类创新资源，深化体制机制改革，探索适用技术路线和系统解决方案，形成可操作、可复制、可推广的有效模式，对全国资源型地区转型发展发挥示范效应，为落实 2030 年可持续发展议程提供实践经验。

桂林市以景观资源可持续利用为主题，针对喀斯特石漠化地区生态修复和环境保护等问题，统筹各类创新资源，深化体制机制创新，坚持项目带动，集成应用生态治理、绿色高效生产等技术，实施自然景观资源保育及生态旅游创新发展、生态农业创新发展、文化康养创新发展等行动，积极探索景观、环境、产业融合发展新模式，实现生态环境与绿色产业协调发展，把桂林建设成为自然环境优美、生态产业发达、人与自然和谐相处、百姓殷实安康的可持续发展样板城市，为中西部多民族、生态脆弱地区实现可持续发展发挥示范效应，为落实 2030 年可持续发展议程提供桂林经验。

（二）第二批示范区

2019 年 5 月 14 日国务院批复湖南郴州市、云南临沧市、河北承德市作为第二批城市建设国家可持续发展议程创新示范区。

郴州市以水资源可持续利用与绿色发展为主题，重点针对水资源利用效率低、重金属污染等问题，集成应用水污染源阻断、重金属污染修复与治理等技术，实施水源地生态环境保护、重金属污染及源头综合治理、城镇污水处理提质增效、生态产业发展、节水型社会和节水型城市建设、科技创新支撑等行动，统筹各类创新资源，深化体制机制改革，探索适用技术路线和系统解决方案，形成可操作、可复制、可推广的有效模式，对推动长江经济带生态优先、绿色发展发挥示范效应。

临沧市以边疆多民族欠发达地区创新驱动发展为主题，重点针对特色资源转化能力弱等瓶颈问题，集成应用绿色能源、绿色高效农业生产、林特资源高效利用、现代信息等技术，实施对接国家战略的基础设施建设提速、发展与保护并重的绿色产业推进、边境经济开放合作、脱贫攻坚与乡村振兴产业提升、民族文化传承与开发等行动，统筹各类创新资源，深化体制机制改革，探索适用技术路线和系统解决方案，形成可操作、可复制、可推广的有效模式，对边疆多民族欠发达地区实现创新驱动发展发挥示范效应。

承德市以城市群水源涵养功能区可持续发展为主题，重点针对水源涵养功能不稳固、精准稳定脱贫难度大等问题，集成应用抗旱节水造林、荒漠化防治、退化草地治理、绿色农产品标准化生产加工、"互联网＋智慧旅游"等技术，实施水源涵养能力提升、绿色产业培育、精准扶贫脱贫、创新能力提升等行动，统筹各类创新资源，深化体制机制改革，探索适用技术路线和系统解决方案，形成可操作、可复制、可推广的有效模式，对全国同类的城市群生态功能区实现可持续发展发挥示范效应。

第四节　可持续发展的支撑体系建设

如果说，经济、人口、资源、环境等内容的协调发展构成了可持续发展战略的目标体系，那么，管理、法制、科技、教育等方面的能力建设就构成了可持续发展战略的支撑体系。可持续发展的能力建设是可持续发展的具体目标得以实现的必要保证，即一个国家的可持续发展很大程度上依赖于这个国家的政府和人民通过技术的、观念的、体制的因素表现出来的能力。具体地说，可持续发展的能力建设包括决策、管理、法制、政策、科技、教育、人力资源、公众参与等内容。

一、可持续发展的管理体系

实现可持续发展需要有一个非常有效的管理体系。历史与现实表明，环境与发展不协调的许多问题是由于决策与管理的不当造成的。因此，提高决策与管理能力就构成了可持续发展能力建设的重要内容。可持续发展管理体系要求培养高素质的决策人员与管理人员，综合运用规划、法制、行政、经济等手段，建立和完善可持续发展的组织结构，形成综合决策与协调管理的机制。

二、可持续发展的法制体系

与可持续发展有关的立法是可持续发展战略具体化、法制化的途径，与可持续发展有关的立法的实施是可持续发展战略付诸实现的重要保障。因此，建立可持续发展的法制体系是可持续发展能力建设的重要方面。可持续发展要求通过法制体系的建立与实施，实现自然资源的合理利用，使生态破坏与环境污染得到控制，保障经济、社会、生态的可持续发展。

三、可持续发展的科技系统

科学技术是可持续发展的主要基础之一。没有较高水平的科学技术支持，可持续发展的目标就不能

实现。科学技术对可持续发展的作用是多方面的。它可以有效地为可持续发展的决策提供依据与手段，促进可持续发展管理水平的提高，加深人类对人与自然关系的理解，扩大自然资源的可供给范围，提高资源利用效率和经济效益，提供保护生态环境和控制环境污染的有效手段。

四、可持续发展的教育系统

可持续发展要求人们有高度的知识水平，明白人的活动对自然和社会的长远影响与后果，要求人们有高度的道德水平，认识自己对子孙后代的崇高责任，自觉地为人类社会的长远利益而牺牲一些眼前利益和局部利益。这就需要在可持续发展的能力建设中大力发展符合可持续发展精神的教育事业。可持续发展的教育体系应该不仅使人们获得可持续发展的科学知识，也使人们具备可持续发展的道德水平。这种教育既包括学校教育这种主要形式，也包括广泛的潜移默化的社会教育。

五、可持续发展的公众参与

公众参与是实现可持续发展的必要保证，因此也是可持续发展能力建设的主要方面。这是因为可持续发展的目标和行动，必须依靠社会公众和社会团体最大限度的认同、支持和参与。公众、团体和组织的参与方式和参与程度，将决定可持续发展目标实现的进程。公众对可持续发展的参与应该是全面的。公众和社会团体不但要参与有关环境与发展的决策，特别是那些可能影响到他们生活和工作的决策，而且更需要参与对决策执行过程的监督。

六、可持续发展的评估考核

"无法测量则无法管理"，科学地监测和评估可持续发展目标的进展是确保实现可持续发展的关键，也是各国均面临的困难和挑战之一。由于统计体系和数据可得性的差异，联合国"全球 SDG 指标框架"并不能适用于具体国家层面的 SDGs 监测评估，各国均需要构建本土化的 SDGs 指标体系，以全面、科学地评估 SDGs 的进展，制定相关规划和政策，从而推动实现 2030 年可持续发展目标，提升可持续发展水平和治理能力。

 思考题

1. 结合当前我国资源环境的禀赋条件和当前主要的生态环境问题（重点考虑第八次生态环境大会），讨论分析我国实施可持续发展战略面临的主要挑战、机遇和对策。
2. 简述联合国可持续发展目标体系（SDGs）。
3. 如何理解可持续发展是破解全球问题的金钥匙？

参考文献

[1] 周北海.环境学导论[M].北京：化学工业出版社，2016.

[2] 鞠美庭，邵超峰，李智.环境学基础[M].2版.北京：化学工业出版社，2010.

[3] 张永.IPCC发布第五次评估报告的综合报告称气候变化可引起不可逆转的危险影响　但仍有限制办法[N].中国气象报社，2014-11-3.

[4] 陆琦."应对气候变化从我做起"[N].中国科学报，2014-10-27.

[5] 刘毅.高温为气候变暖再敲警钟[N].人民日报，2017-5-20.

[6] 杨晓华.履行环境国际公约，构建人类命运共同体[J].国际人才交流，2018（9）：13-14.

[7] 继续推动全球气候治理，积极应对未来气候变化[N].21世纪经济报道，2019-8-13.

[8] 栾彩霞.气候变化，真实的危机[J].世界环境，2019（1）：14-15.

[9] 郭久亦.全球融冰和海平面上升——2018年更新[J].2018（5）：66-70.

[10] 加勒比海幸存珊瑚适应气候变化[J].世界环境，2017（1）：8.

[11] 南极臭氧空洞缩至近30年最小面积[J].世界知识，2017（22）：79.

[12] 臭氧层破坏[J].能源与节能，2017（4）：55.

[13] 邓雅静.环保部对外合作中心：积极履约，中国方案影响国际[J].电器，2017（10）：14-15.

[14] 浙江省加强地方消耗臭氧层物质淘汰能力建设项目领导小组，浙江省环境监测中心.中国政府代表团出席《关于消耗臭氧层物质的蒙特利尔议定书》第30次缔约方大会[J].环境污染与防治，2018，40（12）：1455.

[15] 《保护臭氧层维也纳公约》第11次缔约方大会召开[J].化工环保，2018，38（1）：87.

[16] 陈沁涵.全球野生动物44年间消亡60%　人类活动系生物多样性最大威胁[N].新京报，2018-11-4.

[17] Grooten M，Almond R E A.设定更高目标.世界自然基金会.地球生命力报告2018[R].瑞士格朗：世界自然基金会，2018.

[18] 孟宏虎，高晓阳."一带一路"上的全球生物多样性与保护[J].中国科学院院刊，2019，34（7）：818-826.

[19] 耿宜佳，田瑜，李俊生，等."2020年后全球生物多样性框架"进展及展望[J/OL].生物多样性.2020.

[20] 蔡朋程.浅析中国的酸雨分布现状及其成因[J].科技资讯，2018（15）：426.

[21] 于长毅.酸雨的形成、危害及防治[J].环境保护与循环经济，2017（9）：42-44.

[22] 张建龙.防治土地荒漠化　助力脱贫攻坚战[N].人民日报，2018-6-11.

[23] 孙劲.参与全球环境治理　为防治荒漠化国际合作贡献中国力量[J].内蒙古林业，2019（7）：6.

[24] 赵金平.我国持久性有机污染物监测现状、存在问题及对策分析[J].环境与发展，2019，31（5）：55-56.

[25] 陈馥筠，张伟.海洋生态环境基本特征[R].北京：海洋生态环境司，2019.

[26] 山西省柳林县环境保护局.治理海洋污染需要全社会参与[N].经济参考报，2012-11-9.

[27] 杨湛菲.海洋保护：中国做法　世界点赞[N].人民日报海外版，2017-7-4.

[28] 刘丽丽，谢懿春，李金惠.中国"无废城市"理念框架下的危险废物管理[J].世界环境，2019，177（2）：37-39.

[29] 怡然.我国城市大气污染的特点及其防治工作对策[D].2018.

[30] 寇江泽.同呼吸，共奋斗[N].人民日报，2018-7-21.

[31] 刘炳江，贺克斌，刘友宾.环境保护部2018年2月例行新闻发布会实录[R].2018.

[32] 国务院.大气污染防治行动计划.国发〔2013〕37号.2013.

[33] 王比学.大气污染防治法执法检查报告直击六大问题[N].人民日报，2018-7-10.

[34] 陈宣照.大气污染监测及防治措施研究[J].化工管理，2019（17）：39-40.

[35] 任洋.大气污染防治中重要环境法律制度关系[J].世界环境，2018（4）：28.

[36] 吴啸浪.生态环境部部长李干杰就"打好污染防治攻坚战"答记者问[R].2019.

[37] 张波，刘友宾.生态环境部2019年2月例行新闻发布会实录[R].2019.

[38] 李彦敏.船舶污染防治现状及治理措施[J].中国水运，2019（8）：97-98.

[39] 王晨.依法防治水污染打赢碧水保卫战——在湖南省水污染防治法实施情况座谈会上的讲话[J].中国人大，2019（9）：11-13.

[40] 肖筱瑜.2012—2017年国内重大突发环境事件统计分析[J].广州化工，2018，46（15）：134-136，145.

[41] 国务院.水污染防治行动计划.国发〔2015〕17号.2015.

[42] 徐敏，张涛，王东，等.中国水污染防治40年回顾与展望[J].中国环境管理，2019，11（3）：65-71.

[43] 谢易霖.水污染防治过程中存在的问题及治理措施分析[J].节能，2019（7）：152-153.

[44] 庄国泰.我国土壤污染现状与防控策略[J].中国科学院院刊，2015，30（4）：477-483.

[45] 蔡彦明，刘凤枝，王跃华，等.我国土壤环境质量标准之探讨[J].农业环境科学学报，2006（S1）：403-406.

[46] 高家军.生态文明视域下土壤污染治理的困境、国际借鉴与路径优化[J].地方治理研究，2019（4）：40-49.

[47] 陈卫平，谢天，李笑诺，等.中国土壤污染防治技术体系建设思考[J].土壤学报，2018，55（3）：34-45.

[48] 环境保护部，国土资源部.全国土壤污染状况调查公报[R].2014.

[49] 环坚轩.生态环境部举行11月例行新闻发布会[J].中国环境监察，2019（12）：19-29.

[50] 陈印军，方琳娜，杨俊彦.我国农田土壤污染状况及防治对策[J].中国农业资源与区划，2014，35（4）：1-5.

[51] 徐璐，蔡新华.上海：打好垃圾分类持久战[J].环境教育，2019（8）：22-23.

[52] 生态环境部.2019年全国大、中城市固体废物污染环境防治年报[R].2019.

[53] 李金惠，段立哲，郑莉霞，等.固体废物管理国际经验对我国的启示[J].环境保护，2017，45（16）：69-72.

[54] 毕文.固体废物污染现状和解决对策[J].中国资源综合利用，2019，37（12）：89-91.

[55] 胡楠，柳溪，赵娜娜，等.日本循环型社会建设对中国废物管理的启示[J].世界环境，2018，174（5）：50-52.

[56] 左铁镛.发展循环经济，构建资源循环型社会[J].中国城市经济，2005（5）：2-7.

[57] 马荣.循环经济助经济发展方式转变和高质量发展[N].中国改革报，2019-9-30.

[58] 刘文强，莫君媛，顾成奎.中国再制造产业发展现状、未来及对策[J].中国工业评论，2017（Z1）：50-57.

[59] 李干杰.开展"无废城市"建设试点 提高固体废物资源化利用水平[J].环境保护，2019，47（2）：8-9.

[60] 国家发展和改革委员会.国际经济数据：联合国发布《2019年世界人口展望》报告[R].2019.

[61] 闫胜文，刘加珍.聊城市人口与资源环境协调发展研究[J].安徽农学通报，2019，25（9）：6-9.

[62] 哈林杉.人口、资源、环境与社会经济发展问题分析[J].经贸实践，2016（17）：288.

[63] 王广州.新中国70年：人口年龄结构变化与老龄化发展趋势[J].中国人口科学，2019

（3）：2-15，126.

[64]　柏成寿，崔鹏.我国生物多样性保护现状与发展方向[J].环境保护，2015，43（5）：17-20.

[65]　王昌海.改革开放40年中国自然保护区建设与管理：成就、挑战与展望[J].中国农村经济，2018（10）：93-106.

[66]　高吉喜，徐梦佳，邹长新.中国自然保护地70年发展历程与成效[J].中国环境管理，2019，11（4）：25-29.

[67]　联合国环境规划署.绿水青山就是金山银山：中国生态文明战略与行动[R].2016.

[68]　中国环境科学研究院.生态文明建设区域实践与探索——张家港市生态文明建设规划[J].中国绿色画报，2011（4）：42-47.

[69]　叶文虎.可持续发展实践的再思考[J].中国环境管理，2019，11（4）：132.

[70]　黄晶.从21世纪议程到2030议程——中国可持续发展战略实施历程回顾[J].可持续发展经济导刊，2019（Z2）：14-16.

[71]　孙新章.国家可持续发展实验区建设的回顾与展望[J].中国人口·资源与环境，2018，28（1）：10-15.

[72]　屠志方，李梦先，孙涛.第五次全国荒漠化和沙化监测结果及分析[J].林业资源管理，2016（1）：1-5，13.

[73]　司红运，施建刚，陈进道，等.从《中国人口·资源与环境》审视国内的可持续发展研究——主题脉络、知识演进与新兴热点[J].中国人口·资源与环境，2019，29（7）：166-176.